Jetzt helfe ich mir selbst

Motor buch Verlag

Einbandgestaltung: Anita Ament
Abbildungen: AAC 1, ADAC 1, Aguti 3, Arco 1, autopress 1, Bauer 1, Bimobil 2, BWL 1, Carthago 4, Dehler 2, DEKRA 1, Dipa 2, Eberspächer 2, Electrolux 14, Fischer 2, Futura 16, Gall 2, Holdsworth 2, Karmann 1, Knaus 1, Land Nordrhein-Westfalen 3, Lautenschlager 319, Lyding 2, Mennekes 2, Messe Stuttgart 1, Poly-fie 1, Polyroof 3, Reimo 17, Reusolar 1, Road Ranger 2, SCA 7, Schrempf & Lahm 2, Schwabenmobil 4, Sonnenschein 2, Stahl 1, Steinhorst 1, Tischer 2, Truma 16, TÜV 1, Varius 7, Volkswagen 103, VW Canada 1, Waeco 18, Westfalia 8, Wingam 1, Wynen 1.

Sie finden uns im Internet unter:
www.motorbuch-verlag.de

ISBN 3-613-02637-6
ISBN 978-3-613-02637-7

Auflage Nr. 101 6007

Herstellung: Technische Redaktion, 71229 Leonberg
Druck und Bindung: KN Digital Printforce GmbH, Schockenriedstr. 37, 70565 Stuttgart
Printed in Germany

Thomas Lautenschlager

Wohnmobil-Selbstausbau

VW T4-Modelle ab Sept. '90

Motorbuch Verlag
Stuttgart

Inhaltsverzeichnis

Seite

Mobile Vielfalt

Seit der 4. Transporter-Generation wird das Thema Wohnmobil neu definiert. Sicherheitsaspekte stehen weit mehr als bisher im Vordergrund. Der Gesetzgeber verlangt seit 1992 geprüfte Sitze und Gurtverankerungen. Untersuchungen zur Fahrzeug-Sicherheit – bei VW-Wohnmobilen ein alter Hut – werden nun bei allen Wohnmobilen durchgeführt.
Auch in der Verbreitung hat sich einiges getan: War einst zur Einführung der 3. Transporter-Generation das Wohnmobil noch eine Randerscheinung der Produktpalette, so ist es heute fester Bestandteil geworden. Dieser Entwicklung ist es u. a. zu verdanken, daß ein großes Angebot an gebrauchten Wohnmobilen existiert. Selbstbau wird damit nicht mehr unbedingt aus der finanziellen Notwendigkeit geboren, sondern reicht noch weiter als bisher in den Bereich der Kreativität, also der Lust, sich ein eigenes, individuelles Mobil zu schaffen. Gar nicht so selten ist auch der Fall, daß nur Teile der Einrichtung in Eigenregie gebaut werden und der Rest bei einer kleinen Wohnmobil-Werkstatt in Auftrag gegeben wird oder daß bestehende Einrichtungen ergänzt werden.
Dem Selbstbauer steht mittlerweile ein kleiner Industrie-Sektor zur Seite, der Zubehör, Einrichtungen und Einrichtungsbausätze herstellt. Will man diese Produkte in Anspruch nehmen, gerät die Einrichtung zwar nicht ganz so individuell wie beim Selbstbau, doch man erreicht sein Ziel in kürzerer Zeit und die saubere Ausführung ist garantiert.
Wie immer man auch den eigenen Wohnmobil-Wunsch realisieren will – ob durch Selbstbau, teilweisen Selbstbau oder Kauf – für jeden ist in diesem Buch Wissenswertes enthalten. Durch das Bemühen um Vollständigkeit sind zahlreiche Vorschriften erwähnt, die Sie keinesfalls in Ihren Vorhaben entmutigen sollen. Die erwähnte Zubehörindustrie hat für alle kniffligen Probleme Patentlösungen parat: Sie können komplette Baugruppen übernehmen, die im Selbstbau Schwierigkeiten bereiten – genannt seien komplette Schlaf-/Sitzbänke mit Sicherheitsgurten oder Flaschenkästen für die Gasflasche.
Viele hilfsbereite Menschen aus dem VW-Werk, von TÜV und DEKRA, aus der Wohnmobil- und Zubehörindustrie haben zum Gelingen dieses Buches beigetragen. Herzlichen Dank. Ihnen ist es zu verdanken, daß fundierte Aussagen zur Fahrzeug-Änderung, Fahrzeug-Sicherheit, Gas- und Elektroanlage gemacht werden konnten.

Der Verfasser

Achtung!
Die Ausführungen in diesem Buch stützen sich auf die bei Drucklegung in der Bundesrepublik Deutschland gültigen Vorschriften. Leider ändern sich viele Regelungen im Lauf der Zeit, so daß wir Sie als Hobby-Ausbauer gleich zu Beginn des Buches bitten möchten, sich vor Baubeginn über den jeweils aktuellen Stand zu informieren. Denn für Veränderungen am Fahrzeug ist der Ausführende selbst verantwortlich – ebenso wie für Schäden, die eventuell durch den Umbau entstehen können.

* Die Ausführungen in diesem Buch stützen sich auf die bei Drucklegung in der Bundesrepublik Deutschland gültigen Vorschriften. Leider ändern sich viele Regelungen im Lauf der Zeit, so daß wir Sie als Hobby-Ausbauer gleich zu Beginn des Buches bitten möchten, sich vor Baubeginn über den jeweils aktuellen Stand zu orientieren. Denn für Veränderungen am Fahrzeug ist der Ausführende selbst verantwortlich – ebenso wie für Schäden, die eventuell durch den Umbau entstehen können.

Daß der VW-Bus als Fahrzeug der schier unbegrenzten Möglichkeiten gilt, ist weithin bekannt. Entsprechend weit spannt sich auch der Bogen des mobilen Wohnens im Bus. Die hier gezeigten vierbeinigen Bus-Bewohner sind augenscheinlich mit ihrer einfachen Wohn-Ausstattung überaus zufrieden. Der Zweibeiner hat's gern komfortabler. Wieviel Komfort tatsächlich sein muß, hängt von seinen individuellen Bedürfnissen ab.

Multitalent

Seit September 1990 produziert Volkswagen die vierte Transporter-Generation, die mit einem Investitionsaufwand von zwei Milliarden Mark entwickelt wurde und das bis dato seit 1950 über 6,7 Millionen Mal gebaute Vorgängermodell ablöst. Da wir uns ausschließlich mit dem Wohnmobilausbau auf Basis dieses Fahrzeugs befassen wollen, hier zunächst ein technischer Abriß – sozusagen zum Einfinden.

Fahrzeugkonzept

Die neuen Transporter und Caravelle sind in der Anwendung echte Multitalente. Sie basieren auf dem Konzept eines Kurzhaubers mit quer eingebautem Frontmotor und Front- bzw. Allrad-Antrieb.
Die Anforderung an ein solches Fahrzeug ist klar: Bei kleinstmöglichen Außenabmessungen muß ein Optimum an nutzbarem Raum und Zuladung realisiert werden. Und vor allem muß – wie das schon beim 6,7-millionenfach verkauften Vorgängermodell der Fall war – zwar die Transportkapazität eines leichten Nutzfahrzeuges gegeben sei, aber verbunden mit den Fahreigenschaften eines Mittelklasse-Pkw.

Motoren, Getriebe und Schaltung

Motortypen

Die Motoren-Palette umfaßt sieben Motoren mit unterschiedlicher Tauglichkeit für den Wohnmobil-Bereich:
○ **1,9 Liter Vierzylinder Saugdiesel** mit einer Leistung von **44** bzw. **45 kW** (je nach Baujahr) bei 3700/min und mit einem Drehmoment von 127 Nm bei 1700–2500/min. Diese Antriebsquelle ist zwar sparsam, aber verrichtet ihre Arbeit deutlich hörbar.
○ **1,9 Liter Vierzylinder Turbodiesel mit Kat**, Leistung **50 kW** bei 3700/min, Drehmoment 140 Nm bei 2000–3000/min. Wenn schon Vierzylinder-Diesel im Wohnmobil, dann ist dieser die bessere Wahl, zumal durch eine längere Achsübersetzung die Drehzahl und damit das Motorgeräusch etwas abgesenkt ist.
○ **2,4 Liter Fünfzylinder Saugdiesel** mit **57 kW** ohne Kat bzw. **55 kW mit Kat** bei 3700/min und einem Drehmoment von 164 Nm bei 1800–2200/min. Bis zum Erscheinen der TDI-Fünfzylinder war dies die beste Motorisierung, auch wenn das Triebwerk trotz des Hubraums einen etwas müden Eindruck erweckt.
○ **2,5 Liter Fünfzylinder TDI Direkteinspritzer mit Kat** mit 75 kW Leistung bei 3500/min, Drehmoment 250 Nm bei 1900–2300/min oder die deutlich leistungsstärkere Variante mit **111 kW** bei 4000/min und einem Drehmoment von 295 Nm bei 1900–3000/min. Dies sind ohne Zweifel die besten Motoren für das Wohnmobil, durchzugsstark und sparsam.
○ **2,0 Liter Vierzylinder Benzinmotor** mit Katalysator und **62 kW** Leistung bei 4300/min, Drehmoment 159 Nm bei 2200/min, ein elastischer Motor, aber mit den Verbrauchswerten eines Benziners.
○ **2,5 Liter Fünfzylinder Benzinmotor** mit Katalysator, **81 kW**, später **85 kW** Leistung bei 4500/min und 190 Nm bzw. 200 Nm Drehmoment bei 2200/min, durchzugsstark, aber Verbrauch 15 l/100 km und mehr.
○ **2,8 Liter VR-Sechszylinder Benzinmotor** mit Katalysator und 103 kW Leistung bei 4750/min, Drehmoment 240 Nm bei 3200/min. Den Komfortgewinn des Sechszylinders erkauft man sich durch einen entsprechend hohen Kraftstoffverbrauch.

Motortechnik

Als Motoren kommen im VW-Bus T4 mehrheitlich Reihenmotoren zum Einsatz, eine Ausnahme bildet der kompakt bauende VR6. Alle Motoren sind quer zur Fahrtrichtung eingebaut und leicht nach vorn geneigt, um die kompakte Bauweise der Transporter-Karosserie zu ermöglichen.

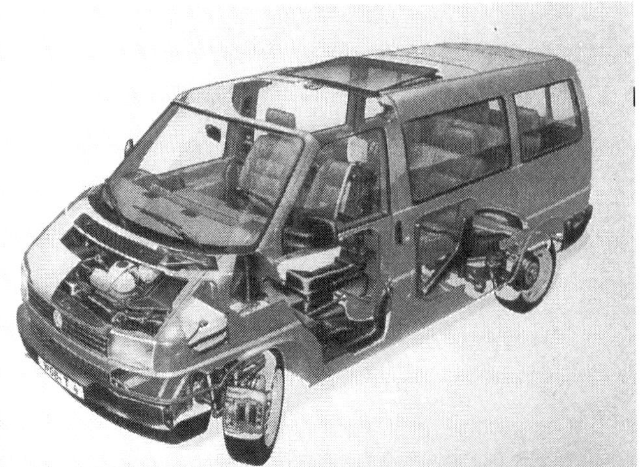

Das Phantombild des T4 zeigt sein Konzept: Kurzhauber mit quer eingebautem Frontmotor und Frontantrieb (bzw. Allradantrieb). Durch das Verlagern aller Antriebskomponenten nach vorn bleibt im hinteren Fahrzeugbereich Freiraum für die verschiedensten Aufbau- und Karosserievarianten.

Der Vierzylinder-Diesel ist ein eher ungehobelter Geselle. Allerdings ist der hier abgebildete Turbodiesel mit Kat das umweltfreundlichste Dieselaggregat der Palette.

Der Fünfzylinder-Diesel ist das typische Wohnmobil-Triebwerk. Es liefert bei relativ ruhigem Motorlauf zufriedenstellende Antriebsleistung.

Der Vierzylinder-Benziner verdient wegen seinem robusten Aufbau Beachtung. Ein guter Kompromiß bei vertretbaren Benziner-Verbrauchswerten.

Auf den 2,5-Liter TDI-Motor haben die Wohnmobilisten eine geraume Weile warten müssen. Mit diesem Triebwerk steht nun genügend Leistung zur Verfügung, ohne daß die Reisekasse durch ungebührlichen Kraftstoffkonsum zusätzlich belastet wird.

Grundsätzlich basieren die angebotenen Aggregate auf bewährter Großserientechnik von Volkswagen und Audi. Durch anders gestaltete Brennräume, andere Pleuel, geänderte Saugrohre und vieles mehr sind die Motoren allerdings den höheren Anforderungen im Nutzfahrzeugbetrieb angepaßt. So geben zum Beispiel alle diese Motoren ihre Leistung bei einer relativ niedrigen Drehzahl ab, was dem Einsatz im Wohnmobil entgegenkommt. Wichtig für den automobilen Alltag ist auch die Leerlauffüllungs-Regelung bei den **Benzinmotoren**, die für eine konstante Leerlaufdrehzahl sorgt. In der Praxis heißt das, daß beim Anfahren nach einem Kaltstart der Motor gleichmäßig weiterläuft – auch wenn eine Servolenkung oder die gerade einschaltende Klimaanlage an den Kräften zehren.

Alle Benzinmotoren haben eine vollelektronische Motorsteuerung. Ein Steuergerät erfaßt die angesaugte Luft und deren Temperatur ebenso wie die Drehzahl des Motors, die Kühlmitteltemperatur und die Drosselklappenstellung. Aus diesen Daten errechnet ein Mikroprozessor die jeweils erforderliche Einspritzmenge und den optimalen Zündzeitpunkt.

Die höchste Leistung der **Dieselmotoren** wird bei einem Drehzahlniveau von 3500/min bis 4000/min erreicht, danach verläuft die Leistungskurve weiterhin flach. Eine Softabregelung sorgt dafür, daß beim Erreichen dieses vorgegebenen Wertes abgeregelt wird.

Getriebe

Serienmäßig geben die Motoren des VW T4 ihre Kraft an ein quer eingebautes Fünfgang-Schaltgetriebe ab, das vom Fünfgang-Getriebe des VW Passat B4 abgeleitet wurde, jedoch mit entsprechender Anpassung der Mechanik.

Anstatt Seilzugübertragung (beim Passat) besitzt der Bus ein präzises und wartungsfreies Schaltgestänge mit kinematischer Umlenkung, das ohne seitliche Lagerung schwingungsfrei aufgehängt ist und den kurzen Weg vom Schalthebel zum davor liegenden Getriebe überbrückt.

Ein Viergang-Automatikgetriebe ist als Sonderausstattung für die Fünfzylindermotoren und den VR6 erhältlich.

Allradantrieb

Anders als noch beim Vorgängermodell ist die Allrad-Variante des T4 nicht als Geländefahrzeug ausgelegt, sondern für den Straßeneinsatz unter erschwerten Bedingungen gedacht. Bodenfreiheit und Getriebeabstufung entsprechen deshalb der vorderradgetriebenen Version.

Des einen Freud, des anderen Leid: Im Straßeneinsatz verhält sich dieses Antriebskonzept vorbildlich und glänzt durch äußerst ausgeglichenes Fahrverhalten. Dafür ist die Geländetauglichkeit gegenüber dem Vorgängermodell etwas eingeschränkt. Wer sich auf seinen Fahrten innerhalb Europas aufhält, wird's kaum vermissen, zumal die berechtigten naturschutzbedingten Einschränkungen für Offroad-Fahrten immer strenger werden.

Funktion

Zusätzlich zur direkt angetriebenen Vorderachse wird der Antrieb der Hinterräder immer dann aktiviert, wenn Schlupf (Durchdrehen) an den vorderen Rädern auftritt. Dafür ist die Visco-Kupplung zuständig. Beim Anfahren entsteht z.B. selbst auf trockener Straße an den Vorderrädern Schlupf. Die Visco-Kupplung übernimmt die Funktion des Verteiler-Differentials; die sofort reagierende Silikonflüssigkeit zieht die Hinterachse augenblicklic verstärkt zum Antrieb hinzu. Unter normalen Bedingungen ist der Syncro-Vierradantrieb so ausgelegt, daß etwa 75 % der Antriebskraft auf die Vorderräder übertragen werden. Das Fahrverhalten bleibt also »frontantriebstypisch«; der Antrieb »zieht« den Wagen. Der Transporter/Caravelle Syncro behält auch in Kurven sein eindeutiges Fahrverhalten immer bei.

Beim Bremsen übernehmen die Vorderräder durch die Gewichtsverlagerung nach vorn den größten Teil der Bremsverzögerung. Der »Bremschlupf« an den vorderen Rädern würde in Verbindung mit der Visco-Kupplung nun auch die Hinterräder aktivieren, die durch die Entlastung beim Bremsvorgang vorzeitig

Das im Bus eingebaute Getriebe unterscheidet sich vom ansonsten baugleichen Passat-Getriebe nicht nur durch die Übersetzungsstufen, sondern auch durch die andere Art der Schaltbetätigung (Schaltstange statt Seilzug).

Kernstück des Allradantriebs ist die Visco-Kupplung, die einen komfortablen permanenten Allradantrieb erst möglich macht.

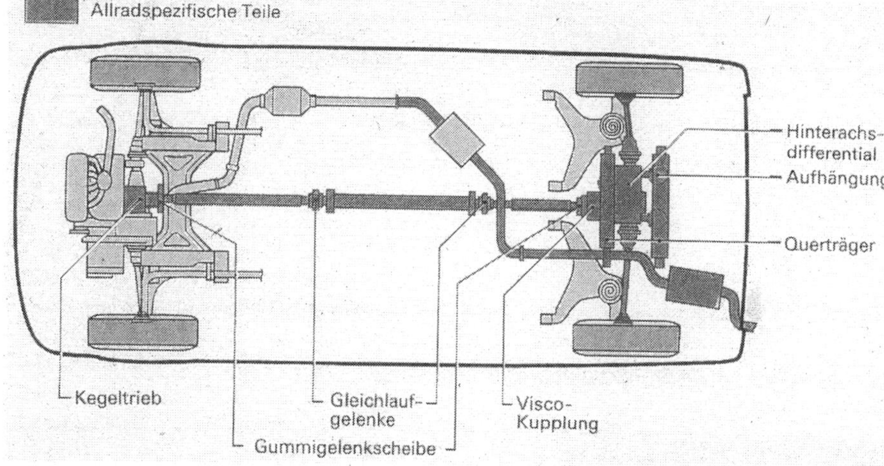

Die Teile des Allradantriebs und ihre Bezeichnungen sind in dieser Abbildung zusammengefaßt.

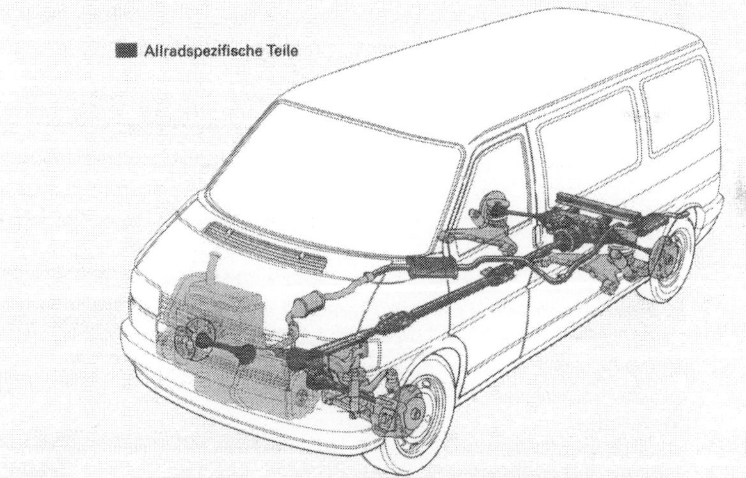

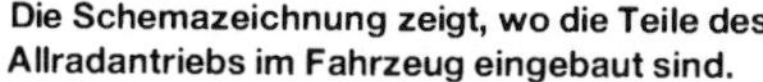
Die Schemazeichnung zeigt, wo die Teile des Allradantriebs im Fahrzeug eingebaut sind.

Schon bei der Konstruktion wurde der Allradantrieb in Form geeigneter Boden- und Hinterachsgestaltung für den VW-Bus vorgesehen. Das Foto zeigt das Verteilerdifferential mit Visco-Kupplung, die Kardanwelle und die beiden Antriebswellen zu den Hinterrädern.

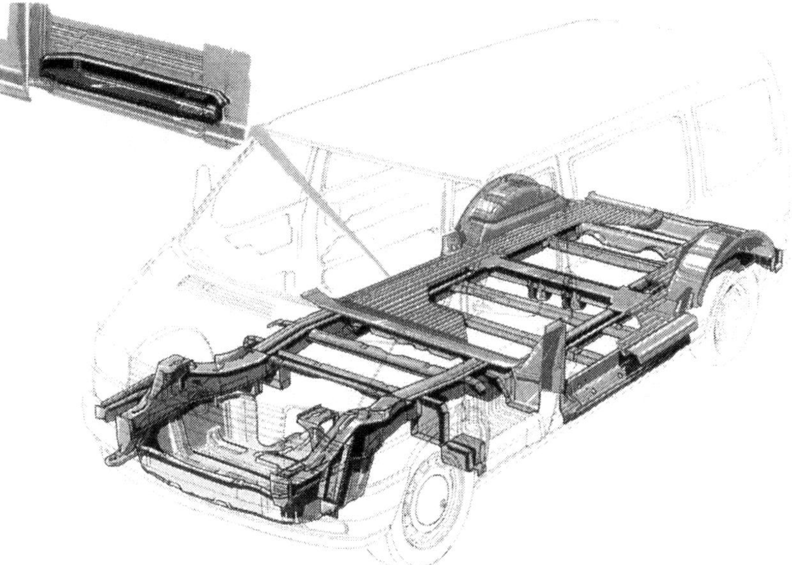

Die Bodengruppe des VW Transporters besteht im wesentlichen aus zwei Längs- und mehreren Querträgern.

strang und vermeidet so ein vorzeitiges Blockieren der Hinterräder. Damit ist der Syncro-Antrieb ohne Einschränkungen mit einem Antiblockiersystem kombinierbar.
Beim Rückwärtsfahren wird der Freilauf automatisch gesperrt, damit bleibt der Vierradantrieb auch im Rückwärtsgang erhalten.

Karosserie

Varianten

Die für unsere Wohnmobil-Belange interessanten Karosserie-Varianten reichen vom Kastenwagen, Kombi und Caravelle bis zur Pritsche und Doppelkabine bzw. zum Fahrgstell mit kleiner oder großer Fahrerkabine. Kasten und Kombi sind auch mit Werks-Hochdächern lieferbar. In diesem Fall besitzen sie hohe Heckflügeltüren und auf Wunsch auch eine hohe Schiebetür.
Das Fahrgestell besteht aus Fahrerhaus mit Antrieb sowie allen Aggregaten und kann im Wohnmobil- und Nutzfahrzeug-Bereich mit den unterschiedlichsten Rahmen für Sonderaufbauten kombiniert werden. Es lassen sich so integrierte Fahrzeuge oder Alkoven-Modelle verschiedenster Abmessungen realisieren.

Türen/Klappen-Versionen

○ Zum Be- und Entladen haben **Kastenwagen** und **Kombi** mit kurzem und langem Radstand in der Grundausstattung eine Heckklappe.
○ Als Sonderausstattung stehen Heckflügeltüren mit einem Öffnungswinkel von 180° oder 270° zur Wahl.
○ Der **Caravelle** mit kurzem Radstand ist serienmäßig mit einer Heckklappe ausgestattet.
○ Die Varianten mit langem Radstand werden ausschließlich mit Heckflügeltüren ausgeliefert; diese sind auf Wunsch auch mit einem Öffnungswinkel von 270° lieferbar.
○ Alle **Fahrzeuge mit Hochraumdach** haben serienmäßig hohe Heckflügeltüren und rechts eine normale Schiebetür.
○ Für Fahrzeuge mit Hochraumdach gibt es auf Wunsch auch eine hohe Schiebetür – allerdings nur auf der rechten Fahrzeugseite.
○ Die letzte Variation zum Thema Türen: die **Doppelkabine** ist mit zwei, drei und vier Türen erhältlich.

Struktur

Stabilität erhält die selbsttragende Transporter-Karosserie durch eine Bodenanlage, die durch Hutprofil-Längs- und Querträger unterstützt wird. Bei den geschlossenen Aufbauten ist der Ladeboden längsgesickt; bei offenen Versionen wird ein zusätzliches Hutprofil verwendet. Um eine größtmögliche Steifigkeit zu erzielen, kommen großvolumige Säulenschweller, Träger und Dachrahmen zum Einsatz; geklebte Scheiben verbessern die Stabilität zusätzlich. Die Seitenwände werden weitgehend durch ein Metallklebeverfahren verbunden.

Fahrgast- bzw. Laderaum

Der Laderaum hat einen ebenen und niedrigen Ladeboden, was insbesondere bei der Gestaltung der Wohneinrichtung von Vorteil ist. Auch die relativ kleinen Radkästen schränken den Wohnmobil-Ausbauer kaum ein. Der Lade- bzw. Fahrgastraum ist vom Fahrerhaus bequem erreichbar, sofern es sich nicht um ein Fahrzeug mit Trennwand zwischen den »Abteilen« handelt. Für die Nutzung als Wohnmobil kann diese Trennwand (obwohl eingeschweißt) auch wieder entfernt werden, ohne daß die Steifigkeit der Karosserie leidet.

Breite Fahrerhaustüren hinter den vorderen Radkästen erleichtern den Einstieg. Wir erinnern uns: an den Vorgänger-Busgenerationen waren die Türen stets vor den Radkästen angeschlagen.

Details der Schiebetür. Seit nunmehr drei VW-Bus-Generationen ist die rechte Schiebetür Bestandteil der Serienausstattung.

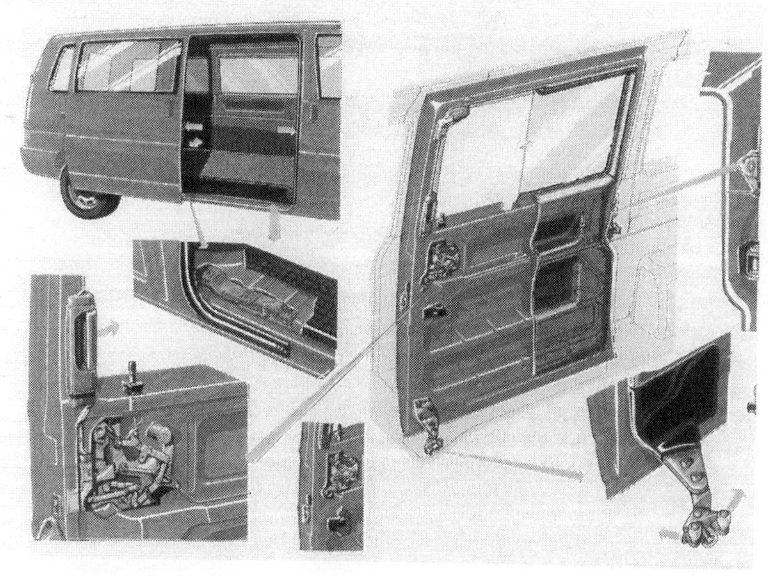

Die Heckflügeltüren sind Ausstattungsstandard bei Fahrzeugen mit langem Radstand. Auf Wunsch gibt es eine Ausführung mit 270° Öffnungswinkel.

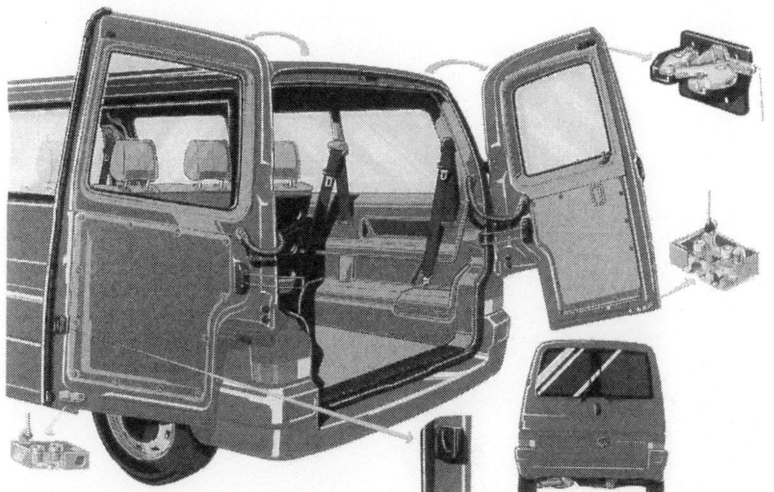

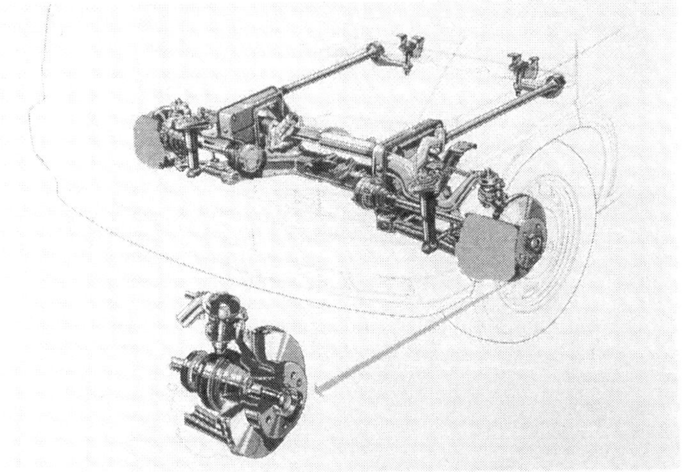

Vorn hat der T4 eine Doppelquerlenkerachse mit Schwingungsdämpfern und längsliegenden Drehstäben.

Die Sitzaufteilung vorn im Fahrerhaus ist variabel. Die breite Zweier-Beifahrersitzbank kann auch problemlos gegen einen Einzelsitz getauscht werden.
Im Fahrgastraum der Caravelle-Versionen können wahlweise eine Zweier- und eine Dreiersitzbank, eine Dreiersitzbank und zwei Einzelsitze oder vier Einzelsitze montiert werden. Bei den Versionen mit langem Radstand gibt es zusätzlich noch eine dritte Sitzreihe hinten im Fahrgastraum mit einer Sitzbank für drei Personen.
Der Fahrgastraum ist variabel und auch als Laderaum nutzbar. Die mittleren Sitze können durch die Befestigung mit »Pilzkopfschrauben« in Sekundenschnelle und ohne Werkzeug montiert oder demontiert werden. Die hintere Sitzbank ist nach dem Lösen von vier Schrauben ebenfalls herausnehmbar.

Luftwiderstand

Die Karosserie wurde im Windkanal bis zu einem cw-Wert von 0,36 optimiert (bei geschlossenem Aufbau mit kurzem Radstand) – ein sehr guter Wert für diese Fahrzeugklasse! Ein Grund mehr, darauf zu achten, daß nachträglich angebaute Sonderdächer oder sonstige Anbauten nicht alle Feinarbeit der Aerodynamiker zunichte machen.
Ohne Sonderaufbauten liegen die erreichbaren Höchstgeschwindigkeiten je nach Motorisierung zwischen 128 km/h und 181 km/h – ein eindeutiges Zeugnis guter Aerodynamik.

Umweltverträglichkeit

Alle Fahrzeuge mit Benzinmotor sind seit Produktionsbeginn serienmäßig mit einem geregelten Dreiwege-Katalysator ausgestattet. Nur die Dieselmotoren 1,9 Liter/44 bzw. 45 kW und 2,4 Liter/57 kW wurden noch ohne Katalysator ausgeliefert, alle anderen Diesel besitzen diese Art der Abgasreinigung. Die TDI-Motoren verfügen außerdem über eine Abgasrückführung.
Zusätzlich wird die Umwelt schon bei der Fahrzeugproduktion entlastet durch die Verwendung asbestfreier Brems- und Kupplungsbeläge, durch wasserlösliche Grundierungen, schwermetallfreie Uni-Decklacke, recyclingfähige Kunststoffe und asbestfreie Materialien bei allen Dichtungen.
Zudem kommen bei der Grundierung nur wasserlösliche Lacke zum Einsatz. Bei den Uni-Decklacken konnte ohne jeglichen Qualitätsverlust völlig auf Schwermetallverbindungen, wie Bleichromat-Cadmium-Pigmente, verzichtet werden.

Fahrwerk

Zum hohen Fahrkomfort tragen die Einzelradaufhängung vorn und hinten entscheidend bei. Traditionsgemäß besitzt der VW-Bus damit ein aufwendigeres Fahrwerk als die meisten Wettbewerber und eignet sich damit auch entschieden besser als Reise-Wohnmobil.

Bei der Hinterachse handelt es sich um eine Schräglenkerachse, bei der Stoßdämpfer und Federn unter dem Laderaumboden untergebracht sind.

Details eines Fahrerhaussitzes: Das Gurtschloß ist am Sitz befestigt, ferner zu sehen sind die feststehenden Sitzkonsolen mit und ohne Vorrüstung für Zweitbatterie.

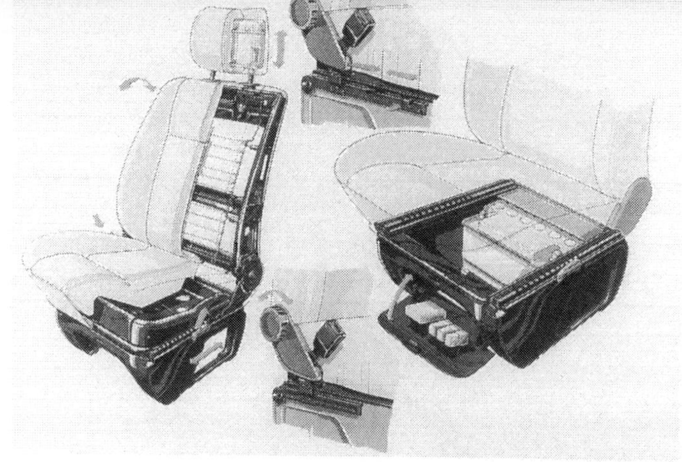

Feststehende Sitzkonsolen lassen sich problemlos gegen Drehkonsolen austauschen. Auch hier ist das Gurtschloß direkt am Sitz montiert.

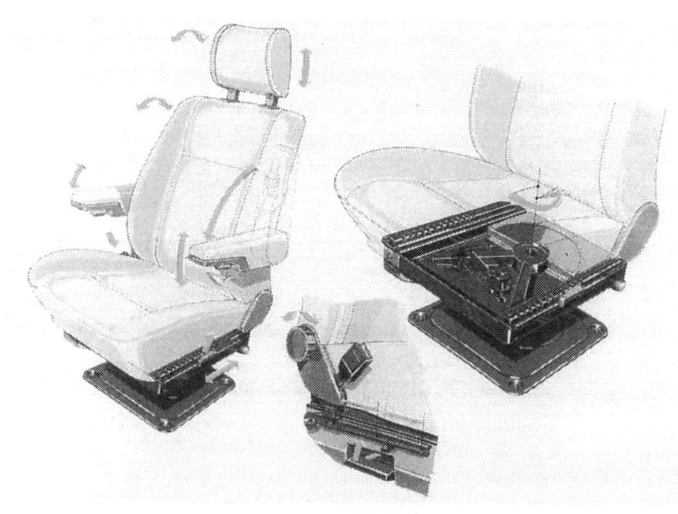

Die Sitzbefestigungsmethode im Laderaum läßt eine variable Sitzplatzaufteilung zu. Dieser klappbare Einzelsitz kann beispielsweise an verschiedenen Stellen montiert werden. In der gezeigten klappbaren Version gab es diesen praktischen Sitz nur bis 1993. Heute ist er nur noch über den Ersatzteilweg zu beschaffen.

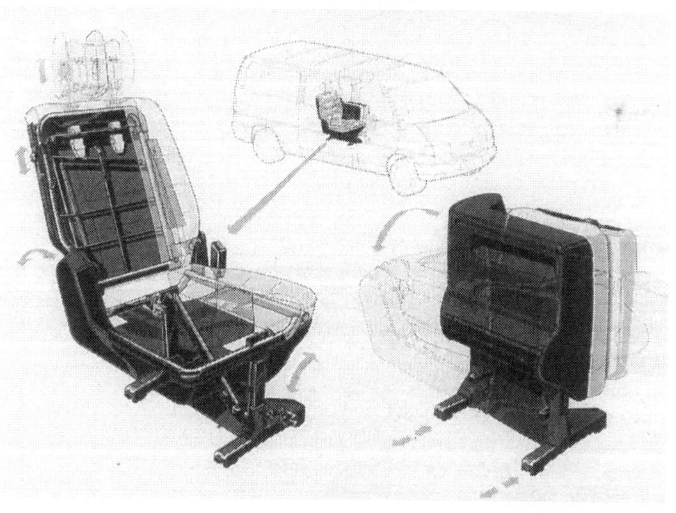

Kernstück der werksseitigen Sitzbefestigung im Fahrgastraum ist die sogenannte Pilzkopfschraube, die es ermöglicht, die Sitze in Sekundenschnelle auszubauen.

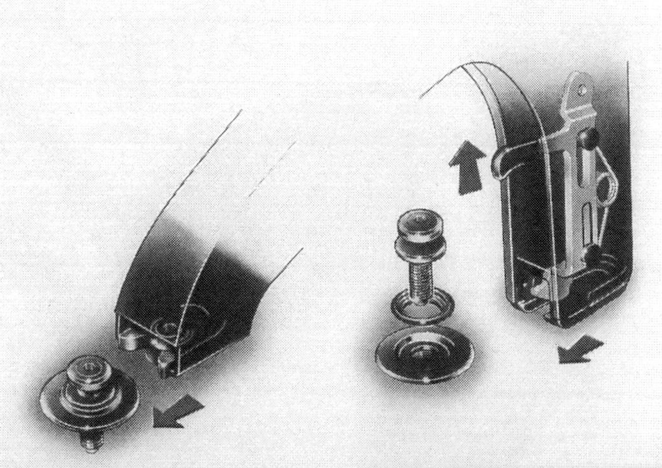

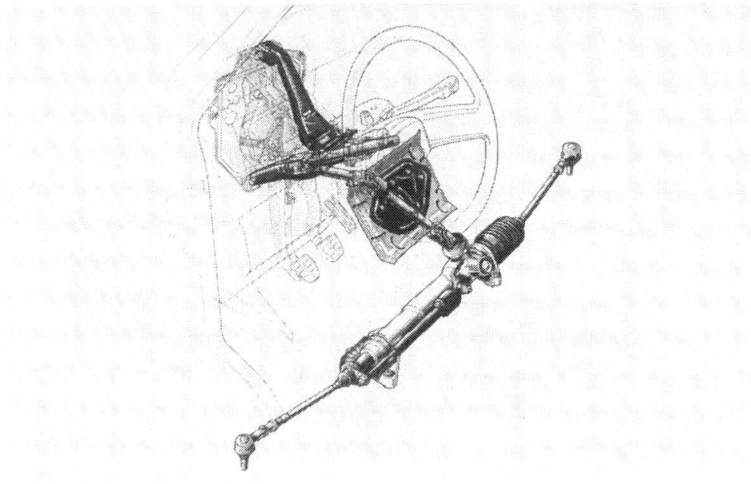

Die Lenksäule ist aus Sicherheitsgründen dreimal umgelenkt. So kann bei einem Frontalaufprall das Lenkrad nicht in den Innenraum geschoben werden.

Vorderachse Die Vorderachse ist eine Doppel-Querlenkerachse mit Stoßdämpfern und längsliegenden Drehstäben, die an den oberen Querlenkern angeordnet sind. Die kompakte Konstruktion ermöglicht einen ergonomischen Fußraum, der wesentlich mehr Platz bietet, als dies bei einer Lösung mit Schraubenfedern und den damit verbundenen Federdomen möglich gewesen wäre. Die Vorderachskinematik unterstützt ein untersteuerndes Lenkverhalten bei einwirkenden Seitenkräften, das viel zum ausgeglichenen und limousinenartigen Fahren im VW Transporter beiträgt.

Hinterachse Bei der Wahl der Hinterachse entschied sich Volkswagen für eine Schräglenkerachse, bei der die Stoßdämpfer vor der Achse unter dem Ladeboden angebracht sind. In Verbindung mit den verwendeten kurzen Schraubenfedern ergibt diese Bauweise sehr kleine Radhäuser – angenehm beim Wohnmobilausbau.
Die Bodenfreiheit liegt in beladenem Zustand bei 180 mm, die Federwege betragen 210 mm.
Außerdem ist die Hinterachskonstruktion so gewählt, daß zwischen der Version für Vorderradantrieb und der Allrad-Version keine Unterschiede bestehen.

Unfallsicherheit

Die T4-Transporter-Generation erfüllt alle derzeit weltweit gültigen Sicherheitsnormen und hat dies in umfangreichen Testprogrammen bewiesen. Sicherheit zeigt sich auch im Detail: So erfolgt z. B. die Arretierung der Sicherheitsgurte direkt an den Sitzen – was zu jeder Zeit einen optimalen Gurtverlauf und damit einen größtmöglichen Schutz gewährleistet. Der Sicherheits-Kraftstofftank oder die dreifach umgelenkte Lenksäule tragen ebenso zur Sicherheit bei wie die geklebten Scheiben, die bei einem Crash im Rahmen bleiben und dadurch sowohl die Festigkeit der Karosserie erhöhen als auch das Risiko von Glassplitterverletzungen reduzieren.

Korrosionsschutz

Bei der Herstellung wird die Karosserie zunächst in einem Tauchbad entfettet und erhält danach eine erste Beschichtung durch eine Zink-Phosphatierung. Durch konstruktive Maßnahmen wurde sichergestellt, daß vor allem auch die besonders kritischen Bereiche durch eine kataphoretische Tauchgrundierung gut beschichtet werden.
Zu den zusätzlichen Maßnahmen an der Rohkarosserie zählt ein elastischer PVC-Steinschlagschutz an den hinteren Radhäusern sowie im Schwellerbereich der Fahrerhaustüren. An allen durch Steinschlag gefährdeten Bereichen wird die Karosserie zusätzlich durch einen speziellen Lack geschützt.
Alle durch Kondens- oder Spritzwasser gefährdeten Hohlräume werden außerdem in der vollautomatisierten Heißwachs-Flutanlage beschichtet.

Der Sicherheits-Kraftstofftank aus Kunststoff sitzt bestens unfallgeschützt unter dem Fahrerhausboden. Die Grafik zeigt die je nach Motorisierung unterschiedlichen Kraftstoff-Ansaugsysteme im Tank.

Mit 50 km/h fährt hier ein voll ausgebautes (nicht serienmäßiges) Wohnmobil gegen die starre Wand.

Das Crash-Ergebnis ist erfreulich: Die Fahrgastzelle ist kaum in Mitleidenschaft gezogen. Mancher Mittelklasse-Pkw muß den Vergleich scheuen.

Näher betrachtet zeigt auch das Fahrerhaus Verformungen, doch die Türen lassen sich immer noch öffnen.

Überlebens-Raum im VW-Bus: Auch auf Fahrer- und Beifahrersitz bleibt man trotz des harten Aufpralls unverletzt. Für die Unversehrtheit der Passagiere auf den hinteren Sitzplätzen muß der Wohnmobil-Ausbauer durch unfallsichere Ausführung von Einrichtung und Sitzen Sorge tragen.

Prüfe, wer sich bindet

Ob neu oder gebraucht – das Abenteuer »Wohnmobil-Ausbau« beginnt mit dem Kauf des Basisfahrzeugs.

Wahl der Version

Ganz am Anfang steht die Frage, welche Karosserie-Version sich als Basis für unsere Wohn- oder Freizeitfahrzeug-Idee am besten eignet. Die Antwort fällt so vielfältig aus wie die Möglichkeiten, die sich – je nach Bedarf – realisieren lassen. Drum wollen wir in den folgenden Abschnitten wertungsfrei die Vor- und Nachteile der verschiedenen Versionen kurz erörtern.

Antrieb und Fahrgestell

Motorvariante

Welche Version hier den Geschmack des einzelnen am ehesten trifft, hängt von Temperament und Geldbeutel ab. Einen Abriß der Eigenschaften finden Sie im Kapitel »Das Basisfahrzeug«.

Getriebe und Antrieb

Auch hier trägt das Angebot vielen Anforderungen Rechnung. Automatik, 5-Ganggetriebe und Allrad-Antrieb lassen kaum Wünsche offen. Tip: Wer sich als alter Heckmotor-Bus-Pilot nur schwer an den Frontantrieb gewöhnen mag, sollte den Syncro-Bus probefahren.

Langer oder kurzer Radstand?

Eine Frage, für die es keine allgemein gültige Lösung gibt. Was man innen genießt, leidet man außen. Hier ein Lösungsansatz:

○ Wer den Wagen täglich zu fahren beabsichtigt, ihn im Großstadtgewühl bewegt, und wer vor allem auch das Benutzen von Parkhäusern oder Tiefgaragen mit ins Kalkül zieht, ist mit dem kurzen Radstand besser bedient. Im Wageninneren muß deswegen nicht drangvolle Enge herrschen, ein ausgeklügelter Einrichtungs-Grundriß kann Ausgleich schaffen. Bei Einrichtungs-Ideen, die Naßzellen beinhalten, sollte jedoch vom kurzen Radstand Abstand genommen werden.

○ Für den langen Radstand gilt eigentlich alles vorstehend Gesagte im umgekehrten Sinn. Nur: Er ist längst nicht so unhandlich wie man zunächst glaubt. Aber mit engen Kurvenradien gibt es Probleme – Parkbuchten müssen beispielsweise oft rückwärts angesteuert werden. Vorteil: Großzügige Raumverhältnisse machen manchen Einrichtungs-Kompromiß überflüssig.

Kastenwagen

Mit die beliebteste Basis der Profi-Ausbauer ist der Kastenwagen. Er ist nicht nur die billigste Variante, er macht auch durch das Fehlen jeglicher Laderaum-Ausstattung keinerlei Vorgaben, die spätere Ausstattung betreffend. Auch können die Fenster exakt dort gesetzt werden, wo man sie tatsächlich braucht. Wer die Wahl hat, sollte für einen Wagen ohne Trennwand zwischen Fahrerhaus und Laderaum entscheiden. Hat der auserwählte doch eine, ist's nicht weiter schlimm – sie läßt sich z.B. problemlos ausbauen (siehe Kapitel »Änderungen an der Karosserie«). Gleiches gilt für den breiten 2er-Beifahrersitz, der sich problemlos gegen einen 1er-Drehsitz tauschen läßt.

Nachteilig beim fensterlosen Kasten ist das Fehlen der **oberen 3-Punkt-Gurtbefestigungsbohrungen** im Laderaum. Diese lassen sich leider **nicht nachrüsten**, weshalb man also für Sitze im späteren Wohnbereich

a.) auf ein handelsübliches Sitz-/Gurtsystem mit integrierten Dreipunktgurten zurückgreifen muß, wenn man die Pkw-Zulassung anstrebt oder

b.) eine Rückbank mit Beckengurten montieren muß, womit man aber zwangsläufig die Wohnmobil-Zulassung erhält (was kein Nachteil sein muß).

Damit es keine Mißverständnisse gibt: Die Sitz-/Gurt-Befestigungen **am Laderaumboden** lassen sich auch im Kastenwagen ohne Probleme nachrüsten. Im Kapitel »Änderungen an der Karosserie« ist ausführlich beschrieben, wie das gemacht wird.

Kombi ohne Fenster

Das Schlamassel mit den oberen Gurtbohrungen umgeht man durch Verwenden eines sogenannten Kombi ohne Laderaumfenster. Ganz richtig ist die Bezeichnung nicht, denn dieser Wagen muß mindestens ein werksseitig eingebautes Laderaumfenster besitzen – egal wo. Ein geeigneter Platz ist natürlich in der Schiebetür und die Seitenwand gegenüber. Dieser Zwitter ist für den Personentransport vorgesehen und hat somit die oberen Gurtbohrungen. Auch das bzw. die Fenster stören nicht: Für die Original-Fensterausschnitte gibt es Isolierglas-, Schiebe- und Ausstellfenster (siehe auch Kapitel »Fenster für das Wohnmobil«).

Insgesamt ist diese Karosserievariante die ideale Basis für den Wohnmobil-Ausbau, doch auch hier gibt es

Gute und preisgünstige Ausgangsbasis für den Wohnmobilausbau ist der Kastenwagen. Er besitzt allerdings keine Gurtbefestigungspunkte im Laderaum. Das ist nicht weiter schlimm, wenn man dort eine Sitz-/Schlafbank mit integrierten Gurten montiert. Nur bei Verwendung zusätzlicher Sitze und auch bei der Zulassung als Pkw könnte es Probleme geben.

Kasten oder Kombi mit nur zwei Fenstern im Laderaum sind rar auf dem Gebrauchtwagenmarkt. Zu beachten: Die Lkw-Version (Kasten) hat hinten keine Gurtverankerungspunkte an der Seitenwand, die Pkw-Version (Kombi mit zwei Fenstern) hat sie dagegen.

Kombi oder Caravelle sind grundsätzlich bestens geeignet für den Wohnmobil-Ausbau. Leider liegen sie preislich erheblich über der vergleichbaren Kasten-Version. Gesagtes gilt für Neu- und Gebrauchtwagen.

Im Vergleich zu den anderen Fahrzeugen auf dieser Seite ist hier ein Wagen mit langem Radstand gezeigt. Ob es sich um einen solchen handelt, erkennt man am leichtesten an der Länge des Blechteils zwischen hinterem Radausschnitt und Schiebetür.

Nachteile: Als Neuwagen ist der Kombi ein ganzes Stück teurer als der Kasten und für das Fehlen der Fenster gibt es **keinen Minderpreis**. Auf dem Gebrauchtwagenmarkt dürfte der Kombi ohne Fenster kaum zu finden sein.

Kombi

Auf diese antiquierte Produktbezeichnung hört auch heute noch der voll befensterte Bus mit Preßspan-Innenverkleidungen in einfachster Ausstattung. Als Ausbau-Basis **uneingeschränkt zu empfehlen**, auch wenn meist eines der Fenster hinter einem Schrank verschwindet. Dafür entfällt das Problem, die Fenster nachträglich einzubauen, was nicht jedermanns Sache ist.
Selbstverständlich besitzt der Kombi alle Gurtbefestigungen, womit dieses Problem aus der Welt wäre.
Die Fenster bleiben entweder wie sie sind oder werden durch Wohnmobilfenster in Originalgröße ersetzt bzw. durch Vorsatzscheiben auf Isolierglas umgerüstet.
Sitzbänke, die z. B. im Gebrauchtwagen mitgeliefert werden, stellen keine Behinderung dar. Sie lassen sich vielmehr leicht demontieren und per Kleinanzeige verkaufen. Bei Bedarf kann natürlich auch eine der Sitzgelegenheiten als Zusatz-Bestuhlung zurückbehalten werden. Ideal geeignet hierfür ist der Einzelsitz oder die Doppel-Sitzbank mit Gurten. Durch die Verankerung an den im Boden verschraubten Pilzkopfschrauben ist die Einbauposition im Rahmen der vorgegebenen Raster variabel (siehe dazu Kapitel »Sitze und Gurte«).

Hochdach-Version

Kombi und Kasten gibt es auch ab Werk mit Hochdach auf Basis des langen Radstands zu kaufen. Interessant daran können für den Wohnmobil-Ausbau die hohen Heckflügeltüren bzw. die auf Wunsch eingebaute hohe Schiebetür sein, die in andere Wagen nicht nachgerüstet werden dürfen. Ideal ist diese Version beispielsweise, wenn ein behindertengerechtes Wohnmobil entstehen soll oder wenn aufrechtes Einsteigen in den Wagen hohe Priorität hat. Problematischer wird die Unterbringung eines Dachbetts.

Caravelle

Für die besser ausgestatteten Personentransporter gilt eigentlich gleiches wie für den Kombi. Überlegenswert ist in diesem Fall, in wie weit die schönen Seitenverkleidungen in die Wohneinrichtung miteinbezogen werden können. Da genügt es möglicherweise schon, die Verkleidungen abzubauen, dahinter zu konservieren und zu isolieren und sie wieder anzubauen. Schon ist dieser Teil der Ausbau-Arbeit gemacht.
Speziell bei geplanter Nutzung als vielseitiges Freizeitmobil bietet der Caravelle eine gute Ausgangsbasis. Im Innenraum wird dann nur noch ergänzt, was man an Wohneinrichtung wünscht. Das könnte z. B. eine Schlaf-/Sitzbank und eine kleine Kochgelegenheit sein.
Manchmal ist es auch unumgänglich, auf die Nobel-Version zurückzugreifen. Der Wunsch nach einem Automatikgetriebe in einem Gebrauchtfahrzeug könnte solch ein Fall sein. Eine derartige Ausstattung findet sich selten in einer Basis-Version.

Multivan

Der Multivan ist zwar fast schon ein Wohnmobil, doch läßt er durch seine vielseitige Nutzbarkeit auch eine weitere Komplettierung zu. Denkbar wäre der nachträgliche Einbau eines Kleiderschranks oder einer herausnehmbaren Kochgelegenheit. So lassen sich am leichtesten die Pkw-Eigenschaften mit Wohnmobil-Vorzügen verbinden (siehe auch Kapitel »Eine kleine Nutzungsanalyse«).

Ausstattungs-Überlegungen

Wer sich dazu entschließt, ein Wohnmobil aufzubauen oder aufbauen zu lassen, kann bei der Fahrzeugauswahl bereits Fehler vermeiden, die hinterher mit Geld oder Arbeitsaufwand zu bezahlen wären. Nachfolgend sind einige Punkte angesprochen, die Sie beachten sollten.

- Wie schon gesagt, ist der »Kombi ohne Fenster« die ideale Ausgangsbasis. Die Fenster können Sie sich dort einbauen lassen, wo Sie sie gerne hätten oder anders ausgedrückt; Sie können dort auf Fenster verzichten, wo Sie keine brauchen.
- Auch die Fensterversion ist von Interesse. Color- oder Klarglas, Isolierscheiben für den Laderaum, Schiebefenster für die Schiebetür und gegenüber.
- Generell sollten Sie nach einem Fahrzeug ohne Trennwand Ausschau halten.
- Günstig ist, wenn für den Beifahrerseitz bereits eine Drehkonsole eingebaut wurde, sofern Sie nicht eine Zubehör-Drehkonsole (z. B. mit Wertfach) einbauen wollen. Gleiches gilt für den Fahrersitz, sofern gewünscht.
- Wurde die Kraftstoff-Standheizung mit Zweitbatterie bereits beim Neuwagen mitbestellt, sitzen Batterie und Elektrik der Heizung in der Fahrersitzkonsole. Der nachträgliche Einbau einer Drehkonsole ist problematisch, weil die ganze Elektrik verlegt werden muß.
- Eine helle Lackierung reflektiert die Sonnenstrahlen besser als eine dunkle. Der Wagen heizt sich in der Sonne weniger auf. Dafür ist der Tarn-Effekt einer dunkelgrünen Lackierung größer.
- Eine Zentralverriegelung erhöht den Bedienkomfort.
- Die Heizung/Lüftung kann als Sonderausstattung über eine Umluftklappe verfügen.
- Auf langen Reisen kann ein Tempomat (Geschwindigkeits-Regelanlage) das rechte Bein entlasten.

Das Werks-Hochdach hat gegenüber Zubehör-Hochdächern den Vorteil, mit hohen Flügeltüren hinten – und auf Wunsch auch mit einer hohen Schiebetür – kombiniert zu sein. Die hohen Türen dürfen nicht nachgerüstet werden.

Fast schon ein Wohnmobil ist der Multivan. Wer die Ausstattung komplettieren möchte, findet bei Zubehör-Herstellern hinreichend Auswahl – etwa um eine Kochgelegenheit oder Kleiderschränke nachzurüsten.

Sorry – leider nur eine Studie. Der »Hookipa« sollte den Publikumsgeschmack testen. Das Fahrzeug war mit einer »Wochenend-Wohnausstattung« versehen und hatte als besonderen Gag ein Spezialdach zur Aufnahme von Surfbrettern. Vielen würde ein solcher Ausstattungsumfang schon ausreichen.

Auch auf der Basis »Fahrgestell mit Doppelkabine« kann ein Wohnmobil entstehen. Lesen Sie im Kapitel »Sonderaufbauten« am Ende des Buches nach.

○ Sitzheizung, elektrische Fensterheber, elektrische Spiegelverstellung oder Multifunktionsanzeige (nur Benziner) lassen sich nur mit Aufwand nachrüsten.
○ Wer die Wankneigung des schweren Aufbaus verringern will – was besonders bei Hochdach-Fahrzeugen Bedeutung hat – achtet darauf, ob vorn ein stärkerer und hinten ein zusätzlicher Stabilisator eingebaut ist, beide können aber auch nachgerüstet werden.

Fingerzeig: Für den Fahrzeugkauf gilt: Feilschen um den Preis spart Geld. Kommt man dabei nicht weiter, sollte man nach einem geldwerten Vorteil Ausschau halten. Vielleicht läßt sich ein Autoradio, Winterreifen oder ein Gepäckträger in den Kaufpreis mit einbeziehen.

Gebrauchtwagenkauf

Ein unbedingt richtiger Gedanke ist, ein Gebrauchtfahrzeug als Basis für den Wohnmobil-Ausbau zu verwenden. Die Bus-Karosserien sind gründlich gegen Rostbefall geschützt, so daß ein Fahrzeug in Privathand deutlich älter als 10 Jahre werden kann, ohne daß die Gebrauchstüchtigkeit entscheidend gemindert wird.
Wenn man zu günstigem Preis einen Wagen erwischt, der auch mechanisch gut »beieinand« ist, kann man schon von einem Glücksgriff reden. Dennoch: Priorität bei der Kaufbeurteilung hat die Karosserie, denn die Mechanik läßt sich allemal ersetzen.

Gebrauchtwagenkauf von Privat

Will der Privatmann einen VW-Bus verkaufen, stehen ihm zwei grundsätzlich unterschiedliche Möglichkeiten zur Verfügung.
○ Er inseriert in einem der Anzeigenblätter, die vor den Wochenenden kostenlos ins Haus schneien oder die (wegen der kostenlosen Anzeigen) am Kiosk gekauft werden müssen. Wer auf diese Weise einen günstigen Bus erwerben will, muß sich sputen: Möglichst schnell nach Erscheinen der Zeitung beim Inserenten anrufen, deshalb die Anzeigenblätter am besten gleich so früh wie möglich beim Verlag abholen. Auch Händler beziehen ihre Gebrauchtwagen aus Zeitungsinseraten und schnappen dem privaten Kaufinteressenten die besten Stücke weg.
○ Er setzt sein Fahrzeug ins Internet. Wenn dann noch ein paar aussagekräftige Fotos dazu eingestellt sind, kann man sich schon vor der Fahrt zum Verkäufer ein gewisses Bild von dem Fahrzeug machen. Hier gilt dasselbe wie für Zeitungsinserate, Händler und andere Interessenten halten ständig Ausschau nach Schnäppchen, man muß also mindestens einmal täglich, besser mehrmals nachschauen, was es Neues im Angebot gibt.
Vorteil beim Verkauf von Privat an Privat: Der Vorbesitzer (und nicht nur der Wagen) kann kritisch beäugt werden. Aus eigener Erfahrung läßt sich sagen, daß bei sympathischen Menschen der Wagen in der Regel in Ordnung ist oder zumindest seine Mängel nicht verdeckt werden (Angabe ohne Gewähr). Bisweilen treten jedoch auch Händler als Privatleute auf, was sich spätestens beim Aufsetzen des Kaufvertrags herausstellt.

Gebrauchtwagenkauf im Autokino

An Samstagen vermieten Autokinos oder Supermärkte ihre Standplätze an private Autoverkäufer, die dort mit ihrem Fahrzeug den Tag verbummeln und auf einen Käufer warten. Diese Verkaufmethode hat seit Internetzeiten deutlich an Attraktivität verloren. Oft herrscht ein mittleres Tohuwabohu aus Schaulustigen, probefahrenden Interessenten und verzweifelten Verkäufern. Gute Wagen werden von Händlern oft schon an der Einfahrt abgefangen.

Gebrauchtwagenkauf beim VW-Händler

Beim Verkauf eines Neuwagens muß der VW-Händler häufig einen Gebrauchtwagen in Zahlung nehmen, den er – meist nach kurzer Werkstattprüfung – dann wieder zum Verkauf anbietet. Ähnlich verhält es sich nach Rücknahme eines Wagens aus einem Leasing-Geschäft.
Gepflegte Wagen liegen beim Marken-Händler allgemein im mittleren bis oberen Preisbereich. Man weiß dort über das Preisniveau genau Bescheid. Ungepflegte und verbeulte Fahrzeuge, bei denen eine Wiederaufbereitung in der Werkstatt zu aufwendig wäre, werden dagegen meistens sehr preisgünstig verkauft, leider aber oft nicht an Privatleute, sondern an gewerbliche Wiederverkäufer. Wenn gerade kein passender Wagen verfügbar ist, lohnt es sich aber durchaus, später noch einmal nachzufragen. Oder lassen Sie sich als Interessent für einen Bus in einer bestimmten Preisklasse vormerken.
Unter den einzelnen VW-Händlern gibt es – speziell bei kleineren Betrieben – solche, die einen hohen Nutzfahrzeug-Anteil in der Kundschaft haben. Gerade bei Werkstätten, die in typischen Industriegebieten liegen, ist das häufig der Fall. Dort ist dann eher mit einem Ex-Leasing-Bus zu rechnen, den man evtl. günstig erwerben kann.

Gebrauchtwagenkauf beim Händler einer Fremdmarke

Händler anderer Automarken, wie Ford oder Opel, müssen natürlich auch gelegentlich einen VW-Bus in Zahlung nehmen. Unter Umständen weiß man dort über das Preisnieveau des »Exoten« nicht ganz so genau Bescheid und ist froh, den Fremdling wieder vom Hof zu haben. In Einzelfällen kann sich so ein Gelegenheitskauf ergeben.

Maße für Fahrzeuge mit kurzem Radstand

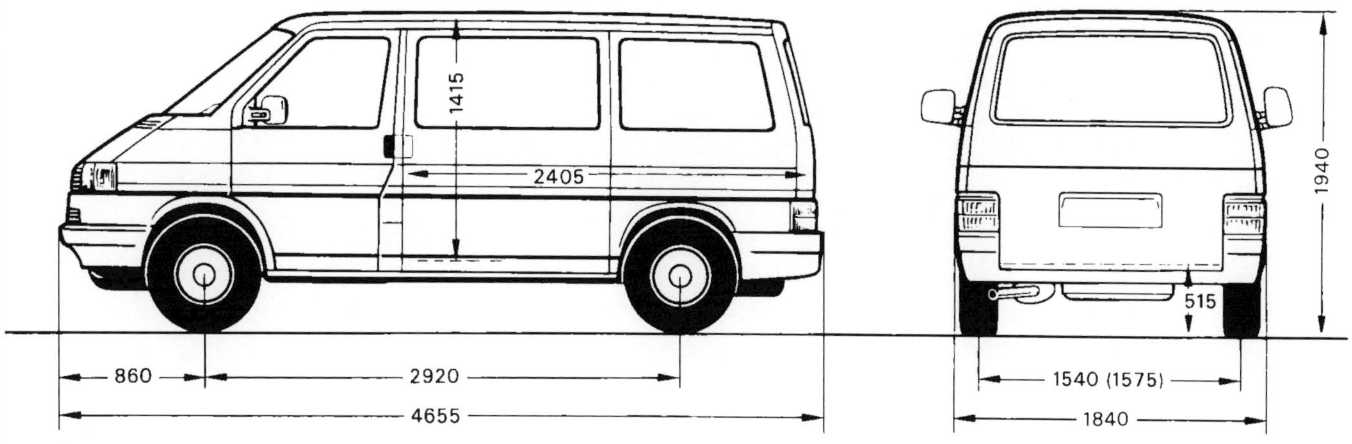

Maße für Fahrzeuge mit langem Radstand

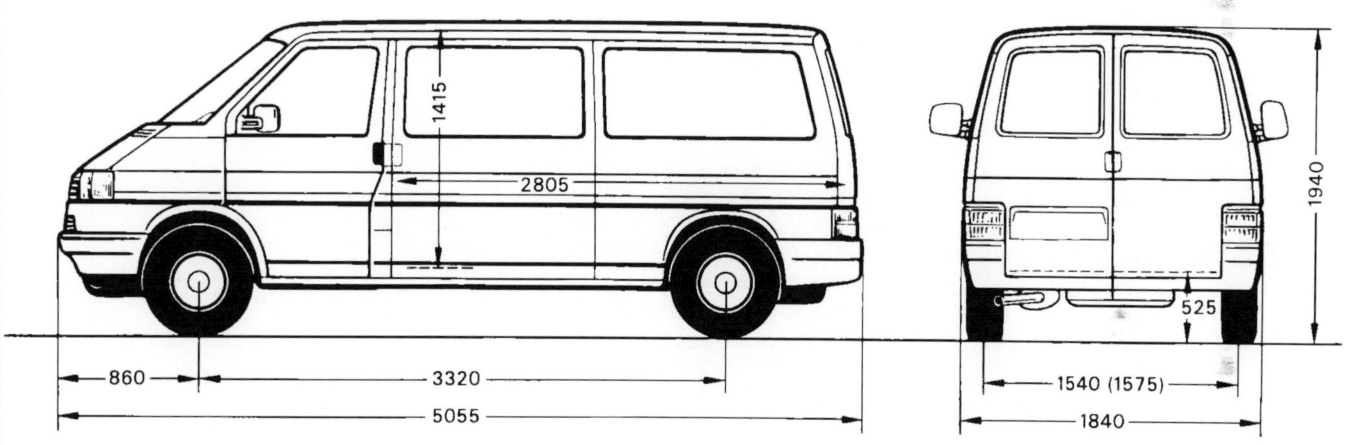

Maße für Fahrzeuge mit Werks-Hochdach

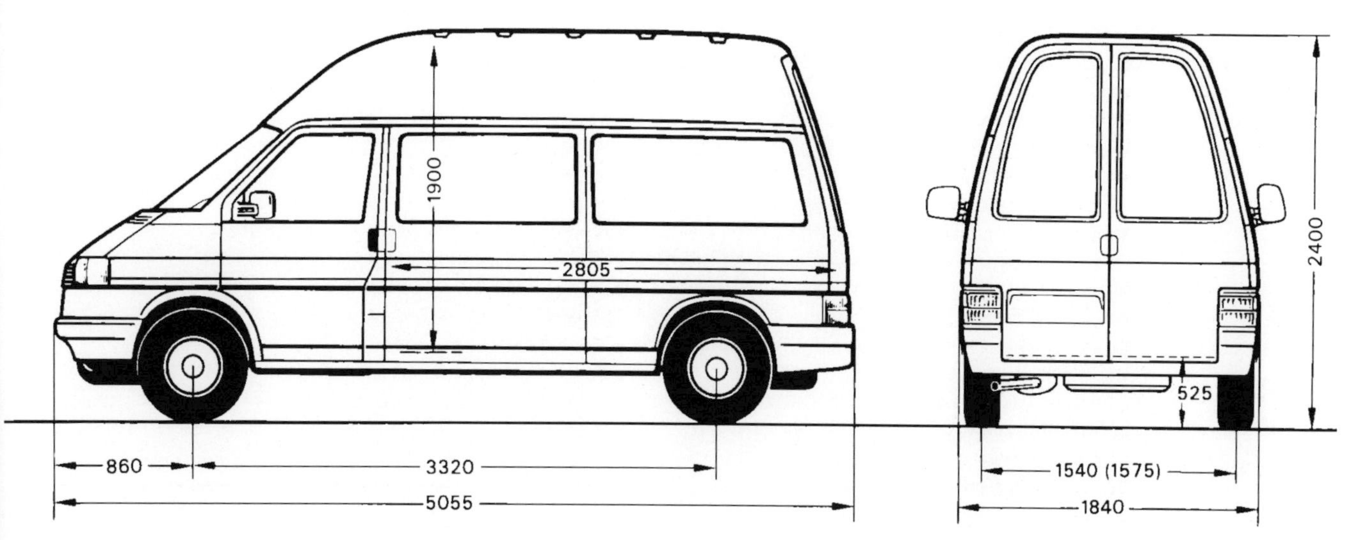

Gebrauchtkauf beim freien Händler

Unter den freien Händlern gibt es bisweilen solche, die sich auf die Marke VW oder sogar auf den VW-Bus spezialisiert haben. Da besteht reichliche Auswahl an verschiedenen Transporter-Versionen. Häufig handelt es sich dabei um ehemalige Firmenfahrzeuge, die repariert und auch optisch aufgewertet wurden – etwa durch eine Lackierung. Wie sachgerecht das durchgeführt wurde, muß im Einzelfall entschieden werden. Es kann jedoch keinesfalls schon von vornherein davon ausgegangen werden, daß Pfusch vorliegt. Gerade bei spezialisierten Händlern kann evtl. auch später ein gebrauchtes Ersatzteil erworben werden, wenn der Wagen von dort stammt.

Einen Kastenwagen bekommt man auch bei Gebrauchtwagenhändlern, die sich auf größere Nutzfahrzeuge und Lastwagen eingeschworen haben. Nachfragen lohnt! Allerdings nehmen viele Zweithand-»Kästen« den Weg ins Ausland. In Griechenland ist der Kastenwagen beispielsweise sehr beliebt, weil er in eine niedrige Steuerklasse fällt.

Ganz sicher kann man bei einem Gebrauchtwagenhändler kein Schnäppchen machen. Die Branche weiß, wie die Preise liegen. Wer jedoch ein reelles Auto zu einem angemessenen Preis erwirbt, hat schließlich auch einen guten Kauf getätigt.

Gebrauchtkauf bei einer Firma

Bei vielen Firmen besteht der Fuhrpark ausschließlich aus VW-Transportern. Da lohnt sich evtl. die Nachfrage, ob gerade ein Gebrauchter zum Verkauf steht. Wer anruft, sollte gleich den Fuhrparkleiter verlangen. Manchmal haben jedoch Großfirmen schon feste Abnehmer für ihre Wagen, so daß der Privatmann kaum Chancen hat.

Beurteilen des Gebrauchtwagens

Ohne eingehende Prüfung des Objekts darf kein Gebrauchtwagenkauf vor sich gehen. Nur so können Sie sich vor einem Fehlkauf schützen – und außerdem gehört's zum Ritual.

Als erstes brauchen Sie Papier und Schreibzeug, um festgestellte Mängel zu notieren. Für die Kontrollen in dunklen Ecken und am Wagenboden empfiehlt sich eine Taschen- oder Handlampe. Zum Ausfindigmachen von Karosserie-Durchrostungen dient ein Schraubendreher, notfalls auch der Autoschlüssel. Wenn keine Aufbockmöglichkeit besteht, nützt eine alte Decke zum Draufliegen bei der Überprüfung der Bus-Unterseite.

Prüfen im Stand

Karosseriezustand

Rostschäden gehen von allen Karosseriereparaturen am meisten ins Geld. Der Blick unter den Wagen lohnt sich also: Weisen der Wagenboden, die Längsträger (Schweller) und die Radkästen schon größere Roststellen auf? Ist das Blech an diesen Stellen sogar schon durchgerostet? An der Karosserie-Oberseite sind Roststellen zu erwarten an den Radausschnitten vorn und hinten, an den Schwellern entlang der Karosserie-Unterkante sowie an allen Türen und Klappen, was jedoch nicht so tragisch ist.

Schlecht reparierte Unfallschäden sind an ungleichen Tür- und Klappenspalten oder Seitenblechen zu erkennen. Wer in flachem Winkel an den Blechteilen vorbeipeilt, erkennt sofort jede Unebenheit. Nicht mit Unfallschäden zu verwechseln sind Beulen, die durch loses Ladegut von innen nach außen in die Seitenwände geschlagen wurden.

Unfallschäden im Fahrwerksbereich entlarven sich durch verbogene Längs- oder Querträger oder durch verbogene Achsteile.

Rund um den Wagen

Beleuchtungseinrichtungen: Scheinwerferreflektoren trübe oder angerostet, Lampengläser gesprungen oder beschlagen, Rücklichtgläser gesprungen, Feuchtigkeit im Rücklicht? Funktionieren sämtliche Leuchten am Wagen einschließlich der Bremsleuchten?

Türschlösser: Wird beim Schlüsseldreh ordnungsgemäß verriegelt bzw. geöffnet oder sind die Schließzylinder festkorrodiert? Funktioniert die Zentralverriegelung an allen Schaltstellen?

Motor: Ölverlust, vor allem an der Unterseite? Tritt Öl an der Trennfuge zwischen Motor und Getriebe aus, ist sicher der Kurbelwellen-Dichtring defekt. Die Reparatur erfordert den Ausbau des Motors.

Der Dieselmotor kann am Stellhebel (Gashebel) der Einspritzpumpe undicht werden (Kraftstoff tritt aus). Diese Reparatur erfordert nicht nur den Austausch der Dichtung, sondern auch eine Grundeinstellung der Pumpe in der Werkstatt. Ansonsten können beim Diesel die Wellendichtungen am Riementrieb oder die bereits angesprochene Kurbelwellen-Dichtung am Motor verschlissen sein.

Fahrwerk: Jedes Vorderrad an der Oberseite quer zum Fahrzeug hin- und herrütteln. Ist Spiel fühlbar? Wenn ja, liegt es an den Radlagern oder den Achsgelenken der Vorderachse. Während Sie noch rütteln, lassen Sie einen Helfer kräftig auf die Fußbremse treten. Das unterdrückt das Spiel in den Radlagern. Ist jetzt noch Spiel fühlbar, kann es nur an den Achsgelenken liegen.

Stoßdämpfer: Unbeladene Karosserie an der betreffenden Karossierecke z.B. am Stoßfänger aufschaukeln. Nach etwa zwei Schwingungen müssen die Bewegungen abgeklungen sein.

Rost oder Durchrostungen an der Schiebetür?

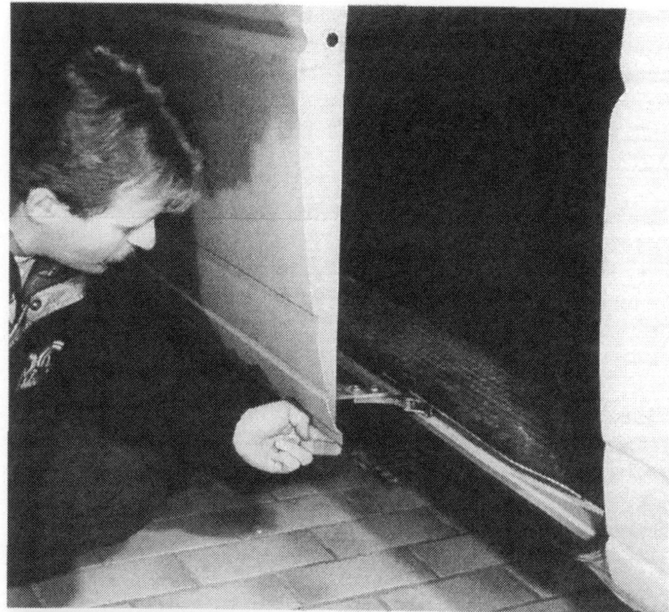

Wie sieht es unter dem Wagenboden aus? Rost an der Karosserie? Auspuff durchgerostet? Fahrwerksteile beschädigt?

Bei älteren Gebrauchtwagen hat nicht selten die Schiebetür Funktionsmängel. Meist sind dafür die Rollenführungen verantwortlich.

Bereifung: Profiltiefe ausreichend (mindestens 1,6 mm)? Kontrollieren Sie an den Vorderreifen speziell die Außenkante; dort sind die Reifen jeweils am stärksten belastet. Richtige Reifengröße montiert (siehe Fahrzeugpapiere)?
Reifen gleicher Bauart, aber von verschiedenen Herstellern auf einer Achse? Das gilt zwar nicht als unzulässig, wird aber bei der Hauptuntersuchung nicht gern gesehen. Ventilkappen vorhanden? Reifenflanken beschädigt? Felgenhörner verbogen?

Unter dem Wagen

Auspuff durchgerostet, Auspuffrohre geknickt?
Fahrwerk: Kontrollieren Sie durch die Felgenlöcher, ob die Bremsscheiben riefig oder eingelaufen sind. Mit dem Finger nur bei kalter Bremsscheibe prüfen! Bremsleitungen angerostet? Besonders gefährdet sind die Leitungen im Spritzbereich der Räder. Bremsschläuche verdreht? Staubmanschetten der Achsgelenke und der Spurstangen beschädigt? Zeigt sich beim Rütteln an den Spurstangen Spiel? Manschetten der Antriebswellen auf Beschädigungen kontrollieren.

Im Wagen und im Motorraum

Lenkung: Drehen Sie die Lenkung in Geradeausstellung und kontrollieren Sie, ob sich das linke Vorderrad ohne Verzögerung bewegt. Beobachten Sie hierbei die Felge, da der Reifen einen Teil des Einschlags »schluckt«. Lenkungsspiel vom Lenkgetriebe selbst, den Spurstangen, der Lenksäule und den Kreuzgelenken unter dem Armaturenbrett? Knackgeräusche in der Zahnstangenlenkung?
Bremshydraulik: Stand der Bremsflüssigkeit im Vorratsbehälter kontrollieren. Steht die Flüssigkeit unter der Minimum-Marke, ist die Bremshydraulik irgendwo undicht.
Pedalweg: Spätestens bei halb durchgetretenem Bremspedal müssen Sie Druck spüren.
Handbremse: Nach 2–4 Rasten muß die Handbremswirkung einsetzen.
Sicherheitsgurte dürfen nicht ausgefranst sein, Automatikgurte müssen einwandfrei aufrollen.
Batterie: Reicht der Säurestand in den Batteriezellen aus? Ist das Batteriestandblech voll mit weißen Säurekristallen, hat die Batterie sicher zu viel Strom abbekommen und ist »übergekocht«. Dann ist meist der Lichtmaschinenregler defekt.

Die Probefahrt

Motor

Startwilligkeit: Auch der kalte Benzinmotor muß spontan anspringen.
Der eiskalte Dieselmotor sollte relativ zügig anlaufen. Dauert es sehr lange, läßt das auf schlechte Kompression und damit auf schlechten Motorzustand schließen. Oder mehrere Glühkerzen sind defekt. Schlechte Kompression bewirkt, daß der Wagen bei niedrigen Temperaturen extrem schlecht oder gar nicht anspringt. Das ist vor allem bei Wagen, die vornehmlich im Kurzstreckenbetrieb gelaufen sind, auch schon bei relativ niedrigen Kilometerleistungen der Fall.
Motorgeräusch: Alle Motoren sind mit Hydrostößeln ausgestattet, die das Nachstellen der Ventile überflüssig machen. Nach langen Standzeiten verursachen diese heftige Geklapper, das sich spätestens bei Betriebstemperatur gelegt haben muß. Der warme Motor muß vor allem gleichmäßig rund laufen.
Der Dieselmotor zeichnet sich in kaltem Zustand durch starkes Nagelgeräusch aus. Bei Betriebstemperatur muß er gleichmäßig und ohne Leerlaufschwankungen laufen.

Fingerzeig: Für die weitergehende Prüfung eines nicht einwandfrei laufenden Motors sollten Sie als erstes die Messung des Kompressionsdrucks verlangen. Zu niedrige Druckwerte bedeuten beim Diesel in der Regel verschlissene Zylinderlaufbahnen, was zu Startschwierigkeiten führt. Beim Benziner läßt zu geringer Druck auf einen zurückliegenden Kolbenfresser oder auf eingebrannte Ventile schließen.

Kupplung

Funktion: Bei voll durchgetretenem Pedal muß sich der Rückwärtsgang ohne Kratzen einlegen lassen, sonst trennt die Kupplung nicht einwandfrei. Das kann zum einen an einer defekten Kupplungs-Druckplatte liegen. Oder die Hydraulik der Kupplungsbetätigung ist leck, und es ist Luft ins Hydrauliksystem eingedrungen.
Betätigung: Brumm- oder Pfeifgeräusche bei durchgetretenem Pedal deuten auf ein defektes Kupplungs-Ausrücklager.
Verschleißprüfung: Handbremse fest anziehen, 3. Gang einlegen, etwas Gas geben und Kupplungspedal langsam kommen lassen. Wird der Motor jetzt abgewürgt, ist die Kupplung in Ordnung. Diese Gewaltprüfung sollten Sie am eigenen Fahrzeug nur gelegentlich vornehmen.

Getriebe

Schaltung: Bei korrekt eingestelltem Schalthebel müssen sich die Gänge einwandfrei durchschalten lassen. Ist die Rückwärtsgangsperre intakt?
Funktion: Bei einwandfreier Synchronisation lassen sich die Vorwärtsgänge während der Fahrt ohne Kratzgeräusche einlegen. Kontrollieren Sie speziell die 2.-Gang-Synchronisation beim Zurückschalten vom 3. Gang. Mahlende oder singende bis heulende Geräusche in einzelnen Gängen unter Last lassen auf verschlissene

Der Stand der Bremsflüssigkeit muß sich bei intakter Bremsanlage zwischen den beiden Markierungen (Pfeile) befinden. Ist er in die Nähe der unteren Marke abgesunken, dürften die vorderen Scheibenbremsbeläge schon erheblich verschlissen sein. Steht der Pegel unter dieser Marke, liegt ein Defekt der Bremshydraulik vor.

Das Kühlmittel muß zwischen den beiden Marken (Pfeile) am Ausgleichsbehälter (2) stehen. Wenn nicht, ist eine Undichtigkeit im Kühlsystem zu befürchten.
Bei warmem Motor sollten Sie den Kühlsystem-Verschlußdeckel (1) nur langsam abschrauben, sonst könnte evtl. heißes Kühlmittel herausspritzen. Blick ins Innere des Behälters: Öldurchsetztes Kühlmittel läßt auf einen Schaden an der Zylinderkopfdichtung oder am Motorblock schließen.

Aufschluß über den mechanischen Gesundheitszustand des Motors liefert unter anderem eine Kompressionsdruckprüfung, die sich beim Benziner auch leicht in Eigenregie durchführen läßt. Welche Werte für Benziner und Diesel erreicht werden müssen, finden Sie z. B. im Band 147 dieser Buchreihe, der den VW-Bus behandelt.

Flanken der Getrieberäder schließen. Treten die Geräusche in allen Gangstufen auf und sind sie unabhängig von Last- oder Schubbetrieb, sind die Getriebelager oder das Differential verschlissen. Oder es liegt Ölmangel vor.
»Klack-Klack«-Geräusche beim Beschleunigen oder im Schubbetrieb weisen auf defekte Gelenke der Antriebswellen.
Automatikgetriebe: Beim Automatikgetriebe den Peilstab im Motorraum ziehen. Die Flüssigkeit am Peilstab darf nicht verbrannt riechen, sonst liegt ein größerer Getriebeschaden vor. Braune Verfärbung der Flüssigkeit besagt dagegen nichts, weil Volkswagen eine ATF verwendet, die sich im Betrieb rotbraun verfärbt. Während der Fahrt muß der Getriebeautomat die Gänge satt einlegen – also nicht zu ruckartig und vor allem auch nicht schleifend. Im Zweifelsfall bei handwarmem Getriebe den ATF-Stand kontrollieren, während der Wählhebel auf »P« steht und der Motor läuft. Bei zu hohem Flüssigkeitsstand kann das Getriebe Schaden genommen haben.

Lenkung

Lenkeigenschaften: Läuft der VW-Bus auf ebener Fahrbahn auch bei losgelasenem Lenkrad sauber geradeaus? Wenn die Vorderreifen nicht unterschiedlich abgenutzt sind, liegt die Ursache an der Vorderachseinstellung. Hierbei besteht der Verdacht auf einen vorausgegangenen Unfallschaden oder zumindest auf eine harte Bordsteinberührung. Geht die Lenkung nach Kurven wieder selbsttätig in Geradeausstellung zurück?
Vibrationen: Zittert das Lenkrad oder schlägt es deutlich aus? Möglicherweise ist eine Felge beschädigt. Ab etwa 80 km/h sind schlecht ausgewuchtete Räder für die Lenkunruhe verantwortlich.

Bremsen

Bremsprobe: Zuerst eine Vollbremsung – jedoch lediglich aus **Schrittgeschindigkeit!** Am Gummiabrieb auf der Straße sehen Sie bei gleich langen Spuren, daß die Bremsen gleichmäßig ziehen. Das gilt auch für ein Fahrzeug mit Antiblockiersystem, denn unter 5 km/h regelt das ABS nicht. Gleiche Prüfung mit der Handbremse.
Für die Bremsenprüfung bei höherer Geschwindigkeit brauchen Sie eine ebene Strecke. Nun aus etwa 50 km/h bei losgelassenem Lenkrad, aber mit griffbereiten Händen **zuerst sanft** und **dann scharf** bis zum Stillstand abbremsen. Zieht der Wagen nach rechts, ist eine der linken Radbremsen nicht in Ordnung. Das Auto zieht in die Richtung des stärker gebremsten Rades. Bei den vorderen Scheibenbremsen kann die Ursache ein zu weit abgenutzter Belag sein.
Gängigkeit: Lassen Sie den VW-Bus ein schwaches Gefälle im Leerlauf hinunterrollen, um festzustellen, ob die Räder freigängig sind. Nach der Probefahrt machen Sie die Handprobe: Ist eine Felge auf der einen Wagenseite wärmer als auf der anderen Seite? Ursachen können sein ein verklemmter Bremssattel, schwergängige hintere Trommelbremsen oder zu stramm eingestellte bzw. schadhafte Radlager.

Elektrik

Instrumente: Funktionieren Tacho, Tankuhr, Temperaturanzeige, Kontrolleuchten und – falls eingebaut – Zeituhr bzw. Drehzahlmesser oder MFA?
Radio: Spielt es auch wirklich in allen Wellenbereichen und läuft ggf. der Cassettenteil?
Scheibenwischer: Laufen die Wischer in beiden Geschwindigkeitsbereichen und im Intervallbetrieb? Spritzt Wasser aus den Scheibenwaschdüsen? Funktioniert ggf. die Heckwisch-/Waschanlage?
Hupe: Sie sitzt im Spritzbereich und ist daher oft verstimmt oder bleibt gleich völlig stumm.
Schalter: Nochmals bewußt die Kontrolle, ob mit dem entsprechenden Schalter auch der betreffende Stromverbraucher in Funktion tritt. Funktioniert die Umschaltung von Abblend- auf Fernlicht und umgekehrt? Geht der Blinkerschalter nach einer Kurve von selbst wieder in die Ausgangsstellung zurück?
Heizung: Spricht die Heizung nach einiger Fahrtzeit an, wenn der Schieberegler am Armaturenbrett in die entsprechende Stelung gedrückt wird. Läßt sich die Heizung auch wieder abschalten?

Defekte Manschetten am Fahrwerk ziehen immer Reparaturen nach sich, die einen respektablen Geldbetrag erfordern. Kontrollieren Sie deshalb die Antriebswellenmanschetten ...

... die Manschetten des Lenkgetriebes ...

... sowie die Manschetten an den Spurstangengelenken und an den Achsgelenken.

Klar Schiff

Bevor es an den Innenausbau geht, muß das gebrauchte Basisfahrzeug innen topfit sein, sonst blüht der Rost unter der schönen Innenverkleidung.

Reihenfolge der Arbeiten

Die hier im Kapitel angesprochene Aufbereitung des Gebrauchtwagens läuft gewissermaßen parallel zu den im folgenden Kapitel beschriebenen Änderungen an der Karosserie – unter der Voraussetzung, daß dort überhaupt etwas verändert werden muß.

Fingerzeig: Das Reparieren der Fahrzeugtechnik im VW-Bus kann nicht die Aufgabe dieses Buches sein. Schon allein platzmäßig würde da der Rahmen gesprengt. Dafür ist in unserer Buchreihe der Band Nr. 147 – VW Transporter/Caravelle erschienen.

Vorbereitungen

Wer den Gebrauchten von einer Firma erworben hat, kann den Laderaum möglicherweise kaum von einer Müllkippe unterscheiden. Wenn's extrem aussieht und Öl- oder Dreckkrusten den Boden überziehen, fahren Sie am besten mit dem leeren Bus zu einer Tankstelle oder einem Reinigungspark, um den ganzen Laderaum mit einem Dampfstrahlgerät zu reinigen. Im Wagen sieht's dann zwar aus wie in einer Tropfsteinhöhle, doch wenn Sie das Armaturenbrett bei der Intensivreinigung verschont haben, ergeben sich keinerlei Folgeschäden. Nach dieser Reinigungsprozedur muß der Wagen am besten einige Tage in der prallen Sonne trocknen. Die Laderaum-Seitenverkleidungen werden dazu – sofern das nicht zweckmäßigerweise bereits vor der Waschaktion geschehen ist – ausgebaut. Möglicherweise kommen sie später nicht mehr zur Verwendung.

Beulen beseitigen

Bei leerem Innenraum bestehen noch alle Möglichkeiten, kleinere Unfallschäden oder Beulen leicht zu reparieren. Die Innenseite des Karosserieblechs ist noch gut zugänglich; später wird's schwieriger.
Kleine Beulen von außen nach innen können Sie mit einigem Gefühl leicht wieder herausdrücken. Dabei aber nicht einfach mit dem Stahlhammer auf das Karosserieblech trommeln. So wird das Blech unnötig gedehnt, und es entstehen »Hörner« nach außen.
Stattdessen ein passendes Holzstück unterlegen und sanft auf das Holz schlagen. Am besten legen Sie unter das Holzstück noch einen dicken Lappen, damit sich die Form des Bretts nicht auf das Blech überträgt. Manchmal genügt auch schon alleiniges Drücken mit der Hand, um eine »weiche« Beule wieder zu glätten.

Ausbeulungen von innen

Durch loses Ladegut entstehen Beulen, die von innen in die Seitenwände geschlagen wurden. Besonders gefährdet ist dabei das von innen ungeschützte Seitenteil gegenüber der Schiebetür.
Scharfkantige Einbeulungen dehnen das Karosserieblech im Bereich der Beule. Deshalb ist das Blech durch einfaches Zurückklopfen allein nicht in die ursprüngliche Form zu bringen. Da uns die Möglichkeiten einer Karosseriewerkstatt nicht zur Verfügung stehen, sind wir aufs Probieren angewiesen: Brett oder Latte von außen auf die Ausbeulungen auflegen und mit dem Hammer auf das Holzstück schlagen, während ein Helfer von innen mit einem möglichst schweren Gummihammer gegenhält. Ideal zum Gegenhalten wäre ein kleiner Sandsack – aber wer hat das schon. Lassen sich die Unebenheiten so nicht glätten, weil das Blech schon zu stark gedehnt wurde, müssen die Ausbeulungen nach innen geschlagen werden. Die so entstandenen Einbeulungen füllt man dann – wenn sie nicht allzu tief sind – mit Zweikomponenten-Spachtelmasse aus.
Ausbeulungen von innen gibt es manchmal auch am Laderaumboden. Da wir jedoch vor Einbau der Einrichtung eine Bodenplatte auflegen, die einen ebenen Boden gewährleistet, können diese Verformungen bleiben. Wen es stört, der kann einen Scheren-Wagenheber oder einen Rangier-Wagenheber unter den verbeulten Stellen ansetzen und damit das Bodenblech hochdrücken.

Fingerzeig: Mehr über Karosseriearbeiten und die Reparatur kleiner Kratzer und Beulen erfahren Sie im Band 175 dieser Buchreihe mit dem Titel »Die Autokarosserie«. Spachteln, Schleifen und Beilackieren ist dort in aller Ausführlichkeit beschrieben.

Durchrostungen

Ob es sich lohnt, in einen Wagen, der bereits einige Durchrostungen aufweist, noch eine aufwendige Einrichtung einzubauen, ist fraglich. Wer sich dennoch nicht davon abbringen läßt, sollte natürlich vor Beginn des Innenausbaus die maroden Teile neu einschweißen lassen. Denn beim Schweißen wird das Blech zum Glühen gebracht, und diese Temperatur überlebt die Wohnmobil-Ausstattung nicht ohne Schäden.

Ausbeulungen von innen – entstanden durch loses Ladegut – haben das Blech der Außenwand im Bereich der Beule gedehnt. Deshalb lassen sich solche Schäden manchmal nicht mehr durch alleiniges Zurückklopfen beseitigen. In diesem Fall muß der Laie die Beule nach innen schlagen und die weitere Glättung der Spachtelmasse überlassen.

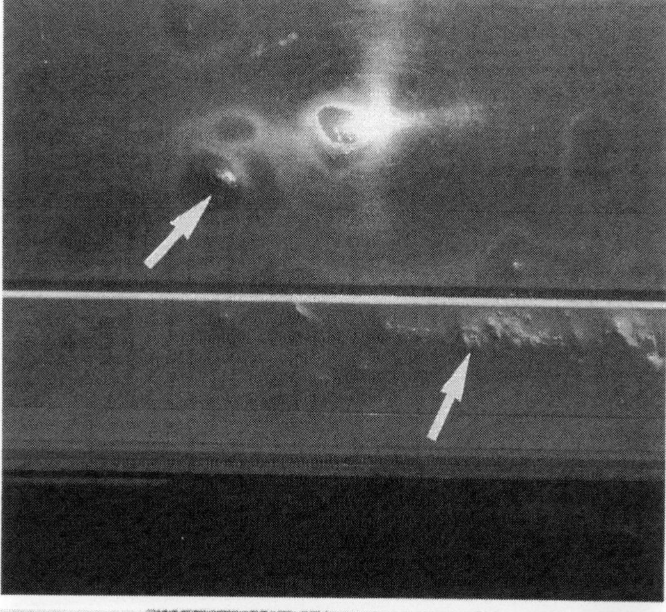

Loser Rost im Laderaum wird zunächst mit einer Stahlbürste entfernt, der restliche Rost muß abgeschliffen werden.

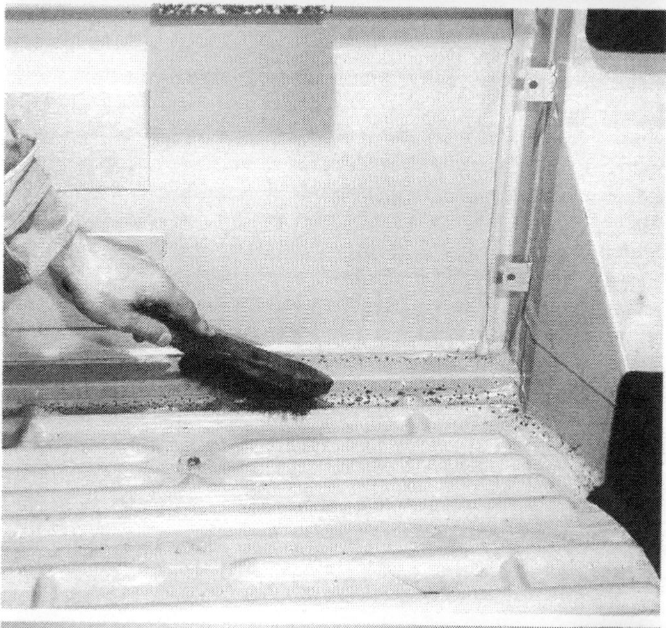

Bevor die blankgeschliffenen Stellen mit Farbe behandelt werden, reinigt man das Blech von alten Farbresten mit Hilfe von Staubsauger und verdünnungsbenetztem Lappen.

Wichtig ist es, die neuen Blechteile gut zu konservieren. Vor allem auf der Rückseite tut's not, denn beim Schweißen wird alles Fett und aller Lack im Bereich der Schweißstelle abgebrannt. Am besten also unzugängliche Stellen hohlraumversiegeln lassen. Von außen zugängliche Stellen der Reihe nach mit Rostschutzfarbe, Fahrzeuglack und – an der Wagenunterseite – mit Unterbodenschutz behandeln.

Fingerzeig: Vor Änderungen an der Karosserie – etwa dem Einbau eines Sonderdaches – müssen rostgeschwächte tragende Teile ausgewechselt werden. So will es das Volkswagenwerk (siehe Kapitel »Änderungen an der Karosserie«). Ein Grund mehr, sich schon vor Beginn der Ausbauarbeiten mit Rostschäden zu befassen.

Arbeiten im Laderaum

Rost entfernen

Nach Ausbau aller Teile, die den Bus einst zum Pkw machten – also Sitze, Bodenbeläge und Seitenverkleidungen, liegen die Roststellen offen zutage. Ihnen wird nun zu Leibe gerückt: Aus den Kanten und Winkeln entfernen Sie festsitzenden Schmutz mit Drahtbürste und Schraubendreher. Löst sich dabei Dichtmaterial an einer Schweißnaht, wird die lose Abdichtung auch entfernt.
Jetzt kann der Rost abgeschliffen werden – und zwar so gut als möglich. Die flexible Schleifscheibe am Einhand-Winkelschleifer leistet dabei gute Dienste. Wählen Sie kein allzu feines Schleifkorn, sonst setzt sich die Schleifscheibe sofort zu. Der Funkenstrahl der Schleifscheibe darf nicht gegen Glas – also Fensterflächen – gerichtet werden, **sonst brennt sich der Metallabrieb als kleine schwarze Punkte** in die Scheibe ein.
Wo mit dem Schleifer nicht beizukommen ist, muß eine rotierende Drahtbürste zum Einspannen in die Bohrmaschine oder eine Handdrahtbürste, Schleifpapier und ein scharfer Schraubendreher weiterhelfen.
Wichtig: Bei derartigen Arbeiten grundsätzlich eine Schutzbrille tragen!
Zum Schluß saugen Sie mit einem kräftigen Staubsauger allen Schmutz und Schleifstaub aus den Winkeln und Ecken und wischen mit einem trockenen Lappen nach.

Rostschutz

Zunächst streichen Sie die blanken Stellen mit einer Rostschutzfarbe (Kapitel »Werkzeuge und Hilfsmittel«). Danach folgen ein oder zwei Anstriche mit Fahrzeuglack – nicht nur auf die behandelten Flächen, sondern am besten auf dem ganzen Laderaumboden. Denn wenn erst die Bodenplatte eingelegt ist, kann an dieser Stelle keine Rostvorsorge mehr betrieben werden. Ist alles gut durchgetrocknet, können Sie durch Aufsprühen von Hohlraumkonservierung ein Höchstmaß an Rostschutz erreichen.
Gerade das Wohnmobil ist durch Kondenswasser von innen stark rostgefährdet. Die Feuchtigkeitsbelastung entsteht nicht nur durch das Kochen, sondern auch durch die Körperausdünstung der Bewohner oder durch Wasser, das zwangsläufig an Schuhen und Kleidern mit in den Wagen geschleppt wird. Häufiges Lüften hilft – Konservieren ist besser.
Wir brauchen deshalb ca. vier Dosen Hohlraumversiegelungsspray, die wir so gleichmäßig wie möglich in die Ritzen an den Seitenwänden, in die Hohlräume der senkrechten Pfosten und in die Falze der Türen und Klappen pusten. Auch die Seitenwände werden auf der Fläche mit Hohlraumspray behandelt – mit Ausnahme der Stellen, an denen Sie später evtl. die Isolation ankleben wollen.
Wo außerdem Konservierung not tut, ist an der Unterkante der Fensterrahmen. Dorthin kommen Sie ebenfalls bei abgenommener Seitenverkleidung.

Der Anstrich besteht zunächst aus Rostschutzfarbe, dann aus zwei Lagen Fahrzeuglack.

Hohlraumspray bietet zusätzlichen Schutz in den kondenswassergefährdeten Hohlräumen. Zu empfehlen ist die Anwendung in den Trägern der Seitenwand, an der Fensterrahmen-Unterkante (von unten), in der Schiebetür und in der Heckklappe. Empfehlenswert ist der Auftrag aber auch auf der Fläche, sofern keine Isoliermaterialien angeklebt werden.

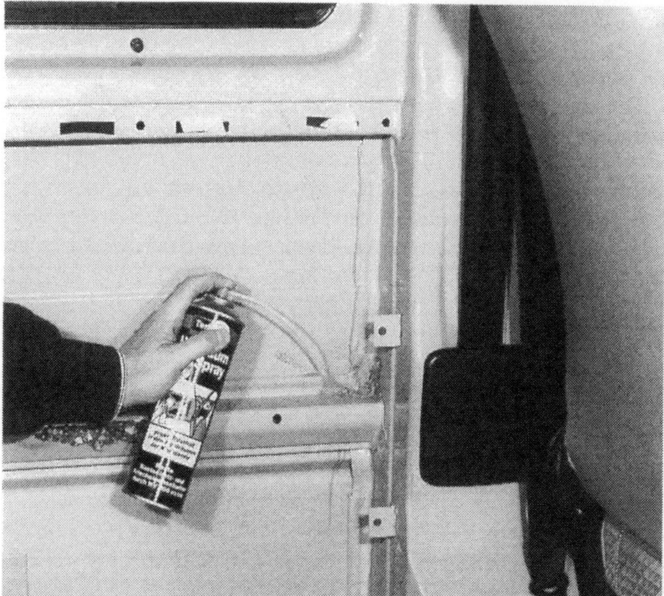

Links unter dem Armaturenbrett befindet sich der sogenannte Fahrzeug-Datenträger – ein Aufkleber, auf dem alle wichtigen Fahrzeugdaten vermerkt sind. Dort findet sich auch die Farb-Nummer der Außenlackierung, die Sie zum Kaufen der richtigen Farbe benötigen.

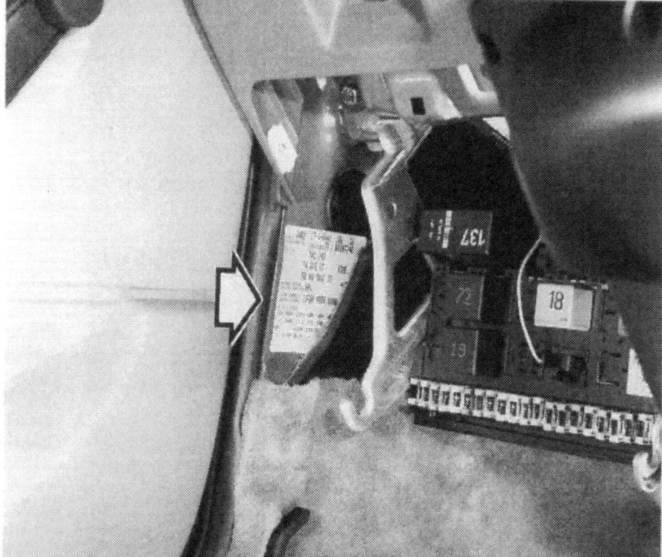

Platz da!

Daß es nicht genügen kann, ein Sofa in den Laderaum des Transporters zu stellen, um dergestalt Mitreisende sicher zu transportieren, dürfte jedermann klar sein. Wie aufwendig aber Sitzplätze beschaffen sein müssen, die während der Fahrt genutzt werden dürfen, ist sicher nicht allen Selbstausbauern bewußt.

Vorschriften für Sitzplätze in Fahrtrichtung

Für die in diesem Buch behandelten VW-Bus-Modelle treffen – je nach Erstzulassung – unterschiedliche Bestimmungen in Sachen Sitzplätze zu. Für Fahrzeuge **bis Dezember 1991** gelten weit weniger strenge Vorschriften als für Fahrzeuge **ab Januar 1992**. Wir empfehlen dennoch, den **neueren Standard auch in ältere T4-Fahrzeuge** einzubauen, denn schließlich geht es um die Sicherheit Ihrer Mitfahrer.

Gurte und Verankerungen

Für Sicherheitsgurte und Verankerungen **im Wohnbereich** gelten die folgenden Bestimmungen:

○ In Fahrzeugen **bis EZ 31.12.1991** werden bauartgenehmigte Zweipunkt-Sicherheitsgurte nach ECE-R 16 gefordert. Kein Problem, denn alle gebräuchlichen Sicherheitsgurte sind bauartgenehmigt. Was die Verankerung betrifft, so werden keine strengen Auflagen gemacht: Sie müssen an Verankerungspunkten mit **ausreichender Festigkeit** montiert werden.

○ In Fahrzeugen **ab EZ 1.1.1992** müssen bauartgenehmigte Dreipunkt-Sicherheitsgurte an den Außensitzen und Zweipunktgurte an den Innensitzen nach ECE-R 16 an **geprüften Verankerungspunkten nach ECE-R 14** befestigt sein, sofern die Pkw-Zulassung angestrebt wird. Bei Wohnmobil-Zulassung (Kapitel »TÜV- oder DEKRA-Abnahme, Zulassung«) genügen Zweipunktgurte auch an den Sitzplätzen an der Fahrzeug-Außenwand, sofern sie nach ECE-R 14 befestigt sind.

○ An derartigen Verankerungspunkte haben wir im VW-Bus keine Not, denn die serienmäßigen Gurtpunkte in den **Pkw-Versionen** des VW T4 entsprechen der Vorschrift. Auch die Gurtpunkte an den Original-VW-Sitzen sind vorschriftsmäßig, sofern die Sitze an den Original-Verankerungspunkten montiert sind.

○ Anders verhält es sich, wenn die Gurte an einem Sitzbanksystem eines anderen Herstellers befestigt sind. Dann muß dieser durch einen Zugversuch beim TÜV/DEKRA nachweisen, daß seine Gurtverankerungen der ECE-R 14 entsprechen. Die Prüfung simuliert die bei einem Frontal-Unfall aus 50 km/h auftretende Belastung. Ein solches Sitzbanksystem brauchen Sie für zusätzliche Sitzplätze im Kastenwagen.

Sitze samt Verankerung

Auch was die Sitze **im Wohnteil** selbst betrifft, hat sich in den Bestimmungen einiges getan:

○ In Fahrzeugen **bis EZ 31.12.1991** werden an die Sitze keine allzu hohen Anforderungen gestellt. Sie müssen aber beim Sachverständigen des TÜV/DEKRA einen stabilen, unfallsicheren Eindruck erwecken – Auslegungssache. Eine Klappsitzbank mit Holzkasten – wie in den T3-VW-Bus-Modellen bis 1990 verwendet – könnte also theoretisch für einen TÜV/DEKRA-Eintrag als Sitzplatz ausreichen. Zu bedenken ist allerdings, daß die damaligen Klappsitzbänke sich an der Motorkonsole im Heck dieser VW-Bus-Bauserie abgestützt haben und daß nur für diese Version und Einbausituation Crash-Versuche bei VW gefahren wurden. Beides trifft für den freistehenden Einbau einer solchen Konstruktion in den VW-Bus ab Baujahr 9/90 nicht zu.

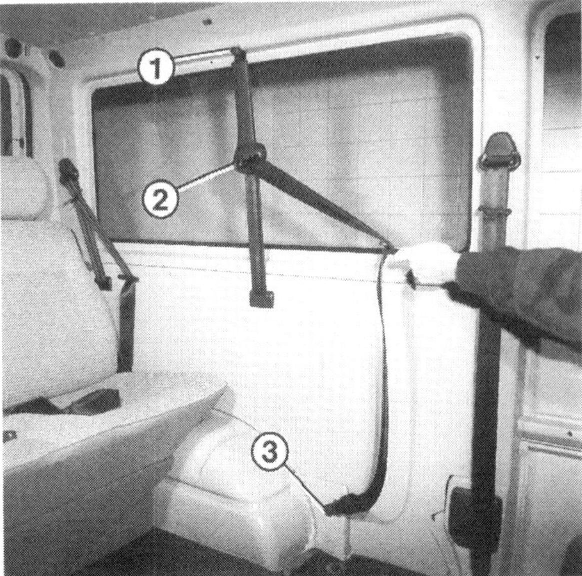

Alle zur Fahrzeug-Außenwand hin liegenden Sitze müssen bei Pkw-Zulassung Dreipunktgurte haben. Die Sitzreihe hinter der Schiebetür hat deshalb zur Gurtführung einen Umlenkbeschlag (2), der am Gurt-Verankerungspunkt oben (1) in Scheibenmitte montiert ist. Der untere Seiten-Verankerungspunkt (3) sitzt vor dem hinteren Radkasten.

Die Abbildungen auf dieser Seite zeigen diejenigen Stellen, an denen sich bei den Pkw-Modellen Gurt-Verankerungspunkte befinden.

Links: Fahrer- und Beifahrer-Schultergurt lassen sich in zwei verschiedenen Höhen an den Bohrungen »1« oder »2« montieren. Oder es ist eine Höhenverstellung eingebaut.
Rechts: Schultergurt-Bohrung für die Sitzreihe I (in Höhe der Schiebetür).

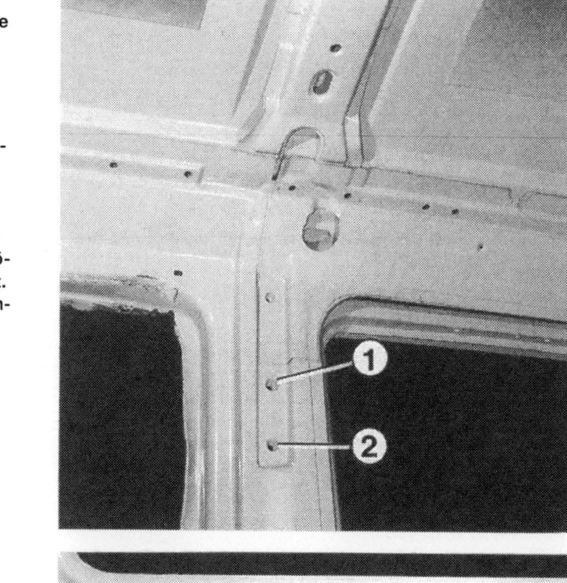

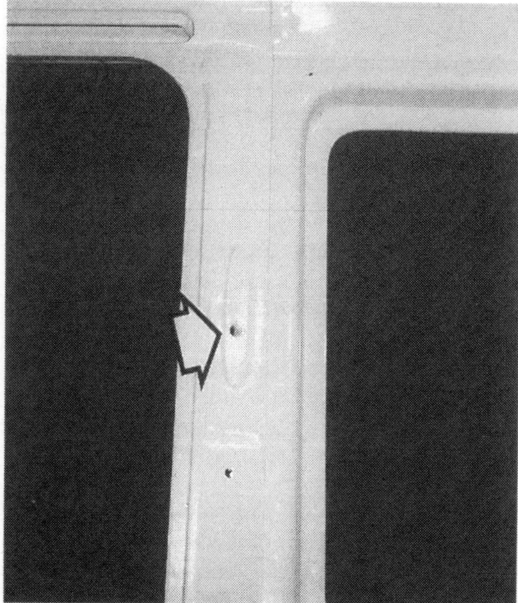

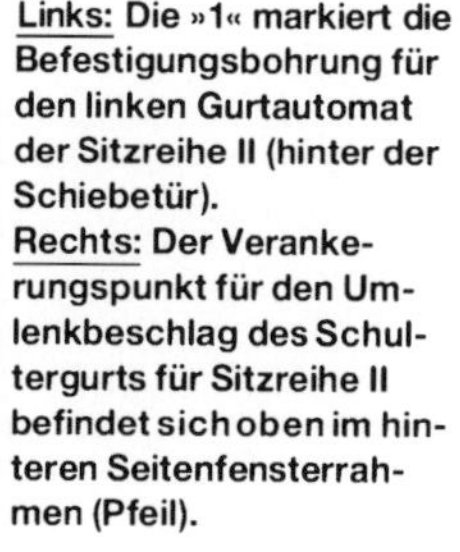
Links: Die »1« markiert die Befestigungsbohrung für den linken Gurtautomat der Sitzreihe II (hinter der Schiebetür).
Rechts: Der Verankerungspunkt für den Umlenkbeschlag des Schultergurts für Sitzreihe II befindet sich oben im hinteren Seitenfensterrahmen (Pfeil).

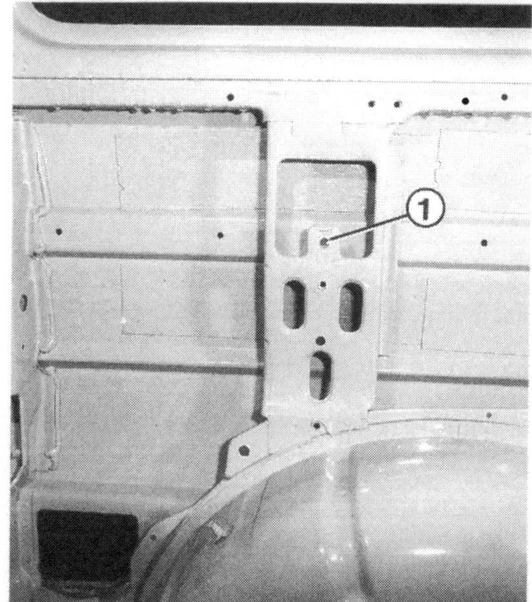

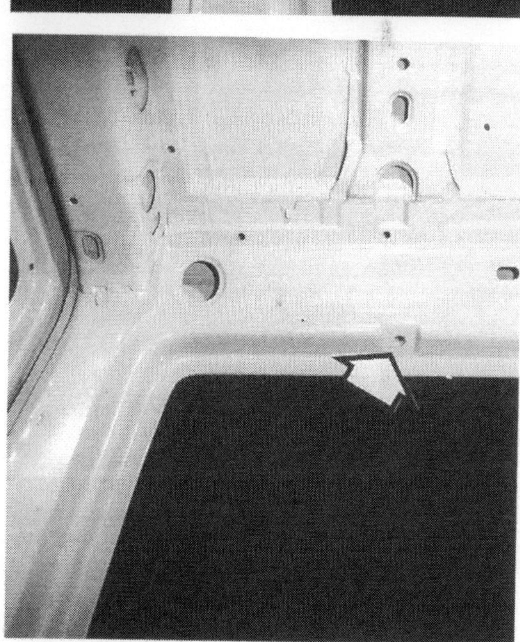

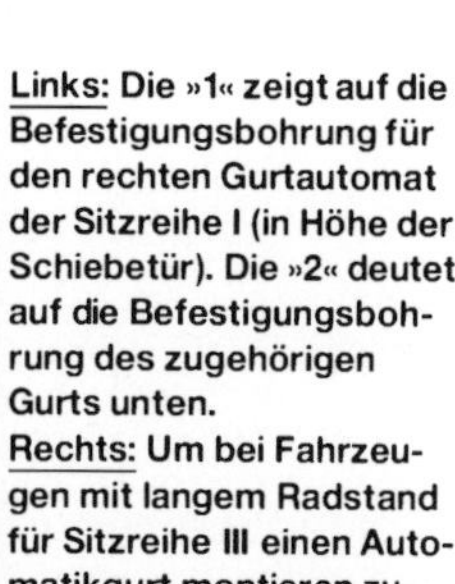
Links: Die »1« zeigt auf die Befestigungsbohrung für den rechten Gurtautomat der Sitzreihe I (in Höhe der Schiebetür). Die »2« deutet auf die Befestigungsbohrung des zugehörigen Gurts unten.
Rechts: Um bei Fahrzeugen mit langem Radstand für Sitzreihe III einen Automatikgurt montieren zu können, ist ein Blechbügel (Pfeil) mit Bohrungen für den Gurtautomat (1) und den Gurt selbst (2) nötig.

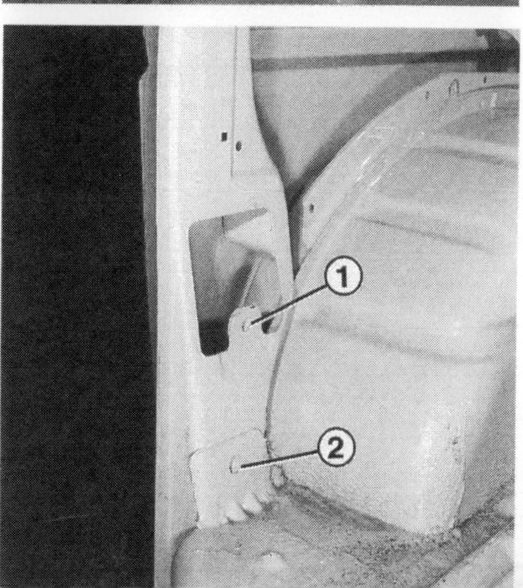

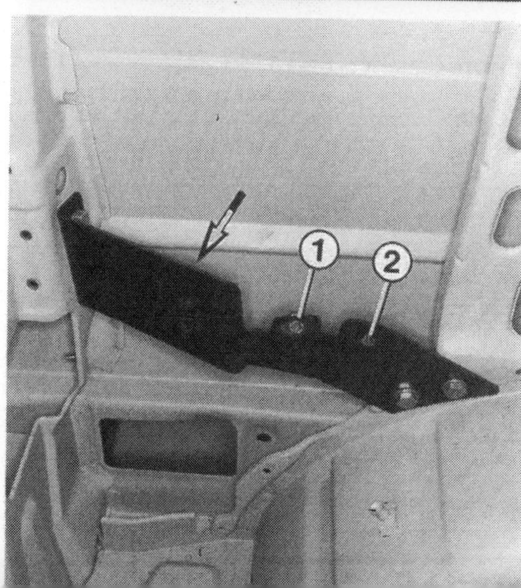

Alles in allem ist es nicht sinnvoll, heute den **veralteten Sicherheitsstand** einzubauen. Man sollte sich auch bei älteren Fahrzeugen nach der im Folgenden beschriebenen ECE-R 17 richten.
○ In Fahrzeugen **ab EZ 1.1.1992** sollten alle Teile eines Sitzes den Anforderungen **nach ECE-R 17** entsprechen, d.h. ein Musterexemplar der betreffenden Sitzeinrichtung muß einen 50-km/h-Crash oder eine vergleichbare Prüfung ohne Beschädigungen überstanden haben. Als Selbstverständlichkeit darf gelten, daß der Sitz an den für ihn zugelassenen Punkten im Fahrzeug befestigt wird (davon später), und daß er mit Kopfstützen ausgestattet ist.

Noch ein Wort zu den Normen

In den betreffenden Absätzen hier im Buch werden die **ECE-Regelungen** angesprochen, die den diesbezüglichen **EWG-Vorschriften** entsprechen. In der Praxis wird von den Herstellern der Sitz-/Gurt-Systeme normalerweise auf die erfüllte ECE-Regelung hingewiesen, weshalb wir uns dieser Gepflogenheit anpassen. Falls Sie bei Kauf oder Abnahme trotzdem auf die EWG-Vorschriften stoßen, seien sie hier der Vollständigkeit halber erwähnt und den ECE-Regelungen gegenübergestellt.
○ **Verankerung der Gurte** gemäß EWG 76/115 mit Anpassung EWG 81/575 und EWG 82/318 (entsprechend ECE-R 14).
○ **Sicherheitsgurte** gemäß EWG 77/541 (entsprechend ECE-R 16).
○ **Sitze und ihre Verankerung** gemäß EWG 74/408 (entsprechend ECE-R 17).

Sitze entgegen Fahrtrichtung

Für Sitze entgegen Fahrtrichtung sind lediglich Kopfstützen gefordert. Das ist zu wenig! Solche Sitze müssen von der Stabilität her denen **in Fahrtrichtung** entsprechen. Sie müssen zumindest mit Beckengurten, wenn möglich aber mit Dreipunktgurten ausgestattet sein! Bei Ausrüstung mit Beckengurten muß auf jeden Fall der **Kopf-Aufschlagbereich** freigehalten werden – siehe übernächsten Abschnitt.

Sitze quer zur Fahrtrichtung

Für eine derartige Sitzanordnung, die in Wohnmobilen noch zulässig ist, muß sicherheitstechnisch als bedenklich eingestuft werden. Es werden lediglich »geeignete« Abstützungen gefordert – wie immer diese auszusehen haben. Solche Sitze sind bei Unfällen Todesfallen. Auch Gurte sind hier sinnlos, da sie nicht quer zur Fahrtrichtung wirken. Von solcher Sitzanordnung ist **dringend abzuraten**.
Um Mißverständnissen vorzubeugen: Nichts spricht gegen eine Sitzgruppe mit Quersitzen – nur dürfen sie während der Fahrt nicht benutzt werden.

Kopf-Aufschlag-bereich

Halten Sie den Bereich direkt vor den Sitzen frei – speziell dann, wenn dieser Sitzplatz nur von einem Beckengurt gesichert ist. An dieser Stelle sollte sich während der Fahrt weder ein Tisch noch ein anderes Möbelstück befinden. Denn bei einem Unfall hält der Gurt nur das Becken. Oberkörper und Kopf schwingen dagegen nach vorn und schlagen mit Wucht auf das Möbelstück auf (siehe Bild Seite 49).

Gurtverankerungen bei den Pkw-Modellen

Grundvoraussetzung für die Schaffung eines Sitzplatzes im Wagen ist die Möglichkeit, den Sitz und die zugehörigen Gurte an zugelassenen (weil nach ECE-R 14 geprüften) Stellen im Fahrzeug befestigen zu können. Dafür bieten die Kombi- und Caravelle-Modelle ideale Voraussetzungen, weil sie schon werksseitig für den Personentransport vorgesehen sind und somit **alle Gurtbefestigungspunkte** – also auch die an der Seitenwand – bereits vorgerüstet haben. Welche Modelle das sind, ist einfach zu erkennen: Sie müssen **ab Werk als Pkw** in den Fahrzeugpapieren eingetragen sein. Die meisten dieser Gurtbefestigungspunkte finden Sie in den

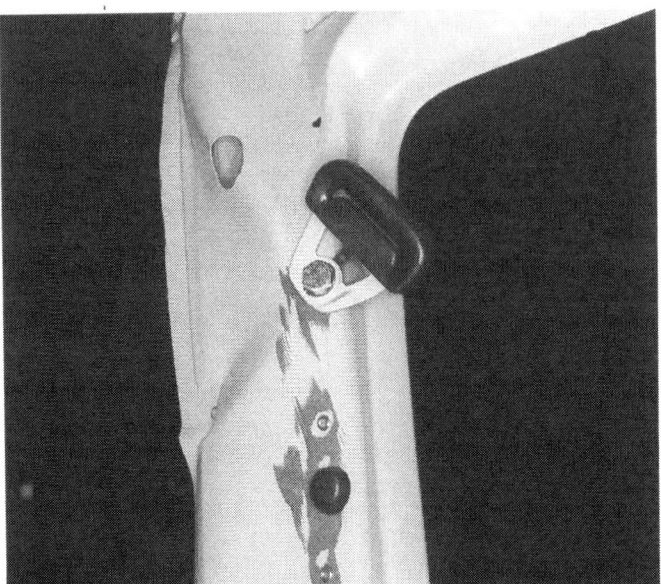

Die Gurtverankerungspunkte lassen sich im Laderaum des Kastenwagens trotz der vorhandenen Bohrungen leider nicht nachrüsten. Es genügt nach den bei VW gemachten Erfahrungen nicht, die Bohrungen mit Gewindeplatten zu hinterlegen. Das Bild zeigt das Ergebnis eines Zugversuchs an einem nachgerüsteten Gurtpunkt. Wie man sieht, hält der Träger der Belastung nicht stand. Bei noch größerer Belastung könnte das beim Kastenwagen lediglich verklebte Blechteil ausreißen.

Zu Demonstrationszwecken ist dieses unverkleidete Gestell einer Zubehör-Sitzbank auf dem nackten Wagenboden montiert. Wir sehen, daß die Verschraubungen (die Pfeile zeigen die hinteren drei Schrauben) an den Original-Befestigungspunkten im Wagenboden verankert sind. Diese Befestigungspunkte sind in jedem Fahrzeug – auch im Kastenwagen – vorgesehen.
Die Sitzgurte sind hier am Bankgestell montiert und wurden in dieser Weise geprüft und zugelassen.

Die Pfeile zeigen auf diejenigen Stellen des Wagenbodens, an denen Sitzbefestigungspunkte nachgerüstet werden können.

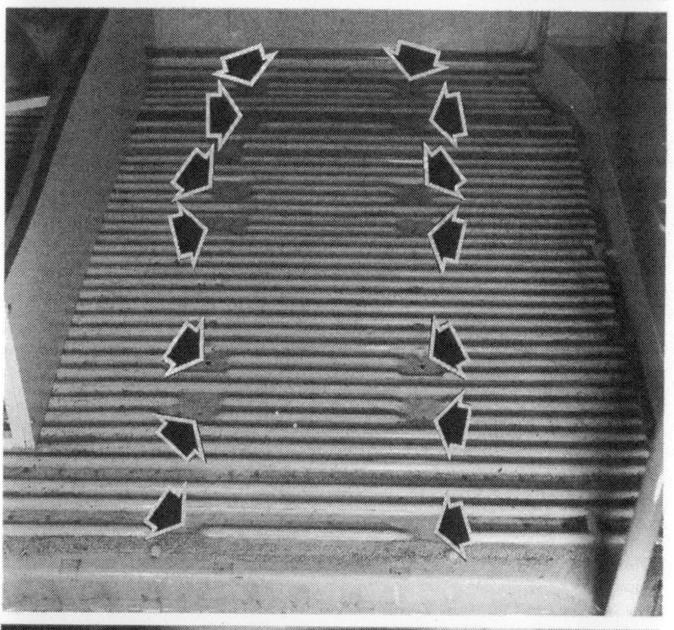

Gleiche Ansicht wie im mittleren Bild, doch hier von unterhalb des Wagenbodens aus gesehen.
Im Querträger (6) befinden sich Bohrungen für die Sitzbefestigungsschrauben (2) und Bohrungen für die Niete (1), die die Gewindeplatten halten. Die sitzen an all den (und weiteren) Stellen, die im mittleren Bild gezeigt sind.
Nach Bedarf werden Gewindeplatten (5) gesetzt und mit Nieten (4) befestigt. Dann kann von oben die Sitzbefestigungsschraube (3) eingedreht werden.

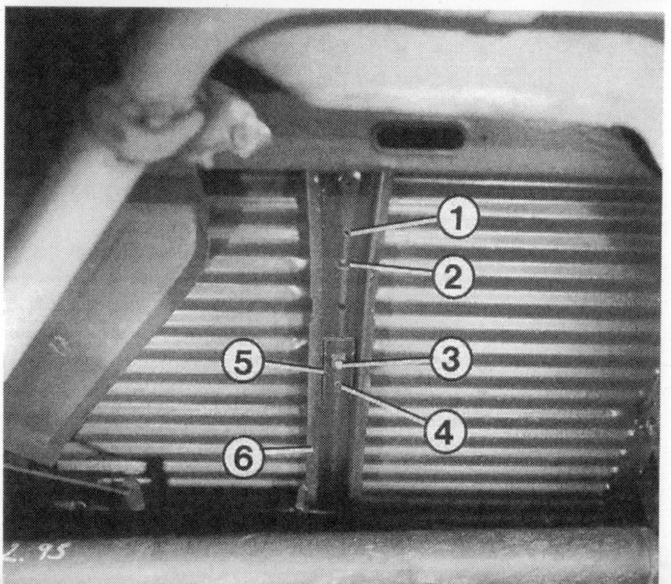

Abbildungen auf der Vorseite. Weitere zugelassene Gurtpunkte finden sich an den Originalsitzen (Bedingung: Sitz an Original-Verankerungspunkten montiert) oder an zugelassenen Zubehörsitzen.
Zu berücksichtigen ist, daß sich die Fahrzeuge mit langem Radstand durch die Möglichkeit, eine dritte Sitzreihe unterzubringen, in der Lage der Verankerungspunkte vom »kurzen« T4 unterscheiden.
Alle Gurt-Verankerungspunkte besitzt übrigens auch der schon erwähnte »Kombi ohne Fenster« (siehe Kapitel »Kauf des Basisfahrzeugs).

Gurtverankerungen beim Kastenwagen

Der geschlossene Kastenwagen ist in mancher Hinsicht das geeignetere Basisfahrzeug, zumal er preisgünstiger ist, und man außerdem nur an den Stellen Fenster zu setzen braucht, an denen man sie wirklich haben will. Leider hält dieses Basisfahrzeug jedoch ein Problem für uns bereit: Die Bohrungen für die Gurtschrauben in der Seitenwand sind zwar auch beim Kastenwagen vorhanden, doch die dahinterliegenden **Gewindeplatten fehlen**. Diese lassen sich auch **nicht nachrüsten**, denn Zugversuche bei VW haben gezeigt, daß bei nachträglich in die Säule eingeschobenen Gewindeplatten keine ausreichende Festigkeit erzielt wird.
Trotzdem bedeutet das nicht das Ende des Wohnmobil-Vorhabens, denn **zahlreiche Zubehör-Hersteller bieten eigene Sitz-/Gurtsysteme an, die den Anforderungen nach ECE-R 14 und ECE-R 16 entsprechen** und somit von den Original-Gurtverankerungspunkten an der Fahrzeug-Seitenwand unabhängig machen. Angeboten werden Sitz-/Gurtsysteme mit Becken- und/oder Dreipunktgurten, die sich durch Klappmechanismen in die Schlafstatt mit einbeziehen lassen.
Montiert werden die Sitz-/Gurtsysteme üblicherweise an den bei allen T4-Fahrzeugen am Wagenboden vorhandenen Verankerungspunkten (siehe folgende Seiten) bzw. mit den beigegebenen Befestigungsteilen. Einige Hersteller verwenden aber auch separate Träger, die für zusätzliche Stabilität unter den Wagenboden gesetzt werden. Diese Träger – und das ist entscheidend – sind dann ebenfalls Bestandteil der Sitzkonstruktion und müssen deshalb zwangsläufig bei der Zugprüfung mitgeprüft werden.

Wie wichtig sind die Original-Gurtpunkte im Wohnmobil?

○ Die Gurt-Verankerungspunkte der Pkw-Modelle sind vor allem dann wichtig, wenn zusätzliche Sitze aus der Kombi- oder Caravelle-Serienbestuhlung im Laderaum montiert werden sollen. Wer dann noch eine Pkw-Zulassung anstrebt, muß für die außenliegenden (zusätzlichen) Sitzplätze Dreipunktgurte vorsehen. Das geht in dieser Kombination nur an den Original-Verankerungspunkten.
○ Für den reinen Wohnmobil-Betrieb wird man auf ein geprüftes Sitz-/Gurtsystem aus dem Zubehörbereich zurückgreifen, das sich in eine Schlafgelegenheit umbauen läßt. Derartige Sitzgelegenheiten sind **von den Original-Gurtpunkten** an der Seitenwand **unabhängig**. Mehr dazu im folgenden Abschnitt.

Fingerzeig: Für den Selbstbauer gibt es heute kein Betätigungsfeld mehr für Sitz-Eigenkonstruktionen, weil diese für eine TÜV/DEKRA-Abnahme erst eine Zugprüfung über sich ergehen lassen müßten. So muß man wegen des hohen Aufwandes auf Bewährtes, sprich Geprüftes zurückgreifen, was der Zubehör-Markt zu bieten hat.

Gurt-Verankerungspunkte und Fahrzeug-Zulassung

Im Kapitel »TÜV- oder DEKRA-Abnahme, Zulassung« ist erörtert, unter welchen Voraussetzungen das Fahrzeug als Pkw bzw. als Wohnmobil zugelassen werden kann. Auch welche Vorteile die eine oder andere Zulassungs-Art hat, ist dort angesprochen.
Mit entscheidend für die spätere Fahrzeug-Zulassung ist die Gestaltung der Sitzplätze:
○ Für die **Zulassung als Pkw** ist es erforderlich, daß die **an der Fahrzeug-Außenwand** angeordneten Sitzplätze mit **Dreipunkt-Gurten** ausgerüstet sind.
○ Anders bei der Zulassung als **So-Kfz Wohnmobil**: Hier genügen im Wohnteil **Beckengurte** auf den in Fahrtrichtung angeordneten Sitzplätzen.

Verankerungspunkte für Sitzeinrichtungen am Wagenboden

Der Wagenboden des VW T4 ist so gestaltet, daß an den unterschiedlichsten Stellen Sitz-Verankerungspunkte nachträglich angebracht werden können (sofern sie es nicht schon sind). Das gilt auch für den Kastenwagen. Wo sich diese Punkte befinden, sieht man schon von oben bei unverkleidetem Ladeboden: Immer dort, wo die Wellblech-Struktur des Bodens unterbrochen ist, kann ein Verankerungspunkt gesetzt werden.
Unter dem Wagen ist an diesen Stellen jeweils ein Querträger eingeschweißt, der auch schon mit den nötigen Bohrungen versehen ist.

Links: Grundbestandteil aller VW-Sitzsysteme ist diese Pilzkopfschraube (1), die mit Unterlegscheibe (2) in die (evtl. noch herzustellenden) Gewindebohrungen am Wagenboden eingeschraubt wird.
Rechts: Die Sitze werden auf die Pilzkopfschrauben (Pfeile) lediglich aufgeschoben.

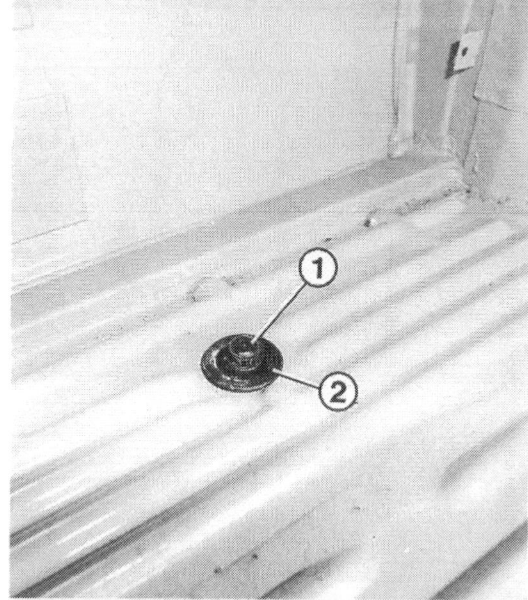

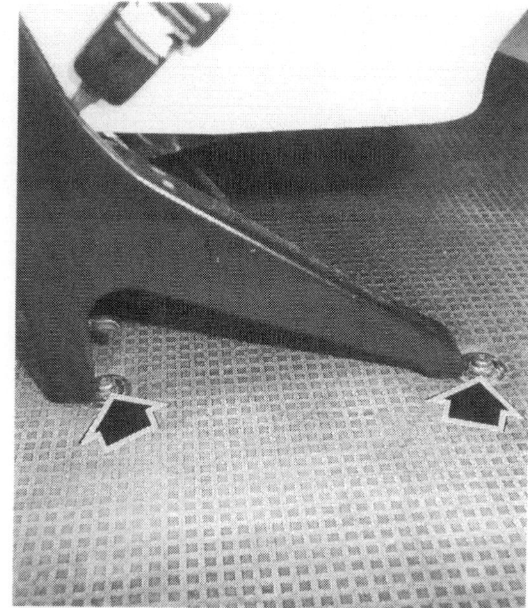

Links: Beliebte Zusatzbestuhlung für das Wohnmobil ist ein Einzelsitz aus dem Caravelle-Programm, der bei umgeklappter Lehne auch als Tisch dient.
Rechts: Ebenfalls leicht montierbar: Einzelsitz entgegen Fahrtrichtung aus dem Multivan-Programm.

Links: Ebenfalls aus dem VW-Programm: Klappbare Einzelsitze entgegen Fahrtrichtung.
Rechts: Eine preisgünstige Nachrüstmöglichkeit für weitere Sitzplätze ist ein gebrauchter Doppelsitz. Es muß jedoch unbedingt darauf geachtet werden, daß Gurte am Sitz bzw. an der Fahrzeug-Seitenwand vorhanden sind.

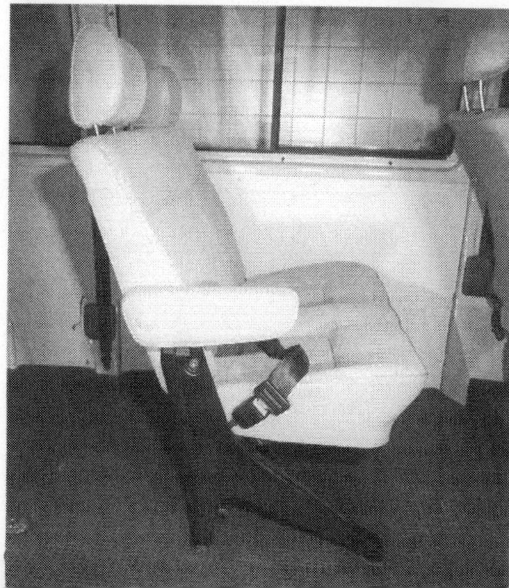

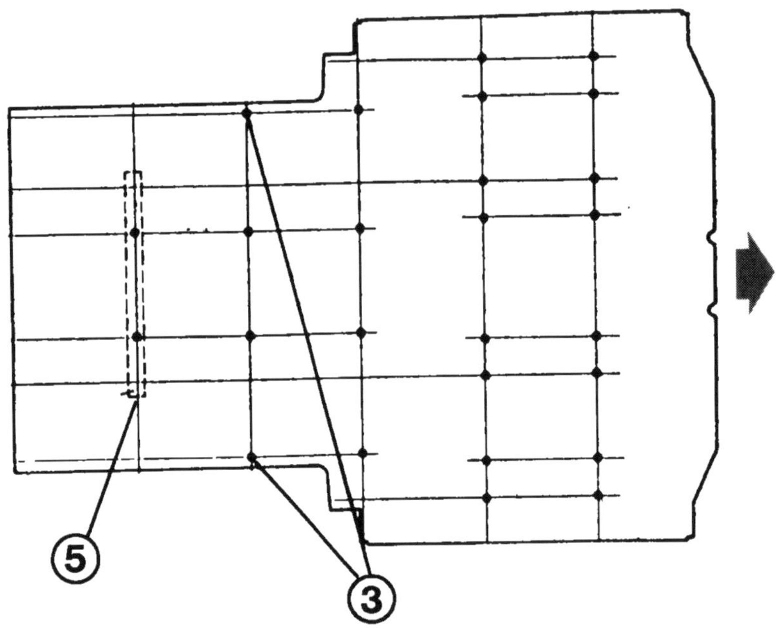

Die Punkte auf der Zeichnung zeigen die mögliche Lage von Sitz-Verankerungspunkten am Boden eines Wagens mit kurzem Radstand (siehe hierzu auch die Bilder etwas weiter vorn in diesem Kapitel). Die Zahlen geben an, welche Gewindeplatten-Typen – sie sind auf der gegenüberliegenden Seite abgebildet – an welchen Stellen verwendet werden müssen. An Punkten ohne Zahl wird Gewindeplatten-Typ »1« verwendet.

Verankerungspunkte am Wagenboden nachrüsten

So können Sie sich am Wagenboden Verankerungspunkte nachrüsten:

- Entsprechende Anzahl an **Original-Gewindeplatten** samt **Original-Pilzkopf-Schrauben** im VW-Teilelager kaufen. Dazu auch die Blindniete kaufen, um die Gewindeplatte zu befestigen.
- Teile-Nummern für
Pilzkopfschrauben 21 mm: 703 883 299;
Pilzkopfschrauben 32 mm: 703 883 299;
Unterlegscheiben (703 883 300) und Distanzscheiben (281 857 790) nicht vergessen.
- Beachten Sie, daß an verschiedenen Stellen unterschiedliche Gewindeplatten montiert werden müssen. Die Zeichnungen oben und unten helfen bei der Zuordnung.
- Bohrer unter dem Wagenboden in den schon **vorhandenen Bohrungen** im Querträger ansetzen und von unten durch die Bodenplatte **durchbohren**. Wichtig: Nicht zu groß bohren. Bohrergröße maximal 0,5 mm größer als Schraubendurchmesser.
- Gewindeplatte in den Querträger einsetzen und jede Gewindeplatte mit **je einem Blindniet** in der hierzu vorgesehenen Stelle am Träger befestigen. Die Gewindeplatte ist jetzt fixiert und braucht nicht mehr gegengehalten zu werden, außerdem kann sie nicht verlorengehen.
- Blanke Stellen nacheinander mit Rostschutzgrundierung, Fahrzeuglack und Unterbodenschutz behandeln. Verschraubung ggf. mit Dichtmasse abdichten.

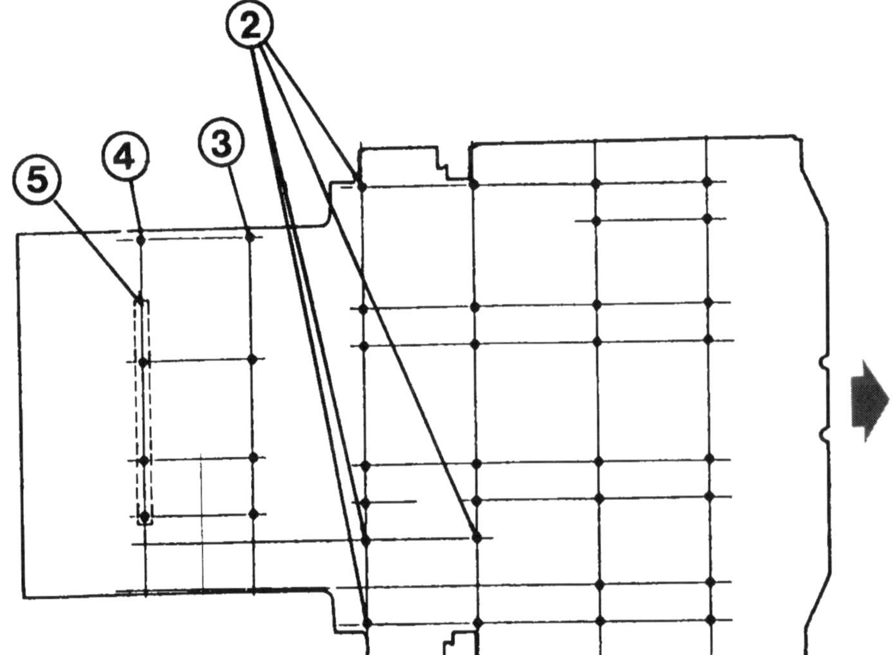

Hier zeigen die Punkte auf der Zeichnung die mögliche Lage von Sitz-Verankerungspunkten am Boden eines Wagens mit langem Radstand. Die Zahlen geben auch hier an, welche Gewindeplatten-Typen an welchen Stellen verwendet werden müssen. An Punkten ohne Zahl wird Gewindeplatten-Typ »1« verwendet.

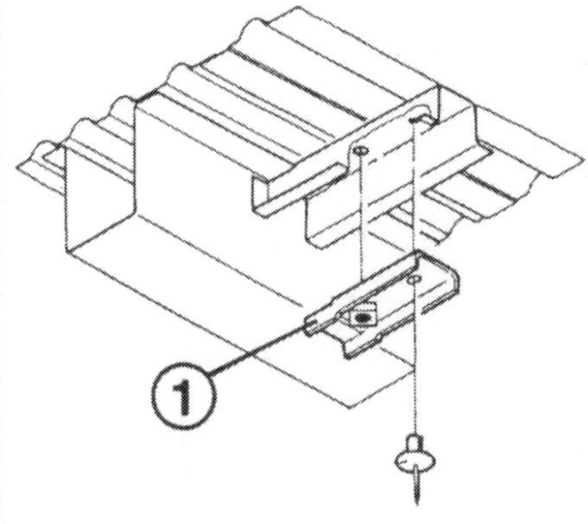

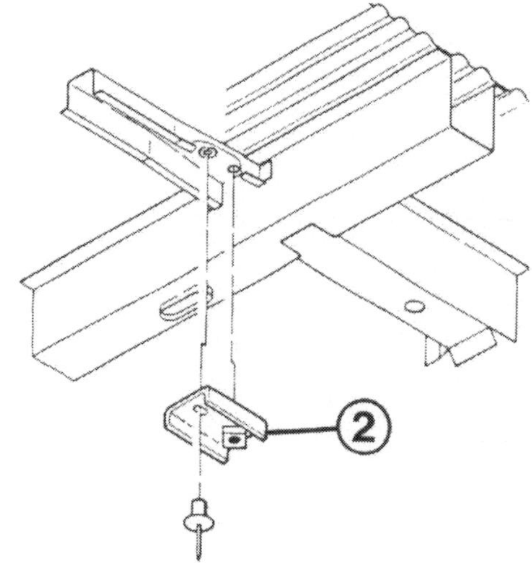

Hier sind die Gewindeplatten-Typen abgebildet, die nach den Beziffferungen in den Zeichnungen auf der gegenüberliegenden Seite verwendet werden müssen – also beispielsweise: Platte »3« an Stelle »3«. Die Teile-Nummern lauten:
1 – Teile-Nr. 703883281;
2 – Teile-Nr. 703883281 A;
3 – Teile-Nr. 703883281 B;
4 – Teile-Nr. 703883281 D;
5 – Teile-Nr. 703883281 C;
Blindniet – Teile-Nr. N90478601.
Auf Seite 37 finden Sie die Gewindeplatte »1« im Foto unten abgebildet.

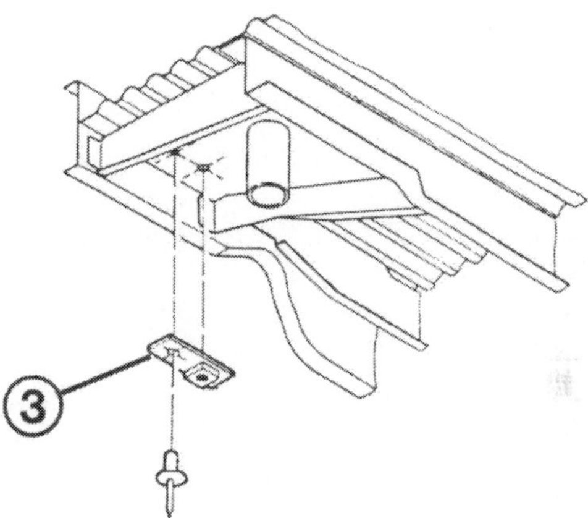

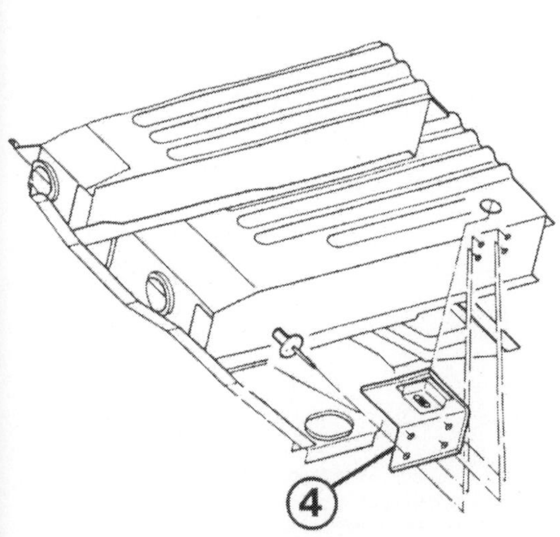

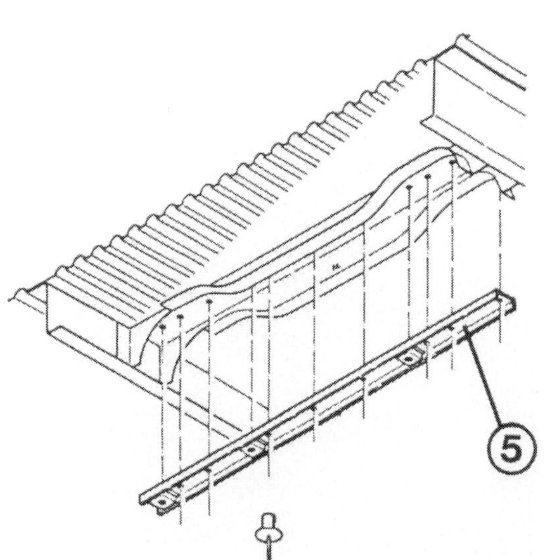

Sitze für den Wohnbereich

Sitz-/ Schlafbänke

Unter den angebotenen Sitz-/Schlafbänken bleibt dem Selbstausbauer zuletzt noch die Wahl, ob er einem **fest montierten Sitz** den Vorzug geben will oder ob er lieber auf ein (teureres) **Sitzsystem mit Verschiebemöglichkeit** zurückgreifen will, wobei die Sitz-/Schlafbank in jedem Fall geprüft sein muß.
Weitere Überlegungen zu diesem Thema finden Sie im Kapitel »Die Einrichtung planen« bzw. »Die Schlafstatt«.

Zusätzliche Sitze hinten

Je nach Familiengröße kann der Bedarf entstehen, hinten im »Wohnraum« des Wohnmobils zusätzliche Sitzplätze zu schaffen. Dieses Problem lösen Firmen, die verschiebbare Sitzsysteme anbieten (z.B. Reimo oder Westfalia) durch Zusatzbänke, die sich in der Verschiebe-Schiene befestigen lassen.
Wer auf derartige Systeme nicht zurückgreifen will, kann mittels **VW-Originalteilen** problemlos zusätzliche Sitzplätze schaffen:

○ **Einen zusätzlichen Sitzplatz** erhält man unter Verwendung des Einzelsitzes aus der Serienbestuhlung der Kombi-/Caravelle-Modelle.

○ **Zwei zusätzliche Sitzplätze** werden geschaffen durch Einbau des Doppelsitzes aus der Serienbestuhlung der Kombi/Caravelle-Modelle.

○ **Sitze entgegen der Fahrtrichtung** mit oder ohne Stauraum für eine Kühlbox erhält man aus verschiedenen Multivan-Versionen.

○ Zum **Befestigen** der VW-Seriensitze brauchen lediglich vier Pilzkopfschrauben samt Unterleg- und Distanzscheiben an den hierfür vorgesehenen Stellen im Wagenboden verankert zu werden – siehe auch Abschnitt »Befestigungspunkte am Wagenboden nachrüsten«.

○ Wo sich keine Befestigungsbohrungen im Wagenboden befinden, muß man sich diese schaffen, wie das im Abschnitt »Befestigungspunkte für Sitzeinrichtungen am Wagenboden« weiter vorn in diesem Kapitel beschrieben ist.

○ Wo Befestigungsbohrungen vorhanden sind, aber nicht benötigt werden, verschließt man sie mit Gewindestopfen (VW-Teile-Nummer 253 857 785) und Dichtung (Teile-Nr. 111 857 779).

○ Gurtbefestigungspunkte sind teilweise schon am Sitz selbst vorhanden, was die Handhabung des leicht demontierbaren Zusatzsitzes weiter erleichtert.

○ Entscheidend für die TÜV/DEKRA-Abnahme ist die Tatsache, daß sich bei ausschließlicher Verwendung von VW-Teilen beim Einbau an der werksseitig vorgesehenen Stelle der Nachweis einer Sitzprüfung erübrigt – schließlich sind alle VW-Teile geprüft.

Fingerzeig: Kopfstützen mit Führungen zum nachträglichen Einbau gibt es bei Wohnmobil-Zubehörläden oder im VW-Teilelager (aus Einzelteilen vom Wohnmobil-Programm zusammenstellen).

Vordersitze

Feststehende Konsolen für die Vordersitze

Sofern beim Neuwagenkauf nicht anders geordert, sind Fahrer- und Beifahrersitz im VW-Bus auf feststehenden Konsolen (Blechsockeln) montiert. Auf diesen wiederum sind die Sitzschienen angeschraubt, in denen sich die Vordersitze vor- und zurückschieben lassen. Im Innern dieser Konsolen ist Platz für Warndreieck, Verbandskasten oder Krimskrams. Bei Fahrzeugen mit werksseitig eingebauter Eberspächer-Kraftstoff-Zusatzheizung sitzt in der Fahrersitzkonsole aber auch die gesamte Steuerungselektrik der Heizung.

Zubehör-Hersteller bieten geprüfte Wohnraum-Sitzbänke mit integrierten Gurtbefestigungspunkten zum Nachrüsten an. Hier eine Sitzbank mit höhenverstellbaren Dreipunktgurten (Bimobil).

Sitzsysteme von Zubehör-Herstellern besitzen nicht selten eigene Befestigungen.

Die Führungsschienen dieses Verschiebe-Sitzsystems (C-Schienen) sind verschraubt (im Bild oben von der Wagenunterseite her gesehen) und zusätzlich verklebt. Um gleichen Abstand zwischen den Schienen zu gewährleisten, wurden hier zur Montage Abstandshalter eingesetzt.

Bei einem Wagen mit Verschiebe-Sitzsystem besteht die Möglichkeit, eine zusätzliche Sitzbank in der Schiene zu installieren. Hier ist die Westfalia-Zusatz-Sitzbank abgebildet.

Wer sich mit der Serienbestuhlung des VW-Fahrerhauses nicht zufrieden gibt, findet auf dem Zubehörmarkt reichlich Auswahl an bequemeren Sondersitzen mit Armlehnen (aguti). Auf Wunsch liefern die Sondersitz-Hersteller ihren Sitzbezugstoff auch als Meterware, so daß die hinteren Sitze mit den vorderen zusammenpassen.

Ebenso ist die Zweitbatterie in der Konsole unter dem Fahrersitz untergebracht, sofern das Fahrzeug ab Werk mit Zweitbatterie ausgestattet ist (nicht bei Westfalia-Wohnmobilen). Dieser Einbauort bietet sich als sichere Alternative zur Unterbringung in einem der Wohnmobil-Schränke an, sofern kein Drehsitz an dieser Stelle geplant ist.
Die Serien-Sitzkonsolen eignen sich nicht für den Batterie-Einbau. Sie müssen ggf. gegen die entsprechend vorgerüstete Sitzkonsole mit der Teile-Nr. 701 881 677 A (links) bzw. 701 881 678 B (rechts) ausgetauscht werden. Ferner gebraucht wird der Batterie-Haltewinkel mit der Teile-Nr. 701 915 313 A nebst Sechskantschraube.

Schmaler oder breiter Beifahrersitz

Wer ein gebrauchtes Basisfahrzeug mit Doppel-Beifahrersitz erwirbt, wird den Wunsch haben, diesen Sitz gegen einen schmalen Einer-Sitz zu tauschen, der einen ungehinderten Durchstieg vom Fahrerhaus in den »Wohnraum« ermöglicht. Bei diesem Ansinnen hilft die vorausschauende Grundkonstruktion des VW-Busses: Die Sitzkonsolen sind in den VW-Bus lediglich eingeschraubt. So kann also eine feststehende Konsole problemlos gegen eine Drehkonsole ausgetauscht werden. Genauso leicht läßt sich die breite Sitzkonsole für den Doppel-Beifahrersitz gegen eine Konsole für schmalen Beifahrersitz oder am besten gleich gegen eine Drehkonsole (folgender Abschnitt) tauschen.
Sofern Sie sich keinen Sondersitz leisten wollen, paßt auch ein ganz normaler VW-Bus-Sitz von der Beifahrerseite. Allerdings passen keine anderen Sitze. Rechte und linke Sitze können auch nicht gegeneinander getauscht werden. Sitze gibt's bisweilen beim Autoverwerter. Oder Sie fragen bei einem Hersteller von Sondersitzen, einem »Autoveredler« oder einem Wohnmobil-Ausbauer einmal nach. Dort werden häufig andere Sitze in die Wagen eingebaut und die alten bleiben übrig.

Drehkonsolen für die Vordersitze

Drehsitze im Fahrerhaus ermöglichen es, den Fahrerhausbereich in das »Wohngeschoß« mit einzubeziehen. Kein professioneller Ausbauer verzichtet auf diese Möglichkeit, schafft sie doch durch eine relativ einfache Maßnahme eine deutliche Vergrößerung des Wohnraums.
Eine Überlegung ist es aber wert, ob es genügt, den Beifahrersitz als Drehsitz auszuführen, oder ob auch der Fahrersitz mit Drehkonsole versehen werden soll. In diesem Fall würde dann eben der ideale Standplatz für die Zweitbatterie unter der Fahrersitzkonsole entfallen – siehe vorangegangenen Abschnitt.
Drehsitzkonsolen bietet VW in unterschiedlichen Farben. Übrigens gibt es für rechts und links unterschiedliche Ausführungen. Auch der Zubehörhandel hält Drehsitzkonsolen in zahlreichen Ausführungen bereit. Bei Zubehörprodukten ist unbedingt auf die TÜV/DEKRA-Zulassung zu achten (Prüfung nach ECE oder EWG). Ferner muß die Konsole für die Gurtpeitschenführung vorgerüstet sein, und der Sitz darf auf keinen Fall wackeln!

Ein drehbarer Vordersitz muß auf einer zugelassenen, weil geprüf-
en Drehkonsole stehen – Vorschriften wie erwähnt. Diese Zube-
ıör-Drehkonsole (aguti) weist zusätzlich ein Tresorfach auf.

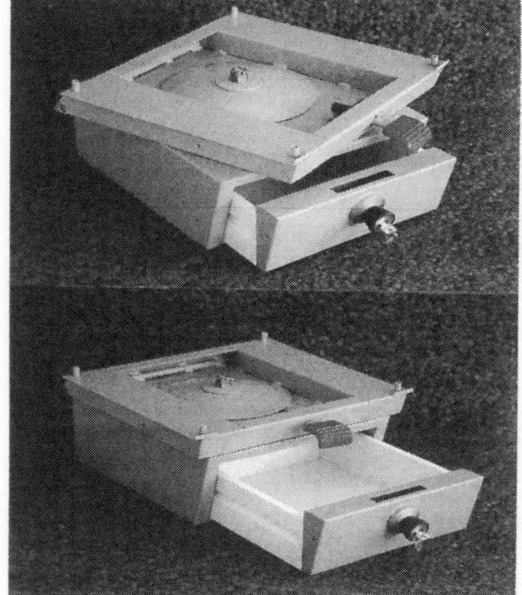

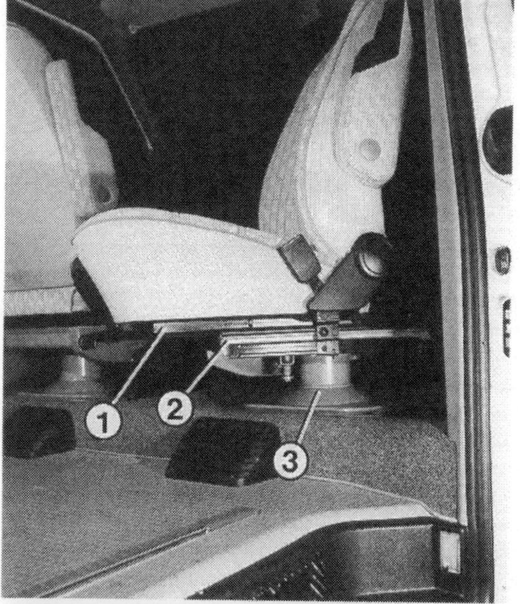

Die Drehkonsole von VW steht auf einem säulenförmigen Fuß. In
der Abbildung sind beziffert:
1 – Sitzschiene;
2 – Drehteller;
3 – Fuß.

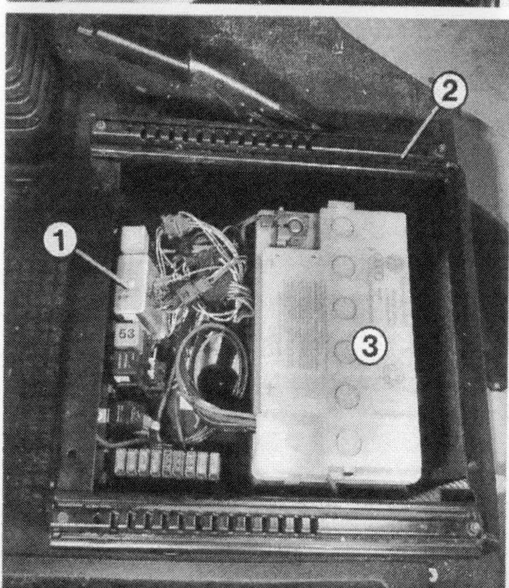

Die hier gezeigte feststehende VW-Sitzkonsole (2) ist für den Einbau einer Zweitbatterie (3) vorgesehen. Es ist auch noch eine
ganze Menge Platz vorhanden für elektrische Schaltgeräte und
Relais (1), die – wie hier – zu einer werksseitig eingebauten Standheizung gehören.
Wichtig zu wissen: Für den T4 gibt es von VW feststehende Sitzkonsolen mit und ohne Vorbereitung für Batterie-Einbau. Aus
Sicherheitsgründen sollten auch wirklich nur die hierfür vorbereiteten Konsolen zum Batterie-Einbau herangezogen werden.

Schutzraum

Passive Sicherheit ist heute ein Begriff, an dem kein Autofahrer vorbeikommt. Beim Betrachten von Unfallstatistiken stellt man eine erfreuliche Grundtendenz fest: Trotz steigender Unfallzahlen sinkt in der Relation dazu die Zahl der Verkehrstoten.
Einen wesentlichen Beitrag zu dieser Entwicklung konnte die Einführung der Gurtpflicht Mitte der 70er Jahren leisten: Nachdem die ganze (damalige) Bundesrepublik geschlossen die Gurte angelegt hatte, verringerte sich die Zahl der Verkehrstoten gleich um die Hälfte! Dies nur als Beispiel, welch große Wirkung einfache Maßnahmen zeitigen können.

Vorbildliches Crash-Verhalten

Wie nicht anders zu erwarten, bietet unser Basis-Fahrzeug vorbildlichen Insassenschutz. Der VW-Transporter erfüllt alle derzeit weltweit gültigen Sicherheitsnormen und hat dies in umfangreichen Testprogrammen bewiesen.
Gründe dafür sind natürlich vor allem in der speziell auf optimales Crash-Verhalten ausgelegten Karosseriestruktur zu suchen. Aber auch der Sicherheits-Kraftstofftank oder die dreifach umgelenkte Lenksäule tragen zur Sicherheit bei, genauso wie die geklebten Scheiben, die bei einem Crash im Rahmen bleiben und dadurch sowohl die Festigkeit der Karosserie erhöhen, als auch das Risiko von Glassplitterverletzungen bei einem Unfall reduzieren.
Nicht vergessen werden darf dabei der Beitrag an aktiver Sicherheit, für den das Fahrwerk zuständig ist. Traditionsgemäß darf die Radaufhängung des Transporters als die aufwendigste in dieser Fahrzeuggattung gelten.
Um so grotesker wäre da die Vorstellung, in einem relativ sicheren Fahrzeug zu sitzen und bei einem Unfall von Teilen einer untauglichen Wohneinrichtung erschlagen zu werden.

Sicherheit bei der Wohneinrichtung

Die von VW selbst vertriebenen Wohnmobile mit Ausbauten der Firma Westfalia wurden schon 1972 Crash-Tests unterzogen, weil der Exportmarkt USA dies verlangte.
Nachdem dieses Kriterium mit einer gewissen zeitlichen Verzögerung auch zu einem Kernthema in Europa wurde, kommt auch der Selbstausbauer nicht mehr umhin, sich mit der Sache auseinanderzusetzen. Dabei sind die bei den VW-Crashversuchen gewonnenen Erkenntnisse hilfreich.
Was die VW-Experten als die wesentlichen sicherheitsrelevanten Punkte genannt haben, finden Sie in den folgenden Abschnitten aufgezählt.

Sitzplätze

Im Fahrzeug zugelassene Sitzplätze – also diejenigen, die während der Fahrt benutzt werden dürfen – müssen TÜV/DEKRA-Zulassung besitzen. Das heißt, ein Musterexemplar dieser Sitzeinrichtung muß zumindest einen Zugversuch überstehen, der einem 50-km/h-Frontalaufprall entspricht.

Sicherheitsuntersuchungen an Wohnmobilen unternimmt VW bereits seit 1972. Selbst in einem VW-Bus jener Tage konnten sich die Passagiere auf ein hohes Maß an Sicherheit verlassen.

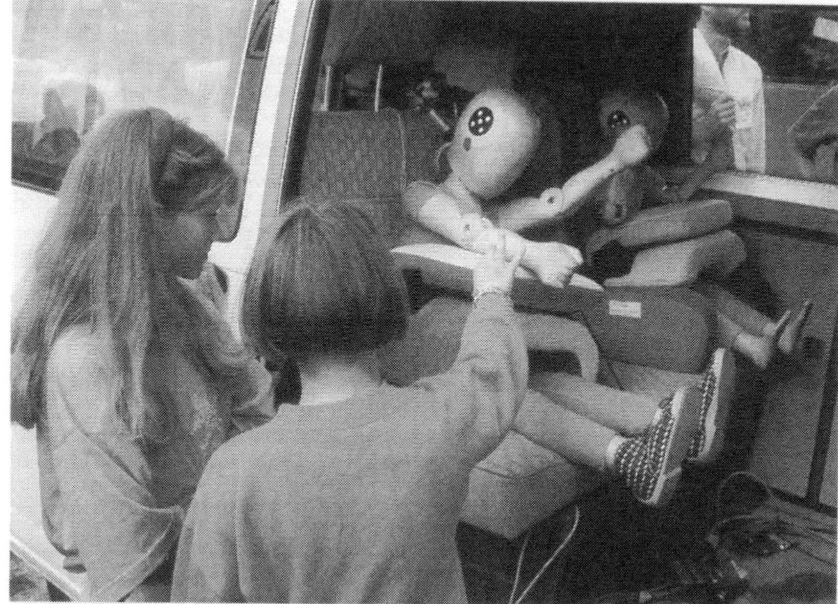

Auch die Kids auf den Rücksitzen fahren sicher mit, wenn sie auf zugelassenen, geprüften Sitzplätzen in ihren Kindersitzen angegurtet sind.

Zugversuch an einem Sitz/Gurt-System, das eine Zulassung nach den gültigen Normen anstrebt (siehe dazu vorangegangenes Kapitel). Daß hier gewaltige Kräfte im Einsatz sind, zeigt schon die Dimensionierung des Zuggeschirrs.

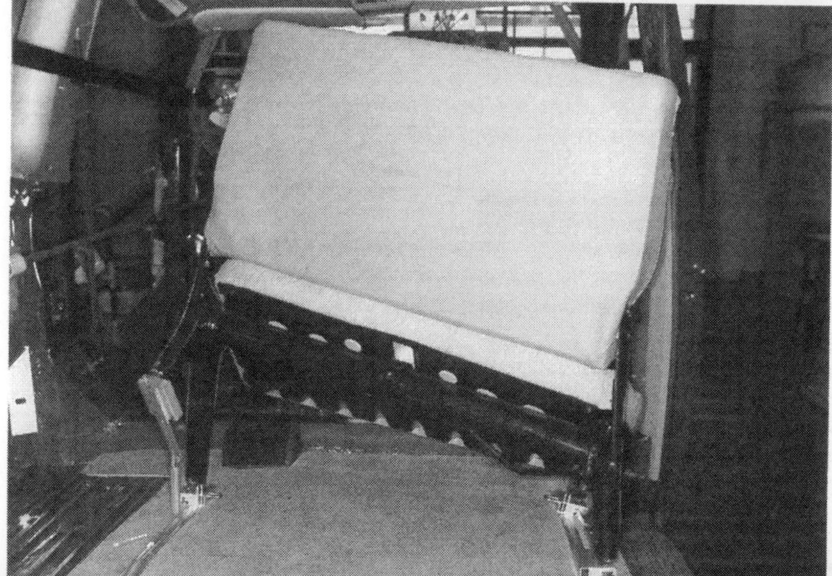

Zu schwach ausgelegt: Diese Sitzverankerung hielt der Zugprüfung nicht stand. Somit konnte dieser Sitz nicht in Serie gehen.

Sitzverankerung

Die Verankerung von Sitzplätzen darf nur an denjenigen Punkten im Fahrzeug erfolgen, an denen auch die Original-Sitze (etwa im Caravelle) befestigt sind. Aus diesem Grund werden Zugversuche auch nur an Sitzen durchgeführt, die in einer Fahrzeugkarosserie eingebaut sind. Weil sich auf Grund der hohen Krafteinwirkung der Fahrzeugboden verformt, wird für den Versuch meist eine Rohkarosserie verwendet.

Fingerzeig: Welche Voraussetzungen zugelassene Sitzplätze erfüllen müssen und wo sich zugelassene Gurtbefestigungspunkte befinden, erfahren Sie ganz detailliert im Kapitel »Sitze und Gurte«.

Gestaltung der Einrichtung

Auch die richtige Gestaltung der Einrichtung verhindert Verletzungen: So dürfen sich im **Kopf-Aufschlagbereich** der Insassen keine festen Gegenstände befinden. An einem Beispiel läßt sich das leicht erläutern: Vor einem mit Beckengurten gesicherten Sitzplatz darf sich kein festes Möbelstück befinden. Beim Unfall hält der Gurt das Becken, doch Oberkörper und Kopf schwingen nach vorn und schlagen mit Wucht auf das Möbelstück auf.

In Fahrtrichtung öffnende Schranktüren sollten beim Bau der Einrichtung vermieden werden. So angeschlagene Türen springen bei einem Aufprall besonders leicht auf. Wenn die Tür selbst dabei auch noch vom **Scharnier** rutschen kann und auf ihrem Flug einen Insassen-Kopf trifft, ist das Verletzungsrisiko hoch. Also wenn schon Türen auf diese Weise angebracht werden müssen, dann wenigstens stabile Scharniere verwenden, die sich nicht aushängen lassen.

Ein weiteres Problem stellen die **Schlösser** dar. Diese müssen zumindest bei den in Fahrtrichtung öffnenden Türen äußerst stabil sein – denn wer wird schon gerne von einer Konservendose erschlagen. Noch ein weiterer Aspekt zu den in Fahrtrichtung öffnenden Türen: In diesen Schränken sollten Sie leichte Gegenstände transportieren (Kleider, Wäsche).

Die **Kanten der Möbel** sollten abgerundet oder mit einem Gummiprofil mit Luftpolster versehen sein. Denken Sie auch daran, diejenigen Kanten zu polstern, an denen man sich im Camping-Alltag immer wieder Kopf und Knochen anstößt. Typisch für eine solche Kante wäre das Dachbett-Ende genau über der Sitzbank.

Unfallsichere Eckverbindungen

Alle Bestandteile der einzelnen Möbelstücke (Front, Seite, Boden, Deckplatte) müssen **zusätzlich** zu den sonst üblichen Verschraubungen/Verleimungen mit **Blechwinkeln** untereinander verbunden werden. Die Verschraubung der Blechwinkel muß **mit Schloßschrauben durch das Holz hindurch** erfolgen.

Herkömmliche Eckverbindungen, wie sie der Schreiner kennt, sind einem Unfall nicht gewachsen. Sie bergen die Gefahr, daß bei einem Crash sich lösende Möbelteile schwere Verletzungen verursachen.

Verankerung der Einrichtung

Die Möbelstücke dürfen sich bei einem Unfall nicht aus ihrer Verankerung reißen. Das schafft man nur durch Verschraubungen, die durch den Wagenboden hindurch gehen. Auch hier sind stabile Schloßschrauben wieder die beste Lösung, wenn sie sowohl unter dem Wagenboden wie auch in den Möbeln über großflächige Unterlegplatten die bei einem Unfall entstehenden Kräfte verteilen können.

Ideale Möglichkeiten bieten die unter dem Wagenboden quer verlaufenden Träger, an denen z.B. auch die Sitze der Caravelle-Versionen angeschraubt werden.

Für die Verbindung von Einzelmöbeln untereinander gilt gleiches wie schon erwähnt: Durchgehende Schloßschrauben durch beide Möbelhölzer, große Unterlegscheiben oder Blechwinkel unterlegen.

Veränderungen der Karosserie

Wenn Sonderdächer oder Fenster nachträglich eingebaut werden, darf die Karosserie dabei nicht geschwächt werden. So gibt es von VW einen speziellen Trägersatz, der die Stabilität der Karosserie wieder herstellt, die nach Entfernen von Teilen der Dachschale und des Dachträgers (Spriegel) hinter der Schiebetür verlorenging. Gebraucht wird dieser Trägersatz aber nur bei Einbau eines Aufstelldaches. Wird ein Hochdach montiert, bleibt die Stabilität durch die kraftschlüssige Verklebung erhalten.

Fenster dürfen nachträglich nur zwischen den Karosserieträgern eingesetzt werden. Keinesfalls darf der Träger herausgetrennt werden. Außerdem soll das Fenster (etwa durch zusätzliche Blechstreifen) kraftschlüssig mit den umliegenden Trägern verbunden werden.

Unfallsicherheit im einzelnen

Dieses Kapitel sollte in Sachen Unfallsicherheit nur einen Überblick geben, um zu zeigen, an welchen Stellen etwas für die Unfallsicherheit getan werden sollte oder muß. In den einzelnen Sachkapiteln sind diese Themen nochmals und ausführlicher angesprochen.

Grundregeln für den Bau einer unfallsicheren Einrichtung:
Links: Alle Bretter der Einrichtung müssen untereinander mit Blechwinkeln (Pfeile) und durchgehenden Schrauben verbunden sein. Am besten eignen sich Schloßschrauben.
Rechts: Die Verankerung der Einrichtung muß mit durch den Boden durchgehenden Schrauben und großen Unterlegscheiben erfolgen (Pfeil).

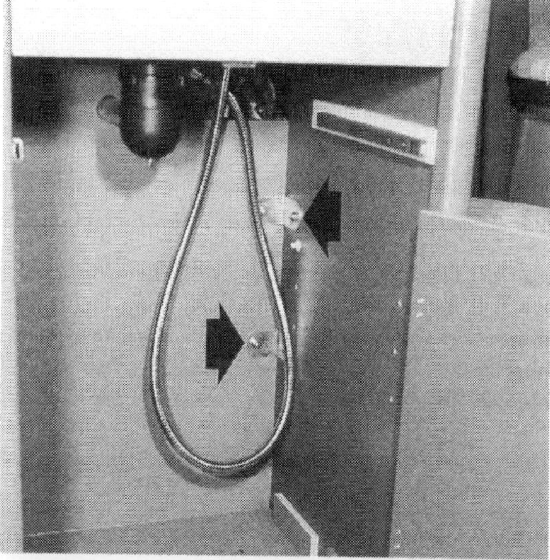

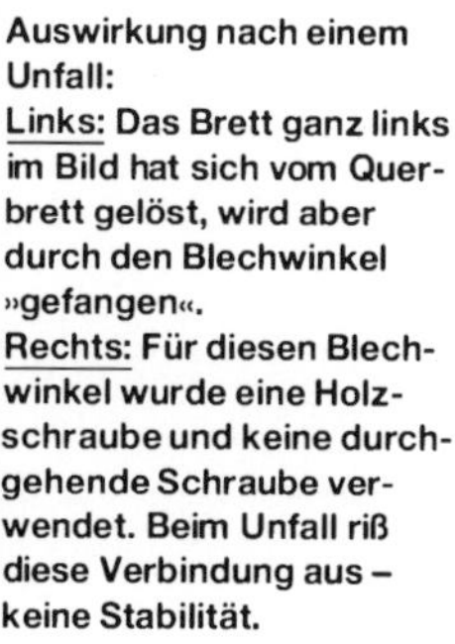

Auswirkung nach einem Unfall:
Links: Das Brett ganz links im Bild hat sich vom Querbrett gelöst, wird aber durch den Blechwinkel »gefangen«.
Rechts: Für diesen Blechwinkel wurde eine Holzschraube und keine durchgehende Schraube verwendet. Beim Unfall riß diese Verbindung aus – keine Stabilität.

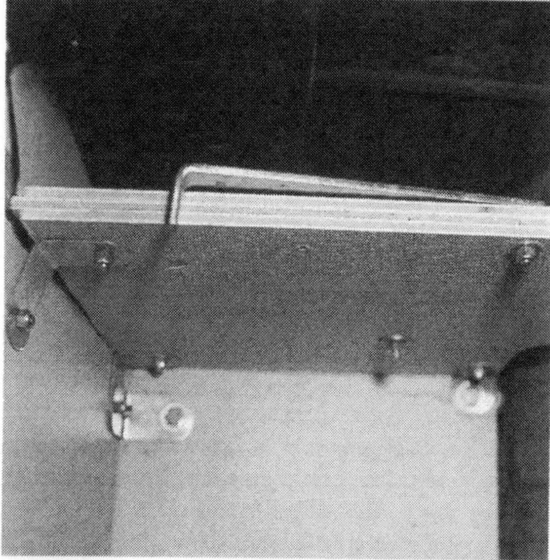

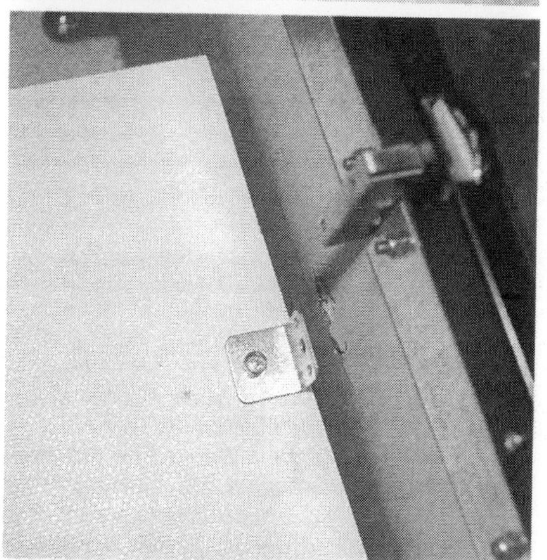

Links: Hier wurde der Kopf-Aufschlagbereich vor Sitzplätzen mit Beckengurten nicht freigehalten. Die Versuchspuppen haben bereits bei einem 30-km/h-Aufprall die Tischplatte mit den Köpfen durchschlagen.
Rechts: In Fahrtrichtung öffnende Schranktüren sollten bei der Planung der Einrichtung vermieden werden. Geht das nicht, müssen sie zumindest mit stabilen Schlössern versehen werden. Schränke hinter solchen Türen nur mit leichten Gegenständen beladen!
Die vier Töpfe im Regal über dem Fenster dürfen während der Fahrt keinesfalls an dieser Stelle verbleiben. Bei einem Aufprall wirken sie wie Geschosse.

Dosenöffner

Soll ein konsequenter Wohnmobil-Ausbau vorgenommen werden, ist garantiert irgendwo ein Stück Blech im Weg, das entfernt werden muß – sei es die Trennwand zwischen Fahrerkabine und Laderaum oder sei es das originale Blechdach, das einem Hoch- oder Aufstelldach weichen soll. In diesem Kapitel ist nicht nur beschrieben, wie Sie am besten vorgehen, sondern auch, welche Vorschriften es zu beachten gilt.

Fingerzeig: Von den zahlreichen Zeichnungen und Änderungsmöglichkeiten, die das folgende Kapitel beschreibt, sollten Sie sich nicht abschrecken lassen. Vielmehr ist es erfreulich, zu welch umfangreichen Eingriffen Volkswagen seine Zustimmung gibt.

Scheu überwinden

Nach unserer Beobachtung haben selbst routinierte Wohnmobil-Ausbauer gewaltigen Respekt davor, ein Loch ins schöne Autoblech zu sägen, was z. B. vor der Montage eines Sonderdaches natürlich unumgänglich ist. Da schwingt die Angst mit, der Ausschnitt könnte versehentlich zu groß werden und Dach wie auch Auto wären anschließend schrottreif.
Diese Furcht ist unbegründet, denn – sollte wirklich mal was schiefgehen – muß eben die Karosseriewerkstatt das fehlende Blechstück wieder einschweißen. Doch so weit kann es eigentlich erst gar nicht kommen, denn die Hersteller von Sonderdächern geben ihren Produkten eine sehr ausführliche Einbauanleitung und oft auch Schablonen für den Dachausschnitt mit. Zur Größe der verschiedenen Dachausschnitte machen auch die Zeichnungen auf Seite 56/57 genaue Angaben.

Mitbestimmung des TÜV/DEKRA

Veränderungen an der Karosserie bedürfen des Einverständnisses durch einen TÜV/DEKRA-Sachverständigen, siehe auch Seite 236. An einem kleinen Durchbruch für die Gasflaschen-Entlüftung hält sich der Prüfer natürlich nicht auf – es sei denn, die Öffnung befindet sich in der Nähe des Abgasrohrs einer Zusatzheizung. Wichtig ist die Sachverständigen-Meinung aber beispielsweise beim Einbau eines Sonderdaches – speziell dann, wenn die Träger (Spriegel) im Dach verändert werden sollen.
Setzen Sie sich **vor Beginn der Arbeiten** mit einem **TÜV/DEKRA-Sachverständigen** in Verbindung und sprechen Sie mit ihm Ihre Planung durch. Er wird Ihnen sicherlich wertvolle Tips für den Wohnmobilausbau geben können. In einigen Punkten wird er Ihnen Auflagen machen, nach denen Sie sich zu richten haben, oder er will den Wagen in einem bestimmten Ausbaustadium noch einmal sehen, etwa um zu kontrollieren, ob ein Träger ordentlich eingeschweißt ist. Das ist keine Schikane, sondern geschieht im Interesse Ihrer eigenen Sicherheit.
Sollte sich zeigen, daß Sie mit dem Sachverständigen der angesteuerten Prüfstelle absolut nicht klarkommen, hat Diskutieren meist wenig Sinn. Fahren Sie lieber zu einem anderen TÜV bzw. DEKRA und schlucken Sie den Ärger runter.

Freigabe des Herstellerwerks

Wenn es um die Fahrzeug-Sicherheit geht, kommt es vor, daß der TÜV/DEKRA-Sachverständige eine **Unbedenklichkeitsbescheinigung** des Volkswagenwerks verlangt. Es liegt dann an Ihnen, diese zu beschaffen. Das kann beispielsweise der Fall sein, wenn Sie Veränderungen an einem tragenden Element – etwa beim Einbringen eines Dachausschnitts – vornehmen wollen.
Sie wenden sich in diesem Fall an:
Volkswagen AG, Produktmarketing »Aus- und Aufbauten«, mail: vwn.ausbauten@volkswagen.de
Volkswagen AG, NE-GZ Nfz-Sonderfahrzeuge/Gesamtfahrzeug, 38436 Wolfsburg
Dort gibt man Ihnen in Zweifelsfällen, die unser Buch nicht klären konnte, Auskunft. Und Sie erhalten die nötigen Freigaben für den TÜV/DEKRA, sofern Ihr Änderungswunsch aus technischer Sicht durchführbar ist. Die folgenden Voraussetzungen werden dabei vom Werk verlangt:

○ Das zu ändernde Fahrzeug muß sich in einem guten Allgemeinzustand befinden. Das heißt, tragende Teile wie Längs- und Querträger, Säulen usw. dürfen nicht so stark angerostet sein, daß Festigkeitseinbußen zu befürchten sind. Sollte das bei einem älteren Gebrauchtwagen doch der Fall sein, muß durch Einsetzen neuer Teile der Urzustand wieder hergestellt werden.

Die obere Hälfte der Fahrerhaus-Trennwand (1) – hier vom Fahrerhaus aus gesehen. Die Pfeile zeigen die Schweißpunkte, mit denen sie befestigt ist.

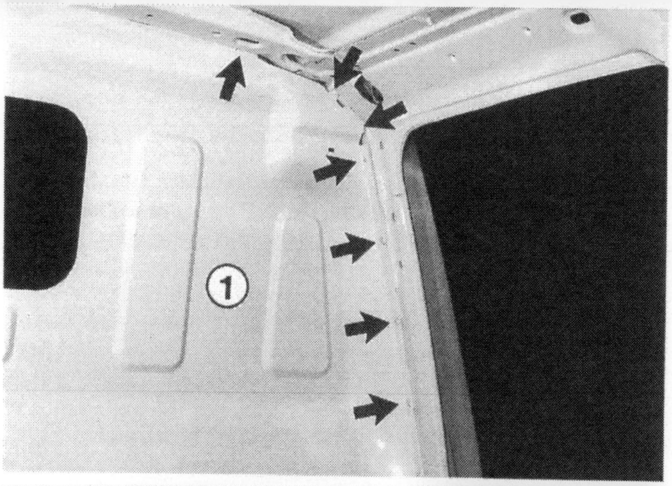

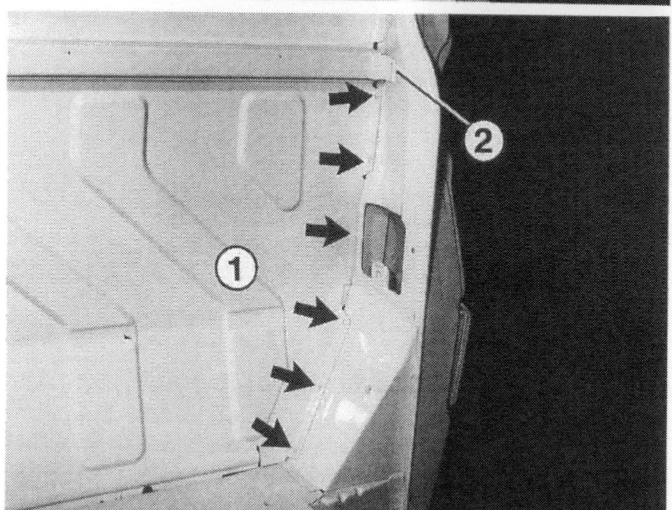

Die untere Hälfte der Fahrerhaus-Trennwand (1) und der Träger (2) zwischen oberer und unterer Hälfte – auch hier wieder mit Blick von der Fahrerhaus-Seite. Die Pfeile zeigen die Schweißpunkte.

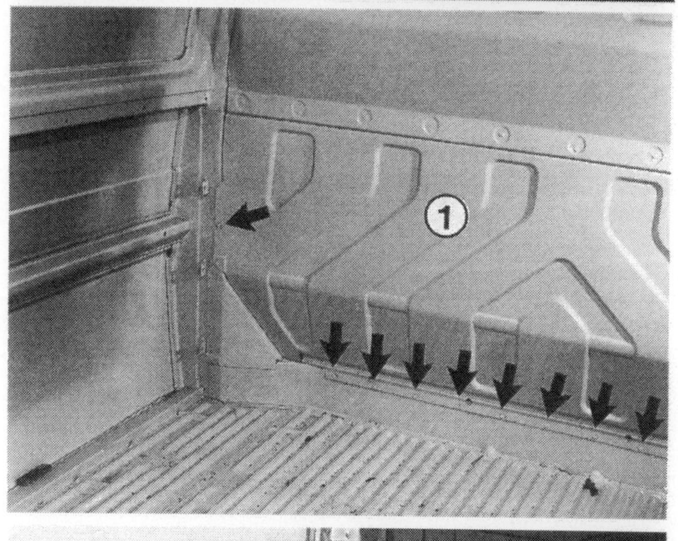

Einige der Schweißpunkte (Pfeile) an der Trennwand (1) sitzen auch auf der Laderaum-Seite.

Unsachgemäßer Trennwand-Ausbau: Das Herausmeißeln der Schweißpunkte hat hier zahlreiche Löcher in die B-Säule der Karosserie gerissen (Pfeile). Außerdem wurde das Blech des Trägers verbeult.

○ Es dürfen keine tragenden Teile der selbsttragenden Karosserie entfernt werden.
○ Sind Ausschnitte für Fenster, Türen, Be- und Entlüftungsklappen usw. erforderlich, so dürfen diese nur zwischen den Säulen und Dachspriegeln eingebracht werden.
○ Blechausschnitte müssen umlaufend mit einem stabilen Rahmen eingefaßt werden, der kraftschlüssig mit den angrenzenden tragenden Teile zu verbinden ist.
So weit das Volkswagenwerk. Zum letzten Punkt bliebe zu sagen, daß die Ausschnitte in der Regel durch die Rahmen der Einbauteile verstärkt werden. Das Verbinden des Rahmens empfiehlt das Werk zur Vermeidung von Schwingungen im betreffenden Blechteil. Sofern die Einbauteile leicht sind und ein Vibrieren der Blechwände dadurch nicht zu erwarten ist, können Sie auf die Verbindung verzichten – also etwa bei Öffnungen für Steckdosen oder Wassereinfüllstutzen.

Fingerzeig: Je detaillierter und klarer Ihre Anfrage an das Werk formuliert ist, desto schneller kann man Ihnen antworten. Kopieren Sie in Zweifelsfällen eine der Zeichnungen auf den Seiten 23, 57 sowie 124/125 und verwenden Sie diese Duplikate etwa zum Einzeichnen des von Ihnen gewünschten Dachausschnitts. Der zuständige Sachbearbeiter bei VW sieht dann sofort, von welchen Teilen Sie in Ihrem Begleitbrief sprechen.

Gebräuchliche Karosserieveränderungen

Nach den vorangegangenen theoretischen Überlegungen wird in den folgenden Abschnitten angesprochen, was üblicherweise beim Wohnmobil-Ausbau an der Karosserie verändert wird und wie man dabei am besten vorgeht.

Sicherheit an erster Stelle

Man braucht kein Pessimist zu sein, um wenigstens die einfachsten Sicherheitsregeln zu beachten:
○ Wenn Metall geschliffen oder gebohrt wird, immer **Schutzbrille** tragen!
○ Während der Arbeit mit der Stichsäge ist ebenfalls eine **Schutzbrille** unentbehrlich! Die kleinen Sägespäne sind heiß und spritzen reichlich aggressiv durch die Luft.
○ **Arbeitshandschuhe** verhindern Schnittverletzungen durch scharfe Blechkanten.
○ Denken Sie beim **Bohren von Löchern** an die **Rückseite des Bleches**. Unter dem Wagenboden befinden sich der Kraftstoffbehälter, Bremsleitungen, elektrische Kabel, Kraftstoffleitungen, die Zusatzheizung, das Reserverad und andere Einrichtungen, die nicht angebohrt werden dürfen.

Fingerzeig: Schützen Sie nicht nur sich selbst, sondern auch Fenster, Sitze und Fahrerhausverkleidungen. Beim Sägen, Schleifen und Feilen entstehen z.T. heiße Metallspäne, die sich in Scheiben, Lack, Verkleidungen und Stoff einbrennen.

Entfernen der Trennwand

Das Vorhandensein einer Trennwand zwischen Fahrerkabine und Laderaum ist noch längst kein Grund, einen günstigen Gebrauchten nicht zu kaufen. Da die Wand kein tragendes Teil ist, kann sie problemlos entfernt werden. Auch der TÜV/DEKRA hat nichts dagegen.
Normalerweise zieht der Ausbau der Trennwand auch die Umrüstung des Zweier-Beifahrersitzes auf einen Einplätzer nach sich, was logischerweise die Gesamtzahl der Sitzplätze verändert. Nach Beendigung des Wohnmobil-Ausbaus muß jedoch die Zahl der Sitzplätze ohnehin neu festgelegt werden. Die Änderung in den Fahrzeugpapieren können Sie also bis dahin aufschieben. Theoretisch darf der Wagen in dieser Zeit wegen erloschener Betriebserlaubnis nicht in Betrieb sein.
Die halbhohe sowie die durchgehende Trennwand hinter der Fahrerkabine ist rundum mit Schweißpunkten am Wagen befestigt. Da beim Heraustrennen der Wand die Sitzkonsolen und die Seitenpfosten nicht beschädigt werden dürfen, legen wir Ihnen folgende Arbeitsweise ans Herz:
○ Trennwand nicht herausmeißeln!
○ Lassen Sie die Schweißpunkte unangetastet, denn beim Arbeiten mit dem Meißel ist schnell ein häßliches Loch ins Blech der Seitenpfosten gerissen, das anschließend umständlich wieder verschlossen werden muß. Lassen Sie stattdessen die seitlichen Umbördelungen der Trennwand am Türpfosten dran und trennen Sie das Blech lieber mit einer Säge oder einem Winkelschleifer genau im Eck durch.
○ Genauso verfahren Sie im Bereich der Bodenplatte: Auch dort bleibt der Befestigungsrand der Trennwand am Gegenstück angeschweißt. Trennen Sie das Blech entlang der Stufe durch, die den Laderaum vom Fahrerhaus trennt.
○ Zum Schluß die Schnittkanten sauber entgraten und gegen Rost schützen. Nach Überziehen der beiden

Erste Schritte zum Einbringen eines Karosserie-Durchbruchs: Die Schablone wird an der vorgesehenen Stelle festgeklebt; die Bohrmaschine schafft die Bohrung zum späteren Ansetzen der Stichsäge.

Aussägen des Karosseriebleches mit einer Stichsäge: Zur Vermeidung von Kratzern im Lack ist hier die Auflagefläche der Säge mit Kreppband umklebt. Wirkungsvoller ist das Abkleben des Bleches rund um den Ausschnitt.

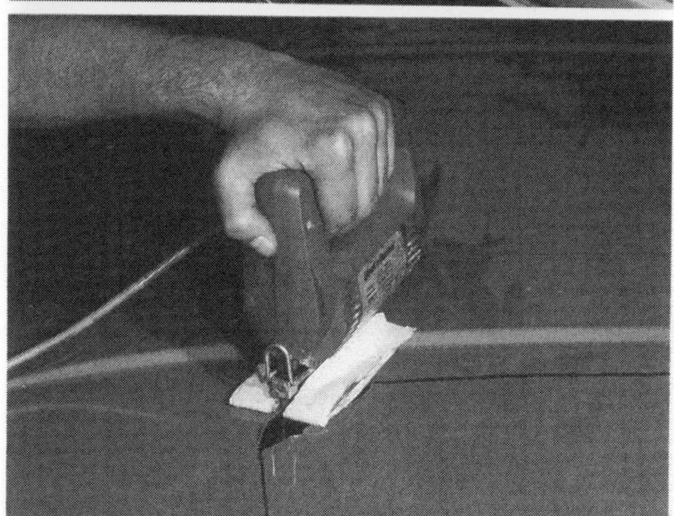

Statt der Stichsäge kann man auch einen solchen Blechnager verwenden. Er produziert keine lästigen Sägespäne, sondern lediglich kleine Blechspiralen. Nachteil: Mit Blechsicken und Radien hat er Probleme.

Die Karosseriewerkstatt hat eventuell einen solchen Plasmaschneider, mit dem das Herausschneiden eines Karosserie-Durchbruchs wohl am leichtesten vonstatten geht.

Seitenpfosten mit Kunstleder, Velours-Stoff oder Teppichboden deutet nichts mehr auf das einstige Vorhandensein der Trennwand hin.

Fingerzeig: Wer sich mit der beschriebenen Arbeitsmethode nicht anfreunden kann, bohrt die Schweißpunkte mit entsprechendem Bohrerdurchmesser aus. Immer noch besser als Meißeln! Denn die Bohrlöcher können nach dem Konservieren mit Hohlraumspray durch Kunststoffstopfen verschlossen werden.

Einzel-Beifahrersitz

Statt der Doppel-Sitzbank wird nach Herausnehmen der Trennwand rechts ein Einzelsitz eingebaut. Was dabei zu beachten ist, erfahren Sie im Kapitel »Sitze und Gurte«.

Durchbrüche ins Blech sägen

Mit einer Elektro-Stichsäge fällt es dem Heimwerker leicht, einen Ausschnitt ins Blech zu »beißen«. Versorgen Sie sich mit einem kleinen Vorrat an Stichsägeblättern, denn der Verschleiß ist hoch.
Um den Lack rings um den Ausschnitt nicht zu verkratzen, kleben Sie die Ränder mit Kreppband ab. Sonst setzen sich die Sägespäne zwischen Auflagefläche der Säge und Lackierung, wodurch die Lackschicht verkratzt wird. Weniger Erfolg bringt das Umkleben der Säge-Auflagefläche.
Damit die Säge erst mal richtig angesetzt werden kann, bohren Sie ein ausreichend großes Loch in die auszuschneidende Blechfläche. Im Loch wird die Säge angesetzt und langsam zum angezeichneten Rand des Auschnitts geführt. Kurvenradien lassen sich nicht immer am Stück sägen, weil das Sägeblatt bestrebt ist, geradeaus zu laufen. In diesem Fall wieder ins Blech des späteren Ausschnitts hineinsägen und anschließend den gewünschten Radius Stück für Stück nacharbeiten.

Fingerzeig: Unangenehme Begleiterscheinung beim Sägen, Schleifen und Feilen sind die feinen Metallspäne, die sich überall im Fahrzeug absetzen und manchmal sogar regelrecht einbrennen. Zudem rosten die Späne bei geringster Feuchtigkeitseinwirkung und bilden damit die Basis für weitergehende Rostbildung. Deshalb möglichst sofort nach Beenden der Karosseriearbeiten den Wagen gründlich aussaugen und trocken auswischen. Vor allem in den später verdeckten Teilen der Seitenwand und im Spalt zwischen Seitenwand und hinteren Radkästen ist Reinigung angesagt. Zur Sicherheit reichlich Hohlraumspray in unzugängliche Spalte einsprühen, dann rostet es garantiert nicht!

Weitere Werkzeuge

Die Karosseriewerkstatt hat Blechschneider oder -nager zur Verfügung, die – von Hand, elektrisch oder pneumatisch angetrieben – saubere Schnittkanten im Blech ausführen. Geräuschärmer und müheloser als mit der Stichsäge geht es mit diesen Werkzeugen allemal. Wer sich solch ein Gerät ausleihen kann, sollte es tun. Ungeeignet zum Ausschneiden eines Blechdurchbruchs ist eine Blechschere oder ein Winkelschleifer mit Trennscheibe. Mit der Blechschere werden die Ränder verformt, der Winkelschleifer arbeitet vor allem bei kleinen Radien im Ausschnitt sehr ungenau. Außerdem sind die Schnittkanten sehr unsauber, und es muß ständig auf den Funkenstrahl geachtet werden, damit die Fensterscheiben nichts abbekommen.

Nachbearbeitung des Ausschnitts

Eine Feile (Hieb 2) oder ein Dreikantschaber dient zum Entgraten und Glätten der Schnittränder. Jetzt Rostschutzfarbe und anschließend **zusätzlich** Fahrzeug-Decklack aufstreichen. Je nach Bedarf – beispielsweise bei einem Sonderdachausschnitt – kann die Blechkante auch durch abschließendes Aufkleben von gewebeverstärktem Isolierband »entschärft« werden.
Kommt um den Ausschnitt eine Gummidichtung zu liegen, wie das etwa beim Anbau einer 220-Volt-Steckdose der Fall ist, lohnt es sich, die Umgebung des Ausschnitts zusätzlich mit Korrosionsschutzwachs einzusprühen. So ist nach dem Anschrauben des Teils die gesamte Fläche unter der Dichtung mit Wachs gefüllt, was Eindringen von Wasser vollständig verhindert. Da viele Anbauteile mit Blechschrauben befestigt werden, entstehen durch die Bohrung und das Eindrehen der Schrauben wieder blanke Stellen. Auch hier wirkt das aufgesprühte Wachs rosthemmend.

Kleine Karosseriedurchbrüche

Wer seine Wohneinrichtung bis ins kleinste Detail geplant hat, ist jetzt schon in der Lage, die kleinen Durchbrüche für Heizungs- und Kühlschrankkamin, für Gasflaschen-Entlüftung, 220-Volt-Steckdose und den Wassereinfüllstutzen in das Karosserieblech zu schneiden. Voraussetzung ist natürlich, daß die entsprechenden Einbauteile bereits gekauft wurden. Schablonen, auf denen die Lage der Bohrungen und die Größe der Durchbrüche in Originalgröße aufgezeichnet sind, liegen den entsprechenden Bauteilen meist bei. Die Schablone wird jetzt aufs Blech geklebt, und die Arbeit kann beginnen.

Der Dachausschnitt

Eine der nützlichsten Veränderungen an der VW-Bus-Karosserie ist der Einbau eines Sonderdaches (siehe auch folgendes Kapitel). In Verbindung mit dem dazu nötigen Dachausschnitt wird volle Stehhöhe im Wagen erreicht, wodurch sich's im Bus erst richtig leben läßt.

Was VW in Sachen Dachausschnitt freigibt bzw. verlangt

Das Dach ist mit entscheidend für die Stabilität der VW-Bus-Karosserie. In diesem Zusammenhang haben die insgesamt vier Querträger hohe Bedeutung, die sich unter der Dachhaut befinden – der Fachmann nennt sie Dachspriegel. Werden sie entfernt, muß ein Ersatz her, der die verlorengegangene Stabilität wieder herstellt. Wie das zu erfolgen hat und was das Herstellerwerk sonst noch an Auflagen mit Blick auf die Fahrzeug-Sicherheit macht, ist im Folgenden beschrieben.

Ausschnitte in der Dachhaut zwischen den Spriegeln

Solche kleinen Ausschnitte – etwa für ein Glas-Klappdach oder einen Dachlüfter – sind unproblematisch. VW verlangt lediglich einen **umlaufenden Rahmen** um den Dachausschnitt – den hat das einzubauende Glasdach ohnehin – und eine kraftschlüssige Verbindung desselben mit einem naheliegenden Spriegel oder dem Dachrahmen. Letztere Maßnahme soll ein Flattern der Dachhaut verhindern. Die Verbindung können z.B. an zwei Stellen angebrachte Befestigungswinkel darstellen.

Der »kleine« Dachausschnitt

In Verbindung mit einem kleinen Hubdach, wie es bei zahlreichen Ausstattern als Standardteil für den VW-Bus oder als Universalteil für verschiedene Fahrzeuge angeboten wird, genügt der kleine Dachausschnitt. Dabei wird lediglich der Dachbereich oberhalb der Schiebetür ausgeschnitten.
Dieser Ausschnitt läßt sich leicht in Eigenregie vornehmen, und er genügt auch den einfachen Anforderungen an ein Zwei-Personen-Wohnmobil auf Basis des kurzen Radstands. Denn mehr Bewegungsfreiheit ist auf Grund der zum Stehen nutzbaren Fläche ohnehin nicht gegeben.
Wichtig: Dieser Ausschnitt wird von VW **nur für Fahrzeuge mit kurzem Radstand** zugelassen, weil nur für diese Variante Fahrversuche gemacht wurden. Der TÜV/DEKRA kann aber auch die Zustimmung zum Einbau in ein Fahrzeug mit langem Radstand geben.
Der mittlere Spriegel in diesem Ausschnittbereich muß beim Ausschneiden der Dachfläche herausgesägt werden. Um diese Stabilitätseinbuße wettzumachen, verlangt VW **je ein Verstärkungsblech rechts und links des Ausschnitts**. Diese Verstärkung kann jeder Flaschner problemlos auf der Abkantbank anfertigen – siehe Zeichnung auf der folgenden Seite.
Das Verstärkungsblech muß anschließend mit dem vor und hinter dem Ausschnitt liegenden Spriegel sowie mit dem Stummel des abgesägten Spriegels verschweißt werden. Da Schweißen im Wageninnern eines nicht komplett demontierten Fahrzeugs einige Verwüstungen anrichten kann, sollten Sie sich beim TÜV/DEKRA erkundigen, ob man sich dort auch mit einer Niet- und Klebeverbindung zufriedengibt, wenn das Verstärkungsblech mit überlappenden Anschlußblechen (Knotenblechen) versehen ist.
Ferner wird auch hier wieder ein **umlaufender Rahmen** um den Dachausschnitt gefordert. Der stellt das kleinste Problem dar, denn dafür muß der zum Sonderdach gelieferte Rahmen herhalten. Zu beachten ist lediglich, daß dieser nicht vom Verstärkungsrahmen behindert wird.

Großer Dachausschnitt

Genial, weil mit verhältnismäßig einfachen Mitteln ein überwältigender Raumgewinn erzielt werden kann, ist der große Dachausschnitt. Wichtig:
○ Ein **Dachverstärkungsrahmen**, bestehend aus VW/Westfalia-Originalteilen (oder gleichartigen Zubehörteilen), wird **nur bei** der Montage eines **Aufstelldaches** benötigt (siehe Seite 58).
○ Für das **Hochdach** verlangt VW **keinen Dachverstärkungsrahmen**. Fahrversuche haben gezeigt, daß der Stabilitätsverlust auf Grund der fehlenden Spriegel durch die Verklebung des Hochdaches ausgeglichen wird. Allerdings darf der Dachausschnitt nicht größer sein als der mit Verstärkungsrahmen mögliche Ausschnitt. Noch eins: Das Hochdach muß der von VW geforderten Bauweise entsprechen und sachgerecht montiert sein (Kapitel »Sonderdächer«).
Die genannten beiden Ausführungen haben alle Werks- und TÜV/DEKRA-Absegnungen, und deshalb basieren die meisten Sonderdächer auf diesem Ausschnitt. Eine runde Sache also.

Reduzierter Dachausschnitt

Diese Variante, die VW ausdrücklich zuläßt, macht nur bei Hochdächern mit Dachbett vorn bzw. bei speziell dafür konstruierten Aufstelldächern wirklich Sinn. Es handelt sich dabei um den »großen« Ausschnitt, wie zuvor beschrieben, jedoch ohne Aussparung über dem Fahrerhaus.
○ **Version für anschließende Montage eines Aufstelldaches:** Es entfällt die »Dachverstärkung vorn« Teile-Nr. 701 070 700 aus der Teile-Liste Seite 58. Der Spriegel hinter dem Fahrerhaus bleibt unangetastet und wird mittels selbst anzufertigender Verbindungsbleche (Knotenbleche) in beschriebener Weise mit den Dachverstärkungen rechts und links verklebt und vernietet.

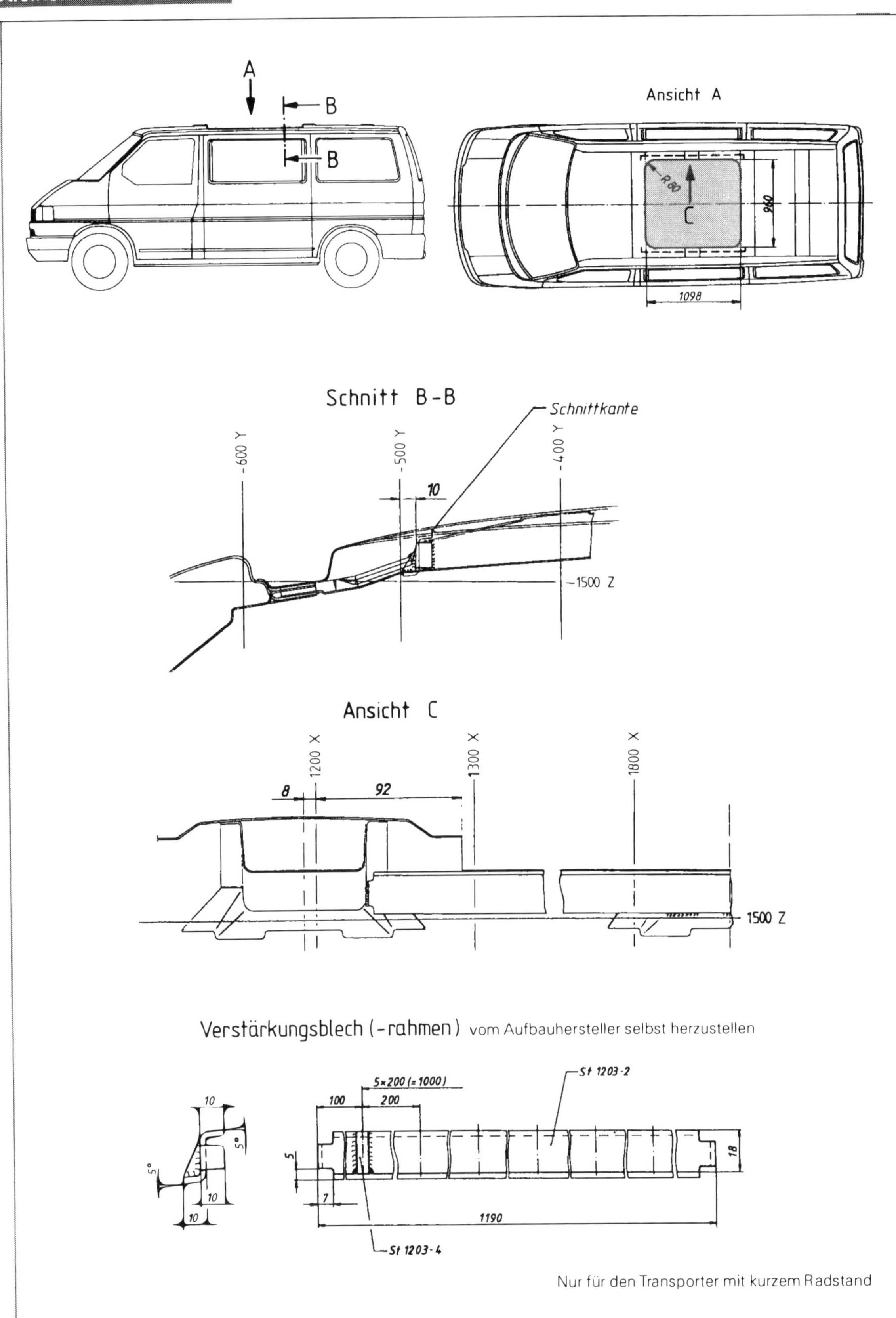

Nur für den Transporter mit kurzem Radstand

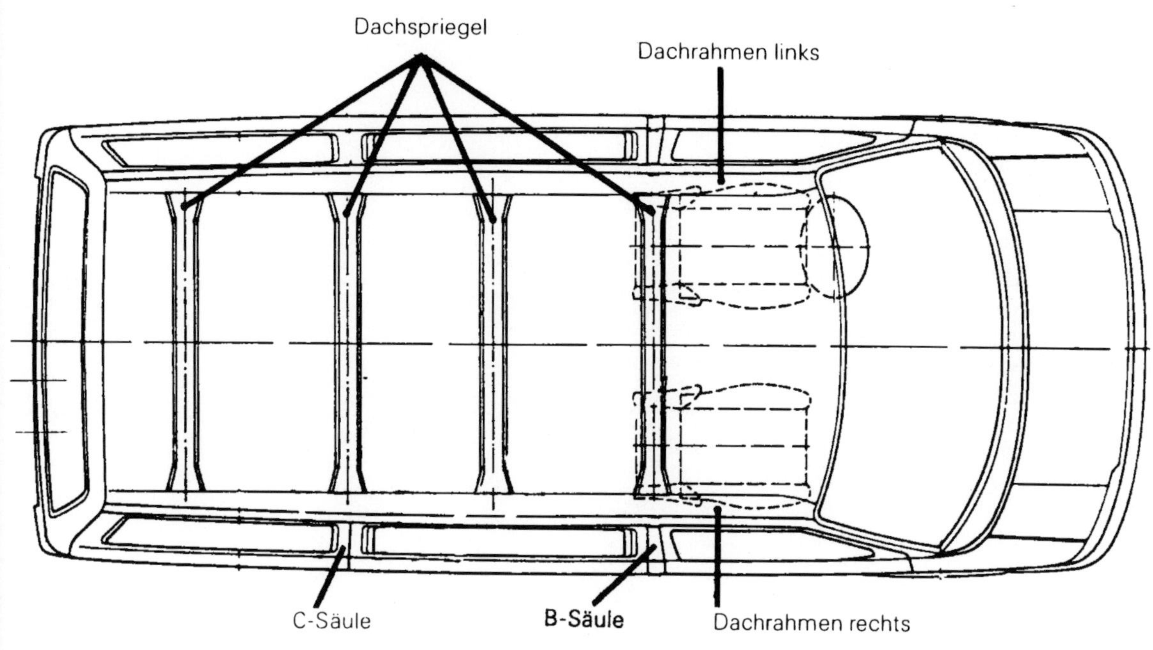

Großer Dachausschnitt

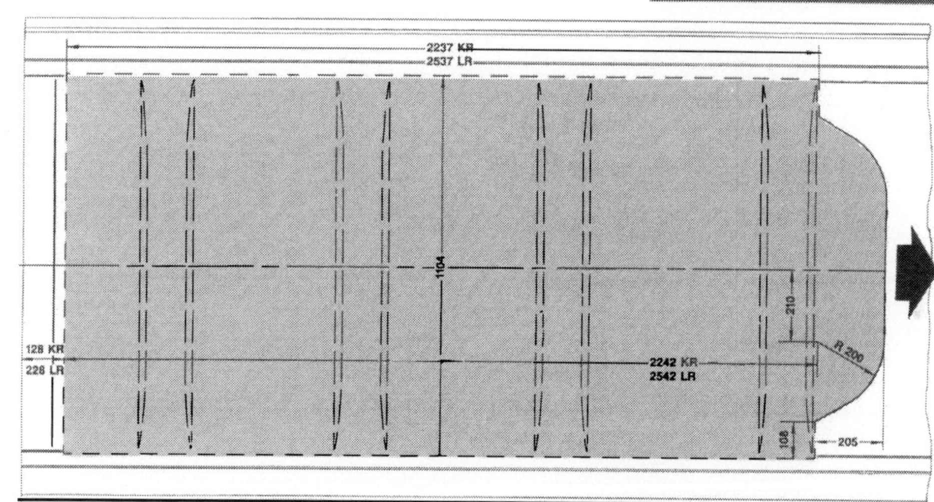

Maße in mm
KR = kurzer Radstand
LR = langer Radstand

Reduzierter Dachausschnitt

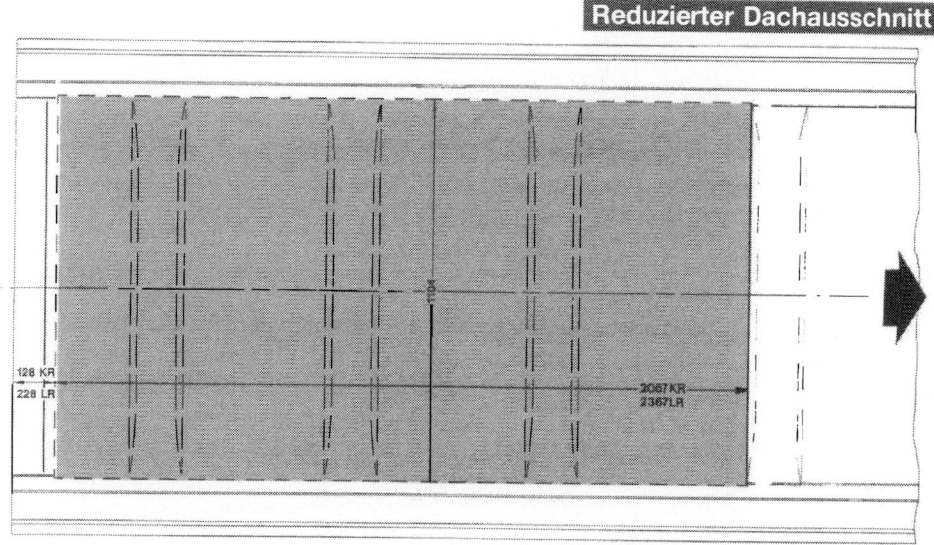

Maße in mm
KR = kurzer Radstand
LR = langer Radstand

○ **Version für anschließende Montage eines Hochdaches:** Der Ausschnitt endet wie zuvor beschrieben am Dachspriegel hinter dem Fahrerhaus. Hier werden – wie beim Hochdach üblich – überhaupt keine Verstärkungungsteile gebraucht.

Allgemeine Vorarbeiten

Was wird gebraucht?

Nachfolgend beschrieben ist das Ausschneiden des Daches **samt Montage des Dachverstärkungsrahmens** für späteren Einbau eines **Aufstelldaches**.
Wer ein **Hochdach** montieren will, nimmt den Dachausschnitt in gleicher Weise und Größe vor (er darf keinesfalls größer ausfallen!), kann aber auf das **Einnieten der Verstärkungen verzichten**.
Zusätzlich zu Ihren Blechschneide-Werkzeugen benötigen Sie einen Kartuschendrücker, eine Nietzange für Blindniete, Bohrmaschine mit Bohrer, mindestens 8 Schraubzwingen und/oder Gripzangen (zum Fixieren). Auch sind zwei Helfer für das Einpassen von Nutzen.
Teileaufwand für die Original-Dachrahmenverstärkung wie folgt; zu bestellen im VW-Teilelager oder beim Wohnmobil-Ausstatter:

Teile-Nummer VW	Bezeichnung	für Fahrzeug	Nr. in der Zeichnung unten
701 070 700	Dachverstärkung vorn	alle	8
701 070 701 701 070 701 A	Dachverstärkung links Dachverstärkung links	kurzer Radstand langer Radstand	3 3
701 070 702 701 070 702 A	Dachverstärkung rechts Dachverstärkung rechts	kurzer Radstand langer Radstand	6 6
701 070 702 701 070 702 A 701 070 702 B	Dachverstärkung hinten Dachverstärkung hinten Dachverstärkung hinten	kurzer Radstand langer Radstand Dachbett vorn langer Radstand Dachbett hinten	5 5 5a
701 070 705	Knotenblech links	alle	4
701 070 706	Knotenblech rechts	alle	7
N 016 20 11	Niet (am besten gleich 50 Stück)	alle	
701 070 916	Klebedichtmasse (2x) weiß »Sikaflex 221«		
701 070 916 A	Klebedichtmasse (2x) schwarz »Sikaflex 221«		
	»Sika-Cleaner«		

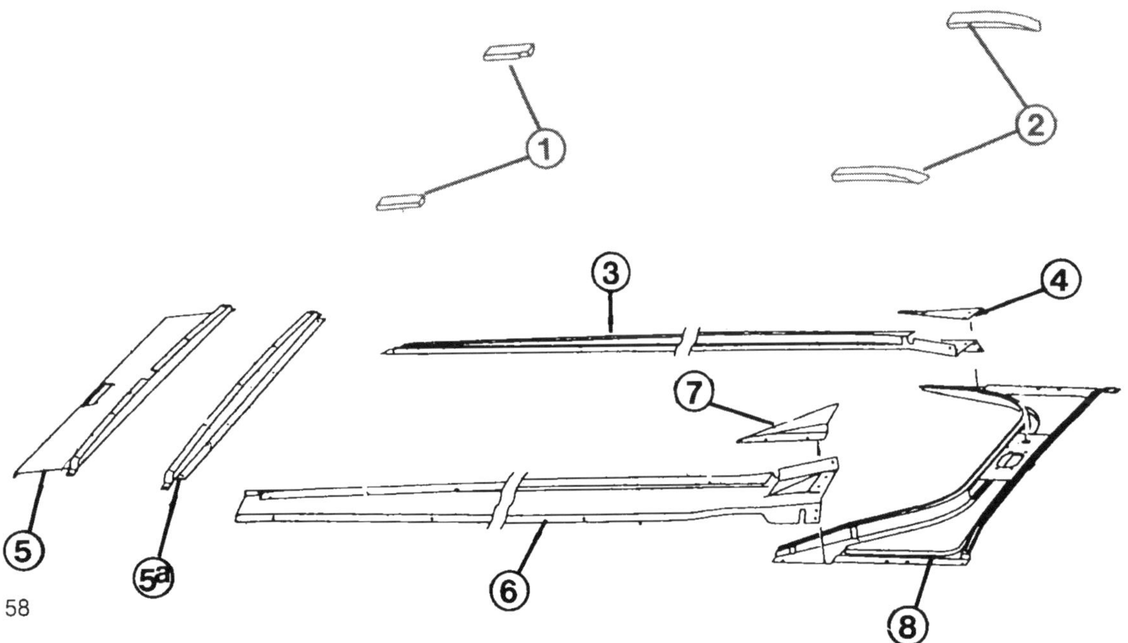

Die Zeichnung zeigt den kompletten Dachverstärkungssatz für den großen Dachausschnitt, wie er bei Montage eines Aufstelldaches eingesetzt werden muß. Die Punkte »3« bis »8« finden Sie in der Tabelle oben zugeordnet. Die Punkte »1« und »2« zeigen die Füllstücke, die in die Dachsicken vorn und hinten eingesetzt werden, um eine ebene (und dichte) Dachfläche vorn und hinten zu erhalten (siehe auch Seite 64).

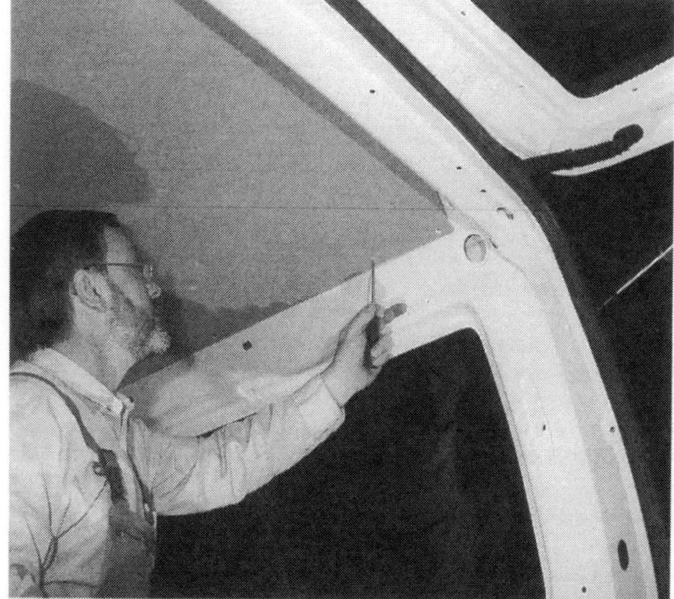

Ausbau der Preßspan-Dachverkleidung am Original-Dach. Es müssen zahlreiche Schraubdübel gelöst werden.

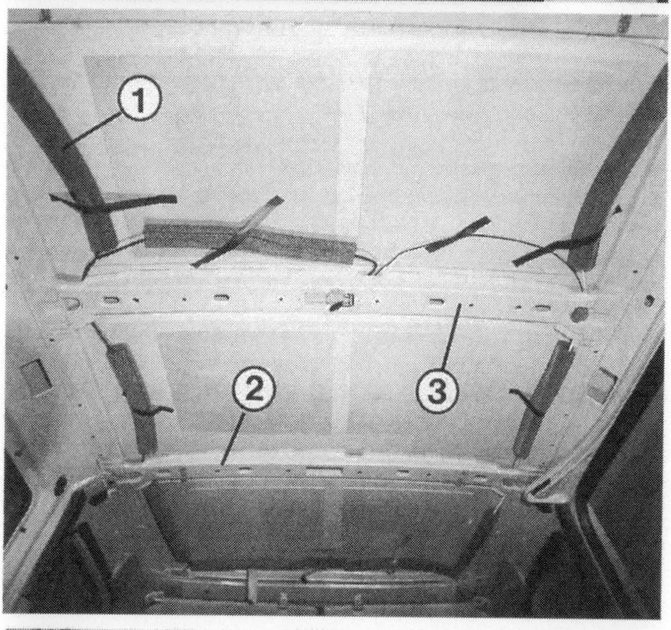

Bei ausgebauter Dachverkleidung sind die am Dach geführten Leitungen (1) und die Dachspriegel (2 und 3) zu sehen. Hier schauen wir vom Laderaum in Richtung Fahrerhaus. Der vordere Spriegel (2) wird nur beim großen Dachausschnitt herausgetrennt. Beim reduzierten Dachausschnitt bleibt dieser Spriegel drin.

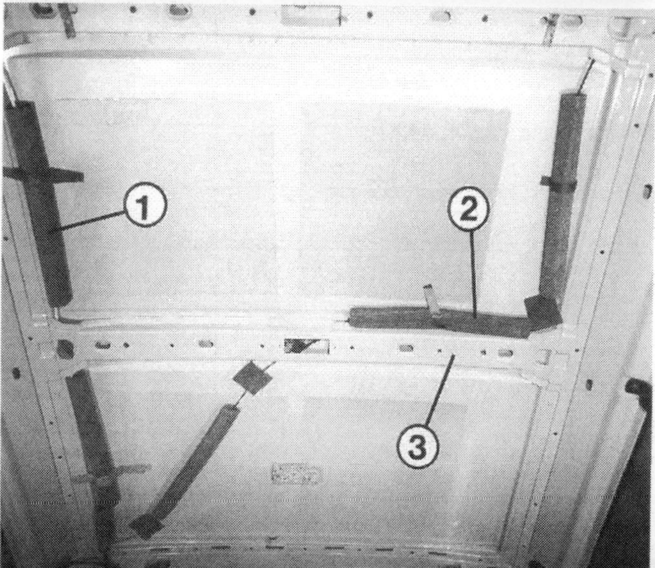

Gleiches Thema, andere Blickrichtung. Hier schauen wir vom Fahrerhaus in Richtung Fahrzeugheck. Hingewiesen sei an dieser Stelle nochmals auf die Leitungen (1 und 2) , die parallel zu den Dachrahmen rechts und links und zum hinteren Dachspriegel (3) verlaufen. Sie müssen vor dem Aussägen des Dachausschnitts gelöst und zur Seite gebunden werden.

Zum Aussägen des Dachausschnitts sollten Sie sich rechts und links des Wagens eine stabile erhöhte Standfläche schaffen.

Preßspan-Dachverkleidung ausbauen

Bei einem Wagen mit Dachverkleidung aus Preßspanplatten werden diese einfach losgeschraubt. Sie sind mit Schraubdübeln (Innensechskant 3 mm) befestigt. Die Verbindungsschienen zwischen den Platten sind eingesteckt und müssen lediglich abgezogen werden.

Dachverkleidung Multivan bzw. Caravelle ausbauen

● **Dachpfostenverkleidung hinter der Fahrertür:** Gurtband unten losschrauben, Kleiderhaken bzw. dessen Abdeckung abhebeln, darunter Schraube lösen.

● Verkleidung ausclipsen: erst oben, dann vorn, dann hinten.

● Clip im unteren Bereich aushängen.

● **Dachpfostenverkleidung zwischen Beifahrertür und Schiebetür:** Gurtband unten losschrauben, Verkleidung ausclipsen: erst oben, dann vorn, dann hinten.

● Clip im unteren Bereich aushängen.

● **Dachpfostenverkleidung vorn (rechts und links):** Haltegriff Beifahrerseite abschrauben (Schrauben unter Abdeckungen), abgedeckte Schraube oben vorn herausdrehen, Verkleidung ablösen und nach hinten abziehen.

● **Dachpfostenverkleidung gegenüber der Schiebetür:** Gurtbeschlag oben losschrauben, Kleiderhaken bzw. dessen Abdeckung abhebeln, darunter die Schraube lösen.

● Verkleidung ausclipsen: erst oben auf der ganzen Länge, dann von unten (also oberhalb des Fensters), dann am Fensterpfosten vorn und hinten.

● Clip im unteren Bereich des Fensterpfostens aushängen.

● **Dachpfostenverkleidung über bzw. hinter der Schiebetür:** Wo vorhanden, Gurtbeschlag oben losschrauben; ersatzweise den Stopfen aus der Gurtbefestigungsbohrung entfernen.

● Kleiderhaken bzw. dessen Abdeckung abhebeln, darunter die Schraube lösen. Verkleidung ausclipsen: erst oben auf der ganzen Länge, dann von unten (also oberhalb der Schiebetür), dann am Fensterpfosten vorn und hinten.

● Clip unten am Fensterpfosten aushängen.

● **Dachholmverkleidung über der Hecktür:** Verkleidung vorsichtig nach unten abziehen; sie ist lediglich eingeclipst.

● **Dachpfostenverkleidung hinten (rechts und links):** Kleiderhaken bzw. dessen Abdeckung abhebeln, darunter die Schraube lösen. Schraube oben am hinteren Ende der Verkleidung herausdrehen.

● Verkleidung ausclipsen: erst oben auf der ganzen Länge, dann von unten (also oberhalb der Seitenscheibe), dann unten am Fensterpfosten sowie vorn und hinten am Fensterpfosten.

● Ferner Clip im unteren Bereich des Fensterpfostens aushängen.

● **Formhimmel vorn ausbauen:** Innenleuchte und Sonnenblenden ausbauen.

● Verbindungsschiene zwischen den beiden Formhimmelteilen ausclipsen.

● Himmel nach unten abnehmen.

● **Formhimmel hinten:** Seitenkante des Formhimmels aus den Halteklammern an den Dachholmen vorsichtig herausheben.

● Formhimmel an der Hinterkante etwas absenken und aus den Clips nach hinten aus dem Wagen herausziehen.

Damit die Fensterscheiben vor den heißen Säge- und Schleifspänen verschont werden, erhalten sie hier eine schützenden Abdeckung.

Erster Schritt zum offenen Dach: Innerhalb der angezeichneten Ausschnitt-Kontur wird ein Loch zum Ansetzen des Stichsägenblatts gebohrt.

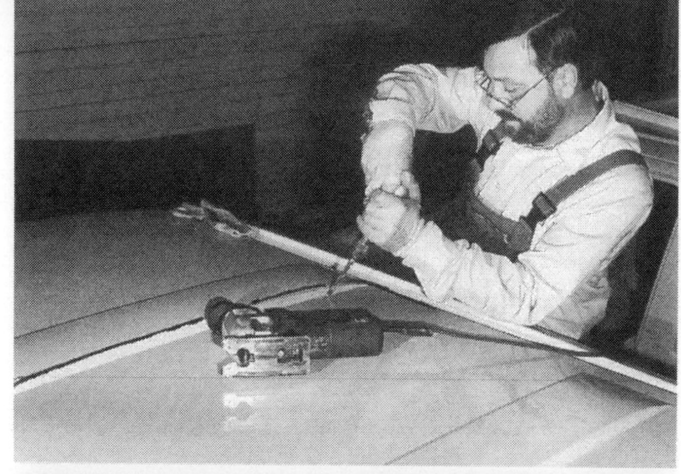

Aussägen des Dachausschnitts entlang der Anzeichnung.

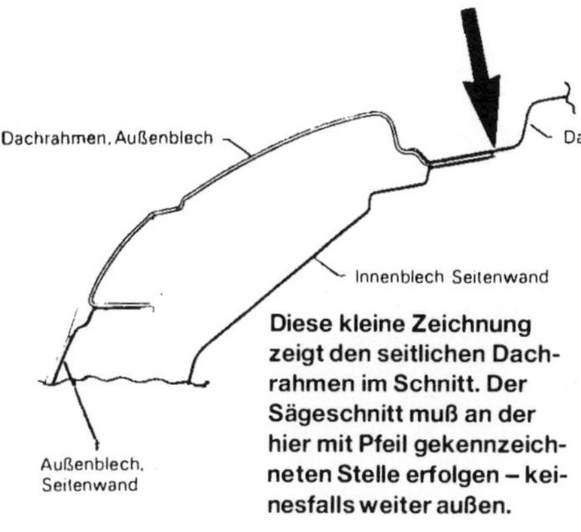

Diese kleine Zeichnung zeigt den seitlichen Dachrahmen im Schnitt. Der Sägeschnitt muß an der hier mit Pfeil gekennzeichneten Stelle erfolgen – keinesfalls weiter außen.

Der Sägeschnitt von innen: Die Dachspriegel werden ebenfalls durchgetrennt.

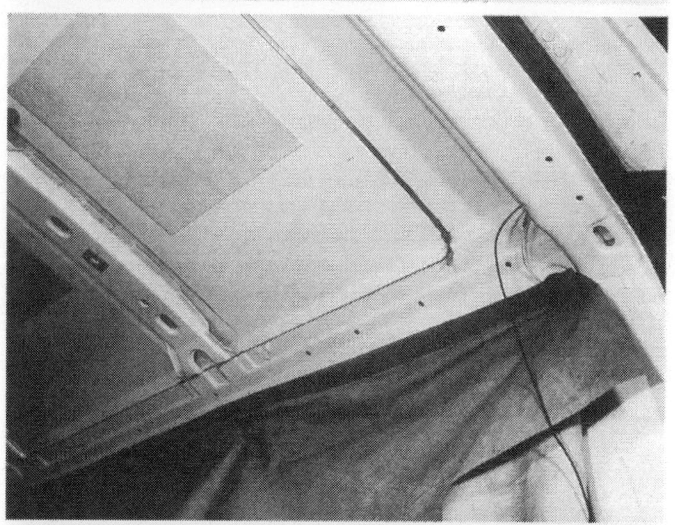

Um ein Absacken der teilweise herausgeschnittenen Dachschale zu verhindern, ist hier eine Holzlatte quer unter das lose Blech gelegt.

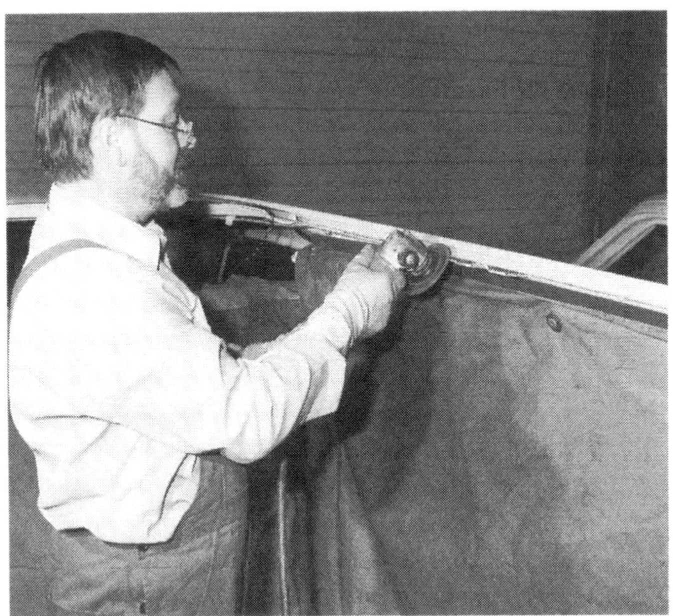

Die Schnittkanten des Dachausschnitts werden glattgeschliffen.

Großen Dachausschnitt einbringen

Nachfolgend beschrieben ist das Ausschneiden des Daches mit anschließender Montage des Dachverstärkungsrahmens. Falls ein Hochdach montiert werden soll, ist der Einbau des Verstärkungsrahmens nicht erforderlich.

- Zunächst das Fahrzeug auf einen absolut ebenen Boden stellen, damit sich die Karosserie nicht verziehen kann.
- Inneneinrichtung, Dachverkleidung und Sitze so weit als möglich demontieren.
- Elektrische Leitungen vom Dach lösen und zur Seite binden.
- Dämmasse im Fahrerhaus im Bereich des Ausschnitts mit einer Spachtel vom Blech ablösen.
- Ausschnitt auf dem Dach festlegen.
- Die Zeichnung auf Seite 57 zeigt den Dachausschnitt. Ausgegangen wird bei der Bemaßung ab der hinteren Dachkante.
- Dachfläche von innen abstützen (z. B. mit Obstkisten), damit sie beim Heraustrennen nicht nach innen durchbricht und dabei womöglich noch eine Ausschnitt-Kante verbiegt.
- Seitlich verläuft der Dachausschnitt entlang der **Innenkanten** der längs verlaufenden Dachprägungen (Sicken), siehe Zeichnung auf der Vorseite.
- Dort können bereits die ersten beiden Sägeschnitte rechts und links vorgenommen werden.
- Durch weitere Sägeschnitte quer über das Dach – zunächst mit etwas Abstand vom endgültigen Ausschnitt – kann ein Großteil der Dachschale herausgenommen werden. Jetzt läßt sich's leichter arbeiten.
- Dachverstärkungsrahmen rechts und links an den Dachrahmen halten und Einbaulage festlegen.
- Auf dieser Basis wird die Einbaulage der Dachverstärkung vorn nochmals kontrolliert, damit auch

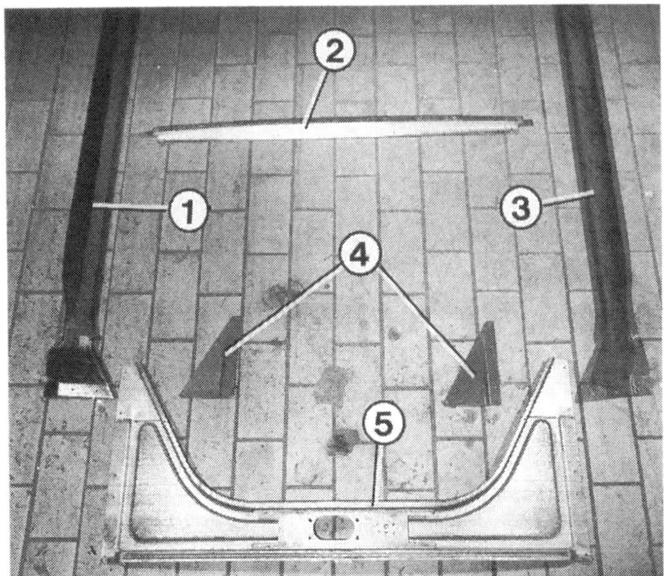

Die Einzelteile des Dachverstärkungssatzes:
1 – Dachverstärkung rechts;
2 – Dachverstärkung hinten;
3 – Dachverstärkung links;
4 – Knotenbleche links und rechts;
5 – Dachverstärkung vorn.

Die Dachverstärkungen links und rechts (1 und 3) überlappen die Dachverstärkung vorn (2) an den Nietstellen.

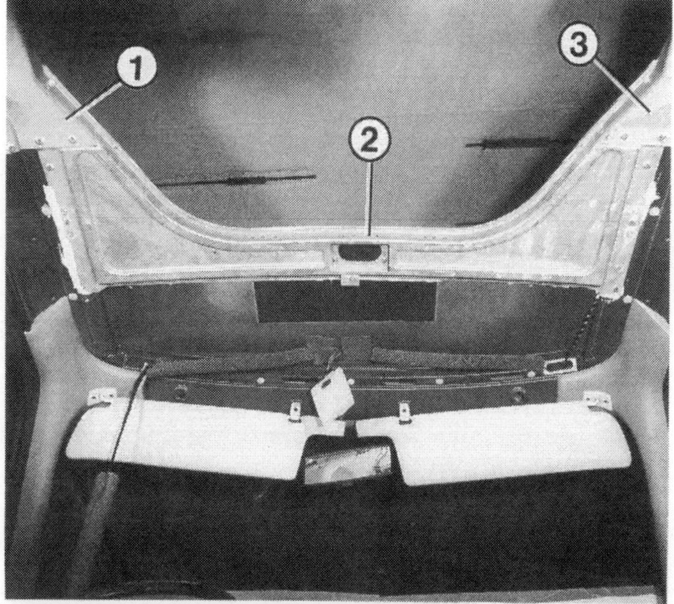

Durch die Bohrungen in den Verstärkungen links (1) und vorn (2) ist eindeutig festgelegt, wo die Niete (Pfeile) zu sitzen haben.

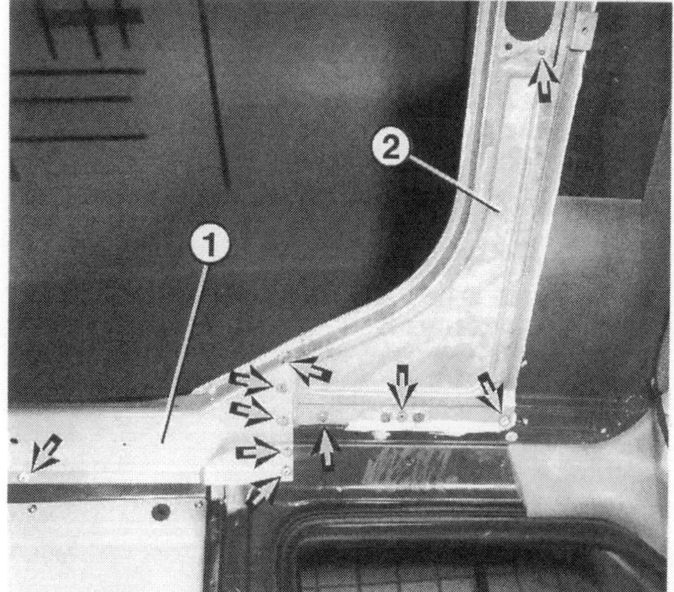

Auch die seitlichen Dachverstärkungen (1) sind entlang ihren Kanten zusätzlich zur Verklebung vernietet (Pfeile).

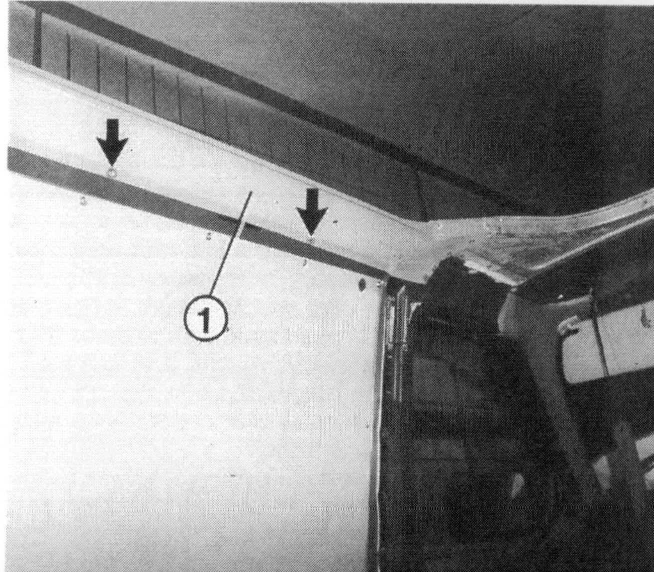

wirklich nicht zu viel Blech ausgeschnitten wird.

- Zwei Helfer halten dazu die seitlichen Dachverstärkungsrahmen in Position. Ein dritter hält die vordere Dachverstärkung paßgenau dagegen und prüft die Anzeichnung des Ausschnitts.
- Dachausschnitt vollends aussägen.
- Hinterkante des Dachausschnitts durch Einpassen der hinteren Dachverstärkung überprüfen und aussägen.
- Dachkanten entgraten.
- Dachverstärkungen in der richtigen Stellung mit Schraubzwingen oder sogenannten Gripzangen verschiebe- und verwackelsicher festklemmen.
- Bei Verwendung der Westfalia-Bettplatte muß das Maß 1090 mm zwischen Auflage-Innenkante der rechten und der linken Dachrahmenverstärkung exakt eingehalten werden.
- Alle in den Dachverstärkungen vorgegebenen Nietlöcher ins Karosserieblech durchbohren.
- Alles wieder abbauen, Löcher ggf. entgraten.
- Blanke Stellen mit Rostprimer behandeln.
- Lackierte Flächen, an denen die Dachverstärkungen anliegen, mit »Sika-Cleaner« säubern und für die Verklebung vorbereiten.
- »Sika-Cleaner« ca. 5 Minuten ablüften lassen.
- Klebedichtmasse »Sikaflex 221« in den Kartuschendrücker einsetzen und diejenigen Flächen der Dachverstärkungen satt bestreichen, die an der Karosserie zur Anlage kommen.
- Beginnend mit der Dachverstärkung vorn alle Dachverstärkungen einsetzen und mit der Nietzange festnieten.
- Herausquellende Klebedichtmasse abwischen.
- Ggf. gleich die Bettplatte einnieten.

Fingerzeig: Statt der Dachverstärkung aus den erwähnten Teile-Nummern läßt VW ausdrücklich auch Verstärkungen anderer Herkunft zu, sofern »das Widerstandsmoment dem des (hier erwähnten) Westfalia-Rahmens entspricht«.

Füllstücke und Dichtungen

Soll ein Aufstelldach montiert werden, bedarf es zur korrekten Abdichtung sogenannter Füllstücke, die in die Sicken am Dach eingesetzt werden. Für vorn tragen diese die VW-Teile-Nummern 701070709 und 701070710, für hinten 701070707 und 701070708. Wassereinbruch während der Fahrt bei starkem Regen verhindert die Dichtlippe, die parallel zum oberen Windschutzscheibenrahmen zwischen Dach und Windschutzscheibe angeklebt wird. Teile-Nr.: 701070717 A.

Schweißarbeiten

Wie schweißen?

Normalerweise braucht beim Umbau zum Wohnmobil nicht geschweißt zu werden. Sollte der Fall doch mal auftreten, hier die wichtigsten Punkte:

○ Schweißungen sollen natürlich ordentlich und von einem geübten Schweißer ausgeführt werden.

○ Mit einem elektrischen Schutzgas-Schweißgerät, wie es Werkstätten, Karosseriebetriebe und eine wachsende Zahl an Heimwerkern besitzen, lassen sich die Arbeiten schnell und sauber erledigen. Auch wird das Metall bei diesem Verfahren nicht unnötig ausgeglüht, worunter die Festigkeit des Materials leiden würde.

○ Häufig fallen bei diesem Schweißverfahren kleine und größere glühende Metallkügelchen herab, die auf Fensterscheiben, Lack und Bodenbelägen unschöne Spuren hinterlassen. Schützen Sie also diese Teile.

○ Ungeeignet für unsere Zwecke ist das autogene Schweißen mit dem Gas/Sauerstoff-Schweißbrenner. Das Metall wird dabei weichgeglüht, und außerdem läuft man mit dem Brenner ständig Gefahr, das halbe Auto abzufackeln.

○ Folgende Ausführung der Schweißung mit dem elektrischen Schutzgas-Schweißgerät akzeptiert der TÜV/DEKRA:

○ **Lochpunktschweißung:** Man bohrt dazu Löcher am Rand des oben aufzuschweißenden Bleches. Danach wird das Blech auf das Gegenstück aufgelegt und durch die Löcher hindurch mit dem unteren Blechstück verschweißt. Der Lochdurchmesser ergibt sich aus der Blechstärke:

Blechstärke in mm	0,6–0,8	0,8–1,5	größer als 1,5
Lochdurchmesser in mm	5–6	6–8	10

○ **Kurze Schweißnähte** im Abstand von einigen Zentimetern werden ebenfalls akzeptiert.

○ Welche Schweißmethode im jeweiligen Einzelfall anzuwenden ist, sagt Ihnen der TÜV/DEKRA-Sachverständige, der anschließend Ihren Wagen abnehmen muß, oder ein erfahrener Karosseriebetrieb.

○ Wer führt Schweißarbeiten aus? In **Karosseriebetrieben** ist man mit den richtigen Schweißverfahren bestens vertraut. Die Arbeit wird dort sicher zur Zufriedenheit des Kunden ausgeführt. Billiger wird die Rechnung bei einer **freien Autowerkstatt**, wo man zwar nicht unbedingt auf Karosseriearbeiten spezalisiert, aber dennoch mit Schweißarbeiten vertraut ist. Dort kann der Fahrzeugbesitzer sogar unter Umständen selbst mit Hand anlegen. Auf weniger Gegenliebe wird man mit einem Karosserie-Änderungswunsch bei einer **VW-Werkstatt** stoßen. Die Markenwerkstatt kennt sich zwar in der Serien-Fahrzeugtechnik bestens aus, kann aber bei Sonderaufträgen nicht immer helfen.

Von oben wird das Knotenblech (1) mit der Dachschale und dem jeweiligen seitlichen Verstärkungsrahmen (2) verbunden. Die Niete (Pfeile) werden an den vorbereiteten Bohrungen gesetzt. Zusätzlich sind alle Verstärkungsteile verklebt.

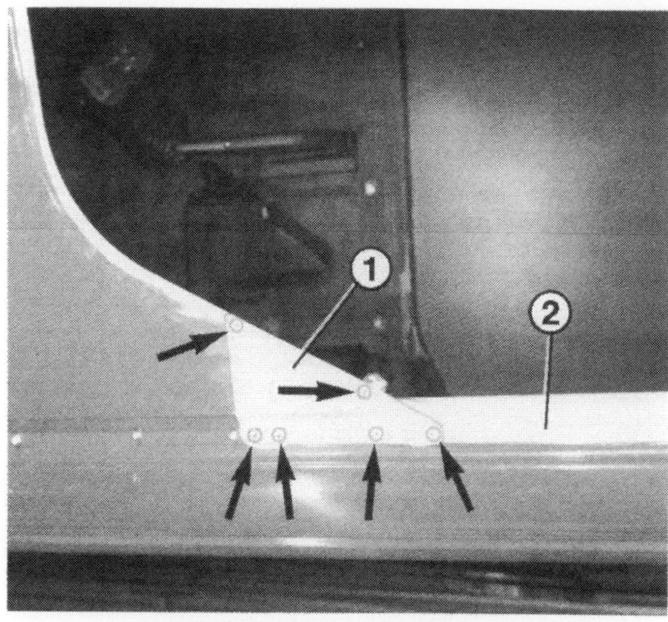

So ist die seitliche (1) und die hintere Dachverstärkung (2) richtig eingesetzt. Die Pfeile zeigen auf die Öffnungen im Dachrahmen, durch die Leitungen nach unten geführt werden können.

Der eingebaute hintere Verstärkungsrahmen (1) ist hier von oben gezeigt. Die Pfeile deuten auf die Niete.

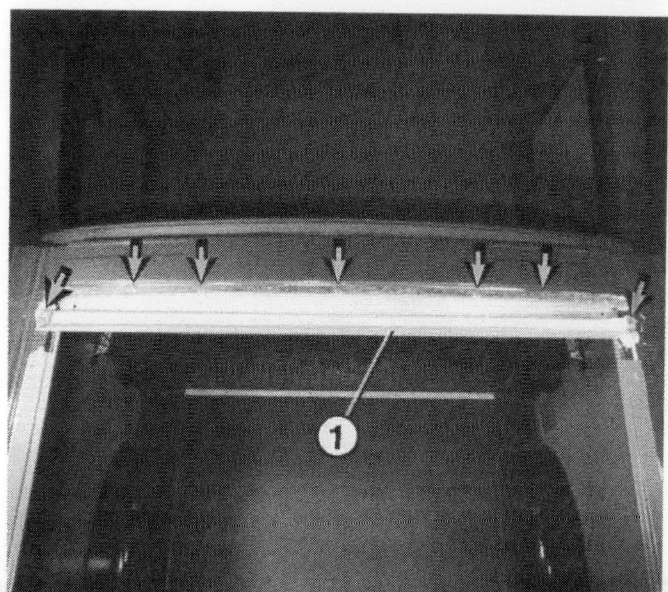

Eins obendrauf

So richtig angenehm wohnt es sich im VW-Bus erst, wenn wenigstens teilweise Stehhöhe im Wagen geschaffen werden kann. Dafür gibt es verschiedene Sonderdach-Versionen, die vom werksseitig aufgebauten VW-Hochraumdach über die kleinen Hubdächer bis zum aufstellbaren Schlafdach reichen.

Schwierigkeitsgrad der Arbeiten

Die Haupt-Schwierigkeit des Sonderdacheinbaus liegt im Dachausschnitt. Und auch dieser stellt beim T4 dank vorgefertigter Dachverstärkungsteile für die Aufstelldächer ein überschaubares Problem dar – siehe dazu das Kapitel »Änderungen an der Karosserie«. Wer diesen Eingriff bewältigt hat, ist bereits auf der sicheren Seite. Der Rest – also das Einbauen des Daches oder seiner Befestigungselemente – bereitet kaum Schwierigkeiten. In erster Linie ist der Einbau zeitaufwendig. Kalkulieren Sie also – je nach Dachversion – eher zwei Tage als einen für die gesamten Arbeiten ein. Auch sollte Ihnen ein Helfer seine Zeit schenken, denn alleine ist das immer wieder nötige Einpassen und vor allem das Bewegen der teilweise recht schweren Dächer nicht zu bewerkstelligen.

Was für alle Dächer gilt

Vorschriften von VW

Damit Umbauten in einem technisch vertretbaren Rahmen bleiben, schreibt VW folgende Richtlinien vor:

○ Hochdächer können nachträglich auf Fahrzeuge mit langem und kurzem Radstand aufgebaut werden, doch ist der **nachträgliche Einbau** von hohen Heck-Flügeltüren und/oder hohen Schiebetüren **unzulässig**. Wer dieses wünscht, muß auf ein Fahrzeug mit werksseitig eingebautem Hochdach und entsprechenden Türen zurückgreifen.

○ **Dachausschnitte** sind so vorzunehmen, wie im Kapitel »Änderungen an der Karosserie« beschrieben. Sinnvoll ist immer der größte mögliche Dachausschnitt. Es sind jedoch auch die dort beschriebenen kleineren Dachausschnitte möglich.

○ **Aufstelldächer** erfordern als karosserieversteifende Maßnahme den Einbau eines **Dachbetts** mit einem kurzen Teil als feststehender Bettplatte. Wird kein Dachbett benötigt, muß dennoch die feststehende Platte montiert werden. Ferner wird der Einbau eines **Dachversteifungssatzes** und einer **Bodenplatte** verlangt. Die Platte muß aus mehrfach verleimtem Holz mit einer Mindeststärke von 12 mm bestehen und mit dem Fahrzeugboden stabil verschraubt oder verklebt werden.

○ **Hochdächer für den kurzen Radstand** müssen aus mindestens 4 mm starkem glasfaserverstärktem Polyester (GfK) bestehen. Zum Einbau das Dach umlaufend mit dem Dachrahmen-Außenblech verkleben.

○ **Hochdächer für den langen Radstand** müssen ebenfalls aus mindestens 4 mm starkem glasfaserverstärktem Polyester (GfK) bestehen. Zusätzlich müssen sie durch jeweils einen Spriegel im Bereich des B-, C- und D-Pfostens verstärkt sein (also vor und hinter der Schiebetür sowie am ganz hinteren Dachpfosten). Die Spriegel müssen über Blechwinkel mit dem Dachrahmen-Außenblech verschraubt oder vernietet sein. Außerdem muß das Dach umlaufend mit dem Dachrahmen-Außenblech verklebt werden.

Zwei Meter Fahrzeughöhe stellen eine magische Grenze für die Nutzung des Wagens dar. Was sich darunter abspielt, paßt in zahlreiche Parkhäuser, Waschanlagen, Garagen, Pkw-Parkplätze. Viele Aufstelldächer (aber nicht alle!) bleiben geschlossen unter der 2-Meter-Marke, womit das Fahrzeug den hohen Alltagsnutzen behält.

Erst durch Stehhöhe wird der Bus zum vollwertigen Wohnmobil. Im Aufstelldach geht es dabei sommerlich luftig zu, das Hochdach bietet auch bei unwirtlichem Klima eine gemütliche Atmosphäre.

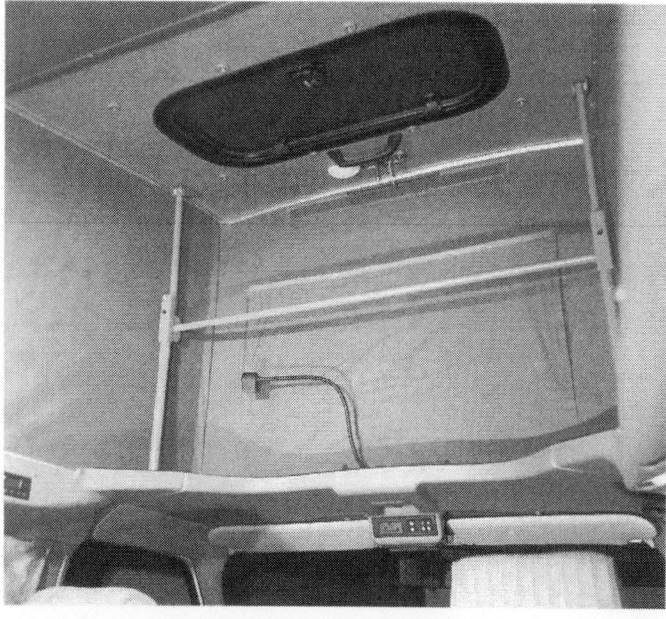

Der Luftwiderstand

Der Luftwiderstand eines Fahrzeugs setzt sich im wesentlichen zusammen aus dem Luftwiderstandsbeiwert c_w und der Querschnittsfläche, die der Wagen »in den Fahrtwind« stellt. Noch etwas: Der Luftwiderstand quadriert sich bei zunehmender Geschwindigkeit. Das ist auch der Grund, wieso der Transporter ab etwa 80 km/h deutlich stärker zu kämpfen hat. Als akustische Begleitung erhöhen sich zudem die Windgeräusche. Der VW-Bus kann aufgrund seines hohen Aufbaus kein c_w-Wunder sein. Auch seine Stirnfläche kann unter einen bestimmten Wert nicht sinken, das ginge zu Lasten des Raumangebots. Doch wer die Wahl unter verschiedenen Sonderdachversionen hat, kann sehr wohl ein strömungsgünstiges Modell wählen und so dafür sorgen, daß von der ursprünglichen Höchstgeschwindigkeit nur wenig verloren geht. Ganz zu schweigen vom Kraftstoffverbrauch, der natürlich entsprechend dem Luftwiderstand ansteigt.

Fingerzeig: Bei einem Wagen mit Sonderaufbauten oder abnehmbarer Wohnkabine ist der Luftwiderstand – konstruktionsbedingt – hoch. Die Stärke dieser Wagen liegt in anderen Bereichen, der hohe Luftwiderstand muß akzeptiert werden.

Gewichtsprobleme

Auch beim Dach gilt wieder: Je leichter, desto besser. Das betrifft vor allem die Hochdachschalen. Nicht nur wegen der verringerten Nutzlast, sondern hauptsächlich aus Gründen der Fahrstabilität darf das Hochdach einschließlich Isolierung und Dachschränken nicht allzu schwer werden.

Auswahl des richtigen Sonderdaches

In den folgenden drei Abschnitten beschreiben wir die Einsatzgebiete von drei unterschiedlichen, typischen

Das Hochdach verlängert die persönliche Camping-Saison bis in den tiefen Winter hinein. Die feste Dachschale bietet bei allen Witterungsbedingungen Schutz und gute Isolation. Dafür kann man sich schon mal von Parkhäusern verabschieden. Als Alternative zur nicht nutzbaren Pkw-Waschanlage bietet sich beispielsweise ein Reinigungspark an.

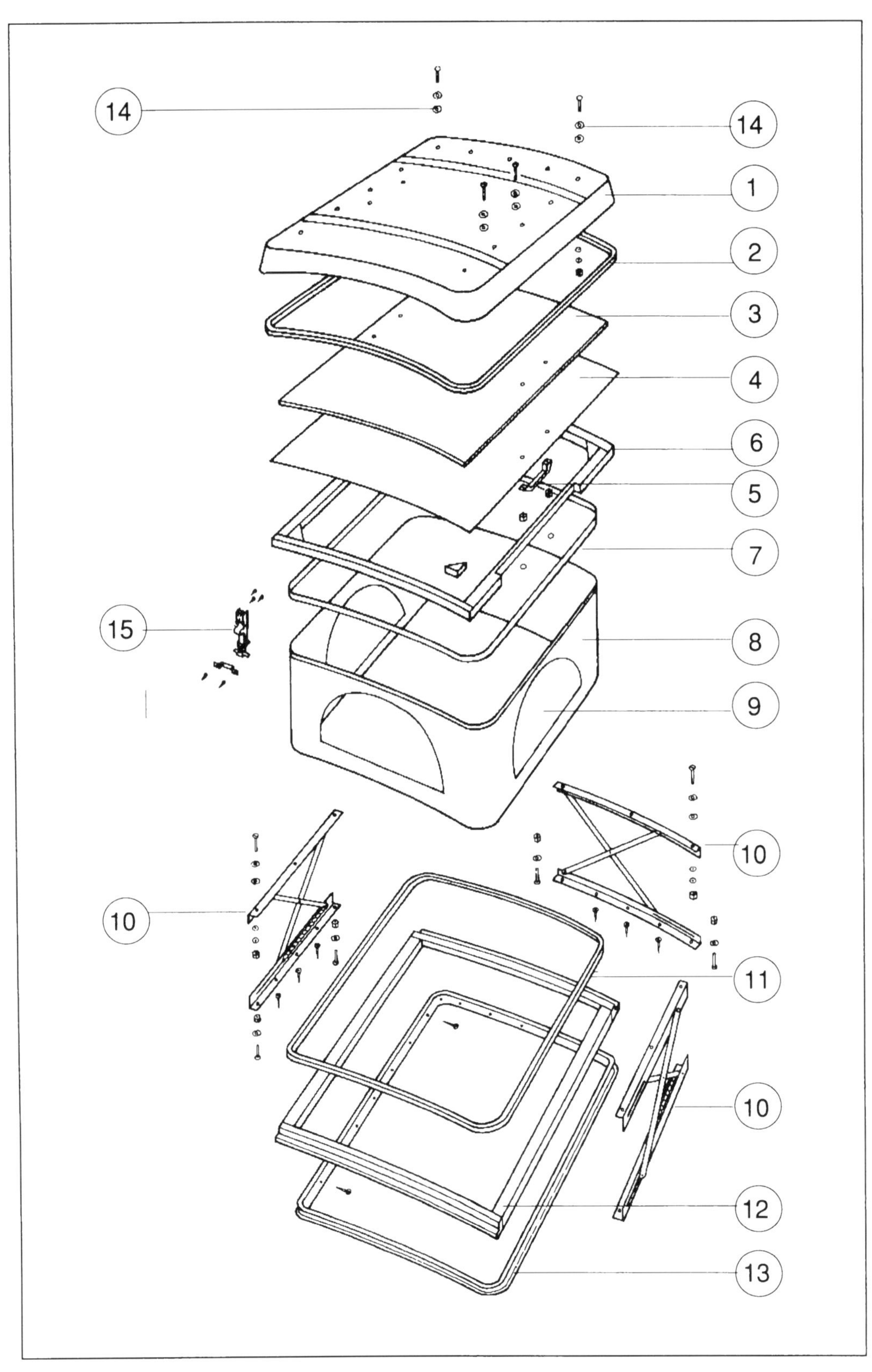

Bestandteile eines kleinen Hubdaches: 1 – Dachschale; 2 – Dichtung; 3 – Isolierung; 4 – Innenverkleidung; 5 – Handgriff; 6 – Holzrahmen; 7 – PVC-Band; 8 – Zeltbalg; 9 – Fensteröffnung mit Reißverschluß und Fliegengaze; 10 – Hubscheren; 11 – Gummikeder; 12 – Verstärkungsrahmen für den Dachausschnitt aus Holz; 13 – Kantenschutzprofil für den Dachausschnitt; 14 – Schrauben; 15 – Verschluß.

Sonderdach-Klassiker: Das kleine Hubdach hat viele gute Eigenschaften, wie niedrigen Preis, geringen Montageaufwand und ausreichenden Komfort für nicht allzu hohe Ansprüche. Man sollte bei der Auswahl des Daches darauf achten, daß die Fahrzeughöhe unter 2 Meter bleibt, wie das beim abgebildeten Dach der Fall ist (SCA).

Sonderdachversionen mit ihren Stärken und Schwächen. Die Aufstellung soll keinen Anspruch auf Vollständigkeit erheben, sondern will Ihnen lediglich bei der prinzipiellen Entscheidung zu einem dieser Dachtypen helfen.

Fingerzeig: Nach Einbau eines Sonderdaches ist die Betriebserlaubnis für Ihren Wagen erloschen. Um bei Polizeikontrollen sicher zu sein, kann man das Dach beim TÜV/DEKRA in die Fahrzeugpapiere eintragen lassen (Kapitel »TÜV- oder DEKRA-Abnahme, Zulassung«) und im Anschluß nach und nach den weiteren Umbau vornehmen. Zum Schluß bleibt jedoch die Komplett-Abnahme nicht erspart. Nachteil dieser Methode: Man wird gleich mehrmals zur Kasse gebeten, denn nach der TÜV/DEKRA-Abnahme muß die Kfz-Zulassungsstelle die Änderung noch in den Fahrzeugschein eintragen.

Das kleine Hubdach

Bei der Vorgänger-Bus-Generation war dieser Sonderdach-Klassiker noch recht verbreitet, doch mittlerweile ist er durch gestiegenen Perfektions-Drang etwas ins Hintertreffen geraten. Dabei hat dieses simple Sonderdach nicht zu übersehende Vorteile:

○ Der Preis des Hubdaches ist äußerst günstig. Wer sich ein wenig umsieht, kann ein Universal-Dach auch gebraucht erwerben. Da muß evtl. nur die Dachform angepaßt werden, was sich meist problemlos machen läßt – siehe auch »Einbauanleitung Hubdach«.

○ Ferner bedarf es keines teuren Dachverstärkungs-Satzes, denn das Hubdach basiert auf dem »kleinen Dachausschnitt« – siehe Kapitel »Änderungen an der Karosserie«.

○ Und drittens ist es für ein Zwei-Personen-Wohnmobil voll ausreichend, wenn man keine großen Komfort-Ansprüche stellt. Denn es schafft im Wagen Stehhöhe an der Stelle, an der man sie auch tätsächlich braucht. Übrigens ist der Einbau dieses Daches durchaus keine endgültige Entscheidung: Wenn sich die Bedürfnisse – etwa durch Familien- oder Geldzuwachs – ändern, bereitet es keine Probleme, auf ein Hoch- oder Aufstelldach umzurüsten. Denn der »große Dachauschnitt« kann auch später noch eingebracht werden, zumal der Einbau der Dachrahmenverstärkung keine Schweißarbeiten erfordert.

Wer die Wahl hat, sollte aber beim Kauf des Daches darauf achten, daß die Gesamthöhe des Fahrzeugs mit Hubdach **2 Meter** nicht übersteigt. Was es mit dieser magischen Zahl auf sich hat, steht im Abschnitt »Das Aufstelldach«.

Ebenfalls unter dem Begriff Hubdach läuft dieses Sonderdach aus Großbritannien, das mit festen Seitenwänden ausgestattet ist und somit volle Wintertauglichkeit besitzt (Holdsworth).

Dieses Aufstelldach bietet auch in geschlossenem Zustand volle Stehhöhe im Wagen. Bei aufgestelltem Dach vergrößert sich der Innenraum abermals, womit man speziell im Dachbett großzügige Raumverhältnisse genießt. Dafür liegt die Fahrzeughöhe auch bei geschlossenem Dach im Bereich von Hochdach-Fahrzeugen (Reimo).

Fingerzeig: Vereinzelt werden Hub- und Aufstelldächer auch in Einzelteilen – also nicht vormontiert – geliefert. Die Arbeit des Einbaus verdoppelt sich dadurch. Das steht nicht immer Verhältnis zum eingesparten Betrag.

Das Aufstelldach

Ein Aufstelldach ist für sich ein Geniestreich, zumal es die Extreme »vollwertiges Wohnmobil« und »Wagen für alle Tage« unter einen Hut bringt. Alle Aufstelldächer sind so beschaffen, daß die Gesamt-Fahrzeughöhe unter 2 Meter bleibt, womit das Fahrzeug tauglich für Garagen, Parkhaus und Waschanlage ist. (Merke: Die Bedeutung einer Sache offenbart sich, wenn man sie entbehrt.) Auch diejenigen Parkplätze, die durch eine gezielt in Höhe von 2 Meter plazierte Querstange für Wohnmobile gesperrt sind, werden problemlos angefahren. Ist das Fahrzeug zusätzlich als Pkw in den Fahrzeugpapieren eingetragen, kann man völlig legal auf einem für Wohnmobile gesperrten Parkplatz nächtigen. Und die Zahl der Wohnmobil-Sperrungen hat steigende Tendenz.

Gut geeignet ist das Aufstelldach für Familien mit einem oder zwei kleinen bis halbwüchsigen Kindern. Natürlich begrenzt sich der Einsatz mit dieser Personenzahl auf die warme Jahreszeit. Denn im Winter muß das Dach vorwiegend geschlossen bleiben, damit sich der Innenraum gut temperieren läßt. Leider ist dann auch das obere Bett nicht mehr nutzbar. Oder außen anzubringende **Isoliermatten** müssen die Kälte abhalten, wobei man sich darüber im Klaren sein muß, daß auch hier keine Wunder zu erwarten sind.

Aufstelldächer gibt es in verschiedenen Versionen für unterschiedliche Radstände und Einrichtungskonzepte:

- ○ **Aufstelldach für kurzen Radstand, vorn aufstellbar**. Gedacht für Einrichtung mit seitlicher Küche und Klappsitzbank im Heck.
- ○ **Aufstelldach für kurzen Radstand, hinten aufstellbar**. Eher selten anzutreffende Variante.
- ○ **Aufstelldach für langen Radstand, vorn aufstellbar**. Ebenfalls für Einrichtung mit seitlicher Küche und Klappsitzbank im Heck basierend auf der Lang-Version.
- ○ **Aufstelldach für langen Radstand, hinten aufstellbar**. Geeignet für Fahrzeuge mit Sitzgruppe vorn und Heckküche.

Das Aufstelldach besteht aus einer Kunststoff-Dachschale mit Scharnierbeschlägen, die – je nach Version – entweder hinten oder vorn am Wagen angeschlagen sind. Geöffnet – und damit aufgestellt – wird das Dach nur an einer Schmalseite – also entweder an der Hinter- oder der Vorderkante. Das geschieht mittels Gasdruckfedern oder eines federunterstützten Gestänges. Dabei spannt sich zwischen Dachschale und Fahrzeugdach eine Zeltstoffbahn auf, die vor Wind und Regen schützt.

Am häufigsten finden Aufstelldächer Verwendung, die sich an der Vorderkante aufrichten lassen. Sie harmonieren am besten mit dem Standard-Einrichtungsgrundriß für den kurzen Radstand, der auf der Heck-Klappsitzbank und der Seitenküche basiert (SCA).

Seltener anzutreffen sind Aufstelldächer für Fahrzeuge mit langem Radstand. Das hier abgebildete Dach ist in den Versionen »hinten aufstellbar« und ...

... »vorn aufstellbar« erhältlich. Welche Version gewählt wird, hängt von der Einrichtung ab. Aufstellbar sollte das Dach dort sein, wo am häufigsten Stehhöhe gebraucht wird (Schwabenmobil).

Noch ein Zwitter-Dach, ähnlich dem links oben abgebildeten. Die hohe Dachschale läßt sich zusätzlich aufstellen (SCA).

Auch das gibt es: Hinten aufstellbares Dach für den kurzen Radstand (SCA).

Das Westfalia-Hochdach ist durch seine charakteristische »Nase« gekennzeichnet. Vorteil dieser Form ist das Platzangebot, das auch bei kurzem Radstand für ein vollwertiges Dachbett ausreicht.

Wie das Hochdach läßt das Aufstelldach den Einbau eines Betts im Bereich des Fahrzeugdaches zu. Ist das Bett ausgeklappt, wird allerdings auf die Stehhöhe im Bett-Bereich verzichtet. Bei Fahrzeugen mit kurzem Radstand bleibt da nur noch die Einstiegs-Luke offen.

Hochdach

Das feste Hochdach eignet sich ausgezeichnet für ein voll ausgebautes Wohnmobil, das nicht ständig im Stadtverkehr eingesetzt wird. Die isolierte Dachschale verleiht dem Wagen uneingeschränkte Winter-Campingtauglichkeit und schützt die Bewohner auch nachts eher vor ungebetenen Gästen als ein Hub- oder Aufstelldach.
Nachteile des hohen Dachaufbaus zeigen sich dagegen im Alltagsgebrauch: Während Wagen mit Hub- oder Aufstelldächern noch in Waschanlagen und meist auch in Garagen und Parkhäuser passen, geht das mit einem Hochdach garantiert nicht mehr. Die Parkplatzsuche beschränkt sich auf die offene Straße, und zum Waschen muß ein Reinigungspark oder die LKW-Waschstraße angesteuert werden.
Die Raumverhältnisse sind natürlich üppiger als im Aufstelldach. Das freut manchen, der unter Platzangst leidet. Dafür können die massiven Wände gegenüber dem Zeltstoff des Aufstelldaches wieder etwas einengend wirken. Bei einem Hochdach muß nicht nur auf ein möglichst geringes Gewicht, sondern auch auf eine einigermaßen strömungsgünstige Form geachtet werden. Da gibt es unter den einzelnen Herstellern erhebliche Unterschiede. Höchstgeschwindigkeit und Kraftstoffverbrauch werden davon beeinflußt.
Auch in der **Bauweise** gibt es Unterschiede zwischen den Herstellern:
In vielen Fällen sind die angebotenen Dachschalen bereits isoliert und mit einer Innenauskleidung versehen, so daß weitere Maßnahmen in diesem Bereich entfallen können oder sich auf das Einkleben eines Velours-Stoffes beschränken. Diese Dächer in sogenannter **Sandwich-Bauweise**, bei denen Außen- und Innenschale durch eine Lage PUR-Schaum verbunden sind, stellen eine sehr saubere, aber auch teure Lösung des Innenauskleidungs-Problems dar. Trotzdem sehr zu empfehlen – schon wegen der Zeitersparnis.
Eine andere gebräuchliche Bauweise stellen die Dachschalen **ohne Innenauskleidung** dar, bei denen man ein Lattengerüst für eine Innenauskleidung selbst einbauen und eine Verkleidung anfertigen muß. Das ist – wenn's sauber aussehen soll – eine Heiden-Arbeit! Besser ist es, für ein solches Dach eine **GfK-Innenschale** zu kaufen und zu montieren. Der finanzielle Mehraufwand lohnt unbedingt. Praktiziert wird auch das Auskleiden des Daches mit einem Velours-Stoff, der auf einen Schaumstoffträger aufgeklebt ist. Beides wird im Klebe-Verfahren innen im Dach befestigt. Vom eigenhändigen Ankleben ist abzuraten.
Wer ein Hochdach montiert, sollte den zur Verfügung stehenden Raum auch nutzen und das Dach nach der Methode »Großer Dachausschnitt« oder »Reduzierter Dachausschnitt« öffnen. Die Kombination mit dem »Kleinen Dachausschnitt« ist zwar möglich, aber nicht sinnvoll.

Fingerzeig: Entgegen den ursprünglichen Forderungen verlangt VW heute für das Hochdach keinen Dachverstärkungsrahmen mehr. Fahrversuche haben gezeigt, daß durch die Verklebung des Hochda-

Wer kein Dachbett benötigt, aber auf eine strömungsgünstige und elegante Form Wert legt, wird sich für dieses flache Hochdach interessieren (Reimo).

Äußerst elegant präsentiert sich dieses Hochdach der Firma Polyroof.

Für den überwiegenden Teil der Kunden muß ein Hochdach so beschaffen sein, daß sich ein Dachbett darin unterbringen läßt. Am besten geht das natürlich auf Basis des langen Radstands (Poly-fie).

Hier wieder ein verhältnismäßig flaches Hochdach, das für den Einbau eines Dachbetts weniger geeignet ist. Dafür bietet es durch die kleinere Stirnfläche einen geringeren Luftwiderstand. Einsatzgebiet ist beispielsweise ein winterfestes 2-Personen-Wohnmobil (SCA).

Noch ein Dachbett-geeignetes Hochdach, das mit einer Gesamt-Fahrzeughöhe von 2,67 Metern relativ hoch baut (SCA).

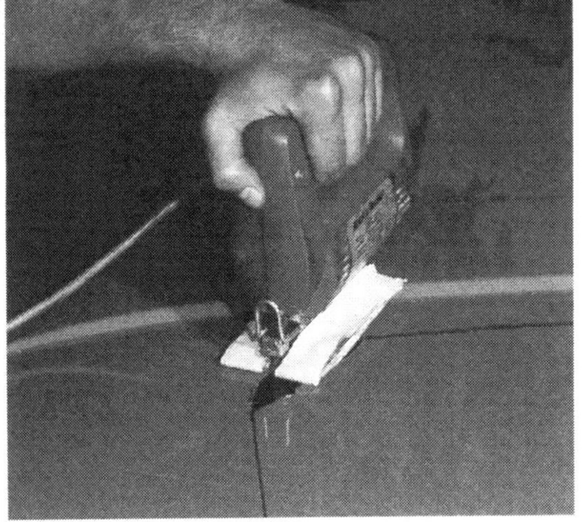

Einbau des kleinen Hubdaches:
Links: Nach Anzeichnen des Dachausschnitts nach den Maßen des Hubdach-Herstellers wird zunächst ein Loch zum Einsetzen des Stichsägenblatts gebohrt.
Rechts: Aussägen des Dachausschnitts mit einer Stichsäge (siehe dazu auch Kapitel »Änderungen an der Karosserie«).

ches der Stabilitätsverlust durch die fehlenden Spriegel ausgeglichen wird. Das Hochdach muß allerdings der geforderten Bauweise (siehe Kapitel-Anfang) entsprechen und sachgerecht montiert sein.

Sonderdächer einbauen

In den folgenden Abschnitten finden Sie die Einbaubeschreibungen zu drei verschiedenen Sonderdächern unterschiedlicher Hersteller. Die Fabrikate sind willkürlich ausgewählt, denn die Einbaubeschreibungen sollen lediglich über den **Umfang der Arbeiten** informieren, der ja bei allen Herstellern ähnlich ist.
Im übrigen liegen jedem Sonderdach Einbauanleitungen bei, die für die Montage des betreffenden Daches verbindlich sind. Die Tauglichkeit dieser Anleitung sollte aber durchaus beachtet werden, wenn es um den Kaufentscheid geht.

Hubdach einbauen

- Zuerst erfolgt der Dachausschnitt nach Schablone oder Anzeichnung – siehe auch Kapitel »Änderungen an der Karosserie«. Die Maße des Hubdach-Herstellers sind zu beachten.
- Verstärkung rechts und links am Ausschnitt – eventuell nach Absprache mit TÜV/DEKRA – einschweißen, siehe ebenfalls Kapitel »Änderungen an der Karosserie«. Darauf achten, daß sich der Verstärkungsrahmen des Daches noch unterbringen läßt.
- Ausschnittkanten entgraten, mit Rostprimer bestreichen und durch Anbringen eines Klebebandstreifens oder Gummiprofils »entschärfen«.
- Verstärkungsrahmen für den Dachausschnitt (meist aus Holz) einpassen, mit Schraubzwingen festklemmen und nach Anleitung festschrauben.
- Vormontierte Dachschale mit Hubscheren und Zeltbalg auf das Auto stellen und mit Schraubzwingen festklemmen.
- Nach sorgfältigem Ausrichten werden die seitlichen Hubscheren am Fahrzeugdach festgeschraubt.
- Die Verschraubungen enden entweder im Holz des Verstärkungsrahmens oder werden an der Dach-Unterseite mit Muttern und großen Unterlegscheiben gehalten.
- Genauso wird die hintere Hubschere befestigt. Dieses Gestänge hält das Dach in ausgefahrenem Zustand waagrecht. Deshalb das Dach unbedingt genau ausrichten, bevor die Schrauben eingedreht werden.
- Funktion des Daches prüfen.
- Kontur des Fahrzeugdaches auf die Hubdach-Kunststoffschale übertragen (sofern es sich nicht um ein Dach handelt, das bereits die richtige Form hat). Dachränder gemäß der Anzeichnung absägen.
- Dichtung der Dachschale aufdrücken.
- Zeltbalg mit Tacker-Klammern oder Dachpappe-Nägeln am Verstärkungsrahmen des Dachausschnitts befestigen.
- Dachverkleidung für das Fahrzeugdach einpassen.
- Polsterprofil am Dachausschnitt befestigen.

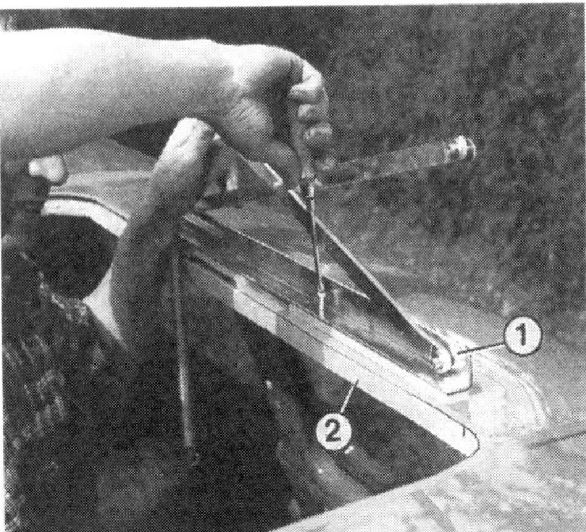

Links: Die Montage der seitlichen Hubscheren (1) ist hier aus Gründen der Darstellung ohne Dachschale gezeigt. Die Befestigungsschrauben gehen durch das Fahrzeugdach bis in den Verstärkungsrahmen (2).
Rechts: Die hintere Hubschere wird zur Positionierung mit Schraubzwingen festgeklemmt. Der Pfeil zeigt auf den Verstärkungsrahmen.

Anpassen der Dachschale des Hubdaches an das Wagendach. Die Dachkontur wird mit einem Filzstift, der durch einen Holzklotz passend unterlegt wurde, auf die Kunststoff-Dachschale übertragen.

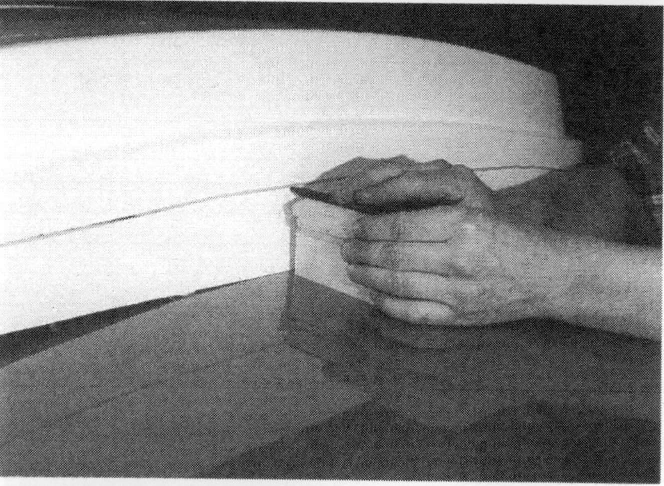

Entlang der Anzeichnung wird die Dachschale abgesägt. Zur Kontrolle, ob die Formen übereinstimmen, das Dach kurz schließen.

Hier wird der Zeltbalg bei aufgestelltem Dach rundum am Verstärkungsrahmen befestigt.

Nach Montage der Innenverkleidung am Fahrzeugdach kann zum Schluß das gepolsterte Abdeckprofil montiert werden.

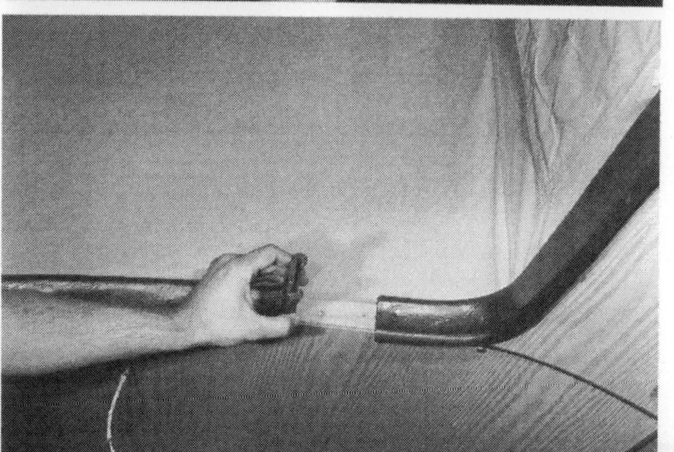

Aufstelldach einbauen

Beim Aufstelldach haben wir es unter den einzelnen Herstellern mit stark voneinander differierenden Konstruktionen zu tun. Entsprechend unterschiedlich gestaltet sich auch der Einbau der einzelnen Fabrikate. Unsere Anleitung gilt für zwei verschiedene Aufstelldächer der Fa. »Schwabenmobil«. Berücksichtigt wurden die unterschiedlichen Einbaumethoden der Dächer:

○ »Vorn aufstellbar für langen bzw. kurzen Radstand« (Dach ist vormontiert) und

○ »Hinten aufstellbar für langen Radstand« (Dach ist teilweise vormontiert).

Die Einbauanleitung gilt sinngemäß auch für andere vormontierte bzw. nicht vormontierte Dächer:

● Fahrzeug auf absolut waagrechten Untergrund stellen und Dachausschnitt vornehmen, wie im Kapitel »Änderungen an der Karosserie« beschrieben.

● Dachverstärkungsrahmen einbauen (ebenfalls beschrieben im Kapitel »Änderungen an der Karosserie«).

● Dachrand am Fahrzeug im Bereich der späteren Verklebung mit Sikaflex-Haftreiniger entfetten bzw. zur Verklebung vorbereiten. Losen Lack und Rost entfernen.

● Untere Fläche der Grundplatte des Aufstelldaches auf die gleiche Weise mit Sikaflex-Haftreiniger vorbehandeln.

● **Vormontiertes Dach** (das sind die vorn aufstellbaren Versionen) auf das Fahrzeug stellen und ausrichten.

● Grundplatte mit einigen Schraubzwingen am Fahrzeug-Dachrahmen befestigen und Dachfunktion testen.

● Wenn alles richtig sitzt, Befestigungsbohrungen für die Grundplatte in den Dachrahmen durchbohren.

● Grundplatte wieder etwas anheben, Bohrspäne und -staub entfernen und Anlagefläche zum Wagendach mit Sikaflex-Klebedichtmasse bestreichen.

● Grundplatte mit den vorgeschriebenen Blindnieten am Fahrzeugdach festnieten.

● Beim Nieten herausdrückendes Dichtmaterial entfernen.

● Klebenaht mit dem Finger glattstreichen. Dabei den Finger immer wieder in etwas Spülmittel-Lauge tauchen.

● Ggf. die »Füllstücke« für die Enden der Dachsikken mit einkleben.

● Abbindezeit des Klebematerials abwarten (12–24 Stunden); Fahrzeug während dieser Zeit nicht bewegen.

● Klappbett-Konstruktion montieren.

● **Nicht vormontiertes Dach:** Das hinten aufstellbare Dach ist nur deswegen nicht vormontiert, weil man nach dem Verbinden von Grundplatte und Dachschale nicht mehr an die vorderen Nietstellen der Grundplatte herankommt. So bleibt die grundsätzliche Reihenfolge dieselbe, doch kommt das Montieren des Zeltbalgs dazu.

● Scharniere, Gasdruckfedern und Dachschale versuchshalber an der Grundplatte montieren. Alle Dachteile zusammen auf das Fahrzeugdach heben und ausrichten.

● Grundplatte mit einigen Schraubzwingen am Fahrzeug-Dachrahmen befestigen und Dachfunktion testen.

● Wenn alles richtig sitzt, Dachschale wieder abbauen, die Grundplatte bleibt.

● Befestigungsbohrungen für die Grundplatte in den Dachrahmen durchbohren.

● Grundplatte verkleben und vernieten, wie für das vormontierte Dach beschrieben.

● Dachschale an den Scharnieren und Gasdruckfedern endgültig montieren.

● Vor der Befestigung des Zeltstoffes lassen Sie den Stoff zunächst lose von der Dachschale nach unten hängen.

● Unten wird er durch umlaufende Aluminiumschienen auf der Grundplatte festgeschraubt.

● Stoff zuerst vorn mit der Schiene befestigen.

● Zeltstoff spannen und hinten fixieren. Dadurch werden auch die seitlichen Stoffbahnen gespannt.

● Zuletzt erfolgt die seitliche Befestigung.

● Klappbett-Konstruktion montieren.

Fingerzeig: Mittlerweile kann der Hersteller das hinten aufstellbare Dach bereits in weitgehend vormontierter Form anbieten. Die Beschreibung gilt daher für nicht vormontierte Dächer anderer Hersteller.

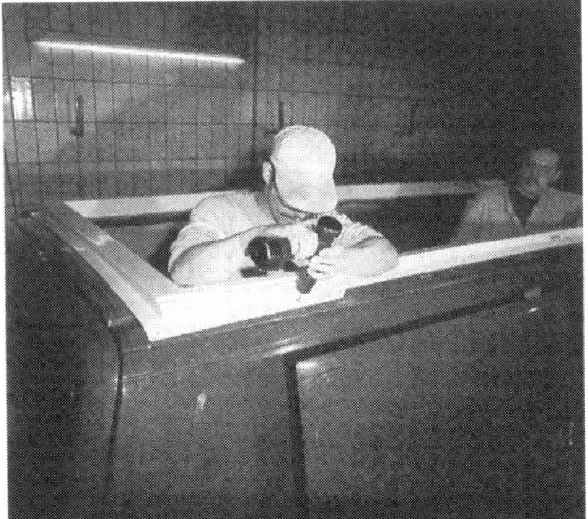

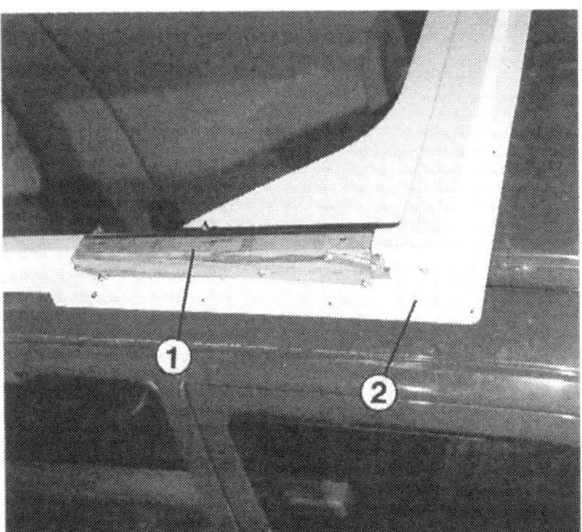

Montage des nicht vormontierten Aufstelldaches (hinten aufstellbar): Links: Nach der richtigen Positionierung der Grundplatte werden die Löcher für die Befestigungsniete ins Fahrzeugdach gebohrt. Rechts: Die Scharniere (1) sind bereits an der Grundplatte (2) befestigt. Bei diesem hinten aufstellbaren Dach sitzen sie oberhalb des Fahrerhauses.

Links: Versuchsweises Einpassen der Bettplatte, die aus dem feststehenden (2) und dem schwenkbaren Teil (1) besteht.
Rechts: Der Zeltbalg (2) ist bereits an der Dachschale (1) mit einer umlaufenden Leiste (Pfeil) befestigt.

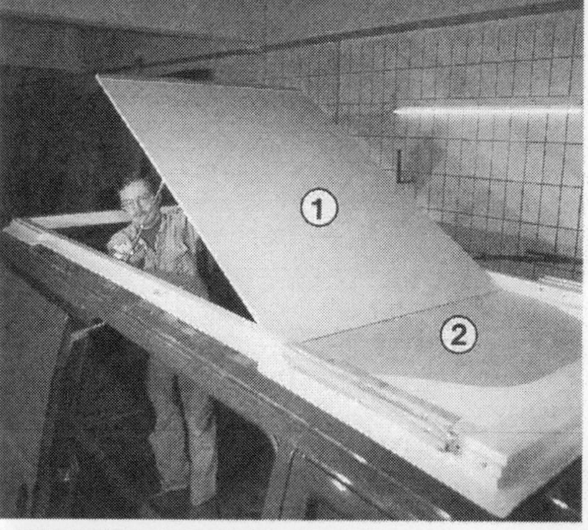

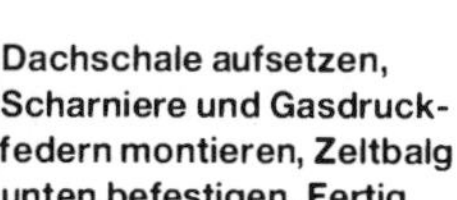

Dachschale aufsetzen, Scharniere und Gasdruckfedern montieren, Zeltbalg unten befestigen. Fertig.

Hier ein vormontiertes Dach, bestehend aus Grundplatte, Zeltbalg und Dachschale.

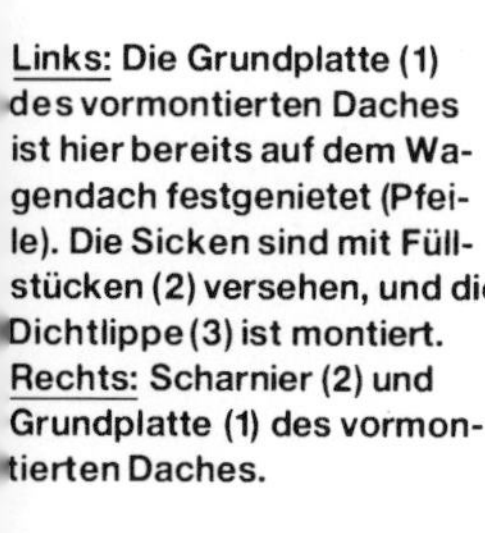

Links: Die Grundplatte (1) des vormontierten Daches ist hier bereits auf dem Wagendach festgenietet (Pfeile). Die Sicken sind mit Füllstücken (2) versehen, und die Dichtlippe (3) ist montiert.
Rechts: Scharnier (2) und Grundplatte (1) des vormontierten Daches.

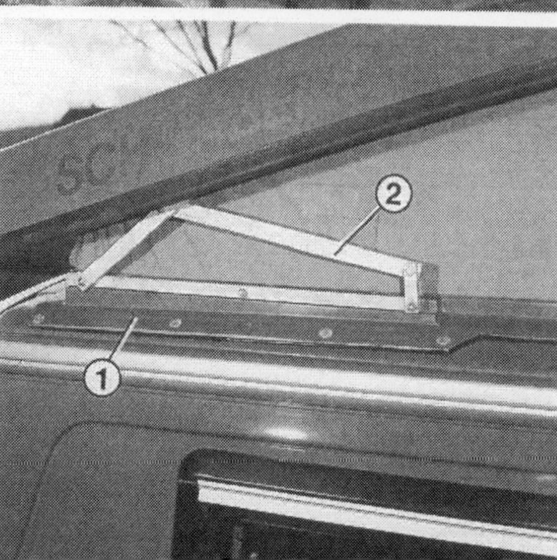

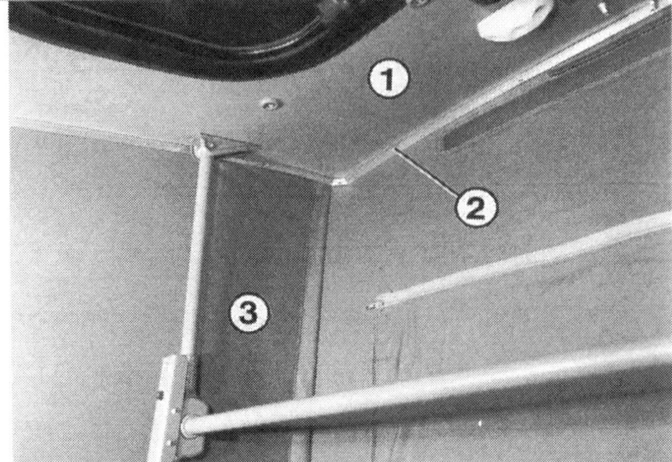

Der Zeltbalg (3) ist an der Dachschale (1) mit einer umlaufenden Aluminiumleiste (2) befestigt.

Westfalia-Aufstelldach

Obwohl Westfalia die eigenen Dächer nicht mehr direkt verkauft, besteht dennoch die Möglichkeit, ein solches Dach zu montieren. Man bestellt es entweder in Teilen im VW-Teilelager oder man erkundigt sich bei einem Wohnmobil- oder Dächer-Hersteller, ob ein gebrauchtes Aufstelldach, das durch ein Hochdach ersetzt wurde, zum Verkauf steht. Das ist wegen der Häufigkeit dieser Dächer gar nicht so selten der Fall. Bekannt als Anbieter solcher Dächer ist z.B. die Fa. Polyroof.

Den Einbau erleichtert die Einbaubeschreibung mit Bohrskizze (von der Westfalia-Kundendienstabteilung), doch es geht auch ohne, zumal beim (empfehlenswerten!) Original-Dachverstärkungsrahmen die Einbaulage des vorderen Schlosses vorgegeben ist. Der Rest wird nach diesem Fixpunkt ausgerichtet. Die Bilder auf dieser Doppelseite zeigen, wie die Sache nach dem Einbau aussehen muß und geben damit entscheidende Einbauhilfen. Eine detaillierte Einbaubeschreibung ist an dieser Stelle nicht möglich, da von sehr unterschiedlichen Ausgangspositionen aus gearbeitet wird.

Wer das Dach aus Einzelteilen zusammenbaut, kann sich hier orientieren. Es bedeuten: 1 – umlaufende Aluminium-Leiste (Zeltbalg-Befestigung oben); 2 – Dichtung für Dachschale; 3 – Dachschale; 4 – Scharniere; 5 – Schloßzapfen mit Teilen; 6 – Dichtlippe vorn am Fahrzeugdach; 7 – Hubgestänge; 8 – umlaufende Aluminium-Leiste (Zeltbalg-Befestigung unten); 9 – Zeltbalg.

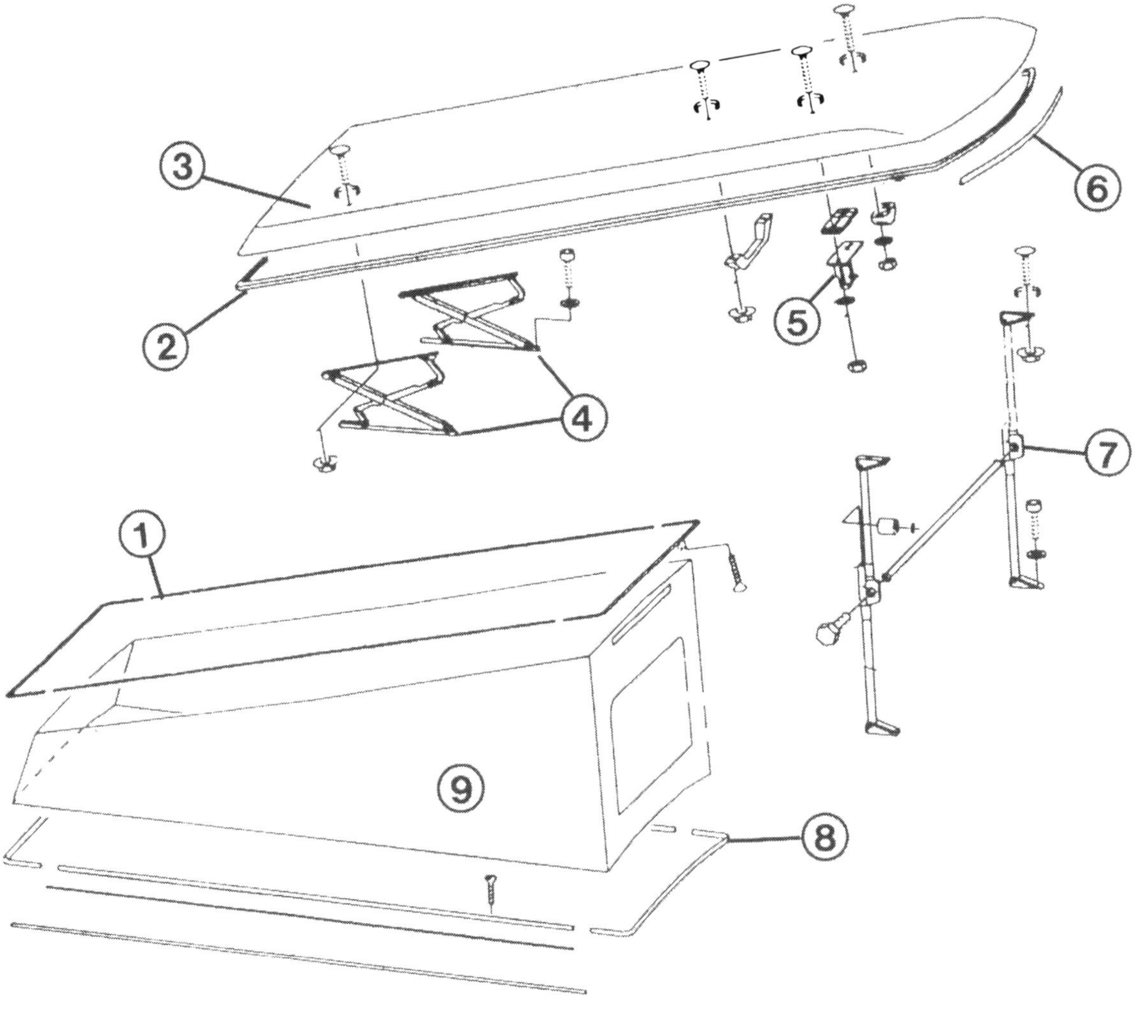

Das Hubgestänge steht mit seinem Gelenkfuß (2) in der Sicke des Fahrzeugdaches. Der Zeltbalg (1) wird an der Unterkante von einer Aluminium-Leiste (3) gehalten, die direkt mit dem Fahrzeugdach verschraubt ist.

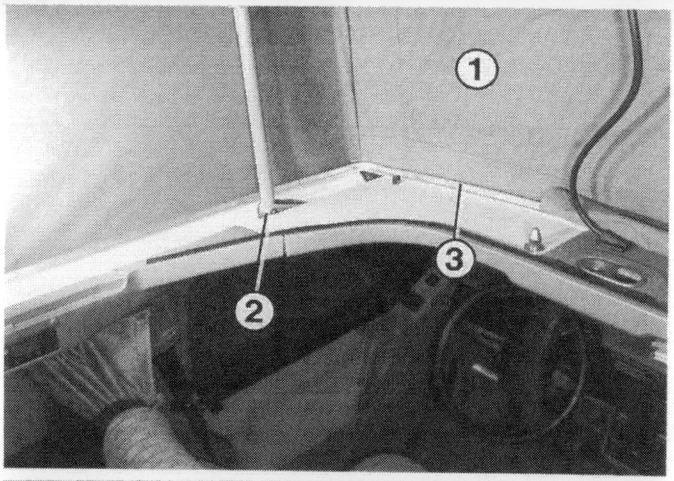

Die Scharniere (1) hinten am Hubdach sind an drei Stellen (Pfeile) mit dem Fahrzeugdach verschraubt.

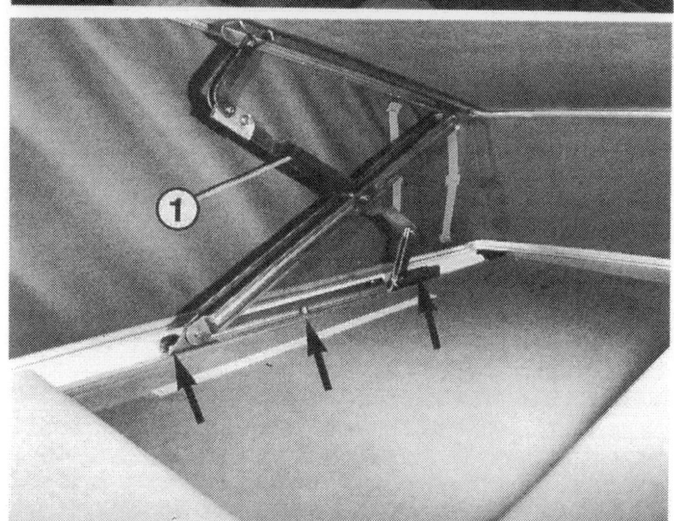

Die Schloßeinheit, bestehend aus Zentrierstück (1), Schließbolzen (2) und Fanghaken (3), greift in das Gegenstück, bestehend aus ...

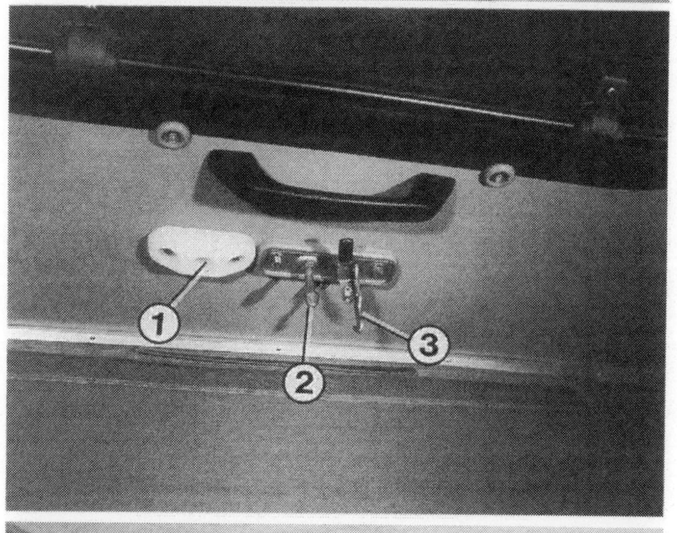

... Zentrierbolzen (1) und Schloßteil (2), am Fahrzeugdach ein. Die Einbaulage des Schloßteils ist festgelegt durch entsprechende Aussparungen im VW-Dachverstärkungsrahmen (vgl. Bild Seite 63 oben).

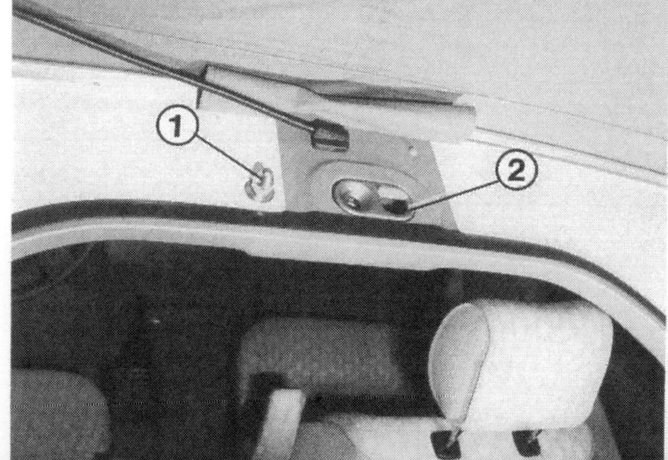

Hochdach einbauen

Von allen Dachversionen läßt sich die Hochdachschale am leichtesten auf den VW-Bus montieren. Voraussetzung ist allerdings, daß einige kräftige Helfer mit anpacken, um das Dach auf den Wagen zu wuchten. Gebräuchlich sind drei Methoden, um das Sonderdach auf dem Wagen zu befestigen: Kleben, Festschrauben und Nieten. Während Hochdachschalen für Fahrzeuge mit kurzem Radstand nur geklebt werden, müssen bei langem Radstand die in der Dachschale eingelassenen Dachspriegel zusätzlich angeschraubt oder angenietet werden. Beschrieben und gezeigt ist hier der Anbau eines SCA-Hochdaches. Bei anderen Fabrikaten geht es fast identisch.

- Fahrzeug auf absolut waagrechten Untergrund stellen und Dachausschnitt vornehmen, wie im Kapitel »Änderungen an der Karosserie« beschrieben.
- Bei Hochdächern braucht **kein** Dachverstärkungsrahmen eingebaut zu werden.
- Dachrand am Fahrzeug im Bereich der späteren Verklebung oberhalb der Fenster, über der Frontscheibe und oberhalb der Hecktüre mit Sikaflex-Haftreiniger entfetten bzw. zur Verklebung vorbereiten. Losen Lack und Rost entfernen.
- Rand des Hochdaches innen und außen ebenfalls mit Sikaflex-Haftreiniger vorbehandeln.
- Hochdach auf das Fahrzeug stellen und ausrichten.
- Ggf. nicht sauber anliegende Hochdach-Ränder mit einer Feile oder Schleifmaschine nacharbeiten (Mundschutz tragen).
- Bei Fahrzeugen mit langem Radstand die Verbindungswinkel zwischen Dachrahmen (am Fahrzeug) und den Spriegeln (im Hochdach) positionieren.
- Befestigungsbohrungen für Verbindungswinkel bohren und Winkel mit den vorgeschriebenen Blindnieten vernieten.
- Oberhalb und unterhalb des Spalts zwischen Hochdach und Fahrzeug Klebeband anbringen, damit bei den folgenden Arbeiten der Lack nicht verschmiert wird.
- Spalt zwischen Hochdach und Fahrzeug von außen mit Sikaflex-Klebedichtmaterial verfugen.
- Ggf. die »Füllstücke« für die Enden der Dachsikken mit einkleben.
- Überflüssiges Dichtmaterial entfernen.
- Klebenaht mit dem Finger glattstreichen. Dabei den Finger immer wieder in etwas Spülmittel-Lauge tauchen.
- Sofort anschließend die Abklebebänder abziehen, damit sie nicht mit dem Dichtmaterial verkleben.
- Klebedichtmaterial gründlich ablüften lassen.
- Erst wenn die Klebenaht außen ganz trocken ist, wird innen im Fahrzeug rund um den unteren Rand des Hochdaches reichlich Sikaflex-Klebedichtmaterial auftragen. Wer die Abtrocknungszeit nicht abwartet, riskiert Blasenbildung an der äußeren Dichtnaht.
- Der gesamte Spalt zwischen Kunststoff- und Blechdach wird mit Sikaflex-Klebedichtmasse gefüllt.
- Abbindezeit des Klebematerials abwarten (12–24 Stunden); Fahrzeug während dieser Zeit nicht bewegen.

Gebraucht geht's billiger

Vereinzelt werden in Anzeigenblättern oder im Anzeigenteil einer Fachzeitschrift gebrauchte Dächer aus einem Unfallwagen angeboten. Oder ein frischgebackener Familienvater verkauft ein kleines Hubdach per Anzeige, um sich ein Sonderdach mit Schlafgelegenheit einzubauen. Nachfragen lohnt sich auch bei Wohnmobil-Werkstätten, die bisweilen andere Sonderdach-Versionen montieren (siehe Seite 78).

Das ist eine elegante Möglichkeit, preisgünstig an dieses begehrte Zubehör heranzukommen. Bastlerisches Geschick ist aber möglicherweise schon vonnöten, um etwa eine durch Fremdeinwirkung beschädigte Ecke des Sonderdaches mit Glasfasermatte und Zweikomponentenharz zu reparieren oder um eine nicht mitgelieferte Versteifung für den Dachausschnitt selbst herzustellen.

Vielleicht lassen sich noch mehr Teile aus dem verunfallten Wagen verwenden – und seien es nur die Vorhänge. Zeit und Geld ist allemal gespart.

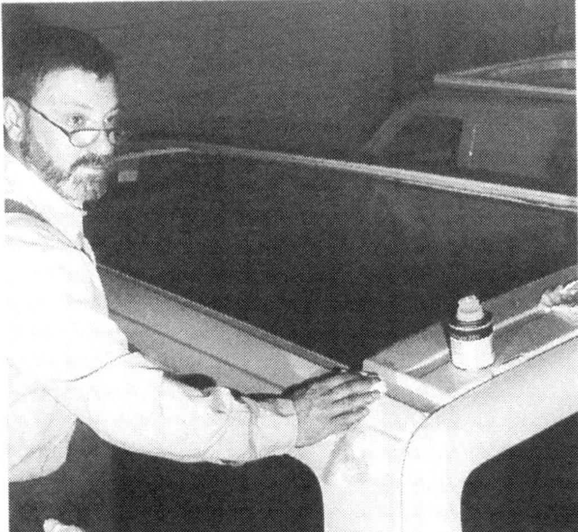

Links: Fahrzeugdach und Hochdachrand werden mit Sikaflex-Haftreiniger zur Verklebung vorbereitet. Rechts: Dann kann die Hochdachschale auf das Fahrzeug gestellt werden.

Links: Vor dem Verkleben muß die Dachschale genau ausgerichtet sein.
Rechts: Nicht sauber anliegenden Dachrand-Bereich ggf. nacharbeiten.

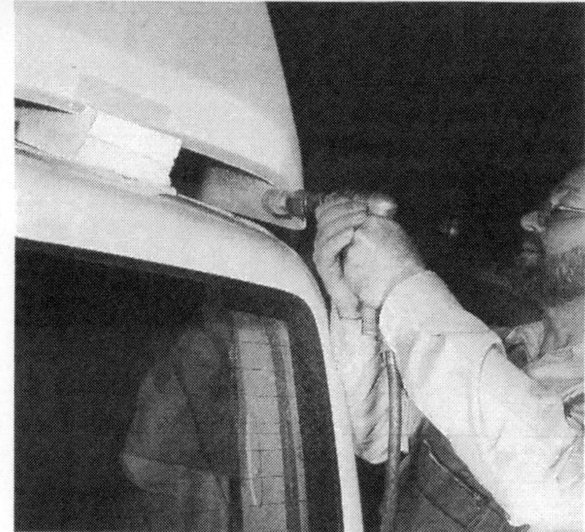

Links: Das richtig positionierte Hochdach wird bei Fahrzeugen mit langem Radstand im Bereich der Spriegel mit Verbindungswinkeln versehen.
Rechts: Vernieten der Verbindungswinkel.

Links: Fuge zwischen Fahrzeug und Hochdach oberhalb und unterhalb abkleben.
Rechts: Spalt zwischen Hochdach und Fahrzeug mit Sikaflex verfugen.

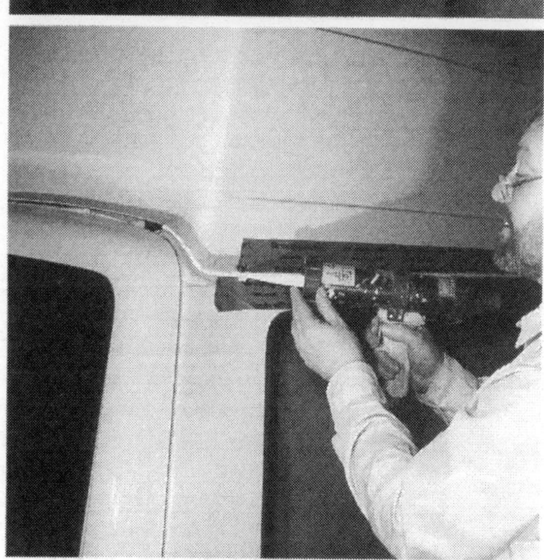

Links: Erst nach dem Trocknen der äußeren Klebenaht wird der innere Spalt zwischen Dach und Fahrzeug mit Sikaflex aufgefüllt.
Rechts: Die VW-Zeichnung zeigt, wie die Verbindung zwischen Dach und Fahrzeug auszusehen hat (hier: langer Radstand).

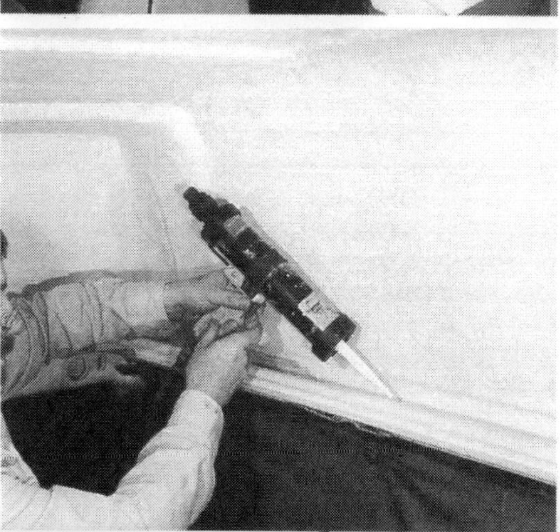

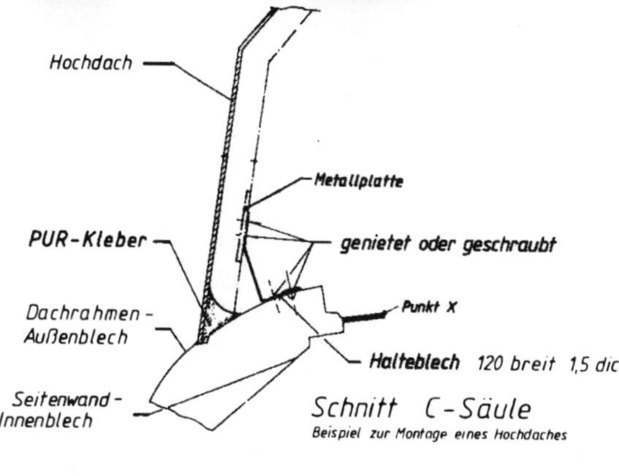

Zimmer mit Aussicht

An Fenster werden im Wohnmobil erweiterte Anforderungen gestellt. Es genügt nicht, daß man einfach durchschauen kann, sie sollen zusätzlich isolierende Eigenschaften besitzen, und außerdem muß zumindest ein Fenster da sein, das eine Möglichkeit zum Lüften schafft.

Fenster im Fahrerhaus

Die Frontscheibe sowie die Scheiben in den Fahrerhaustüren müssen bleiben wie sie sind. Hierfür gibt es keinen Ersatz in »Wohnmobil-Ausführung«. Anforderungen an das Splitterverhalten der Scheiben und die Unempfindlichkeit gegen Kratzer verhindern dies.
Wer noch die Wahl beim Neufahrzeug hat, sollte auf Colorglas zurückgreifen, das die Sonneneinstrahlung wenigstens in geringem Umfang reduzieren kann.

Fenster für den Laderaum

Egal, welche Scheiben Sie wann und wo am Wagen einbauen, sie müssen ein amtliches Prüfzeichen besitzen. Die Tauglichkeit zum Einbau in ein Fahrzeug erkennen Sie an der Wellenlinie (~~~~) oder dem Ⓔ-Zeichen.
Ist eines der beiden Prüfzeichen im Glas oder Kunststoffmaterial eingeprägt, kann das Fenster bedenkenlos eingesetzt werden.

Fenster für die serienmäßigen Fensterausschnitte

Hatte unser Basisfahrzeug bereits serienmäßige Fensterausschnitte, haben wir die Wahl unter den verschiedensten Fensterversionen. Hier ein Überblick:
Serienfenster Klarglas/Colorglas: Geeignet, wenn das Fahrzeug hauptsächlich für Sommerreisen in gemäßigten Zonen verwendet wird. Der Fahrzeug-Innenraum wird durch die Sonneneinstrahlung aufgeheizt. Colorglas bringt ein wenig Milderung. Andererseits stellt das Serienfenster eine Kältebrücke dar, was in der kühleren Jahreszeit zum Anlagern von Kondenswasser über Nacht führt. Die feststehenden Scheiben sind eingeklebt, müssen also zum Austauschen gegen andere herausgeschnitten werden.
Serien-Schiebefenster Klarglas/Colorglas: Wer diese Fenster schon in seinem Wagen eingebaut hat, ist fürs erste mit Lüftungsmöglichkeiten versorgt. Schiebefenster können bei Regen nicht geöffnet werden, sonst wird's naß im Wagen. Dagegen genügen Schiebefenster vollauf, wenn sie mit weiteren Lüftungsmöglichkeiten im Sonderdach (Dachluke, Ausstellfenster im Hochdach; Zeltfenster mit Gaze im Aufstell- oder Hubdach) kombiniert werden können. Die Serien-Schiebefenster werden mit 10 Sechskantschrauben in der Fensteröffnung gehalten.
Serien-Schiebefenster mit Fliegengitter: Ähnliche Ausführung wie normales Schiebefenster, doch in ⅓ zu ⅔-Aufteilung der Fensterflächen. Das Fliegengitter bleibt in der Fensteröffnung stehen – ein Original-VW-Teil.
Thermo-Glasfenster bestehen aus zwei auf Abstand gesetzten Glasscheiben mit Luft-Zwischenraum in ähnlicher Ausführung wie bei den Isolierfenstern zu Hause. Diese Verglasung hat gleich zwei Vorteile: Kratzfeste Außenverglasung und hoher Isolationswert. VW verwendet diese Fensterversion für den California Club, weshalb man sie auch im VW-Teilelager bestellen kann. Interessant übrigens, daß es die Isolierscheiben für die komplette Laderaumverglasung gibt – inklusive Heckscheibe und Schiebefenster.
Vorsatzscheiben werden von innen auf die Originalscheiben aufgeklebt und ergänzen diese damit zu Isolierglasscheiben. Geklebt wird nur in den ohnehin schwarz abgedeckten Randzonen bzw. bei der Heckscheibe am Blechfalz rund um das Fenster. Durch die Form der Scheibe bleibt zwischen den beiden »Gläsern« ein isolierender Zwischenraum. Probleme gibt es bei der Caravelle/Multivan-Fensterpfostenverkleidung, die für die Isolierfenster etwas zurückgeschnitten werden muß.
Isolier-Ausstellfenster bestehen aus eingefärbtem Acrylglas, das den bekannten Nachteil der Kratzempfindlichkeit hat. Unschlagbarer Vorteil der Ausstellfenster: Sie sind durch ihren Anlenkpunkt oben auch bei leichtem Regen als Lüftungsmöglichkeit zu verwenden, was sehr für diese Version spricht. Ausstellfenster eignen sich für den Einbau in der Seitenwand gegenüber der Schiebetür. In der Tür selbst sind sie nicht zu empfehlen, da sie – geöffnet – der mechanischen Beanspruchung beim Türenschließen auf Dauer nicht gewachsen sind. (In freier Anlehnung an Murphy: »Was schiefgehen kann, geht schief«.)
Isolier-Schiebefenster. Gemeint sind hier die die **Acrylglas**-Schiebefenster aus dem Zubehör-Angebot; nicht die Thermo-Glasfenster. Sie verbinden die Eigenschaften der Serien-Schiebefenster mit den Vorteilen bes-

Das Serien-Schiebefenster Klarglas/Colorglas reicht für die Bedürfnisse im Sommer-Wohnmobil aus.

Das Isolierglas-Schiebefenster hat gegenüber der Klarglas-Version den Vorteil der besseren Isolation. Dafür sind die Acrylglasscheiben kratzempfindlich. Nachrüstbar in Kombi und Kasten.

Dieses Ausstellfenster läßt sich in vorhandene und noch zu schaffende (Kastenwagen) Fensteröffnungen der Karosserie nachrüsten. Vorteil: Es kann auch bei Regen offen bleiben.

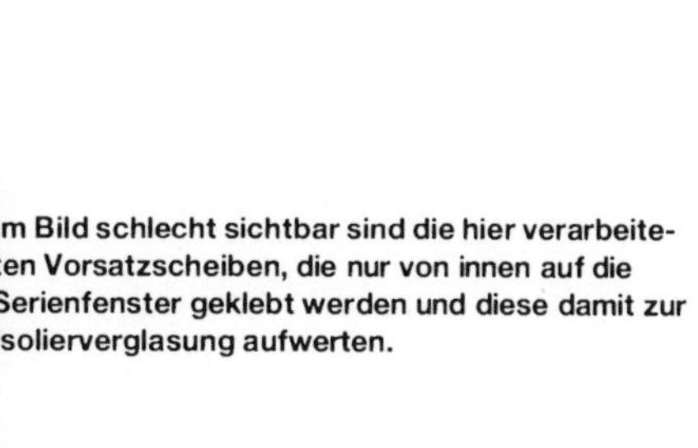

Im Bild schlecht sichtbar sind die hier verarbeiteten Vorsatzscheiben, die nur von innen auf die Serienfenster geklebt werden und diese damit zur Isolierverglasung aufwerten.

serer Isolation und den Nachteilen des Acrylglas-Werkstoffs. Gut zu verarbeiten, da teilweise sogar die Bohrungen der Befestigungslöcher der Werks-Schiebefenster passen. Schiebefenster gibt es für den Einbau in der Schiebetür und gegenüber.

Fingerzeig: Mit speziellem Poliermittel lassen sich die Gebrauchsspuren in Isolierfenstern aus Acrylglas wieder etwas mildern. Genannt sei das Poliermittel »Unipol« Dur-plastic-Polish aus dem Wohnmobil-Shop oder -Versand. Weiterhin sind Acrylglassscheiben empfindlich gegen Chemikalien. Drum nur mit klarem Wasser reinigen und nach der Waschanlagen-Benutzung klar nachspülen.

Fensterscheiben aus- und einbauen

Original-Schiebefenster

Diese Fenster werden durch insgesamt 10 Muttern im Rahmen gehalten. Nach Lösen derselben können sie herausgenommen und durch eine andere Fensterversion ersetzt werden. Bei den Caravelle/Multivan-Fensterpfostenverkleidungen wird's schwieriger, zumal dieselben zuerst ausgebaut werden müssen, um an die Muttern heranzukommen. Wie das gemacht wird, steht im Kapitel »Sonderdächer«.

Fingerzeig: In den ersten Bauserien waren die Schiebefenster zusätzlich zur Verschraubung auch noch verklebt. Wie die Klebeschicht gelöst wird, beschreibt das folgende Kapitel.

Geklebte Scheiben

Feststehende Seitenscheiben und die Heckscheibe sind beim VW T4 in die Fensteröffnungen eingeklebt. Keine Panik, auch diese Scheiben lassen sich leicht ausbauen:

- Caravelle/Multivan-Fensterpfostenverkleidungen ausbauen (siehe Kapitel »Sonderdächer«).
- Klebeschicht von innen mit einem extrem scharfen Teppichbodenmesser durchtrennen. Dabei zur Sicherheit Schutzbrille und Handschuhe tragen, falls die Klinge bricht.
- Ein Helfer muß außen die Scheibe in Empfang nehmen.
- Bei ausgebautem Fenster können die Klebstoffreste entfernt werden.
- Unbedingt Rostvorsorge betreiben! Durch das Herausschneiden des Fensters entstandene Lackschäden mit Rostprimer und Decklack ausbessern.
- Jetzt kann das neue Fenster eingesetzt werden. Spezialfenster für den Wohn-/Laderaum lassen sich meist mit Verschraubungen befestigen.

Original-Fenster einkleben

Wird wieder eine geklebte Scheibe eingebaut (z.B. die VW-Doppelverglasung), sollten Sie wegen der Verträglichkeit des alten und neuen Klebematerials auf VW-Produkte zurückgreifen. Gebraucht wird der Primer D 009 200 02 und die Zweikomponenten-Klebedichtmasse (PUR) D 004 300 05.

Noch eines: Die Verklebung der neuen Scheibe sollte sofort nach Heraustrennen der alten erfolgen. Wer sich lange Zeit läßt, muß den Klebstoffrest vor der neuen Verklebung mit Aktivator AMV 181 800 02 behandeln.

- Verklebung nur bei Raumtemperatur.
- Alte Kleberaupe im Karosserie-Fensterausschnitt (als Haftgrund) auf einen 1–2 mm dicken Rest zurückschneiden.
- Klebefläche der Scheibe säubern und fettfrei machen.
- Einfaßrahmen an der Scheibe montieren.
- Primer in einem Zug auf die Klebefläche der Scheibe auftragen.
- 10 Minuten trocknen lassen.
- Klebedichtmasse anrühren und in einer Raupe

Die Schiebefenster in der Schiebetür und gegenüber sind geschraubt (Pfeile). Nur bei den Fahrzeugen der ersten Serie ist das Fenster zusätzlich zur Verschraubung auch verklebt.

Hier ist die Lage der Verschraubungen an einem ausgebauten Schiebefenster gezeigt.

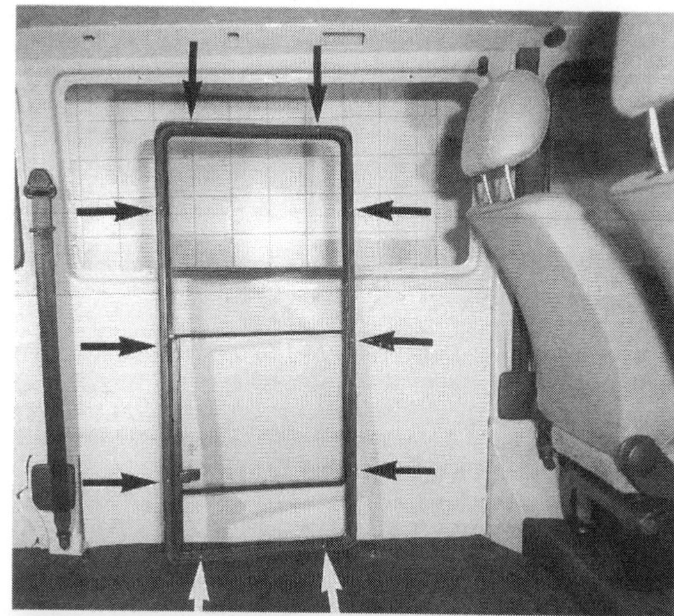

Geklebte Fensterscheiben baut man durch Zerschneiden der Kleberaupe zwischen Fenster und Rahmen aus. Am besten eignet sich ein extrem scharfes Messer mit kurzer Klinge – z. B. ein Teppichmesser.

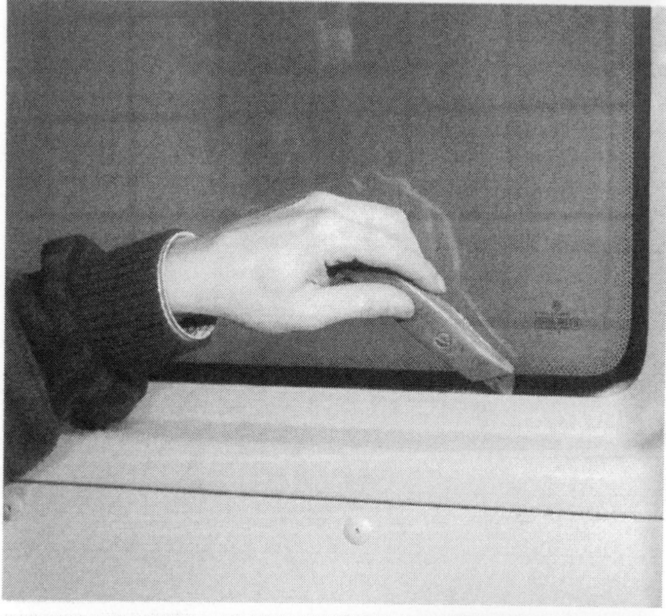

Anders als beim Kombi besteht beim Kasten zwischen der Seitenwand (1) und dem Innenblech (2) ein Spalt von ca. 5 mm, der durch eine Kleberaupe (Pfeile) ausgefüllt ist.

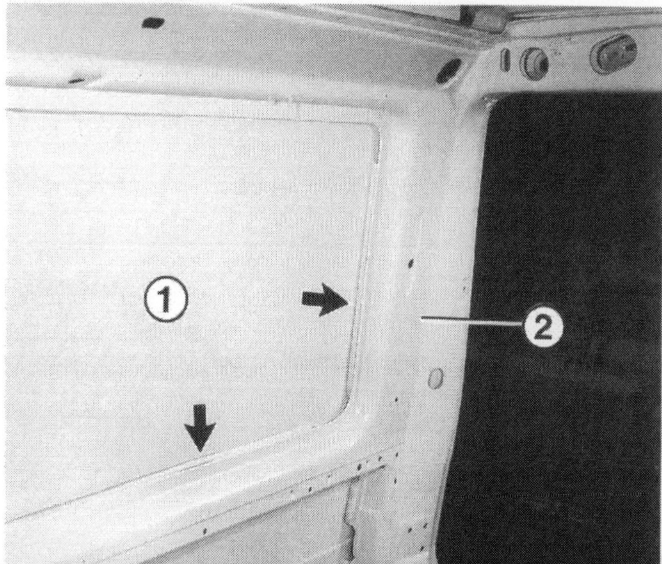

von ca. 13 mm Höhe und 8 mm Breite auf die Scheibe auftragen.

● Scheibe zu zweit einsetzen; der Helfer muß die Scheibe vom Wageninnern her gegenhalten.

● Nach dem Einsetzen die Scheibe im Rahmen ausmitteln und mit Klebeband fixieren. Wagen ca. 24 Stunden nicht bewegen.

Wohnmobilfenster für den Kastenwagen

Diverse Fenster-Versionen bieten sich an, um Licht ins Dunkel des Kastenwagens zu bringen.

Zubehör-Fenster in Originalfenstergröße

Wohl die ästhetischste Lösung, denn die Fenster bringen dem Wagen optisch den Bus-Charakter zurück, auch wenn nicht alle vier möglichen Seitenfensterflächen belegt werden. Was an Seitenflächen nicht »befenstert« wird, kann zwecks der Optik auch farblich abgesetzt werden.

Einen Haken hat die Sache: Seitenwand und Innenblech sind bei Werks-Befensterung im Fensterausschnitt miteinander verschweißt. Beim Kastenwagen ist dagegen das fensterlose Außenblech nur mittels einer Kleberaupe mit dem Innenblech verbunden. Außerdem verbleiben ca. 5 mm Abstand zwischen den Blechen. Der Ausschnitt muß also nachgearbeitet werden: Kleberaupe entfernen, Außenblech an Innenblech anlegen und erneut (mit Sikaflex) verkleben.

Eine weitere Möglichkeit zum Einsetzen der Originalgröße-Fenster bietet sich durch Verwendung eines speziellen Dichtgummis (z.B. von Reimo), der den Spalt zwischen Innenblech und Außenblech überbrückt.

Standard-Wohnmobilfenster

In der Sache völlig ausreichend und keine schlechte Lösung. Die Standard-Fenster warten mit perfekter Wärmedämmung auf und lassen trotz kleinerer Fensterfläche genügend Licht ins Innere. Beachten Sie bei der Wahl der Fensterversion, daß das Fenster eine **thermische Trennung** von Außen- und Innenrahmen besitzen muß. Sie zaubern sich sonst eine Kältebrücke in den Wagen, die an kalten Tagen dazu führt, daß ständig Kondenswasser von Rahmen gewischt werden muß.

Weiter zu berücksichtigen ist die Fenstergröße. Der Fensterrahmen muß innerhalb derjenigen Blechfläche Platz finden, in der normalerweise die Serien-Fenster sitzen. Nur so ist gewährleistet, daß beim Einbau keines der stabilitätsrelevanten Innenbleche angesägt wird. TÜV/DEKRA und VW sind sich in diesem Punkt einig: die Innenbleche dürfen nicht ausgeschnitten werden.

Um den Vorschriften G41zu tun, muß ferner zumindest an zwei Stellen ein Blechstreifen unter dem Rahmen eingeklemmt und mit dem Innenblech verbunden (vernietet) werden. VW will es so, um ein Flattern der Blechflächen zu vermeiden.

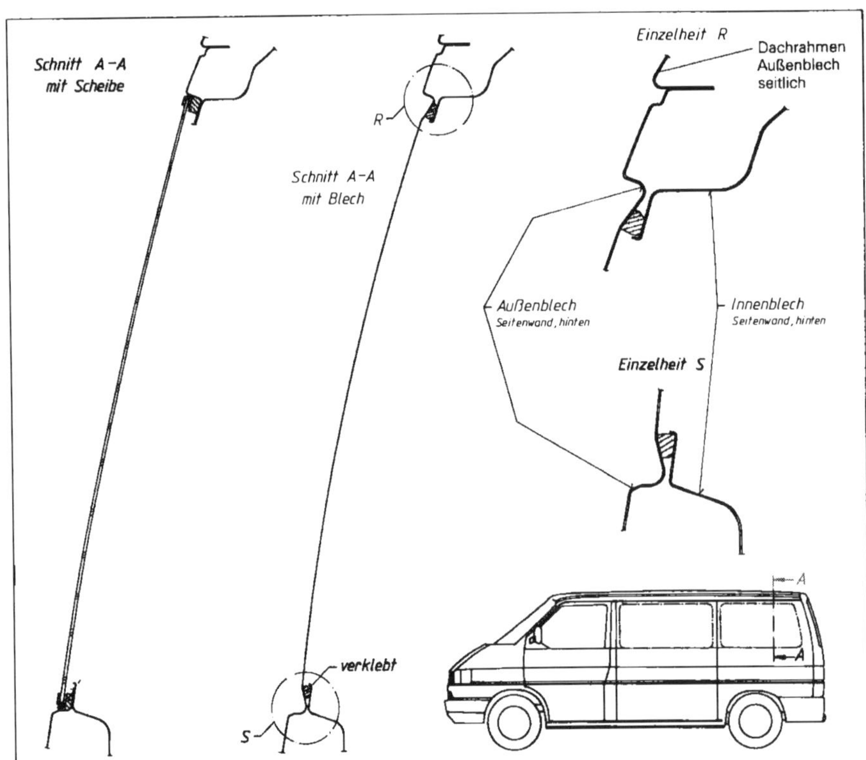

Schnitt durch die Seitenwand bei Fahrzeugen mit Fensterscheibe bzw. Blech im Laderaum. Die vergrößerte Darstellung rechts zeigt nochmals deutlich, daß beim Kastenwagen Innenblech und Außenblech im Bereich der angedeuteten, ins Blech geprägten »Fensterflächen« nicht verschweißt ist. Statt dessen sind die Teile mit etwas Abstand durch eine Kleberaupe verbunden.

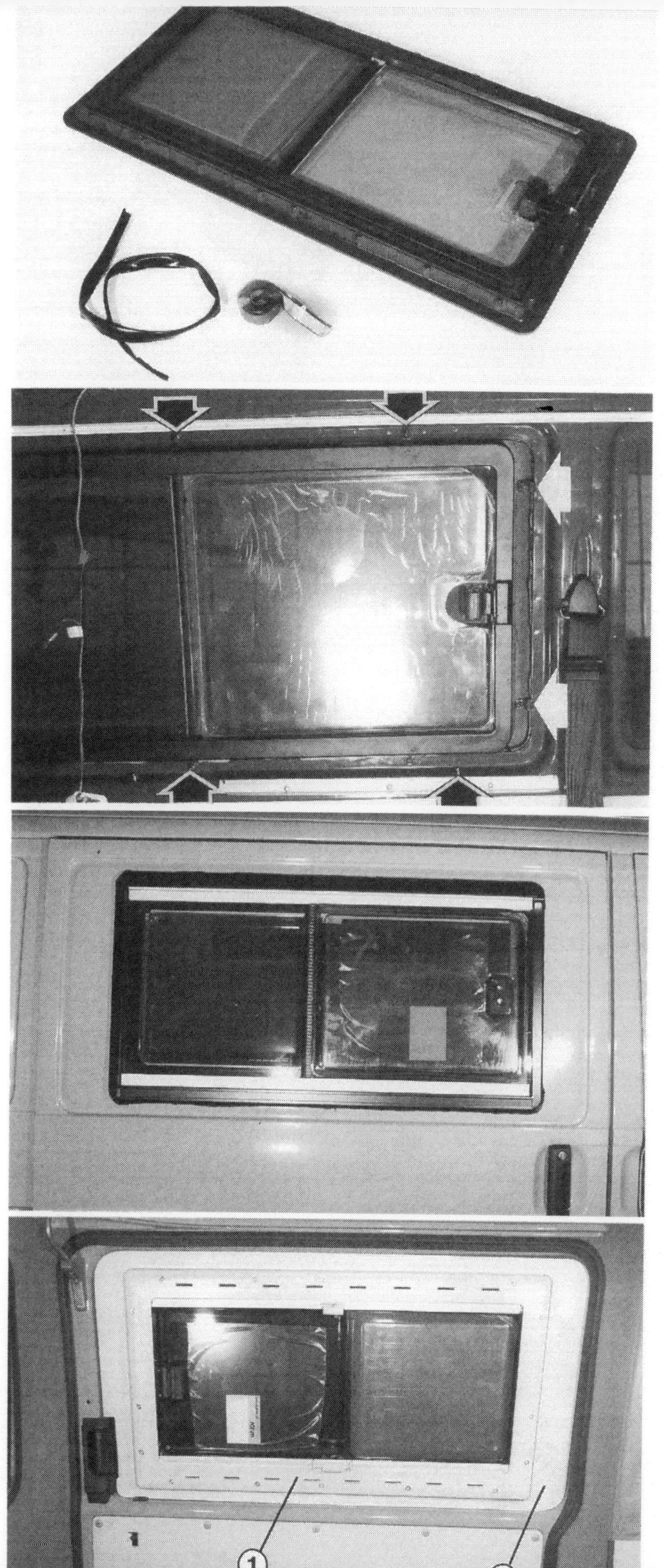

Ein typisches Zubehör-Fenster für den Original-Fensterausschnitt. Wie es eingesetzt wird, zeigt das Bild darunter.

Hier ist ein Zubehörfenster in den Original-Fensterausschnitt montiert. Die Verschraubungen greifen teilweise in die schon vorhandenen Bohrungen, teilweise sind Halteklammern unterlegt.

Dieses etwas kleinere Zubehör-Fenster ist in die »Fensterfläche« eines Kastenwagens eingesetzt. Wie es von hinten verschraubt wird, zeigt das Bild unten.

Dieses Zubehör-Fenster wird von einem Einbaurahmen (1) gehalten, der von innen auf das Fenster geschraubt ist. Unter den Einbaurahmen ist hier die Seitenverkleidung (2) geklemmt, die den Spalt bis zum Türrahmen abdeckt.

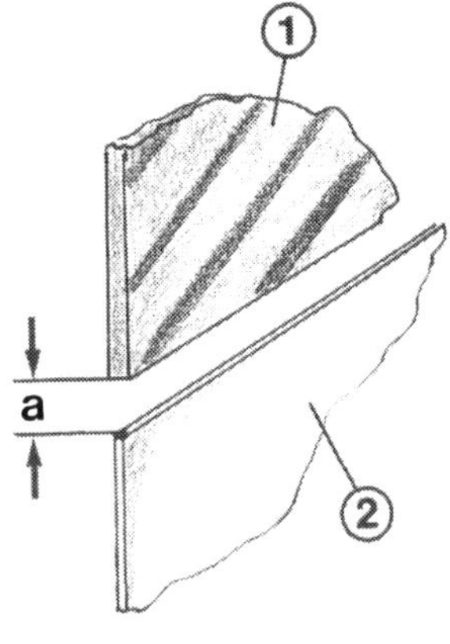

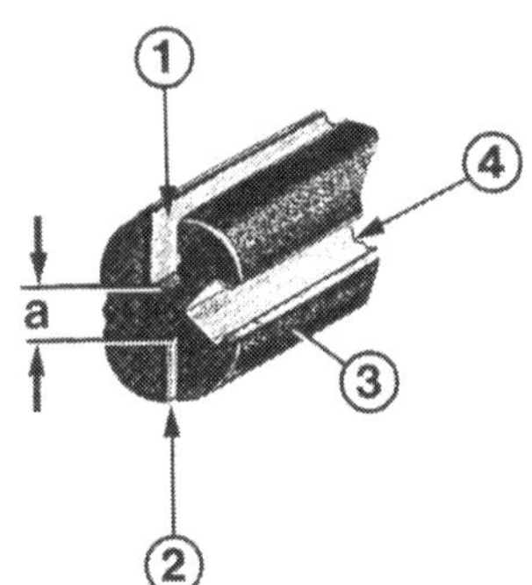

Einbau eines Fensters mit Gummiklemmprofil. Links: Der Fensterausschnitt im Karosserieblech (2) muß so groß bemessen sein, daß zwischen Blech und Fensterscheibe (1) ringsum ein Spalt mit der Breite »a« bleibt.
Rechts: Wie breit »a« sein muß, zeigt die Zeichnung. »a« entspricht der Dicke des Stegs in der Dichtung (3). Die Pfeile zeigen die »Belegung« der Dichtung:
1 – Scheibe;
2 – Blech;
4 – nach der Fenstermontage einzusetzendes Füllprofil.

Weitere Möglichkeiten

Wer die Möglichkeit hat, kann bei einem einfach auszustattenden Wohnmobil darauf zurückgreifen: Statt der fensterlosen Kastenwagen-Tür wird eine mit Fenster (evtl. vom Autoverwerter) eingesetzt. Zu bedenken wäre allerdings, daß die gebrauchte Tür ggf. der Fahrzeuglackierung angepaßt werden muß.
Noch eines zu den Fenstern: Eine Kastenwagen-Heckklappe ohne Fenster bietet die Möglichkeit, dort ein Standard-Ausstellfenster einzusetzen. An dieser Stelle erreicht man idealen Lüftungskomfort für ein Heck-Bett.

Standard-Wohnmobilfenster einbauen

Geschraubte Fensterversion

- Zuerst den **Ausschnitt** anzeichnen. Sofern keine Ausschnittschablone beigegeben ist, Maße der Fensterrahmen-Innenkante auf einen flexiblen Karton übertragen.
- Dazu am besten das Fenster auf den Karton legen und die Kontur mit dickem Filzstift nachzeichnen.
- Karton ausschneiden und Schablone am Fahrzeug ausrichten und mit stabilem Klebeband befestigen.
- Ausschnitt mit breitem Filzstift am Karosserieblech anzeichnen.
- Parallelität des Ausschnitts zu Karosseriekanten erneut prüfen. Auch an der Rückseite kontrollieren, ob genügend Abstand zu den Innenblechen bleibt.
- Erst jetzt das Blech ausschneiden und Schnittkante konservieren (siehe dazu Kapitel »Änderungen an der Karosserie«).
- Fenster-Dichtrand mit Klebedichtmasse (z.B. Sikaflex) satt bestreichen.
- Fenster in den Ausschnitt drücken und verschrauben.
- Die Verschraubung geschieht je nach Version von außen oder innen.
- Bei Verschraubung von außen die innen überstehenden Schraubenenden mit Hohlraumkonservierer schützen. Schraubenköpfe außen ebenfalls konservieren bzw. Abdeckband anbringen.
- Bei Verschraubung von der Rückseite her werden die Fenster entweder mit Fenster-Klammern gegen das Karosserieblech oder einem zu unterlegenden Holzrahmen abgestützt oder sie werden durch einen Innenrahmen – ggf. mit integriertem Rollo – gehalten.
- Bei Verwendung eines Innenrahmens darauf achten, ob dieser vor oder nach Montage der Innenverkleidung eingesetzt werden muß – Einbauanleitung beachten.

Fensterversion mit Gummiklemmprofil

- Auch hier zuerst den Fensterausschnitt herstellen. Das geht nicht viel anders, als im vorigen Abschnitt beschrieben, doch muß gegenüber der geschraubten Fensterversion hier der Karosserieausschnitt um die »innere Dicke« des Gummiklemmprofils größer ausgeschnitten sein. D.h. das Maß

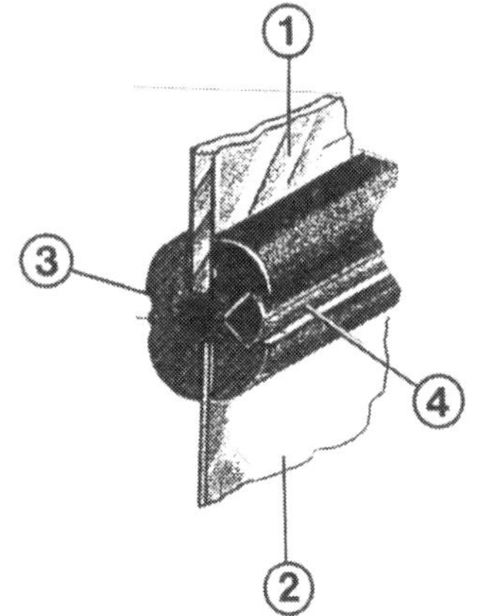

Der Schnitt zeigt, wie die Fensterscheibe mit dem Gummiklemmprofil richtig montiert ist. Es bedeuten:
1 – Fensterscheibe;
2 – Karosserieblech;
3 – Dichtung;
4 – Füllprofil.

Fenstereinbau mit Gummiklemmprofil: Das Füllprofil wird entweder mit einem speziellen Einziehwerkzeug eingesetzt oder – wie hier – mit einem Schraubendreher in die Nut eingesetzt. Tip: Spülmittel als Gleithilfe verwenden.

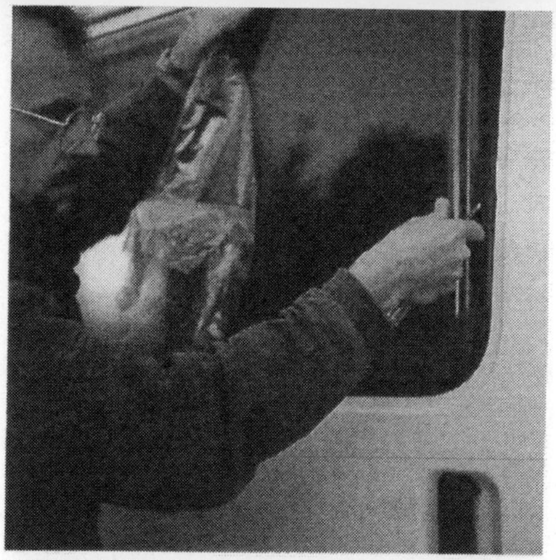

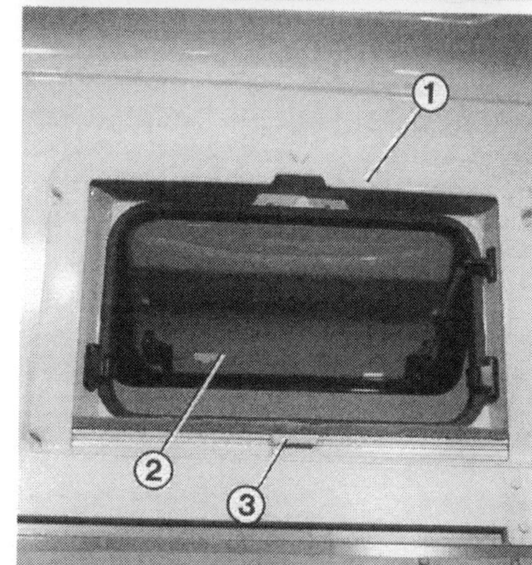

Dieses Ausstellfenster (2) wurde mit einem Einbaurahmen (1) kombiniert, der nach Ziehen am Griff (3) die Fensteröffnung entweder mit Fliegengaze oder Rollo verschließt.

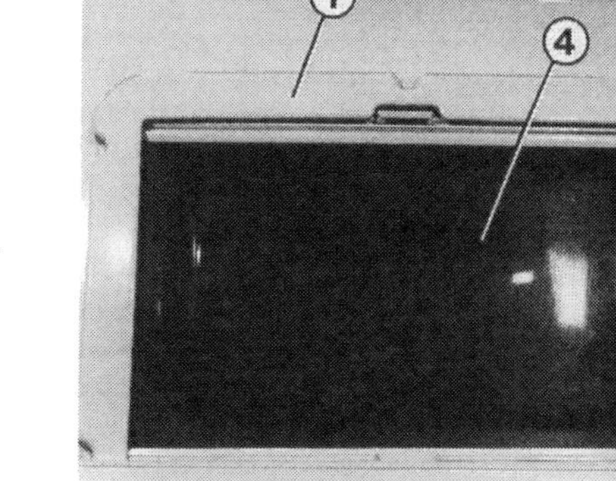

Hier ist aus dem Einbaurahmen (1) die Fliegengaze (4) herausgezaubert. Die Lüftung bleibt erhalten, Fliegen haben keinen Zutritt.

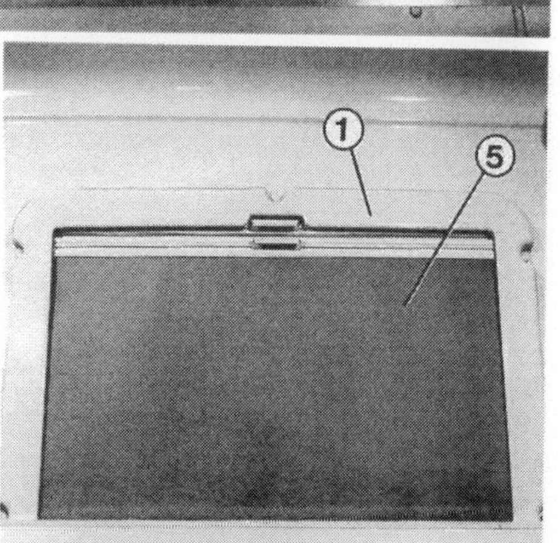

Beide Rollos im Einbaurahmen (1) sind hochgezogen (geschlossen). Das Verdunkelungsrollo (5) schließt absolut lichtdicht ab.

Sehr empfehlenswert: Dachlüfter mit stabilem Kurbelmechanismus. Der Dachlüfter sollte unbedingt mit einem Fliegengitter und einer Verdunkelung für die Nacht kombinierbar sein.

zwischen der Nut für die Scheibe und der Nut für das Karosserieblech (im Querschnitt des Dichtgummis gesehen) muß ringsum beim Fensterausschnitt zugegeben werden.

● Gummiprofil auf die Scheibe aufziehen.

● In die Nut, in der später das Karosserieblech sitzt, ein flexibles Kabel ringsum einlegen.

● Scheibe von einem Helfer mit leichtem Druck gegen die Einbauöffnung halten lassen.

● Vom Fahrzeug-Innenraum her das eingelegte Kabel langsam (am besten im rechten Winkel) aus der Dichtung ziehen.

● Wenn's richtig läuft, hebt sich dabei die innere Dichtlippe des Gummiprofils über den Rand des Karosserie-Ausschnitts.

● Hat man das Kabel rundum herausgezogen, müßte die Scheibe jetzt im Ausschnitt sitzen.

● Von außen setzt man nun das Füllprofil in die äußere Nut der Dichtung. Dazu gibt es ein kleines Einziehwerkzeug, doch mit etwas Zähigkeit schafft man es auch mit einem Schraubendreher.

Innen-verkleidung der Fenster

Der Übergang vom Fenster zur Innenverkleidung bedarf bei Fenstern, die kleiner als der Original-Fensterausschnitt, der Nacharbeit.

○ Eine überaus elegante Lösung ist die Verwendung eines **Einbaurahmens**, wie es z. B. das Bild auf Seite 87 unten zeigt. Hier ist der Übergang sauber und problemlos. Fenster und Einbaurahmen sind vom gleichen Hersteller und aufeinander abgestimmt. Welche Vorteile dieser Rahmen (mit eingebauten Rollos) bringt, zeigen die Bilder auf Seite 89 eindrucksvoll.

○ Will man seine Fenster mit Vorhängen kombinieren, bietet sich die im Bild auf der gegenüberliegenden Seite oben gezeigte Methode an. Die **Anschluß-Leisten** vom Fenster zur Seitenverkleidung gibt es in mehreren Farben, und sie lassen sich mit den unterschiedlichsten Bogen- und Winkelstücken kombinieren. Sogar für Bullaugen gibt es passende Anschlußleisten.

Dachlüfter

Nicht selten unterschätzt wird die Bedeutung der Dachlüfter im Wohnmobil:

○ Speziell bei festen Hochächern sollten zwei Dachlüfter vorn und hinten montiert sein, um ein Querlüften zu ermöglichen. Ersatzweise genügt natürlich auch ein Dachlüfter in Kombination mit einem Hochdach-Seitenfenster.

○ Einer der Dachlüfter sollte so angebracht sein, daß beim Kochen entstehender Wasserdampf nach oben abziehen kann.

○ Wählen Sie eine Dachlüfter-Version, die stabil genug ist, um auch während der Fahrt einen Spalt offenzubleiben. Das schafft im Sommer angenehme Innenraumbelüftung.

Teile eines Dachlüfters mit Klapp-Aufstellmechanismus, wie er bevorzugt in Wohnwagen verwendet wird:
1 – Haube;
2 – Einbaurahmen oben;
3 – Einbaurahmen unten mit Fliegengitter.

Mit sogenannten Anschluß-Leisten schafft man den Übergang vom Fenster zur Seitenverkleidung. Solche Leisten gibt es in mehreren Farben, und sie lassen sich mit den unterschiedlichsten Bogen- und Winkelstücken kombinieren. Auch für Bullaugen gibt es passende Anschlußleisten.

Müssen Scheiben immer rechteckig sein? Bullaugen schaffen unter Umständen eine effektvolle Optik innen wie außen. Hier eine feste und eine ausstellbare Version.

Die großen Fensterflächen dieser Van-Fenster (Polyroof) verfremden den VW-Bus zum exquisiten Spielmobil. Der Umbau muß jedoch beim Fenster-Hersteller vorgenommen werden; hier sind die Grenzen des Selbstbaus erreicht.

Die dreifenstrige Version wirkt noch etwas großzügiger. Für die Innenverkleidung der Fensterrahmen verwendet der Hersteller spezielle Kunststoff-Formteile.

Schutz und Zier

Was die Tapete daheim, ist die Wandverkleidung im Wohnmobil. Doch soll sie nicht nur eine wohnliche Atmosphäre zaubern, sondern auch widerstandsfähig und pflegeleicht sein.

Zuerst die Leitungen

Sofern die Leitungen nicht in einem Kabelkanal vor der Verkleidung verlegt werden, müssen sie vor Einbau der Verkleidung in die Hohlräume gepackt werden. Hier eine kleine Aufstellung:

- ○ Leitungen zur Innenleuchte
- ○ zur Leseleuchte
- ○ zu den Hecklautsprechern
- ○ Leitungen, über die vom Wohnteil aus Verbraucher am Armaturenbrett geschaltet werden sollen (etwa das Radio)
- ○ Kabel zum Kühlschrank
- ○ Zuleitung und Steuerleitungen der Heizung
- ○ evtl. Leitungen zum Ladegerät
- ○ evtl. Verkabelung der 220-Volt-Steckdose

Ferner sollten schon eingebaut sein:

- ○ Fenster
- ○ Wassereinfüllstutzen
- ○ Heizungs- und Kühlschrankkamin

Günstig ist es, zusätzliche Leerkabel einzulegen, die Sie später nach Bedarf belegen können. Natürlich müssen diese Leitungen gekennzeichnet sein, denn in einem Jahr weiß kein Mensch mehr, wie der Verlauf der Strippen war. Generell ist die Verwendung verschiedener Kabelfarben hilfreich, damit die spätere Fehlersuche oder auch schon das erstmalige Verdrahten leichter fällt.
Schon jetzt muß eine Skizze angefertigt werden, in der die verwendeten Kabel verzeichnet sind. Das braucht kein perfekter Kabelverlegungsplan zu sein, aber es sollte daraus hervorgehen, welche Kabel im Dachholm und welche am Boden oder hinter der Seitenverkleidung liegen. Mehr über die Verwendung der richtigen Kabel lesen Sie in den Kapiteln »Die 12-Volt-Bordelektrik« und »Die 220-Volt-Anlage«.

Kabelverlegung im Dachbereich

Werksseitig sind an der **rechten Dachseite** Kabel zum Heckwischer, zu den Heckleuchten und zur Heckklappe verlegt. Parallel dazu liegt der Schlauch zur Heckscheiben-Waschanlage.
Im **linken Dachbereich** und diagonal zur Heckklappe (-tür) sind die Leitungen der Innenbeleuchtung verlegt. Zur Vermeidung von Eingriffen in die Fahrzeugelektrik sollte man es bei dieser Leitungsverlegung belassen, insoweit sich das mit dem Einbau des Sonderdaches vereinbaren läßt.
Zusätzliche Leitungen für die Wohnmobil-Elektrik verlegt man aber besser nicht im Dach, sondern am Boden bzw. an oder in der linken Seitenwand.

Leitungen durch Fensterpfosten ziehen

Etwa zum Einbau einer Transistorleuchte oder einer Leselampe muß ein Kabel durch einen Fensterpfosten gezogen werden. Das geht folgendermaßen:
Oben, wo das Kabel aus dem Holm austreten soll, eine Bohrung anbringen. Durch diese Bohrung einen langen Draht (Schweißdraht) nach unten durchschieben – dorthin also, wo das Kabel herkommen soll. Am herausschauenden unteren Drahtende das Kabel festbinden und den Draht wieder nach oben herausziehen – fertig.

Fingerzeig: Dort, wo Leitungen durch Bohrungen oder Durchbrüche im Blech geführt werden, muß prinzipiell eine Gummi-Durchführungshülse eingesetzt werden. Sonst scheuert sich die Kabel-Isolierung im Laufe der Zeit durch. Kurzschlußgefahr!

Kabelverlegung in der Seitenwand und am Boden

Wegen der Zugänglichkeit bietet sich die Kabelverlegung an der linken Seitenwand oder an der linken Fußboden-Kante an. Sauber verlegt sind die Wohnmobil-Kabel in einem Kunststoff-Kabelkanal, wie ihn auch der Elektriker verwendet. Durch die abnehmbare Kabelkanal-Abdeckung kann bei Bedarf auch nachträglich noch eine Leitung eingezogen werden.
Unbedingt zu beachten ist, daß die zur 220-Volt-Anlage gehörenden Leitungen nicht zusammen mit den 12-Volt-Leitungen verlegt sein dürfen. Es müssen also ggf. zwei parallel laufende Kabelkanäle montiert werden.

Fingerzeig: Mehr über die Verwendung der richtigen Kabel und den Anschluß der elektrischen Verbraucher erfahren Sie weiter hinten im Buch in den beiden Elektrik-Kapiteln.

Seitenverkleidungen werden auch im Bereich der Fensteröffnungen notwendig, wenn Fenster kleiner als die Originalfenster eingebaut sind. Hier ist die Seitenverkleidung (2) zusammen mit dem inneren Fensterrahmen (1) verschraubt.

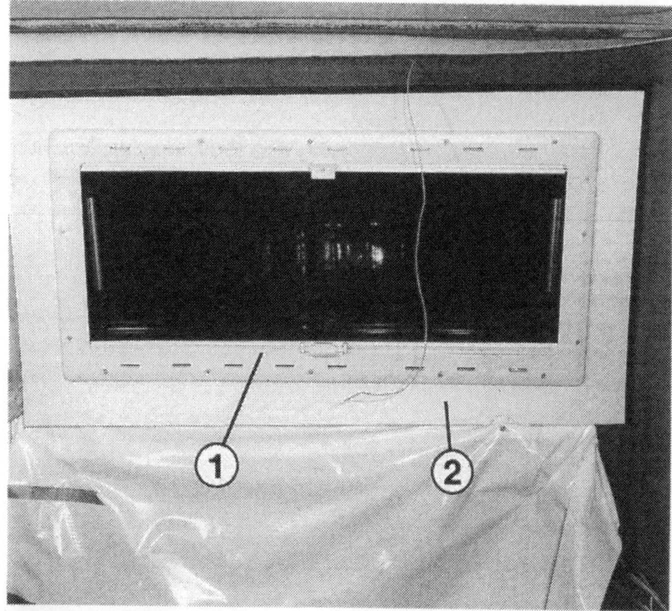

Vor dem Anbringen der Dampfsperre (2) und der Seitenverkleidung (1 – hinterer Teil) wurden hier die Heizungs-Kaminleitung (3), der Frischwasseranschluß (5), die Verkabelung (6) und die Isolation (4) montiert.

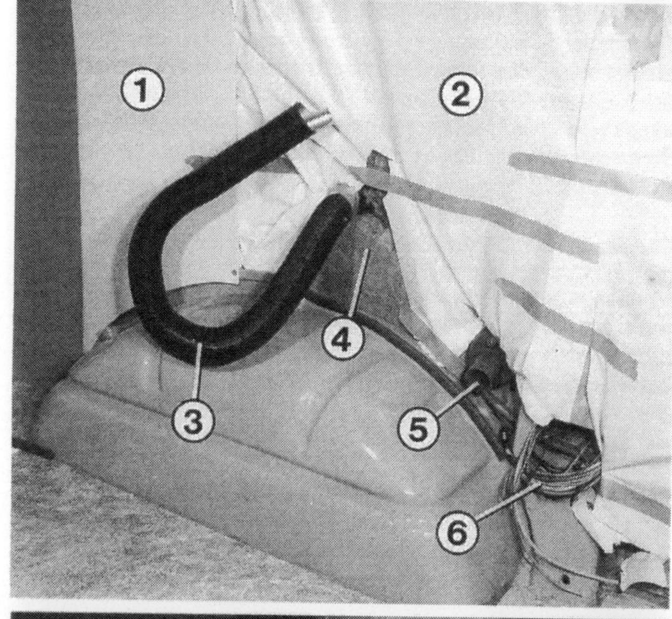

Verschiedene Isolationsmaterialien sind hier gezeigt:
1 – Styropor-Platte;
2 – gepreßte Glaswolleplatte;
3 – lose Glaswollematte.

Innenraum isolieren

Ohne Isolation wäre der VW-Bus ein ungemütlicher Wohnort. Denn im Sommer verwandelt die Sonneneinstrahlung unser rollendes Wohnzimmer in eine Sauna, im Winter wird es zum Eispalast. Die Isolation kann beide Extreme zumindest mildern.

Fingerzeig: **Eine helle Lackierung des Fahrzeugdaches reflektiert Sonneneinstrahlung stärker als eine dunkle. Gleiches gilt für ein helles metalliclackiertes Dach. Je mehr Hitze reflektiert wird, desto weniger dringt in den Innenraum.**

Isolationsmaterial

Das Isolationsmaterial, das wir für Wände und Dach verwenden wollen, erhalten wir am billigsten im Baustoffhandel. Dort haben wir die Wahl zwischen unterschiedlichen Werkstoffen. Die meisten davon sind für unsere Zwecke verwendbar, sie stellen aber unterschiedliche Anforderungen an die Verarbeitung.

Glaswolle-Platten

Zu Platten gepreßte Glaswolle läßt sich sehr gut mit einem scharfen Messer schneiden. Die einigermaßen formstabilen Platten können Sie gut zwischen den Trägern einklemmen. Man braucht sie nur an wenigen Stellen festzukleben, da sie sich nicht allzusehr zusammenrütteln. Oft können die Platten in mehreren Lagen übereinander verarbeitet werden, was den Isolationswert verbessert. Ein sehr gutes Isolationsmaterial für das Wohnmobil.

Glaswolle-Rollen

Die losen Glaswollematten werden in großen Rollen geliefert und sind auch ohne Aluminiumkaschierung erhältlich. Die Aluminiumschicht dient bei bei der Dachisolation eines Hauses als Trägerfolie sowie als Dampfsperre. Bei uns wird sie nicht gebraucht. Die abgeschnittenen Glaswollestreifen sollen möglichst lose verlegt sein – das verbessert den Isolationswert. Niemals zusammendrücken und in eine Ecke stopfen.
Bei der losen Glaswolle besteht die Gefahr, daß sie sich durch die Vibrationen während der Fahrt nach unten rüttelt. Die Blechflächen weiter oben sind dann nicht mehr isoliert. Deshalb lose Glaswolle unbedingt mit Kontaktkleber am Blech festkleben – speziell in der Heckklappe und in der Seitenwand gegenüber der Schiebetür.

Styroporplatten

Styroporplatten sind von Haus aus formstabil und bleiben es auch, sofern die Umgebungstemperatur nicht allzu hoch wird. Sie lassen sich im Auto gut einpassen, wenn sie zuvor mit einem scharfen Messer oder einer Handsäge zurechtgestutzt wurden. Lästigerweise produzieren die Dämmplatten ständig Quietschgeräusche, wenn sie sich gegeneinander verschieben. Das läßt sich aber bei den ständigen Verwindungen der Karosserie nicht immer vermeiden. Dagegen hilft nur, die Platten gut zu verkleben oder sie mit Montageschaum (auch aus dem Baugeschäft) in ihrer Lage zu fixieren.
Sind die Styropor-Kügelchen nur relativ lose zusammengepreßt – auch solches Material ist im Handel –, kann die Platte im fortgeschrittenen Alter zerbröseln. Bei intakten Platten ist jedoch der Isolationswert optimal.

Weichfaser-platten

Die im Baustoffhandel unter dem Namen »Weichfaserplatten« bekannten großen und billigen Isolierplatten eignen sich nicht für die Verwendung im Auto. Diese Platten sind in der Lage, Wasser aufzusaugen, und genau das wollen wir im Auto nicht haben. Denn sonst fahren wir einen rostfördernden Schwamm unter den Seitenverkleidungen spazieren.

Kondenswassersperre

In die mit Isolationsmaterial gefüllten Hohlräume hinter den später anzubringenden Wandverkleidungen soll keine Feuchtigkeit eindringen können. Denn ist sie erst einmal dort, wirkt sie von hinten auf die Wand- und Türverkleidungen ein, was selbige übel nimmt. Das Hartfaser-Material kann nämlich von der Rückseite her Feuchtigkeit aufnehmen, weil dort keine Beschichtung vorhanden ist. Folge: Das Material quillt, und die Platte bekommt Beulen und Verwerfungen.
Besonders wichtig ist die Dampfsperre an den Türen und Klappen des Laderaums, während an Wandverkleidungen, die bedingt durch diverse Einbauten mit »Lüftungslöchern« versehen sind, auch notfalls darauf verzichtet werden kann.

Isolieren des Fahrerhauses

Im Fahrerhaus-Bereich stoßen wir – was die Isolation anbetrifft – auf die Grenzen des Machbaren. In den vorderen Türen ist wegen des Fensterheber-Mechanismus kein Platz für Isolation, und auch die Trennwand zum Motorraum sowie der Fahrerhaus-Boden lassen sich nicht sinnvoll isolieren.

Einpassen der Isolierplatte.

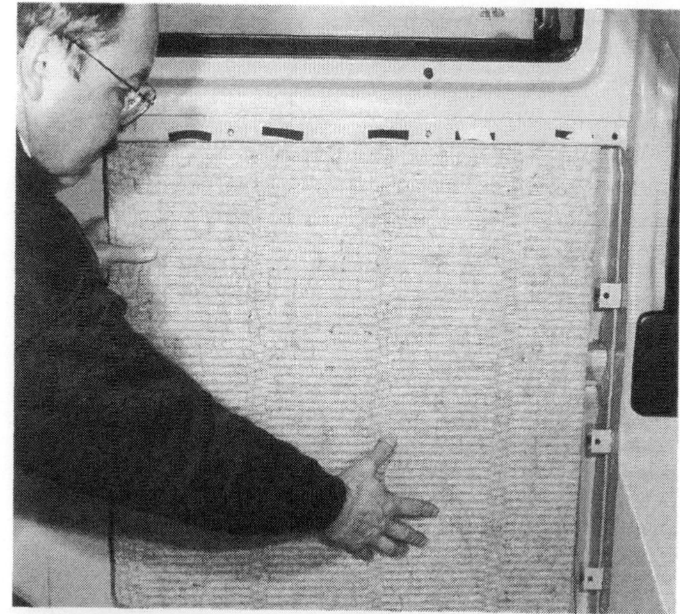

Als Kondenswassersperre wird hier Kunststoffolie an die Seitenwand geklebt.

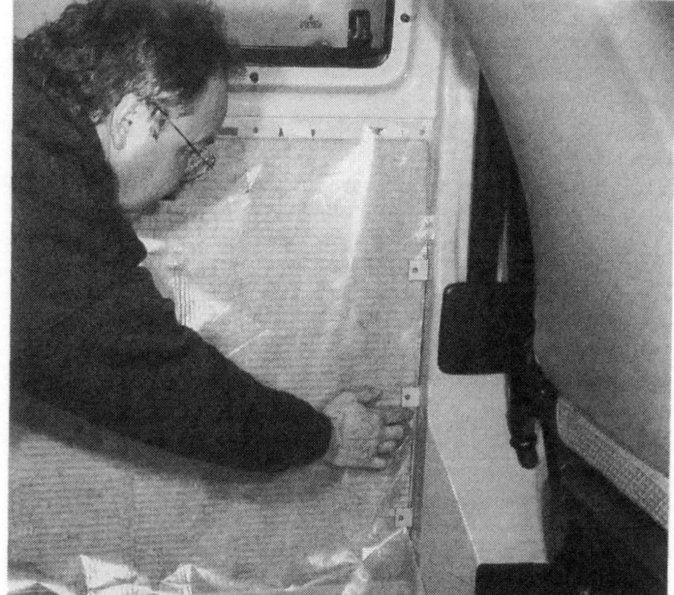

Montage der Seitenverkleidung.

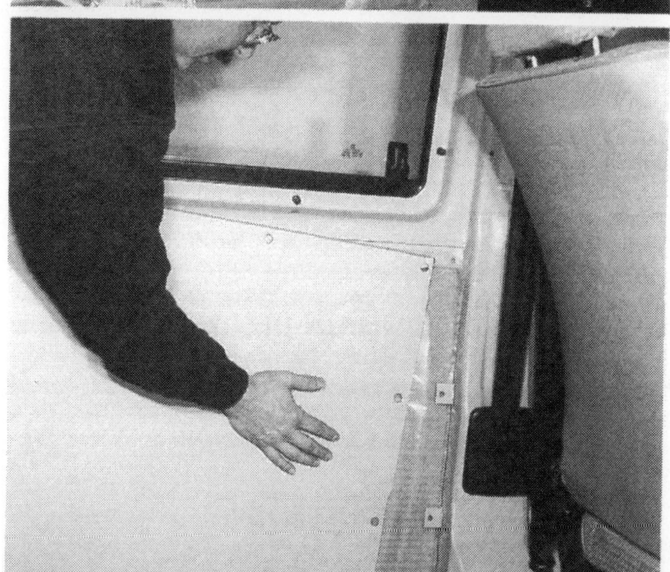

Hohlräume ausschäumen

Wer ein übriges zur Vervollständigung der Isolation tun will, kann die Hohlräume der Karosserie ausschäumen. Dazu muß aber sichergestellt sein, daß alle Kabel in den Hohlräumen bereits verlegt sind und daß keine weiteren dazu kommen.
Zum Ausschäumen eignet sich »Montageschraum«, wie er im Baustoffhandel im Sprühdosen erhältlich ist. Leider ist die Verarbeitung eine unangenehme Sache, denn der Schaum klebt fast unlösbar an Mensch und Material. Also unbedingt den Boden mit Folie auslegen und Arbeitshandschuhe tragen. Nur wenig in die einzelnen Hohlräume einsprühen, denn das Material vergrößert sein Volumen um ein Vielfaches und drückt zu allen Öffnungen heraus. Nach dem Trocknen überstehendes Material abschneiden.
Die isolierende Wirkung des Schaumes ergibt sich durch die zahllosen Luftbläschen, die im Innern des Materials eingeschlossen sind (»stehende Luftsäulen«). Ob sich aber das Ausschäumen der Hohlräume bei der ohnehin nicht perfekten Gesamtisolation des Wagens auswirken kann, muß dem Urteil des Einzelnen überlassen bleiben.

Die Innenverkleidungen

Wie so oft beim Wohnmobil-Ausbau haben wir zahlreiche Möglichkeiten, zu einem Ergebnis zu kommen:
○ Nichts spricht dagegen, intakte **Original-Verkleidungen**, die sich bereits im Fahrzeug befinden, später für das Wohnmobil weiter zu benutzen. Wird das gewünscht, werden einfach die Verkleidungen ab- und nach Einsetzen der Isolation wieder angebaut.
○ Wer ein Basisfahrzeug ohne Verkleidungen besitzt, kann sich überlegen, die hellgrau lackierten **Hartfaser-Verkleidungen** aus den Transporter-Kombi-Versionen einzubauen. Die gibt es wirklich **preisgünstig** im VW-Teilelager zu kaufen. Vorteil: Sie sind absolut **paßgenau** zugesägt und bereits mit Befestigungslöchern versehen. Befestigt werden sie mit Schraubdübeln, die dazugekauft werden müssen. Wer die graue Oberfläche nicht mag, kann einen Stoff- oder Kunstleder-Überzug anbringen. Problematisch können dagegen nachträglich aufgeklebte Selbstklebefolien sein. Bei dieser Beschichtung kann es passieren, daß die Folie unter den hohen Temperaturen im Wageninnern schrumpft und die Ränder freilegt. Nicht selten neigen diese Folien auch dazu, Runzeln und Blasen zu bilden, wenn die Umgebungstemperatur zu hoch wird.
○ Eine elegante Methode ist auch der Kauf einer fertigen, **ausgeformten Kunststoff-Verkleidung**. Die gibt es aus dem VW-eigenen Wohnmobil- bzw. Multivan-Programm, aber auch von Zubehör-Herstellern (z. B. Reimo). Beim Anbringen derartiger Verkleidungen muß darauf geachtet werden, daß diejenigen Stellen, die auf Blech oder anderen Verkleidungsteilen zu liegen kommen, mit Schaumstoff, Karosseriedichtmasse oder Filzstreifen unterlegt werden. Nur so kann lästiges Quietschen bei jeglicher Karosserie-Bewegung vermieden werden.
○ Letzte Möglichkeit ist noch die **eigene Herstellung** der Verkleidung aus einer **3 mm starken, beschichteten Hartfaserplatte**. Diese Platten gibt es in den verschiedensten pflegeleichten Dekors – bei sauberer Verarbeitung ergibt das eine ansehnliche Verkleidung. Befestigung wie die Original-VW-Hartfaserplatten mit den Schraubdübeln, sofern die Löcher an den hierzu vorgesehenen Stellen gebohrt werden. Andernfalls mit Senkkopf-Blechschrauben mit unterlegten Kegelscheiben befestigen.
○ Statt Hartfaserplatten werden auch **3-mm-Sperrholzplatten** als Trägermaterial für Dekor-Folien verwendet. Insgesamt gilt gleiches, wie bei der Hartfaserplatte gesagt.
○ Abgeraten werden muß von **Echtholz-Verkleidungen**. Obwohl für Echtholz-Freaks das einzig seligmachende, hat sich gezeigt, daß solche Oberflächen den Beanspruchungen nicht gewachsen sind und dann im Laufe der Zeit unansehenlich werden. Gänzlich **ungeeignet sind** dagegen **Nut-und-Feder-Bretter**. Sie entsprechen nicht den TÜV/DEKRA-Vorgaben, weil sie **nicht splittersicher** sind. Das Verletzungrisiko bei Unfällen ist zu hoch.

Verkleidungen anfertigen

Einfachste Methode ist das Anfertigen neuer Verkleidungen nach dem Muster der ausgebauten alten Hartfaser-Verkleidungen. Dazu einfach die Muster auf die neuen Paneele legen und mit dem Filzstift die Kontur und die Befestigungsbohrungen anzeichnen. **Wichtig:** Vor- und Rückseite nicht verwechseln, sonst entstehen spiegelbildliche Verkleidungen!
Zum Sägen sollten Sie ein feingezahntes Metallsägeblatt in die Stichsäge einsetzen. So vermeiden Sie Abplatzungen an der Dekorschicht. Nach dem Aussägen Kanten mit der Feile entgraten und ebnen.
Wem keine alte Verkleidung als Muster zur Verfügung steht und wer auch keine ausleihen kann, muß die Verkleidungen nach den Maßzeichnungen auf der folgenden Doppelseite anfertigen. Bitte beachten Sie, daß sich die Fahrzeuge in Details voneinander unterscheiden können. **Die Maßangaben sind daher als Richtwerte zu verstehen und nicht verbindlich**. Kontrollieren Sie die Maße vor dem Zusägen an Ihrem eigenen Wagen nach!

Die Fahrerhaustüren lassen sich nicht isolieren, denn die Türscheibe (Pfeil) taucht bei geöffnetem Fenster weit in den Türkasten ein.

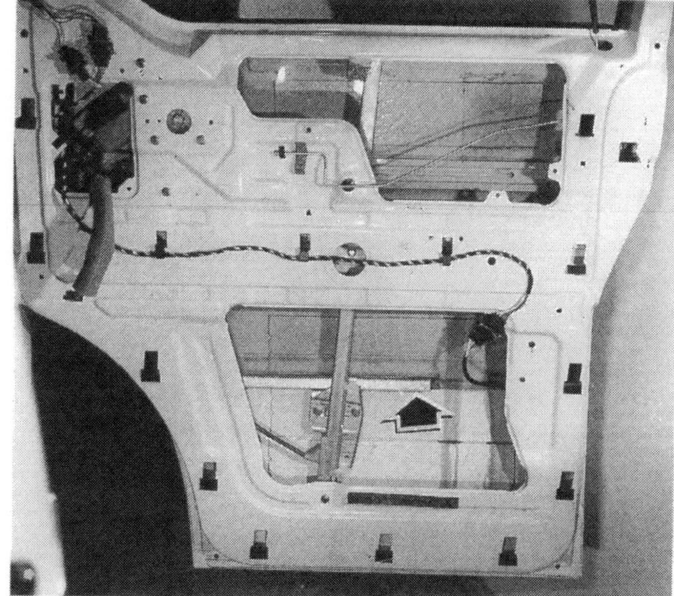

Wenn sich an der hinteren Seitenwand kein Fenster befindet, kann die Isolation (1) bis zum Dach hochgezogen werden. Die Seitenverkleidung ist hier zweiteilig, das untere Teil (2) ist bereits eingebaut.

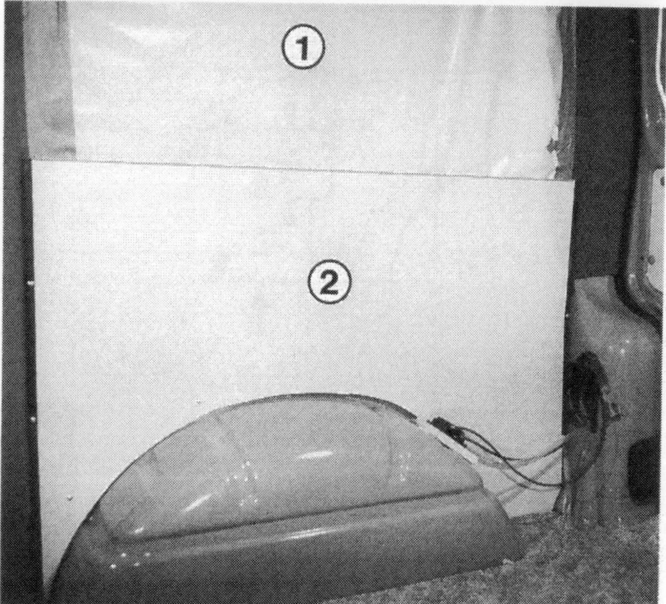

An der Verkleidung der Schiebetür (3) muß die Befestigung des Anschlagpuffers (2) vorgesehen werden. Außerdem wurde hier der Verriegelungsknopf (1) von oben zur Seite verlegt. Grund: Oben ist aufgrund des Fenster-Einbaurahmens kein Platz mehr.

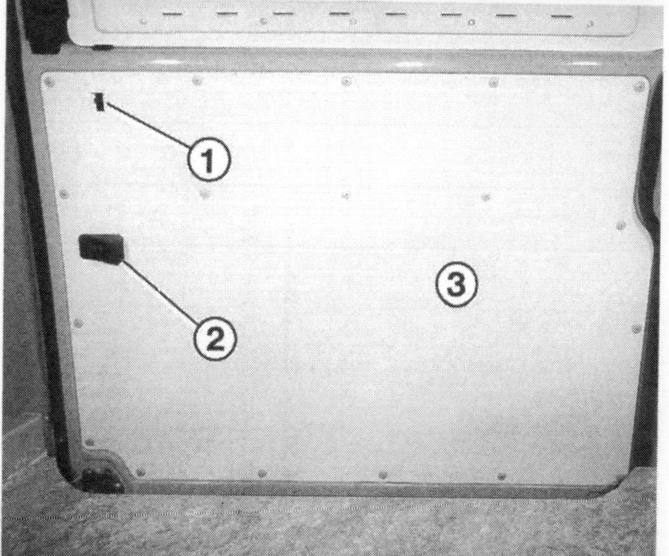

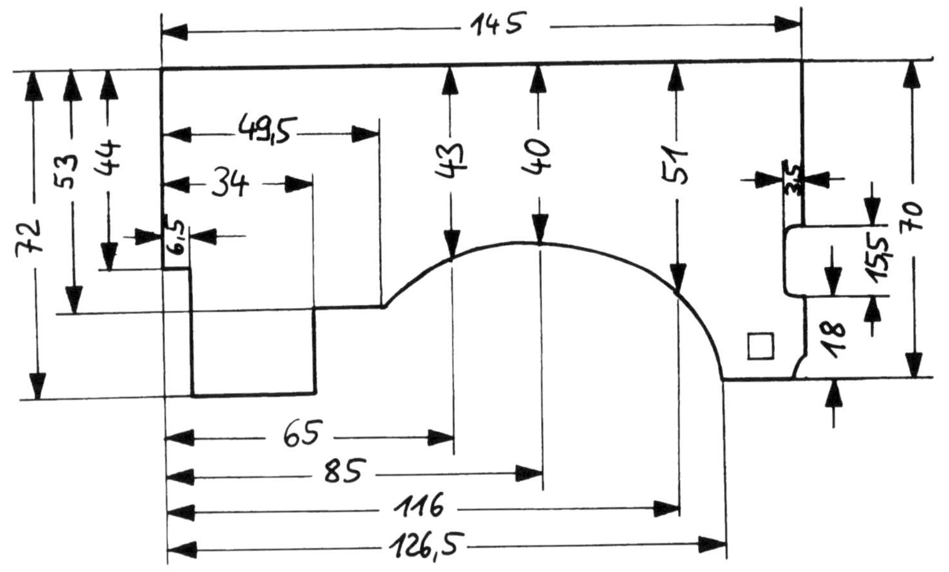

T4 mit langem Radstand:
Die Zeichnung zeigt die hintere rechte Seitenverkleidung. Rings um den Radausschnitt läßt die Verkleidung einen Spalt frei.
Die linke hintere Seitenverkleidung wird nach denselben Maßen – allerdings spiegelbildlich – ausgesägt. Sie ist weitgehend identisch, doch muß sie an der vorderen Stirnseite um ca. 2 cm verlängert werden. Dort wird sie in ein breites Anschlußprofil gesteckt, das den Übergang zur vorderen Seitenverkleidung herstellt.

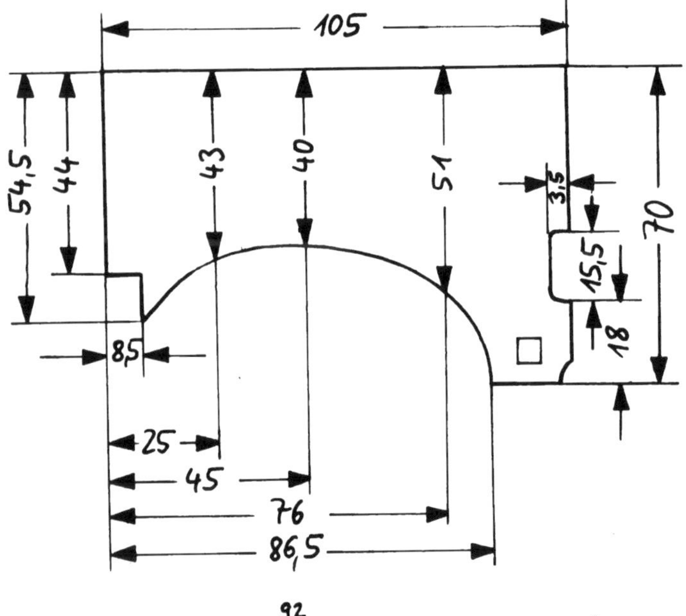

T4 mit kurzem Radstand:
Maße für die hintere rechte Seitenverkleidung. Rings um den Radausschnitt läßt die Verkleidung einen Spalt frei.
Die linke hintere Seitenverkleidung wird nach denselben Maßen – allerdings spiegelbildlich – ausgesägt. Sie ist weitgehend identisch, doch muß sie an der vorderen Stirnseite um ca. 2 cm verlängert werden. Dort wird sie in ein breites Anschlußprofil gesteckt, das den Übergang zur vorderen Seitenverkleidung herstellt.

Achtung: Die Maße sind in cm angegeben. Prüfen Sie wegen der Bauteil-Toleranzen unbedingt alle Maße an Ihrem Wagen nach! Teilweise müssen auch Radien der Karosserie angepaßt werden.

92
(132)

121

In der Zeichnung links sind die Maße für das hintere Teil der Dachverkleidung (bei Serien-Blechdach) angegeben. Das in Klammer gesetzte Maß gilt für den langen Radstand.
Die Zeichnungen gegenüber auf der rechten Seite zeigen die Dachverkleidungen mitten und vorn, die für kurzen und langen Radstand identisch sind.
Generell sind die Maße so abgestimmt, daß die Platten unter Verwendung der breiten Serien-Verbindungsleisten aneinander anschließen.

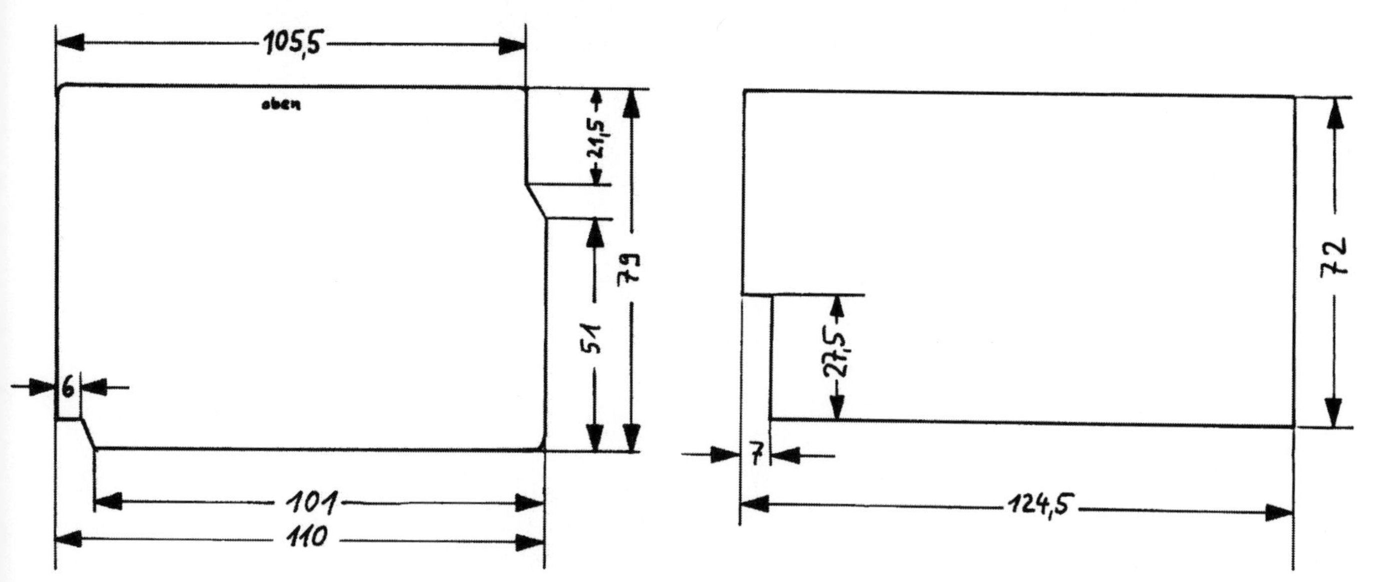

Die Verkleidung der Schiebetür ist bei beiden Radständen identisch, hier die Maße.

Die Seitenwand gegenüber der Schiebetür ist mit der hier gezeigten Platte verkleidet.

Verkleidung der Heckklappe: Die Radien rechts und links müssen an der Türe angepaßt werden.

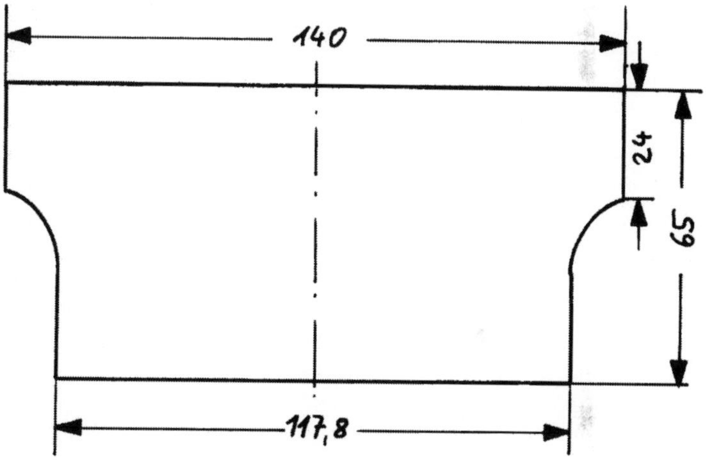

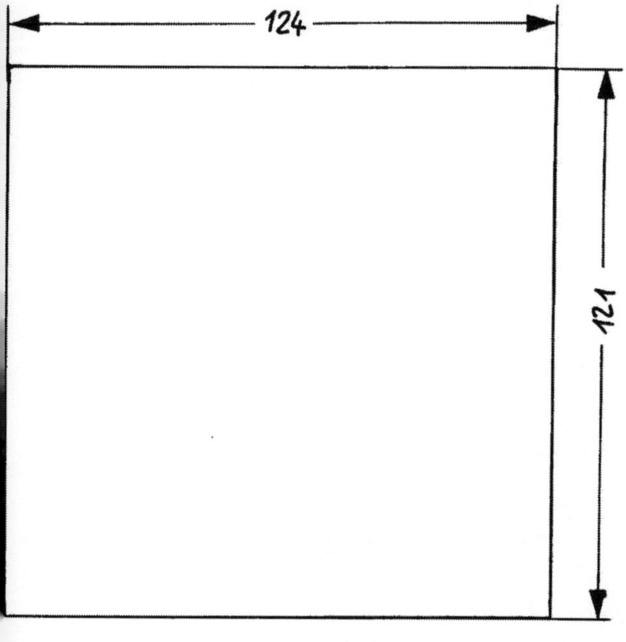

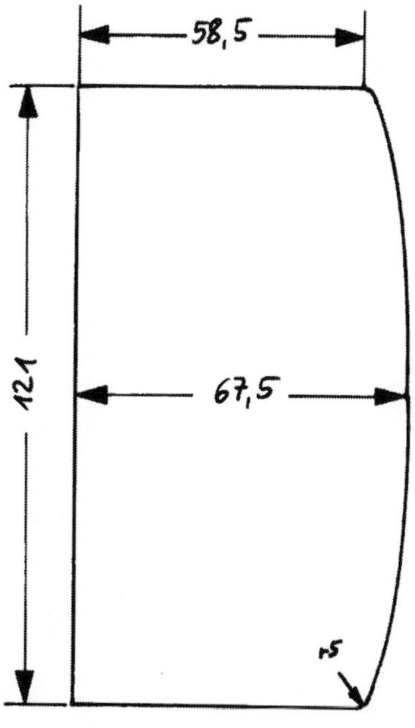

Seiten-verkleidungen befestigen

Wie schon erwähnt, lassen sich die Verkleidungen – sofern es sich um solche aus Hartfaser handelt – am leichtesten mit den Schraubdübeln befestigen (VW nennt sie »Clip« und verkauft sie unter der Teile-Nummer 701 867 299). Die Bohrungen dafür befinden sich bereits in den Türen und Seitenteilen.
Die althergebrachte Methode, Verkleidungen mit Senkkopf-Blechschrauben samt untergelegten Kegelscheiben zu befestigen, hat einige Nachteile. So müssen natürlich erst mal Befestigungslöcher ins Blech gebohrt werden, wodurch rostende Bohrspäne entstehen. Zweitens lösen sich diese Schrauben leicht – bevorzugt an den Türen, wo sie den stärksten Erschütterungen ausgesetzt sind.
Tip: Wo zwei Verkleidungen aneinanderstoßen, kann man diese mit einem Doppel-U-Profil miteinander verbinden.

Fensterholme verkleiden

Wer keine »nackten« Fensterholme im Wageninnern mag, kann dieselben mit **Kunstleder** z. B. in der Farbe des Armaturenbretts beziehen. Zum Verkleben eignet sich »Pattex« oder ein ähnlicher Kleber eines anderen Herstellers. Unbedingt darauf achten, daß keine Klebstoffreste auf das Kunstleder geraten. Der Klebstoff ist zunächst kaum sichtbar, bildet aber unter Zeit- und Temperatureinwirkung häßliche gelbe Flecke. Ansonsten ist Kunstleder ein unempfindliches Material.
Statt Kunstleder eignet sich auch **Velours-Stoff auf Schaumstoffträger**, den es speziell für diesen Zweck bei Wohnmobil-Ausstattern zu kaufen gibt. Beim Verarbeiten muß noch sorgfältiger als bei Kunstleder vorgegangen werden. Der Stoff darf außen nicht mit Klebstoff in Berührung kommen. Auch von der Rückseite her nicht zu viel Kleber auftragen, sonst näßt das Schaumstoff-Trägermaterial durch. Insgesamt empfindliches Material.
Eine weitere (preisgünstigere) Möglichkeit besteht darin, die Holme mit **Kunststoff-Formteilen** z. B. aus dem VW- oder Reimo-Programm verkleiden. Bei der Montage ggf. Schaumstoff, Filz oder Karosserie-Dichtmasse zwischenlegen, denn aufeinander reibende Kunststoff- bzw. Blechteile knarren nervtötend.

Die Dachverkleidung

Die Dachverkleidung wird wegen der verschieden Radien und Krümmungen der Dachkonstruktion aus drei Teilen gefertigt. Die Stoßkanten der Teile zueinander liegen jeweils an den Dachspriegeln vor und hinter der Schiebetür.
Gesagtes bezieht sich auf die Verkleidung für das serienmäßige Blechdach. Wer andere Dachversionen verkleiden will, kann entweder nur Teile dieser Verkleidung verwenden oder muß komplett auf eine andere Verkleidung zurückgreifen.

Dachverkleidung herstellen

Hier gilt wieder dasselbe Prinzip wie bei den Wandverkleidungen
Einfachste Methode ist das Anfertigen nach dem Muster der ausgebauten alten Hartfaser-Verkleidungen. Dazu einfach die Muster auf die neue Platte legen und mit dem Filzstift die Kontur und die Befestigungsbohrungen anzeichnen. **Wichtig:** Vorder- und Rückseite nicht verwechseln, sonst entstehen spiegelbildliche Verkleidungen!
Weitere Methode: Aussägen der Verkleidung nach den Maßangaben in der Zeichnung auf der vorangegangenen Doppelseite. Zur Sicherheit die Maße am eigenen Wagen nachprüfen!

Dachverkleidung einbauen

Wie die Türverkleidungen lassen sich auch die Dachverkleidungen aus Hartfaser am leichtesten mit den Schraubdübeln befestigen (Teile-Nummer 701867299). Die Bohrungen dafür befinden sich bereits in den Dachholmen. Zum Verbinden der Platten untereinander an den Stoßkanten verwendet VW spezielle Verbindungsprofile, die sich jedoch leicht durch ein Doppel-T-Profil ersetzen lassen.

Isolieren des Wagenbodens

Bei reiner Sommernutzung des Wohnmobils können Sie auf eine zusätzliche Isolierung des Wagenbodens verzichten. Die eingelegte Holz-Bodenplatte reicht dann aus.
Zum Winter-Camping kann jedoch auch hier eine Isolierung sinnvoll sein. Schwierig wird es mit der Auswahl der Materialien, denn Glaswolle drückt sich am Boden zu stark zusammen. Auch ist zu befürchten, daß sich zwischen den Glasfäden Wassertröpfchen anlagern können, die im Lauf der Zeit für Rostbildung sorgen.
Dünne Styroporplatten sind da schon besser. Die lassen sich in schmale Streifen schneiden und zwischen die Blechsicken auf den Boden legen. Eventuell mit Klebepunkten sichern, damit sie beim Auflegen der Bodenplatte nicht verrutschen.
Ebenfalls geeignet sind – da wasserabstoßend – die schwarzen Bitumenfilzplatten aus dem Baustoffhandel, Sie haben wegen ihres Gewichts auch eine schalldämmende Wirkung. Außerdem isolieren sie ganz leidlich und sind ausreichend trittfest.

Bei der Heckklappen-Verkleidung (1) muß die Montage der Zuziehschlaufe (2) vorgesehen werden. Kleiner gebaute Leute schaffen es sonst nicht, die Heckklappe zu schließen.

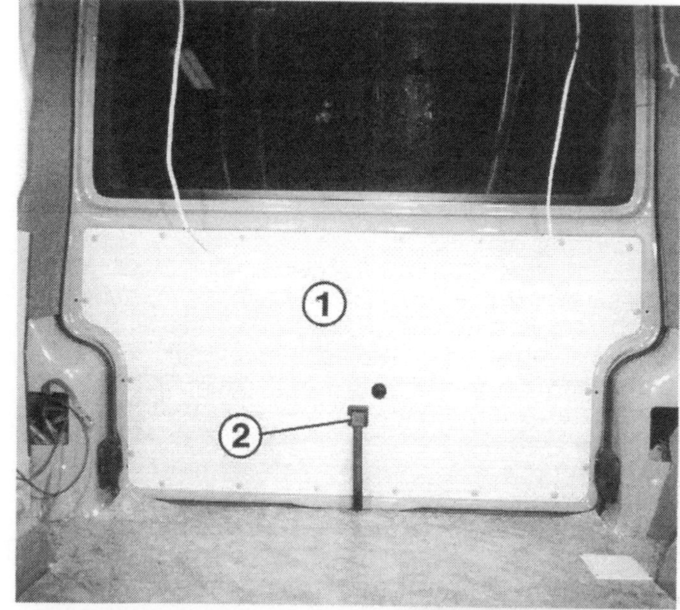

Sehr empfehlenswert ist die Montage der Verkleidungen mit solchen Schraubdübeln. Gerade an den Türen lösen sich andere Befestigungen im Lauf der Zeit. Nicht zuletzt bieten die Schraubdübel in eingebautem Zustand (Pfeil) eine vertretbare Optik.

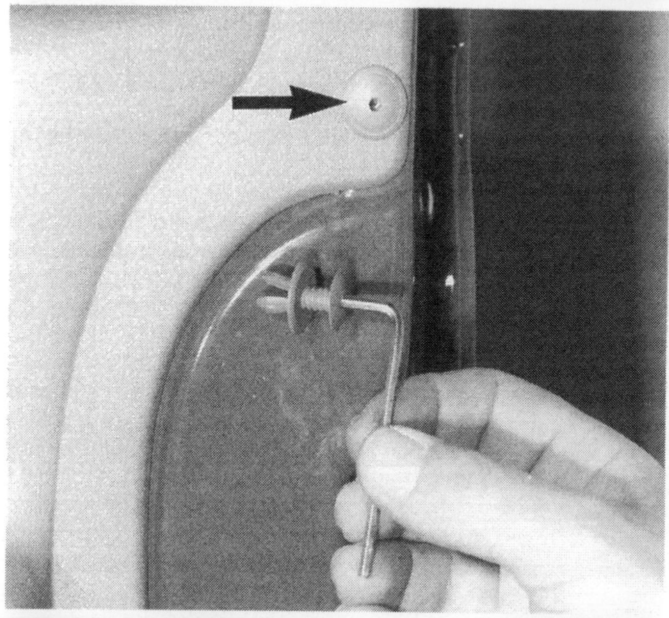

Zum Isolieren des Wagenbodens eignen sich sogenannte Bitumenfilzplatten.

Fingerzeig: Bei Montage eines Aufstelldaches wird verlangt, was man beim Wohnmobil ohnehin braucht: eine 12 mm starke Bodenplatte aus mehrfach verleimtem Holz, die mit dem Fahrzeugboden verklebt oder verschraubt ist. Was VW wegen der Verwindungssteifigkeit der Karosserie verlangt, benötigt der Campingfreund als ebene Bodenkonstruktion.

Die Bodenplatte

Vor Einbau der Einrichtung muß der Laderaumboden eben sein. Von Haus aus ist er das nicht, denn er besitzt zur Erhöhung der Stabilität und zur Vermeidung von Schwingungen zahlreiche Blechsicken. Oft ist bei Gebrauchtwagen außerdem noch der Boden verbogen oder hat Dellen. Eine ebene Fläche erzielen Sie durch Auflegen einer stabilen Holzplatte. Die muß natürlich wasserfest sein, falls in der Küche mal was überläuft oder umfällt. Und nicht zuletzt trägt man bei Regenwetter auch mit den Schuhen Wasser ins Wageninnere.
Am besten eignen sich wasserfest verleimte Sperrholzplatten. Höchste Sicherheit gegen Quellen der Holzplatte bietet die daruntergelegte sogenannte Siebdruckplatte. Geeignet sind aber auch Multiplexplatten. Speziell die Siebdruckplatten sind sehr widerstandsfähig, denn sie kommen ansonsten auf Lkw-Pritschen und als Beton-Schaltafeln zum Einsatz. Leider sind die Holzplatten relativ schwer, weshalb 12 mm Stärke ein guter Kompromiß sind. Auch bei einem stark eingebeulten Wagenboden wird keine dickere Platte gebraucht, um Unebenheiten zu überbrücken.
Handicap dieser Platten ist leider das Standardmaß von 1,25 x 2,50 m oder 1,5 x 3,00 m. So paßt eigentlich keine richtig, denn die Innenräume der Transporter haben Maße von **2,40 x 1,62 m** (kurzer Radstand) bzw. **2,80 x 1,62** (langer Radstand). So muß also die Platte in jedem Fall angestückelt werden. Achten Sie darauf, daß der Stoß an einer Stelle zu liegen kommt, die später von einem Schrank oder der Sitzbank verdeckt wird. Sonst drückt sich der Absatz durch den Bodenbelag durch.
Günstig ist es auch, die Ansetz-Fuge an die Kante der Sitzbank zu legen. Das ist sogar erforderlich, wenn die Sitzbank laut TÜV-Gutachten direkt auf den Blech-Boden montiert werden muß. Lesen Sie in der Einbauvorschrift des Sitzbank-Herstellers nach.
Die Trittstufe des Einstiegs an der Schiebetür wird in ihrer Form aus der Platte ausgesägt, siehe auch Abschnitt »Trittstufe«.

Bodenplatte befestigen

Wie wir aufgrund der VW-Vorschrift wissen, hat die Bodenplatte positive Auswirkungen auf die Verwindungssteifigkeit der Karosserie. Das ist natürlich nur dann der Fall, wenn sie **stabil verschraubt** ist. Drum sollten wir an zumindest 6, besser 8 Stellen eine Verschraubung vornehmen.
Ideal hierfür sind Senkkopfschrauben M 8 oder Schloßschrauben M 8, die in den Boden eingelassen werden und sich deshalb nicht durch den späteren Bodenbelag durchdrücken. Als Muttern eignen sich selbstsichernde Muttern am besten. Die brauchen – um zu halten – nicht so weit angezogen zu werden, bis die Bodenplatte Wellen schlägt. Unter dem Wagen unbedingt **großflächige Unterlegscheiben** verwenden.
Die Verschraubungen sollten Sie an denjenigen Stellen setzen, an denen sonst die Sitze befestigt sind – siehe dazu Kapitel »Änderungen an der Karosserie«. Da die Befestigungspunkte bei eingelegter Bodenplatte von oben nicht mehr sichtbar sind, bohrt man am besten von unten – also zuerst durch den Wagenboden und dann durch die Bodenplatte. So kann nichts schiefgehen. Auch besteht bei dieser Methode nicht die Gefahr, Bremsleitungen, Kraftstoffleitungen, Heizungen etc. anzubohren. Beim Bohren Schutzbrille tragen.
Prüfen Sie schon jetzt, in wie weit Sie die Befestigungsbohrungen der Bodenplatte zusätzlich zum Festschrauben der Möbel verwenden können.
Unerläßlich ist das sorgfältige **Abdichten** aller durch den Wagenboden hindurch gehenden Verschraubungen. Dazu einen Ring Karosseriedichtmasse auf die am Unterboden anliegende Unterlegscheibe packen, dann die Verschraubung anziehen. So füllt die Dichtmasse die Ritzen. Anschließend die ganze Verschraubung dick mit Unterbodenschutz bestreichen.
Auch sollte man sich **vor dem endgültigen Festschrauben** der Bodenplatte überlegen, ob die unterflur angebrachten Ausrüstungsteile, wie Gastank, Wasser/Abwassertank oder Kraftstoffheizung, nicht zuerst montiert werden müssen. Auf diese Weise könnte ein störender Schraubenkopf einer solchen Installation unter der Bodenplatte versteckt sein Dasein fristen.

Bodenplatte abdichten

Eine wageninterne Springflut – ausgelöst etwa durch einen umgestoßenen Wassertopf – darf auf keinen Fall unter der Bodenplatte versickern können. Drum dichtet man die Bodenplatte vor dem weiteren Innenausbau mit Silikon gegen die Seitenverkleidung bzw. den Wagenboden ab. Glattgestrichen wird die Dichtmasse mit dem in Spülmittel (als Trennmittel) getauchten Finger.

Trittstufe

Die Einstiegs-Trittstufe an der Schiebetür verkleidet man am besten mit der originalen unempfindlichen VW-Trittstufe (701 863 726 – bis 12/93 bzw. 701 863 726 A – ab 1/94).
Die Trittstufe ist jedoch der normalen Bodenhöhe ohne zusätzliche Bodenplatte angepaßt. Da hilft nur eines:

Damit kein Wasser unter die Bodenplatte dringen kann, sollte der Spalt rings um die Bodenplatte mit Silikon-Dichtmasse verschlossen werden.

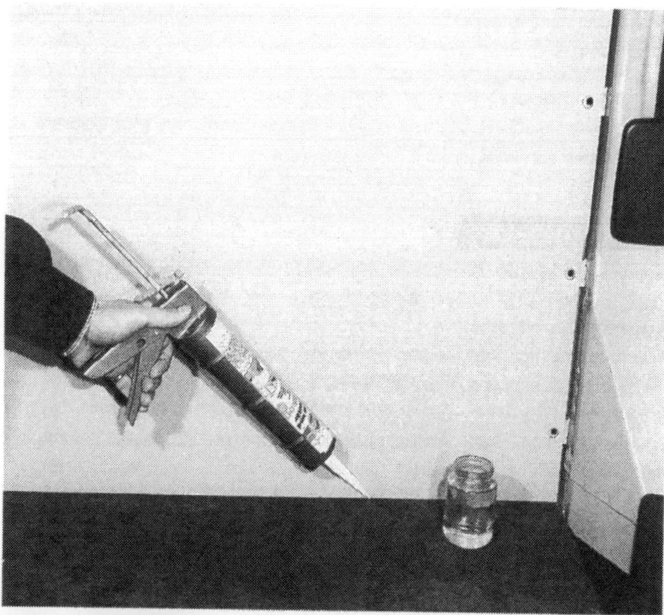

Hier ist der Spalt in allen Ecken und Winkeln sauber abgedichtet.

Soll später die Original-Trittstufe montiert werden, muß als Höhenausgleich ein Brett (2) auf die Trittstufen-Absenkung gelegt werden, das gleich hoch ist wie die Bodenplatte (1) auf dem Fahrzeugboden.

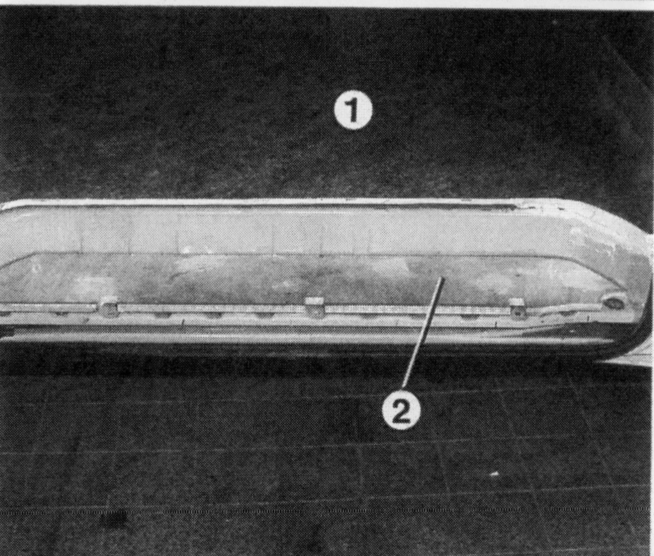

Unter die Auflagefläche der Trittstufe muß ein paßgenau gesägtes Stück Bodenplatte gesetzt werden, das die Höhendifferenz ausgleicht. Achten Sie darauf, daß die beiden Schrauben im hinteren Bereich der Trittstufe, die zum Ausbau der Schiebetür gelöst werden müssen, nicht vom Holz verdeckt werden.
Zubehör-Hersteller bieten natürlich auch andere Trittstufen-Verkleidungen an. Nichts spricht gegen deren Verwendung. Genauso kann die Trittstufe mit Gummimatte belegt und die Bodenplatten-Kante mit Winkelprofil verkleidet werden.

Der Bodenbelag

Die Bodenplatte ist weder wohnlich noch praktisch genug, um sie als Fußboden zu akzeptieren. Deshalb suchen wir uns einen Bodenbelag, der nicht nur gut aussieht, sondern auch pflegeleicht und vor allem rutschfest sein soll.
Recht nahe kommt dieser Vorstellung ein strukturierter PVC-Belag. Der ist leicht zu pflegen, und einige Dekors sind überdies recht ansprechend. Leider hapert es mit der Rutschfestigkeit, wenn der Boden feucht ist. Das ist ein echter Nachteil, denn wer im Wohnmobil erst einmal ausgerutscht ist, findet auch sofort eine Kante oder Ecke, um Kopf und Gebein jämmerlich anzuschlagen. Wenigstens die Struktur der Oberfläche sollte also der Rutschgefahr vorbeugen.
Teppichboden ist erwiesenermaßen wohnlich und auch rutschfest. Über die Pflegeleichtigkeit braucht eigentlich kein Wort verloren zu werden, denn jeder weiß, daß sich Straßenschmutz zwischen den Teppichfasern geradezu genial verstecken kann. Einen eingeklebten Teppich bekommt man nur unter Einsatz von schwerstem Geschütz – sprich einer Teppichreinigungsmaschine – wieder sauber. Besser ist – wenn schon Teppich – eine herausnehmbare Matte.
Gummimatten oder genoppte Gummifließen sind ideal für unseren Bedarf. Sie erfüllen eigentlich alle geforderten Eigenschaften. Sofern sie nicht gerade schwarz eingefärbt sind, sehen sie sogar einigermaßen wohnlich aus.

Fingerzeig: Die stabilen und rutschfesten Gummimatten, die in Omnibussen ausgelegt sind, erhält man bei Karosseriebetrieben, ganz sicher aber bei einem Omnibus-Hersteller. Leider ist dieses Material recht teuer.

Bodenbelag befestigen

Steht der Grundriß schon fest, kauft man den Bodenbelag so groß, daß er gerade unter den Möbeln zu liegen kommt. Der Rest ist überflüssig. Lediglich an der hinteren Kante der Möbel benötigen wir noch einen schmalen Streifen Bodenbelag, damit die Möbel nicht schief stehen.
Auf der Fläche sollte der Bodenbelag zumindest sparsam verklebt sein, damit er nicht ins Rutschen kommt oder Verwerfungen bekommt. Im Bereich der Schiebetüren-Trittstufe wird der Belag zwingend verklebt und bis unter den Rand der Trittstufenverkleidung gezogen.
Ähnliches gilt für die Hecktür-Kante: Auch hier muß der Bodenbelag verklebt werden, und als verschleißsicherer Abschluß sollte eine verschraubte Aluminium-Kantenleiste dienen.

Fingerzeige: Bis zur endgültigen Fertigstellung des Innenausbaus decken Sie den Bodenbelag ab, damit er nicht beschädigt wird.
Den Bodenbelag sollten Sie wie die Bodenplatte ringsum abdichten – doch das geht erst, wenn alle Möbel stehen. Vor allem die Fuge zwischen den Möbeln und dem Boden darf nicht vergessen werden.

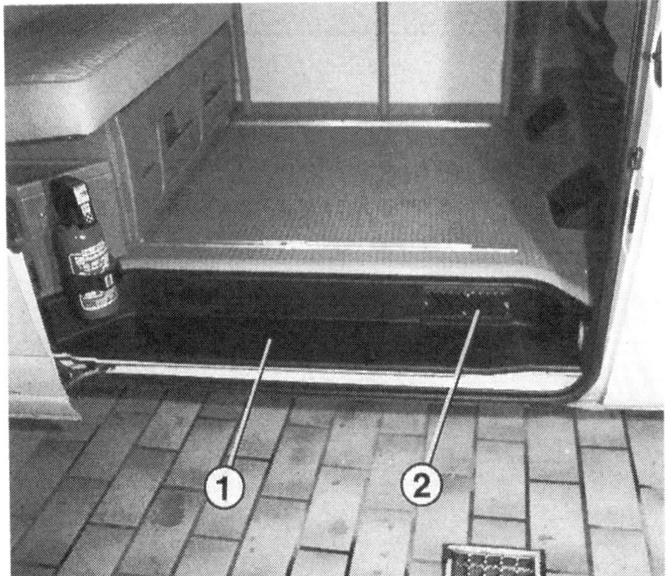

Hier ist die Original-Trittstufe (1) montiert. Die Ansaugöffnung (2) für die Kraftstoff-Standheizung ist in der Trittstufe bereits vorgesehen. Bei Fahrzeugen ohne Kraftstoffheizung kann das Blech hinter dem Ansauggitter schwarz hinterlegt werden.

Ein idealer Bodenbelag ist PVC-Material mit strukturierter und damit rutschsicherer Oberfläche.

Wird die Einstiegs-Trittstufe nicht höhergesetzt, muß ein Winkelprofil (Pfeil) den Anschluß zum Boden-Niveau schaffen.

Mit einer Zubehör-Einstiegsverkleidung schaffen Sie einen perfekten Anschluß zum Niveau der Bodenplatte (Reimo).

Maßgeschneidert

Bevor wir an die weitere Planung der Einrichtung gehen, halten wir uns zunächst den späteren Verwendungszweck unseres Fahrzeugs vor Augen.

Von der Nutzung hängt die Gestaltung ab

Da wir uns entschlossen haben, den Innenausbau unseres Transporters ganz oder in Teilen selbst in die Hand zu nehmen, haben wir auch die Möglichkeit, ihn ganz nach unseren Bedürfnissen einzurichten.
Bei den Vorüberlegungen orientiert man sich naturgemäß zuerst am Angebot an komplett ausgestatteten Wohnmobilen. Klar, daß dies leicht dazu verleiten kann, den gebotenen reichhaltigen Ausstattungsumfang als Standard anzunehmen. Doch das ist sicher nicht in jedem Fall der richtige Weg.
Besser ist es, anhand einer private Nutzungsanalyse zu klären, wieviel Ausstattungsumfang im Einzelfall tatsächlich gebraucht wird. Denn: Reichhaltige Ausstattung bietet zwar Komfort, schränkt aber die vielseitigen Einsatzmöglichkeiten des VW-Busses als Personen- und Lastentransportfahrzeug wieder ein.
Die folgenden Beispiele zeigen einige Grundraster an Ausstattungen, in denen der eine oder andere seinen persönlichen Bedarf wiederfinden dürfte. Doch zuvor noch ein Wort zur Fahrzeuglänge:

Ganz zu Anfang: Welcher Radstand?

Zu diesem Thema haben wir uns schon im Kapitel »Das Basisfahrzeug« Gedanken gemacht. An dieser Stelle sei es nochmals aufgegriffen, denn die 40 cm Längendifferenz zwischen den beiden Karosserie-Varianten wirken sich ganz erheblich aus, was Innenraum, aber auch Wendigkeit des Wagens im Straßenverkehr betrifft.
Demgemäß würden wir immer dann zum kurzen Radstand greifen, wenn das Fahrzeug an Stelle eines Pkw täglich gefahren wird und das größere Platzangebot der Lang-Version nicht unbedingt ausgeschöpft werden muß. Eine verschiebbare Rücksitzbank kann auch bei kürzerer Wohnfläche ein Plus an Platz schaffen.
In der Praxis würden wir die im Folgenden beschriebene »Wochenendausstattung« und die »Kleine Camping-Ausstattung« mit dem kurzen Radstand kombinieren. Für die »Komplett-Ausstattung« kommt dagegen der lange Radstand in Betracht – vor allem dann, wenn das Fahrzeug vornehmlich in der Freizeit genutzt wird und sich mehr als zwei Personen damit auf die Reise begeben wollen.

Ausstattungs-Grundraster

Die Wochenend-ausstattung

Nicht jeder will den ganzen Urlaub über im Bus wohnen. Mancher schätzt den Transporter nur wegen seiner universellen Möglichkeiten, verbringt aber die Ferien beispielsweise in einem angemieteten Haus oder einer Ferienwohnung. Auf der Fahrt zum Urlaubsort wird dann evtl. ein- oder zweimal im Bus geschlafen. Auch an Wochenenden wird der universell gehaltene Bus als Übernachtungsmöglichkeit, Badekabine, Berghütte oder als Utensilienträger für die Surf- oder Skiausrüstung genutzt.
Für diesen Bedarf sollte die Einrichtung nicht zu reichhaltig sein. Strom-, Gas- und Wasseranlage entfallen bei dieser Nutzung. Was gebraucht wird, ist eine Möglichkeit, im Wagen zu schlafen, Vorhänge für die Fenster, ein Klapptisch und evtl. eine Kühlbox. Die Möglichkeit, zusätzlich Sitze zu montieren, sollten Sie sich in solch einem Wagen offenhalten – etwa um den Ausflug des Kegelclubs großteils mit Ihrem Wagen abzuwickeln.
Ob ein Hub- oder gar ein Schlafdach montiert wird, hängt davon ab, ob Ihre Familie mehr als zwei Köpfe zählt bzw. ob Ihnen das gebückte Kriechen im Wagen lästig ist. Um sich die vielseitigen Eigenschaften des Wagens zu erhalten, würden wir hier ein Hochdach außer Betracht lassen.
Eine Rundum-Isolation des Wagens kann auch bei dieser Minimal-Ausstattung nicht schaden, zumal sich gerade das Dach mit seiner großen Fläche im Sommer stark erwärmt und damit den Innenraum aufheizt.
Der »Multivan« von VW kommt der hier umrissenen Nutzung relativ nahe. Wer also die Absicht hat, sich einen Wagen mit »Wochenend-Ausstattung« zu bauen, kann sich beim Multivan einige Anregungen holen oder gar komplette Teile aus dieser Ausstattungsvariante beim VW-Teilelager kaufen.
Ganz sicher wird die Selbstbauvariante bei gleichem Nutzwert um einiges preisgünstiger ausfallen, als der werksseitige Multivan-Ausbau. Doch muß bei allem Sparen bedacht werden, daß nur eine zulässige (ECE 14/17) Sitz-/Schlafbank montiert werden darf – siehe Kapitel »Sitze und Gurte«.
Gleiches gilt für zusätzliche Sitzeinrichtungen. Hier kann beispielsweise auf Serien-Sitze aus den Bus-Versionen zurückgegriffen werden, die sich durch die genialen »Pilzkopfschrauben« leicht montieren und demontieren lassen.

Das Spektrum der Ausbauten auf VW-Bus-Basis erstreckt sich von der minimalen Wochenend-Ausstattung mit vielfältigen Einsatzmöglichkeiten (Multivan) ...

... bis zum komplett ausgestatteten Wohnmobil mit Heckküche und Naßzelle (Bauer Florence).
Wofür man sich entscheidet, hängt von der geplanten Nutzung ab.

In nicht wenigen Fällen genügt die Multivan-Ausstattung (oder eine vergleichbare Eigenproduktion) vollauf.

Erster Schritt in Richtung Wohnmobil: Der Multivan wurde hier mit einem Heck- und einem Dachschrank nachgerüstet (Futura).

Komplettierter Multivan

Wer bereits einen »Multivan« besitzt, braucht sich mit dem Ausstattungsumfang keineswegs zufrieden zu geben. Wer mag, kann sich einen praktischen Küchenschrank mit Kühltruhe, Herd und Spüle dazubauen. Das geht problemlos, sofern man einen Spiritusherd verwendet. Aufbau und Verankerung des Schranks müssen natürlich den im Kapitel »Unfallsicherheit« beschriebenen Standards entsprechen. (Bedenken Sie beim Bau das Gewicht eines gefüllten Wasserkanisters bzw. der gefüllten Kühltruhe.)
Genauso wie der Küchenschrank lassen sich auch kleine Kleiderschränke nachrüsten. Ideal ist dabei der Einbau eines Dachschranks – der stört am wenigsten. Auch ein schmaler Schrank neben der Liegefläche hinter dem Rücksitz ist denkbar.
Derartige Komplettierungen bieten auch diverse Wohnmobilhersteller bereits als Fertigteile an. Preise vergleichen!

Die »Kleine Camping-Ausstattung«

Verbreitet, weil praktisch und relativ leicht selbst zu bauen, ist die »Kleine Camping-Ausstattung«. Der Wagen ist dabei komplett als Wohnmobil ausgebaut, verfügt über eine Schlafstatt, Schränke, Tisch und Kochherd, verzichtet aber auf Komfort-Ausstattungen, wie 220-Volt-Anlage und Heizung.
In idealer Weise kann eine solche Einrichtung auch aus Möbelteilen entstehen, die manche Wohnmobil-Ausbauer als Bausatz oder als Fertigmöbelsatz anbieten. Derartige Zusammenstellungen gibt es nicht selten zu konkurrenzlosen Preisen.
Wie geschaffen ist eine solche Einrichtung für zwei Personen, die vornehmlich im Sommer in Urlaub fahren und dabei nicht nur vor dem Alltag, sondern auch vor einem volltechnisierten Haushalt fliehen wollen. Wäsche und Geschirr wird dann eben in einer billigen Waschschüssel gereinigt, ein großer Wasserkanister ersetzt Pumpe und Wasserhahn. Und statt der Wohnmobil-Heizung kommt an kühlen Abenden ein guter Schlafsack zum Einsatz.
Auf einen Kühlschrank kann verzichten, wer sich jeden Morgen die Frühstücksbutter in kleiner Menge frisch kauft. Getränke werden in einem selbstgebuddelten Erdloch kühl gehalten. Ferner steht auf praktisch jedem Campingplatz eine Kühltruhe, wo die Kühlakkus der Kühlbox oder -tasche neu eingefroren werden können. Man kann also im Sommerurlaub auf recht viel Technik verzichten.
Als Dachversion eignet sich für das »Zwei-Personen-Wohnmobil« zunächst das serienmäßige Blechdach, das jedoch auch mit einem kleinen Hubdach oder einem Aufstelldach versehen werden kann, um Stehhöhe zu erreichen. Wer viel in kalte Länder reist oder auch winters auf Achse geht, wird an einer isolierten Hochdachschale Gefallen finden.

Fingerzeig: Schon bei der Planung der »Kleinen Camping-Ausstattung« ist es sinnvoll, sich spätere Erweiterungsmöglichkeiten offenzuhalten. Wer die entsprechenden Maße berücksichtigt, kann dann bei Bedarf eine andere Dachversion oder technische Geräte (Kühlschrank, Spüle, Heizung) nachrüsten.

Die Komplett-Ausstattung

Für passionierte Wintercamper und Familien mit ein oder zwei Kindern ist eine komplette Ausstattung des Wohnmobils zu empfehlen. Daß man winters ohne Wohnmobil-Heizung nicht auskommt, ist klar. Fahren Kinder mit, muß der Innenraum im Frühjahr oder Herbst ein wenig temperiert werden. Auch der Kühlschrank wird dann zur Notwendigkeit, damit die Milch der Kleinen nicht ständig sauer wird. Die Wasserentnahme muß schnell vor sich gehen, wenn etwa der hoffnungslos verschmierte Kindermund gereinigt werden muß. Also gehört eine elektrische Wasserpumpe mit Hahn dazu.
Aus der Not, vier Schlafplätze zaubern zu müssen, ergibt sich zwangsläufig der Einbau eines Hoch- bzw. Aufstelldaches. Auch die Stehhöhe wird im Arbeitsbereich zum unabdingbaren Muß, weil sich bei stehendem Wagen dann oft mehr als zwei Personen gleichzeitig im Wagen aufhalten. Das kann von vornherein schon zu einem leichten Gedränge führen. Wenn aber die Bewohner dann in gebückter Haltung ständig mit den Köpfen zusammenstoßen, ist Ärger vorprogrammiert.
Zur Platzvergrößerung eignet sich auch ein Vorzelt – wir gehen darauf im Kapitel »Vorzelte« am Ende des Buches ein – das dann allerdings den mobilen Charakter des Wohnmobils stark einengt.

Noch einige Schränke zum Nachrüsten in den Multivan. Ganz rechts der Küchenschrank mit Kühltruhe (Futura).

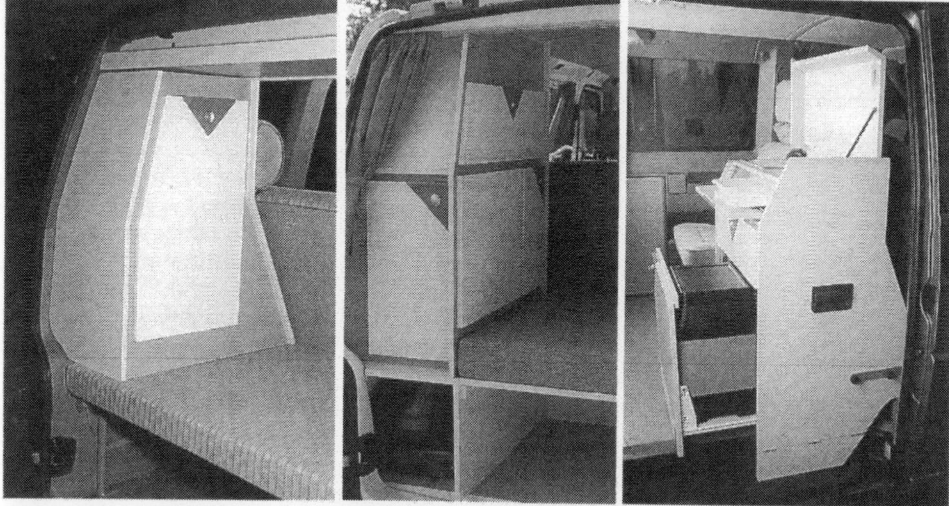

So könnte die »kleine Campingausstattung« aussehen. Auf allzu üppigen Komfort wird zugunsten der Variabilität verzichtet (Varius).

Alles drin, alles dran: Komplett-Ausstattung in einem Hochdach-Wohnmobil auf Basis des langen Radstands (Carthago).

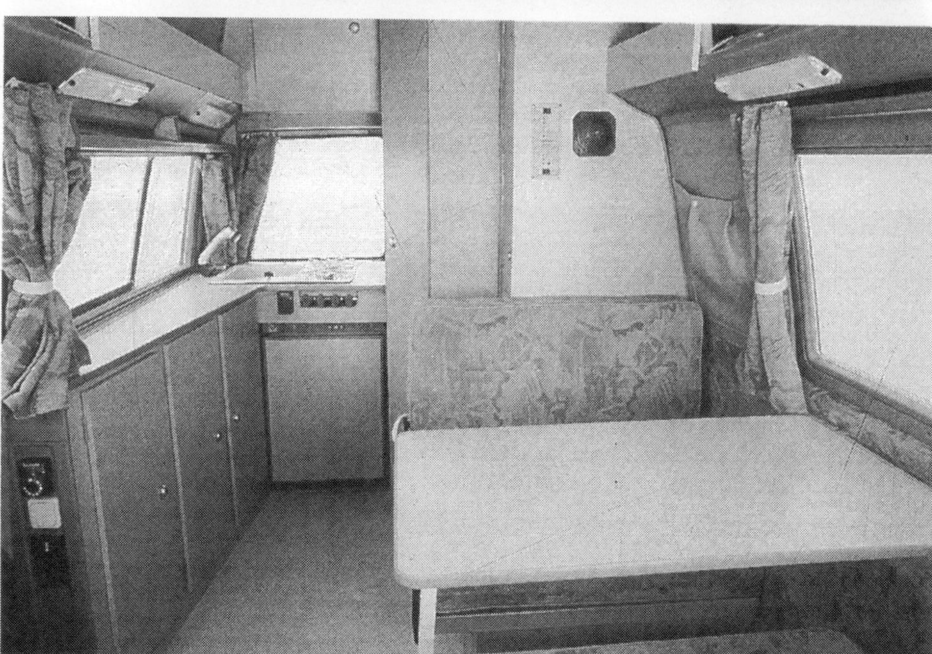

Sinnvolle Grundrisse

Durch verschiedene Aufbaulängen und Dachaufbauten lassen sich zahlreiche Ausbau-Grundrisse realisieren. Zu bedenken ist allerdings stets die Bewegungsfreiheit und das Raumgefühl, das auch bei geschlossener Tür nicht zu beengend wirken sollte. Im konkreten Fall bedeutet das, daß zwar viele Grundrisse realisierbar, aber nicht alle sinnvoll sind. So muß z. B. gründlich überlegt werden, ob eine fest eingebaute Naßzelle – so beengt, wie sie auf der zur Verfügung stehenden Grundfläche nun mal sein muß – überhaupt sinnvoll ist, oder ob sie nicht zu viel vom wertvollen Wohnraum in Anspruch nimmt.

Drei Standard-Grundrisse mit diversen Abwandlungen haben sich im Laufe der Zeit durchgesetzt:

Grundriß 1 für kurzen Radstand kennen wir bereits aus zwei VW-Bus-Vorgänger-Generationen: Klappsitzbank im Heck, darüber ein Dachstaukasten, dahinter die Bettverlängerung zum Schafen, darunter Stauraum. Möbel links, Kocher/Spüle vorn, hoher Kleiderschrank hinten.

Ein solcher Grundriß bleibt nicht ohne Grund in den Grundzügen über mehrere Jahrzehnte gleich. Er ist tatsächlich überaus praktisch und vielseitig. Darüber hinaus läßt er noch Raum für kleinere Transporte.

Fazit: Gelungener Ausbau für ein universell nutzbares Mobil – auch für den Alltagsbetrieb uneingeschränkt geeignet. Zu realisieren als »kleine Camping-Ausstattung« und als »Komplett-Ausstattung«.

Grundriß 2 für langen Radstand ist identisch mit dem vorgenannten Grundriß 1. Die großzügigeren Innenraum-Abmessungen kommen dem Raumgefühl zugute. Der längere Radstand wirkt sich beim Einparken zu Lasten der Wendigkeit aus. Empfehlenswerte Ausführung als »Komplett-Ausstattung«.

Grundriß 3 für langen Radstand: Sitzgruppe vorn unter Einbeziehung der drehbaren Fahrerhaussitze. Küche komplett im Wagenheck. Dort ebenso die Vorrats- und Kleiderschränke und/oder eine kleine Naßzelle.

Von der Aufteilung her ist diese Version für längeres Bewohnen mit mehreren Personen gedacht. Man kann sich also beispielsweise am Herd beschäftigen, ohne daß der »Wohnbetrieb« im vorderen Wagenbereich beeinträchtigt wird. Die Ausführung bietet sich ausschließlich als »Komplett-Ausstattung« an.

Hier sind wir an den Grenzen des Allround-Fahrzeugs angelangt. Die Aufteilung zielt auf die vorwiegende Nutzung als Wohnmobil. Zuladung ist nur noch durch die die seitliche Schiebetür möglich – und auch da nur begrenzt, sofern die zentrale Klappsitzbank nicht ausgebaut werden kann.

Wohnmobile mit Sonderaufbauten

Wer noch mehr Platz und jeglichen Komfort wünscht, muß sich von der Transporter-Serien-Karosserie verabschieden. Derartigen Wünschen werden die Hersteller von Wohnkabinen gerecht. Prinzipiell ist es kein Problem, eine Wohnkabine auf dem Fahrgestell des VW-Transporters zu installieren. Die Möglichkeit, Sonderaufbauten zu montieren, ist für den VW von der Konstruktion her ausdrücklich vorgesehen und wegen der Anordnung des kompletten Antriebs vorn auch leicht realisierbar. Selbst in dieser Größenordnung gibt es durch den Kauf einer Kabine ohne Einrichtung genügend Betätigungsfeld für den Selbstbauer.

Man muß sich jedoch darüber im klaren sein, daß ein solches Wohnmobil viel von der Mobilität und Wendigkeit eines eher schlanken Campingbus verliert. Der VW-Transporter nimmt mit Sonderaufbauten eine eher behäbige Charakteristik an – in Einsatzgebiet und Fahrleistung. Fahrwerksmäßig bleibt er jedoch den Basisfahrzeugen anderer Alkoven-Wohnmobile überlegen.

Fingerzeig: Für jedes dieser Ausstattungskonzepte lassen sich Tips und Anleitungen in diesem Buch finden. Wir gehen im Folgenden von einer Komplett-Ausstattung aus. Wer weniger Einbauten und Installationen braucht, pickt sich nur das momentan Nötige heraus.

Der VW-Bus als Basis für Wohnmobile deckt ein breites Spektrum an Anforderungen ab.

Grundriß 1

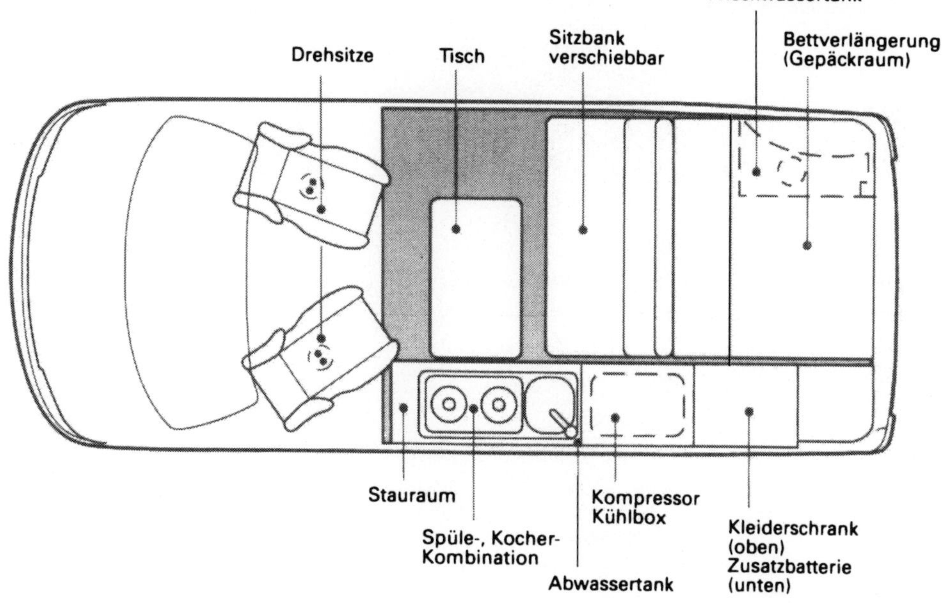

Grundriß 2

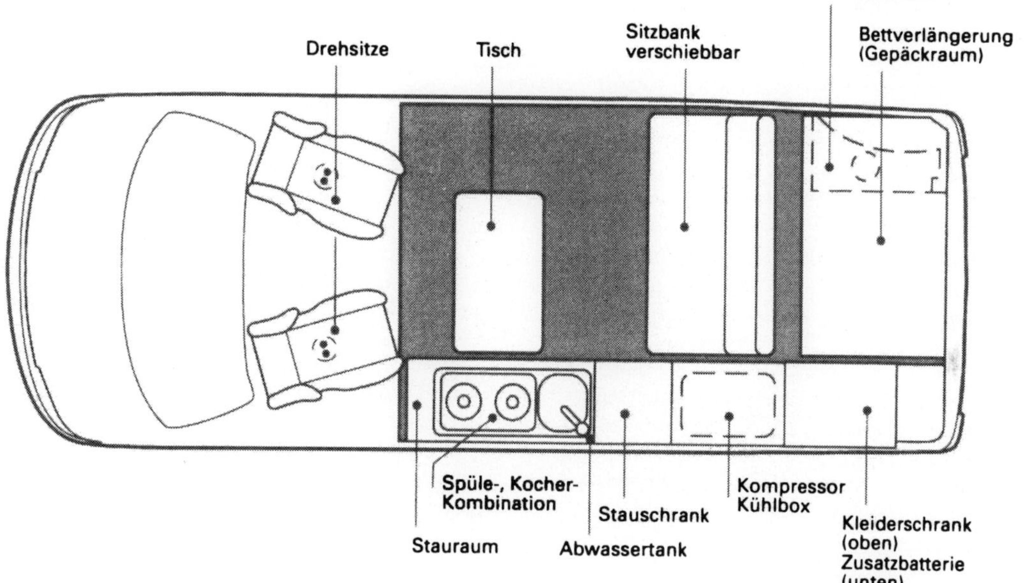

Grundriß 3

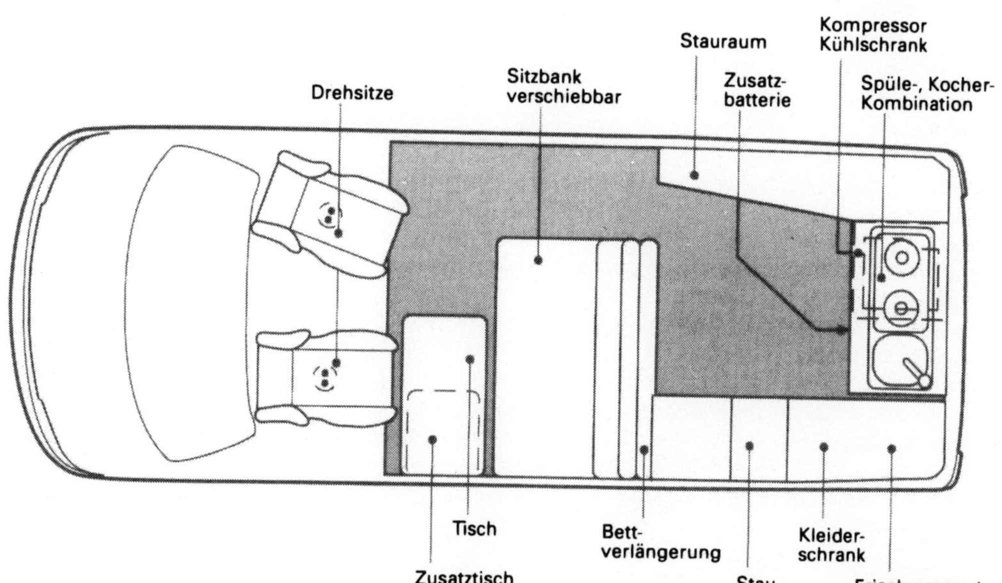

Räumliches Denken

Beim Planen der Wohnmobil-Einrichtung läßt sich auf angenehme Weise die Zeit vertrödeln. Der Phantasie sind keine Grenzen gesetzt. Doch letztendlich zählt, was in der Praxis realisierbar ist.

Anregungen sammeln

Nachdem wir uns darüber klargeworden sind, welchen Ausstattungs-Grundtyp wir für unseren Wagen verwenden wollen, ist es Zeit, sich Anregungen zu holen.

Besuch einer Camping-Messe

Am besten besucht man dazu eine Camping- und Freizeitmesse, bei der in der Regel alle namhaften Hersteller von Wohnmobilen vertreten sind. Solche Messen finden in fast allen regionalen Zentren einmal im Jahr statt. An den dort ausgestellten Fahrzeugen läßt sich so manche Detailidee abgucken, und man kann sich außerdem ein gutes Bild über die gängigen Raumaufteilungen machen. So erhält man schnell einen Eindruck dessen, was im VW-Bus machbar ist und was nicht.
Zudem finden sich auf Messen zahlreiche Firmen, die sich auf Ausrüstungs- und Zubehörartikel für Wohnmobile spezialisiert haben. Wer sich zum Messebesuch einen Wochentag aussucht, kann sogar in Beratungsgesprächen manchen brauchbaren Tip mit nach Hause tragen. Was es noch zu tragen gibt, sind Prospekte, die einen guten Marktüberblick zulassen.

Mieten eines Wohnmobils

Alle Theorie ist grau im Vergleich zur praktischen Erfahrung. Wer sie nicht von früheren Eigenbau-Einrichtungen selbst besitzt, sollte sich ein Wohnmobil bei Bekannten oder bei einer Autovermietung zumindest für ein langes Wochenende ausleihen. Gerade die gewerblichen Verleiher bieten außerhalb der Saison ihre Wohnmobile zu sehr günstigen Preisen an. Die Miete ist wirklich gut investiertes Geld, denn sie verhindert so manche Fehlplanung. Aufschlüsse über die richtige Breite des Betts oder die Frage, ob Stehhöhe nötig ist oder nicht, kann kein noch so guter Testbericht in einer Zeitung geben. Letztendlich soll unser VW-Bus ein echtes Individualmobil werden – genau zugeschnitten auf die persönlichen Bedürfnisse.

Tips von Bekannten

Jede Informationsquelle sollte angezapft werden, denn je größer die Vielfalt der Erfahrungen, desto mehr Fehler werden vermieden. Besonders interessant sind natürlich Tips, die Sie von Fahrern eines VW-Campers erhalten. Sicher befindet sich in Ihrem Bekanntenkreis ein VW-Bus-Fan. Man erhält so oft mehr Vorschläge, als einem im ersten Moment lieb ist.
Sprechen Sie ruhig auch auf einem Campingplatz einen Wohnmobilisten an. Im Urlaub sind die Erfahrungen mit dem Bus noch frisch und man hat Zeit, sich über das Für und Wider einzelner Einrichtungen zu unterhalten.

Typische Detailprobleme

Zunächst gilt es, einige Grundsatzprobleme von A bis Z durchzudenken, bevor wir den Grundriß unserer Individual-Einrichtung in groben Zügen festlegen können.

Raumgefühl beachten

Bei Ihrer Grundrißplanung sollten Sie mit einbeziehen, daß im Fahrzeug ein gewisses Raumgefühl erhalten bleiben muß. Wirkt die Einrichtung beengend, fällt Ihnen nach mehreren Regentagen im Wagen »die Decke auf den Kopf«.
Die Schränke sollten nicht zu tief ausfallen und auch von der Höhe her den Raum nicht »zubauen«. Verzichtet werden sollte also auf einen Schrank hinter dem Beifahrersitz sowie auf einen Hochschrank hinter dem Fahrerplatz. Massige Möbel an dieser Stelle behindern nicht nur den Rundumblick imn Wagen, sondern sorgen auch dafür, daß der Wagen innen optisch »zugebaut« wirkt.
Vom Blickwinkel her behindert auch ein Seitenschrank vor dem hinteren rechten Seitenfenster die Sicht wesentlich stärker als auf der linken Seite. Bei gleicher Schrankgröße besteht also rechts ein größerer »toter Winkel« als links.
Für größeres Raumgefühl sorgt natürlich der Ausbau der eventuell im Gebrauchtfahrzeug vorhandenen Trennwand hinter den Fahrerhaus-Sitzen. Der Raum wird dadurch nicht nur optisch größer, sondern es besteht auch die Möglichkeit, zumindest rechts einen drehbaren Sitz einzubauen, was die reine Wohnfläche im Wagen deutlich vergrößert. Gerade an Regentagen ist der Platzgewinn von Vorteil: Einer der Bus-Bewohner kann auf dem nach hinten gedrehten Beifahrersitz Platz nehmen, während der Partner die hintere Sitzbank ganz für sich beanspruchen kann.

Nirgends kann man die Fahrzeuge der verschiedenen Wohnmobil-Hersteller so gut in Augenschein nehmen, wie auf Camping- und Freizeitmessen. Um allzugroßen Andrang zu vermeiden, sollten Sie sich aber einen Wochentag für den Messebesuch aussuchen.

Mieten Sie sich ein Wohnmobil zum Probe-Camping und notieren Sie, was Ihnen an Ihrem »Testfahrzeug« positiv oder negativ auffiel. Eine exaktere Analyse für individuelle Bedürfnisse gibt es nicht.

Ein wichtiger Punkt bei der Innenraumgestaltung ist das Raumgefühl. Eine beengend wirkende Einrichtung fällt vor allem an Regentagen störend auf.

Hier ist der Klapptisch an der Seitenwand befestigt. Zum Essen wäre er zu klein, hätte er nicht eine Verlängerung. Die funktioniert so: Die zweite, oben aufgelegte Tischplatte wird bei Bedarf einfach über die Scharniere an der Tisch-Stirnseite geklappt und stützt sich auch gegen die Stirnseite ab. Im Bild sind die beiden übereinanderliegenden Tischplatten in abgeklapptem Zustand zu sehen.

Die Praxis zeigt's

Wie sich's mit dem Raumgefühl wirklich verhält, zeigt die Praxis. Machen Sie sich die Mühe, den Möbelgrundriß mit einem Klebeband auf den Boden des Fahrzeugs zu übertragen. Einen besseren Eindruck vermittelt eine stilisierte »Einrichtung«, bestehend aus alten Pappkartons, die in der Größe der Möbel zurechtgeschnitten und in den Wagen gestellt werden.

Helle Farben verwenden

Genauso wie der Grundriß kann auch die Wahl der Farben das Raumgefühl im Innenraum verändern. Vermeiden Sie dabei dunkle Farben, auch wenn die vielleicht eher Ihren Geschmacksvorstellungen entsprechen. Der Innenraum wird dann zu einer dunklen Grotte, die beengend wirkt. Helle Farben schaffen dagegen eher den Eindruck eines weiten, lichten Raums. Beschränken Sie ihre kritische Farbwahl nicht nur auf das Möbeldekor. Auch Polster und Bodenbeläge sollten Sie in lichten Farben wählen, sofern sie dadurch nicht allzu schmutzempfindlich werden.

Innere Sicherheit

Unfallsicherheit im Fahrzeuginnenraum fängt bei der Planung an. Hier können wir entscheidenden Einfluß darauf nehmen, wie Fahrgäste das Malheur überstehen. Grund genug, dieses Thema in einem eigenen **Kapitel »Unfallsicherheit«** abzuhandeln. Die Lektüre wird empfohlen.

Die Schlafstatt

Kernstück der Einrichtung ist die Schlafstatt. Um sie herum entsteht gewissermaßen die Möblierung.
Das Bett sollte eine Schlaffläche von mindestens zwei Meter Länge bereitstellen, soll aber tagsüber nicht störend in Erscheinung treten. Ferner soll selbst bei aufgestelltem Bett immer noch einer kleiner »Stehplatz« übrigbleiben, damit die Möglichkeit bleibt, sich im Wageninnern anziehen zu können.
Schlafstatt und Sitzplätze lassen sich in einem kompakten Wohnmobil wie dem VW-Bus nicht trennen, so daß diese Einrichtungen normalerweise mittels verschiedenster Klappkonstruktionen kombiniert werden. **Diverse Ideen zum Thema finden Sie im Kapitel »Die Schlafstatt«.**

Sitzplätze

Von der Ausführung der Sitze im Wohnbereich des Wagens hängt es ab, wieviele Passagiere Sie im Wagen mitnehmen dürfen. Denn Sitzplätze im Wohnbereich dürfen nur dann während der Fahrt benutzt werden, wenn sie auch als solche in den Fahrzeugpapieren eingetragen sind. Dazu bedarf es heute, daß die Gurt-/Sitzsysteme den ECE-Normen 14 und 17 entsprechen. Welche Anforderungen dazu zu erfüllen sind, lesen Sie im einzelnen im **Kapitel »Sitze und Gurte«**.

Der Tisch

Im Wohnmobil hat der Tisch ein undankbares Los: Wird er gerade nicht gebraucht, ist er im Weg. Diese Tatsache nötigt uns einige Gedanken zur Anbringung und Ausführung der Tischkonstruktion ab. Unterschiedliche Lösungen bieten sich an, die je nach Gestaltung der Einrichtung mehr oder weniger tauglich sind:
○ **Klapptisch an der Seitenwand:** eignet sich vor allem bei einer Sitzgruppe vorn. Der Tisch wird dazu mittels Scharnier an der Seitenwand angeschraubt. Bei Bedarf wird er hochgeklappt und stützt sich auf eine (besser

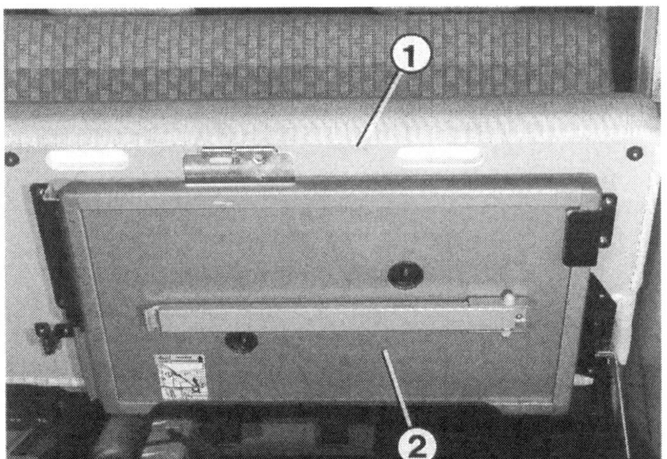

Dieser Tisch (2) muß während der Fahrt unter der Sitzbank (1) verstaut werden. Damit stört er zwar im Innenraum nicht mehr, aber das Verstauen ist doch ein recht umständliches Prozedere.

Der kleine Klapptisch (2) wird hier von einer Teleskopstütze (3) gehalten. Gedacht ist er nur für kleine Verrichtungen, wie Karten schreiben, Landkarten ablegen etc. Zum Essen wird in die Schiene »1« ein vollwertiger Tisch eingehängt.

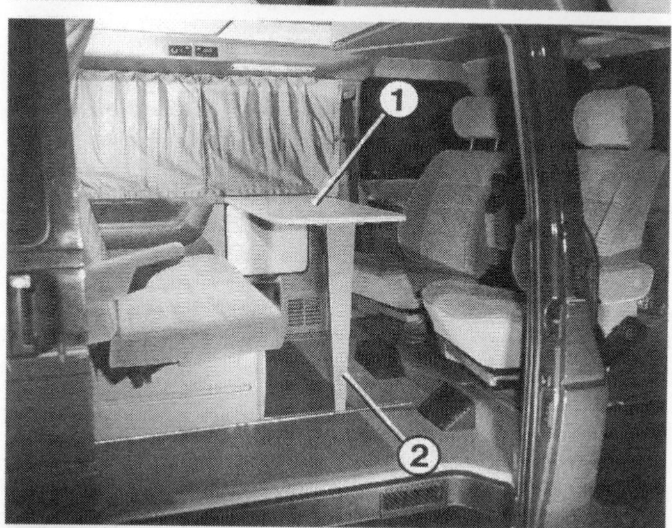

Hier ist der »große« Tisch (1) aufgebaut, der zusätzlich zu seiner im Bild oben gezeigten Wandhalterung auf einem stabilen Tischfuß (2) steht.

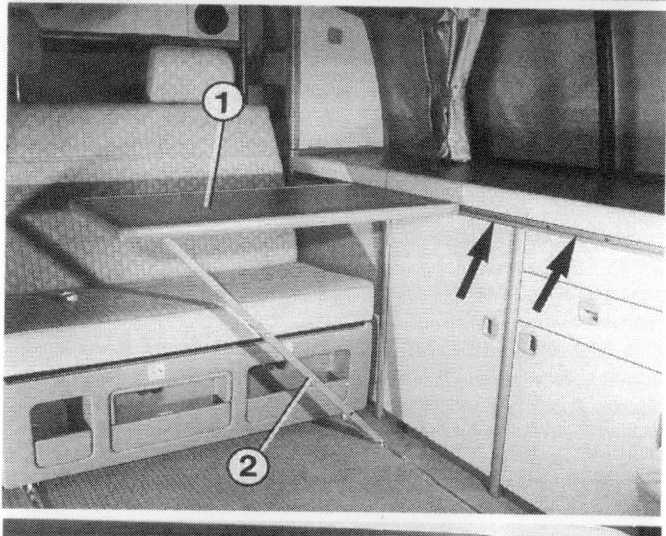

Die Position des Tisches (1) kann verändert werden. Die Schiene (Pfeile), in die er eingehängt ist, verläuft über die gesamte Länge der Möbelfront. Nach unten stützt sich der Tisch mit einem stabilen Tischfuß (2) ab.

Gleicher Tisch wie im Bild darüber: Hier ist er ganz nach vorn zur gedrehten Fahrerhausbestuhlung gerückt.

Geniale Schwenktisch-Konstruktion: Der Tisch verschwindet bei Nichtbedarf im horizontalen Spalt der Seitenschränkchen – siehe dazu das Bild gegenüber.

zwei) Teleskop-Streben. Auf stabile Ausführung der Scharniere und Streben achten. Im abgeklappten Zustand muß er gehalten werden, um in Kurven nicht auszuschwenken. Ein Lederband mit Druckknopf genügt dazu.

○ **Verlängerung für Klapptisch:** Der Klapptisch kann die doppelte Länge annehmen, wenn man eine zweite, etwa gleich große Platte mit Scharnieren am Ende der eigentlichen Tischplatte befestigt. Wird die Verlängerung nicht gebraucht, liegt sie auf der Tischplatte. Bei Bedarf wird sie umgeklappt und stützt sich an der Stirnseite der Tischplatte ab.

Soll's funktionieren, muß man spezielle Scharniere (Schreiner fragen) und massive Tischplatten nicht dünner als 25 mm dazu verwenden. Beim Einbau der Scharniere genau arbeiten, sonst hängt die Verlängerung nach unten.

○ **Einhängetisch:** Häufig verwendet, weil einfach zu bauen. An der Seitenwand oder an der Front der Seitenschränkchen wird eine Einhängleiste oder -schiene montiert, an der Tisch-Rückseite das Gegenstück. Nach dem Einhängen des hierzu schräggestellten Tisches muß ein klappbarer oder einsteckbarer Tischfuß das freie Tischende halten. Unbedingt sinnvoll ist eine Arretierung des Tischfußes, damit dieser nicht versehentlich umgestoßen werden kann. Negativ an dieser Lösung ist das Fehlen eines »organischen« Platzes für den Tisch. Soll er abgebaut werden, kommt man nicht umhin, ihn unter der Sitzfläche einer Klappsitzbank oder sonstwo zu verstauen.

○ **Schwenktisch:** Vorteil dieser Konstruktion: Nicht nur der Schwenkfuß kann mehrere Positionen einnehmen, sondern auch die Tischplatte selbst kann gedreht werden. Man kann sie somit in Längs- oder Querrichtung benutzen. Soll der Tisch bei Nichtbedarf nicht im Wege stehen, muß er so eingebaut sein, daß er sich über ein Schränkchen aus dem Aktionsbereich herausschwenken läßt. Genauso ist es möglich, ihn in einem Zwischenraum quasi in einem Schrank zu parken. Ist die Tischplatte für diesen Zweck zu breit, wird sie der Länge nach halbiert und mit einem Spezialscharnier vom Schreiner klappbar gestaltet. Auch hier gilt wieder: Plattenstärke nicht unter 25 mm.

Fingerzeig: Der Tisch sollte eine wackelsichere Konstruktion darstellen. Das ist vor allem dann wichtig, wenn Kinder mit von der Partie sind.

Herd

Zum Einbau in den VW-Bus bietet sich eine zweiflammige Einbaukochmulde an, wie sie überall im Wohnmobil-Zubehörhandel erhältlich ist.

Wie groß der Platzbedarf ist, entscheidet sich von Fall zu Fall, denn die Kochmulden-Außenmaße sind recht unterschiedlich. Doch selbst bei einer Mini-Kochmulde muß einkalkuliert werden, daß der Kochtopf draufpassen muß, so daß ein Grund-Raumbedarf nicht unterschritten werden kann.

Kalkulieren Sie reichlich Abstand zu umliegenden Wänden ein, damit keine Schrankteile oder gar Vorhänge beim Kochen Feuer fangen. Gefährdete Teile muß ein Flammenschutzblech schützen.

Berücksichtigen Sie bei der Planung die Lage der Bedienungsknöpfe. Die sitzen entweder oben in der

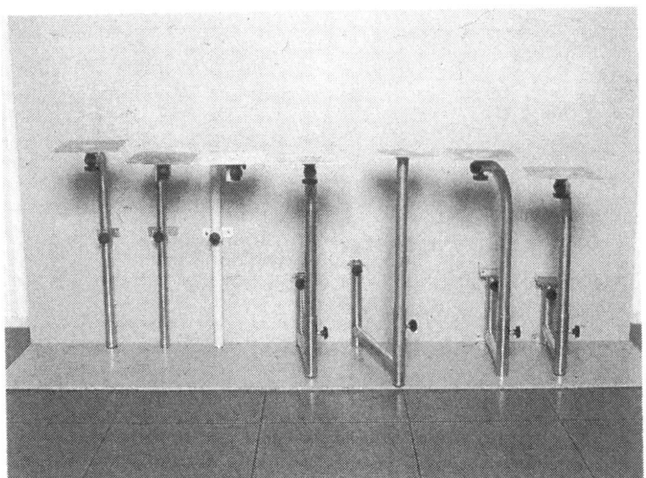

Schwenktischgestelle bietet der Zubehörhandel in zahllosen Varianten an. Wer sich für eine solche Konstruktion entscheidet, hat reichlich Gelegenheit, die am besten passende Version auszusuchen.

Gleicher Tisch wie im Bild auf der gegenüberliegenden Seite. Der große Schwenktisch ist hier im Seitenschrank verstaut, ein kleiner Ausziehtisch wurde aus dem Möbelstück herausgezogen – sehr praktisch.

Der Tisch mit Säulenfuß stellt eine stabile Lösung dar, doch bleibt das Problem, die Teile nach Benutzung zu verstauen.

Tischplatte und Schranktür sind hier zu einem gemeinsamen Bauteil zusammengefaßt. Hier ist die Tischplatte abgeklappt. Eine gute Lösung, um für den Tisch bei Nichtgebrauch einen Platz zu finden.

Gleiche Einrichtung wie im Bild darüber, doch hier wurde der Tisch zur Benutzung hochgeklappt.

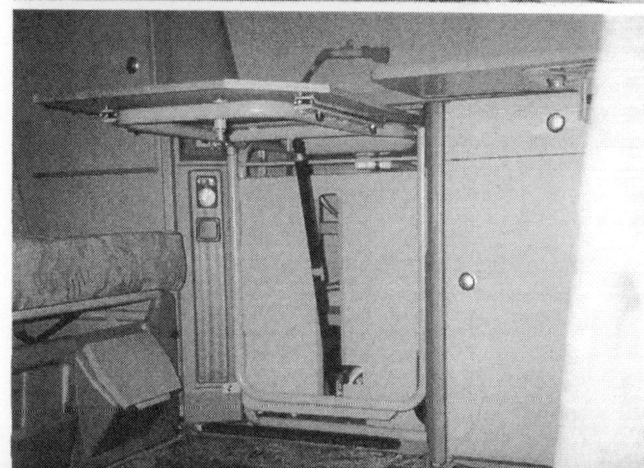

Bei dieser Einrichtung ist ein separat stehender Gasherd oben auf dem Seitenschrank montiert. Die Spüle ist dagegen in die obere Abdeckplatte eingelassen.

Kochmulde oder sie sind vorn angebracht, um in die Schrank-Frontplatte eingelassen zu werden. Dann kann die Kochmulde nur in einem bestimmten Abstand von der Schrank-Vorderkante entfernt sitzen. Sonst liegen die Knöpfe zu tief im Schrank.

Fingerzeig: Statt Gasherd kann übrigens auch ein Spirituskocher vorgesehen werden. Vorteil: Man spart sich die Gasanlage und die dadurch nötige Eintragung sowie die lästigen Nachuntersuchungen. Außerdem braucht der Wagen durch die dadurch mögliche Mehrzweck-Nutzung nicht als Wohnmobil eingetragen zu werden. Denn ein Spirituskocher ist in jedem Fall leicht auszubauen. Beim Gasherd geht's zwar auch, doch wird die Sache etwas schwieriger (siehe Kapitel »Die Gasanlage«).

Spüle

Häufig sind die Gaskocher mit einer Spüle zu einem Bauteil kombiniert. Diese Version bietet sich – da platzsparend – zum Einbau in den VW-Bus an. Ungünstiger und auch teurer ist es, beide Teile getrennt zu montieren.

Gasflasche unterbringen

Verbraucher, wie Kühlschrank, Heizung oder Kocher benötigen eine Reserve an Propangas. Das erhält man üblicherweise in den grauen 5-kg-Flaschen.
Deren Unterbringung im Wagen will durchdacht sein. Denn erstens sollten sie nicht gerade in einem aufprallgefährdeten Bereich der Karosserie liegen, zweitens müssen sie stehend gelagert sein und drittens müssen sie in einem separaten, von außen belüfteten Raum aufbewahrt werden.
Viele Möglichkeiten der Unterbringung bleiben uns nicht. Entweder die Gasflasche steht unter dem Herd bzw. daneben oder sie findet in einem der Schränke im hinteren Fahrzeugbereich Platz. Halten Sie in jedem Fall einigen Abstand zur Fahrzeug-Außenwand, damit die Flasche nicht schon bei einem kleinen Unfallschaden an der Wagenseite aus ihrer Verankerung gerissen wird.
Bei mehreren Gasverbrauchern im Wohnmobil – speziell, wenn eine Gasheizung betrieben wird – ist der Vorrat einer Gasflasche schnell erschöpft. Besser sind zwei Gasflaschen, für die aber erst einmal Platz geschaffen sein will.

Gastank

Ruhen die Gasvorräte in einem Gastank unter dem Wagenboden, bleibt innen mehr Raum zur Verfügung. Außerdem läßt der fehlende Gasflaschen-Kasten eine freiere Planung des Innenraums zu. Der Vorteil wird natürlich teuer erkauft, denn so ein Gastank kostet wesentlich mehr als eine gewöhnliche Gasflasche.
Unter dem Wagen verringert der Tank die Bodenfreiheit des Wagens, was die Geländetauglichkeit etwas einschränkt. Das macht sich erst im schweren Gelände bemerkbar.

Wassertank

Einfachster Wasserbehälter ist nach wie vor der Kanister. Einen oder zwei Wasserkanister können Sie leicht in einem entsprechend gestalteten Schränkchen unterbringen. Der Entnahmeschlauch samt Elektro-Tauch-

Eine Gasflasche unterzubringen, muß kein Problem darstellen. Hier ist ein einfacher, vorschriftsmäßiger Gasflaschen-Schrank gezeigt, der alle Sicherheitsmerkmale, wie Gasflaschen-Befestigung und -Verdrehsicherung, Entlüftung und gasdichte Innentür aufweist.

Herd und Spüle sind hier als kombiniertes Bauteil in ein Fahrzeug mit Heckküche eingebaut.

Soll das Fahrzeug als Pkw zugelassen werden, muß der Herd »leicht auszubauen« sein. Dieser hier ist es nach Lösen von zwei Flügelschrauben (der Pfeil zeigt eine davon) und Trennen der Gas-Kupplung.

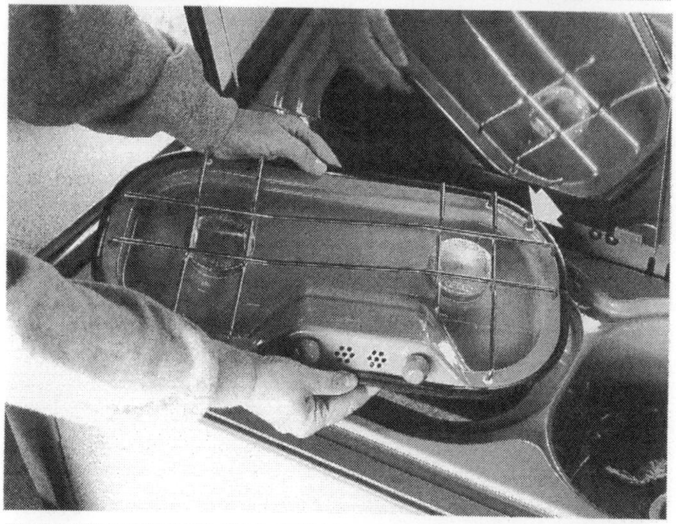

Der Küchenblock kann auch so gestaltet sein, daß er sich insgesamt herausnehmen läßt. Die Pkw-Zulassung ist dadurch kein Problem, und die Mehrfachnutzung des Wagens bleibt erhalten. In diesem Fall eignet sich der Spirituskocher am besten.

Der Gastank unter dem Wagenboden spart Platz im Innenraum. Dafür verringert er die Bodenfreiheit.

pumpe wird durch den Kanisterdeckel geführt und kann beispielsweise nach Entleeren des ersten am zweiten Kanister angeschlossen werden.
Bei Verwendung von Kanistern sparen Sie sich das Anbringen eines Einfüllstutzens an der Fahrzeug-Außenwand. Zum Befüllen werden die Behälter herausgenommen. Das hat auch Vorzüge, etwa wenn man an einem Brunnen Wasser fassen will, wo der Anschluß eines Schlauches nicht möglich ist.
Auch unter dem Wagen kann ein Tank zwischen den stabilen Längsträgern montiert werden. Gut geeignet ist dieser Platz auch für einen Abwassertank. Ein außen angebauter Frischwassertank muß dunkel eingefärbt sein, damit Algenbildung im Wasser vermieden wird.
Mit etwa 30 Liter Frischwasser sind Sie im Wohnmobil gut versorgt. Wird ein Abwassertank montiert, sollte der etwa gleich groß sein.

Fingerzeig: Sofern der Einrichtungsgrundriß die Möglichkeit der Wahl zuläßt, sollten Sie mindestens einen der Wassertanks im Wagenheck unterbringen. Das Gewicht des vollen Tanks beschwert die Hnterachse, was zu einem angenehmeren Fahrverhalten des sonst recht frontlastigen Fahrzeugs beiträgt. Das Gesagte gilt sinngemäß auch für die Zweitbatterie und andere schwergewichtige Installationen.

Kühlschrank

Der kleinste Kühlschrank mit ca. **40 Liter Inhalt** genügt für ein kleines Wohnmobil wie den VW-Bus vollauf. Schließlich ist der Wagen nicht für Großfamilien ausgelegt. Mit einem kleinen Kühlschrank kann das Sideboard, in das er eingebaut wird, zierlicher ausfallen als bei einem großen. Die Kühlschränke sind so gebaut, daß sich der Anschlag der Tür nach rechts oder links legen läßt. Schon bei der Planung muß gewährleistet sein, daß bei Verwendung eines Absorber-Kühlschranks Lüftung und Brennerkamin angeschlossen werden können.
Speziell für Wohnmobile konstruiert sind **lageunabhängige Absorber-Kühlschränke**. Im Gegensatz zu den Wohnwagen-Kühlschränken funktionieren sie selbst bei schrägstehendem Wagen noch mit voller Leistung. Nachteil dieser neigungsunempfindlichen Versionen ist ihr Preis: Sie kosten fast doppelt so viel wie vergleichbare Standard-Kühlschränke. Noch etwas teurer sind die komfortableren **Kompressor-Kühlschränke** und -truhen.

Kühltruhe

Wer die Installation einer Gasanlage vermeiden will, kommt an einem Kühlaggregat mit elektrisch betriebenem Kompressor nicht vorbei. Dieses Kühlprinzip arbeitet im Gegensatz zu den mit Gas betreibbaren Geräten entschieden wirtschaftlicher, doch läßt sich hier nur Strom als Energiequelle nutzen.
Zwar gibt es auch Kompressor-Kühlschränke, doch würden wir der Kühltruhe den Vorzug geben. Kalte Luft ist – wie wir wissen – schwerer (dichter) als warme, drum ist beim Öffnen des Kühltruhendeckel der Kälteverlust der Truhe längst nicht so groß wie beim Kühlschrank. Energie-Bilanz siehe Kapitel »Der Kühlschrank«.
Kompressor-Kühlboxen gibt es mit Aggregatelage unten und Aggregatelage seitlich – je nach geplantem Einbauort. Aufgrund der geringen Abwärme dieser Aggregate ist eine Außenbelüftung nicht unbedingt erforderlich.

Heizung

Sofern eine Zusatzheizung für das Wohnmobil vorgesehen wird, bleibt die Wahl zwischen einer Kraftstoff- und einer Gasheizung.
Als Kraftstoffheizung kommt eine Benzin- oder Dieselkraftstoff-Heizung von Eberspächer in Betracht, die problemlos unter dem Wagenboden befestigt werden kann. Es müssen also lediglich die Öffnungen für Luftaustritt und für Ansaugluft vorgesehen werden.
Vorteil dieser Heizung ist – neben dem geringen Stromverbrauch – die Tatsache, daß Kraftstoff überall erhältlich ist, was bei Gas nicht immer der Fall sein muß. Ferner kann die Kraftstoffheizung mit dem vollen 80-Liter-Kraftstofftank theoretisch 10 Tage lang laufen, während die Gasheizung eine 5-kg-Flasche schon nach weniger als 1½ Tagen geleert hat. Dafür ist die Gasheizung einiges billiger. Sie ist von der Baugröße her problemlos in einem Winkel des Wohnmobils unterzubringen. Für den VW-Bus genügt bei Inneneinbau die kleinste Ausführung, also etwa die Trumatic-e 1800. Planen Sie die Einbaulage so, daß der Kamin für Abgas und Brenner-Zuluft problemlos durch die Seitenwand geführt werden kann.
Genauso gut kann die Gasheizung auch unter dem Wagen Platz finden. Dann müssen lediglich die Schläuche für Warmluft und Kaltluft-Ansaugung ins Wageninnere geführt werden. Allerdings ist für diese Einbauart die Trumatic-e 1800 überfordert. Sowohl die Heizleistung als auch die Gehäuseabdichtung reichen für Unterflurmontage nicht aus. Wer unterflur montieren will, sollte die größere Trumatic-e 2800 A verwenden.

Mehrfach-Nutzung erhalten

Wie die Bilder auf Seite 123 beweisen, sind mittlerweile auch die Einrichtungen der professionellen Wohnmobil-Ausbauer darauf ausgerichtet, dem Fahrzeug einen Mehrfach-Nutzen zu geben. Durch Herausnehmen einiger Bretter oder der gesamten Sitzbank wird hierbei im VW-Bus viel Laderaum frei zum Transportieren sperriger Lasten. Diese Möglichkeit sollten Sie bei der Planung Ihrer Individual-Einrichtung unbedingt offen lassen.

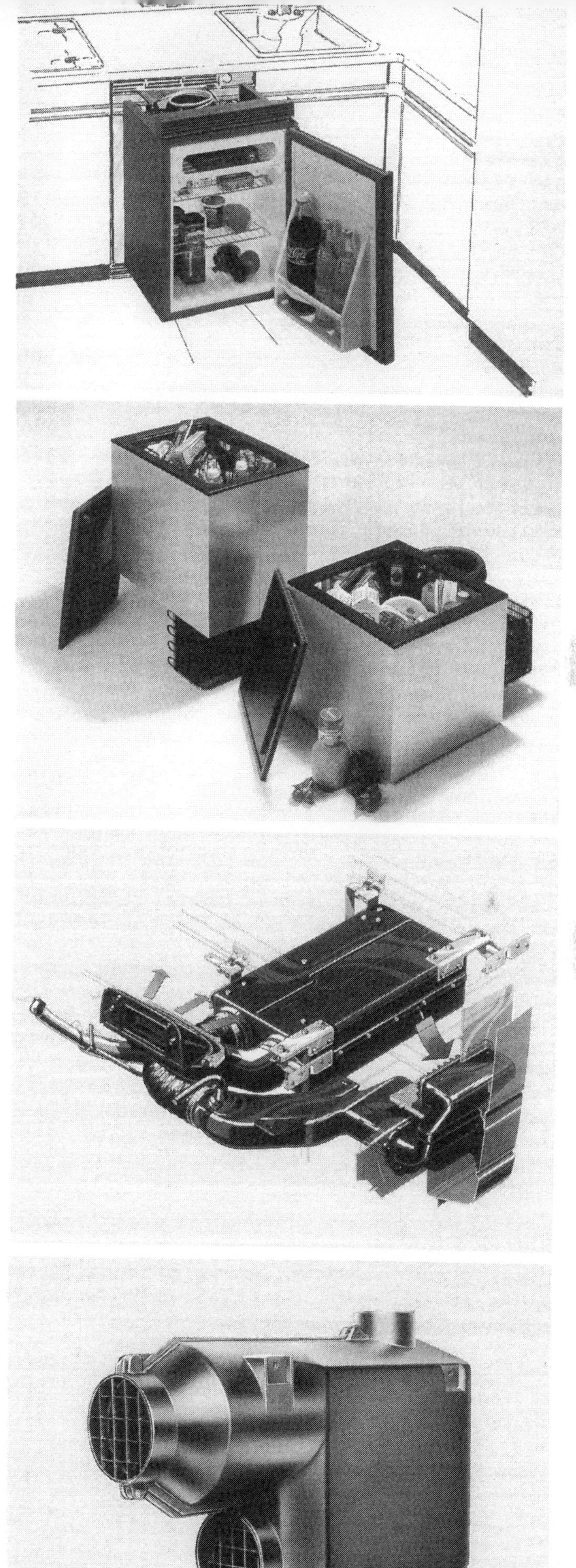

Kühlschränke für Wohnmobile gibt es in zahllosen Größen, wobei die Wahl für unsere Belange meist auf den kleinsten mit ca. 40 Liter Inhalt fallen wird. Zu klären wäre dann nur noch, ob es ein Kompressor- oder ein Absorber-Modell sein soll.

Einbau-Kühltruhen bieten sich wegen des geringen Kälte-Verlustes beim Öffnen an. Hier sind zwei Kompressor-Kühltruhen mit Aggregatlage unten bzw. hinten gezeigt.

Weitgehende Unabhängigkeit von zusätzlichen Energie-Versorgungsstationen erreicht man mit einer Kraftstoffheizung, die ihren Brennstoff aus dem Fahrzeugtank bezieht.

Sehr umweltfreundlich ist die Gasheizung. Die hier gezeigte Heizung eignet sich auch für den Einbau unter dem Wagenboden.

Resümee

Bei grundsätzlichen Problemen, die Einrichtung betreffend, sind wir nun schon ein ganzes Stück weitergekommen. Was wir an technischen Einrichtungen einbauen wollen, ist uns mittlerweile klar, und wir haben uns auch schon aus Zubehörkatalogen die nötigen Teile ausgesucht und die Preise verglichen. Auch die Raumaufteilung hat – beeinflußt durch die einzubauenden Teile – schon konkretere Formen angenommen. Jetzt ist es Zeit, den Entwurf zu Papier zu bringen.

Die maßstäbliche Zeichnung

Die Kataloge der Zubehörhersteller enthalten Maße der Bauteile, die Sie im VW-Bus unterbringen wollen. Mit ihnen läßt sich unter Zuhilfenahme der Maßzeichnung des Fahrzeugs auf der folgenden Doppelseite ein Einrichtungs-Grundriß fertigen, anhand dessen Sie genaue Eindrücke Ihres zukünftigen Urlaubs-Lebensraums erhalten.
Am besten geeignet ist eine Zeichnung im Maßstab 1:10. Da braucht an den Maßen nicht viel herumgerechnet zu werden, und außerdem ist die Größe ausreichend. Wer mag, kann sich die einzubauenden Teile maßstabsgetreu aus Pappe ausschneiden und so unter verschiedenen Möglichkeiten die richtige herauspuzzeln.
Während der Bauphase wird sich garantiert das eine oder andere Maß aufgrund praktischer Überlegungen ändern. Das soll uns hier nicht beeinflussen. Hauptsache ist, wir haben unser »Baugerüst«.

Einrichtungs-Grundriß

Einen konkreten, bemaßten Einrichtungsvorschlag geben wir in diesem Band nicht. Grund dafür ist die Tatsache, daß die angebotenen Standard-Einbausätze so billig sind, daß es sich in Anbetracht der Materialkosten nicht mehr lohnt, selbst Hand anzulegen.
Andererseits wird sich derjenige, der tatsächlich alles in Eigenregie machen will, kaum mit einem Standard-Grundriß zufriedengeben, sondern eine eigene Wohnidee realisieren. Nach den hier zu Ende gedachten Grundüberlegungen werden die Fertigkeiten dazu im Kapitel »Möbelbau« vermittelt.
Mehr zu Grundrissen finden Sie außerdem in den Kapiteln »Eine kleine Nutzungsanalyse« und »Fertigmöbel«.

Nicht vergessen: Nutzlast ermitteln

Die Nutzlast ist die **Differenz zwischen dem Leergewicht** des VW-Transporters **und dem zulässigen Gesamtgewicht**. Für das noch nicht ausgebaute Fahrzeug stehen diese Daten in den Fahrzeugpapieren.
Mit jedem Teil, das Sie in den Wagen einbauen, wird natürlich die Nutzlast kleiner. Ist das Gewicht der Zusatzausstattung zu groß geworden, muß das Urlaubsgepäck draußen bleiben. Und das ist schließlich nicht der Sinn der Sache. Auch fährt sich der bis an die Belastungsgrenze bepackte Wagen längst nicht mehr so komfortabel wie der nur mäßig beladene.
Schon in der Planungsphase kann es sich deshalb lohnen, einmal überschlägig nachzurechnen, wieviel Gewicht Sie mit der geplanten Einrichtung in den Wagen packen. Alle Teile einschließlich der verwendeten Holzplatten, des Sonderdaches, des Gepäckständers, des Kühlschranks, der Heizung sowie des gefüllten Gas- und Wassertanks müssen mit in Betracht gezogen werden. Sie werden staunen, was da zusammenkommt!
Bei der späteren TÜV/DEKRA-Abnahme wird das neue Fahrzeug-Leergewicht nach erfolgtem Ausbau gewogen. Dazu muß der Kraftstoffbehälter gefüllt sein oder der Sachverständige errechnet das Füllgewicht anhand des Tankvolumens. Auch das übrige Fahrzeug muß sich in betriebsfertigem Zustand präsentieren. Gas- und Wassertanks müssen – wenn auch leer – an Bord sein, ebenso Wagenheber, Reserverad, Zweitbatterie usw. Dazu kommt das Fahrergewicht, das pauschal mit 75 kg angenommen wird.

Fingerzeig: Da Sie mit dem TÜV/DEKRA-Sachverständigen bei einem umfangreicheren Wohnmobilumbau ohnehin regelmäßig Kontakt haben, wird er Ihnen sicher zwischendurch die Benutzung der Bodenwaage in der Prüfstelle erlauben. So können Sie schon in der Bauphase das Leergewicht des Wohnmobils kontrollieren und vielleicht rechtzeitig einschreiten, wenn Sie in bedrohliche Nähe des zulässigen Gesamtgewichts kommen.

Beispiele für Wohnausbauten mit Mehrfach-Nutzung:
Links: Sperrige Güter lassen sich durch Herausnehmen der Platte (1) auf dem Boden (2) im Wagenheck transportieren.
Rechts: Reicht die Bodenfläche (2) nicht aus, kann die Schottwand (1) zusätzlich herausgezogen werden (Westfalia).

Links: Bei eingebauter Rückbankbank ist Platz zum Transport sperriger Gegenstände.
Rechts: Nach Demontage der Rücksitzbank ist dieses Wohnmobil fastwieder ein vollwertiger Transporter (Schwabenmobil).

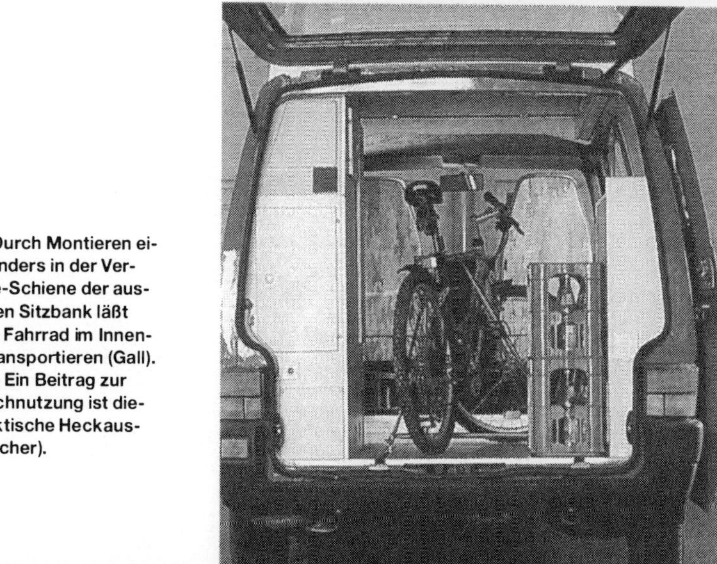

Links: Durch Montieren eines Ständers in der Verschiebe-Schiene der ausgebauten Sitzbank läßt sich ein Fahrrad im Innenraum transportieren (Gall).
Rechts: Ein Beitrag zur Mehrfachnutzung ist dieser praktische Heckauszug (Fischer).

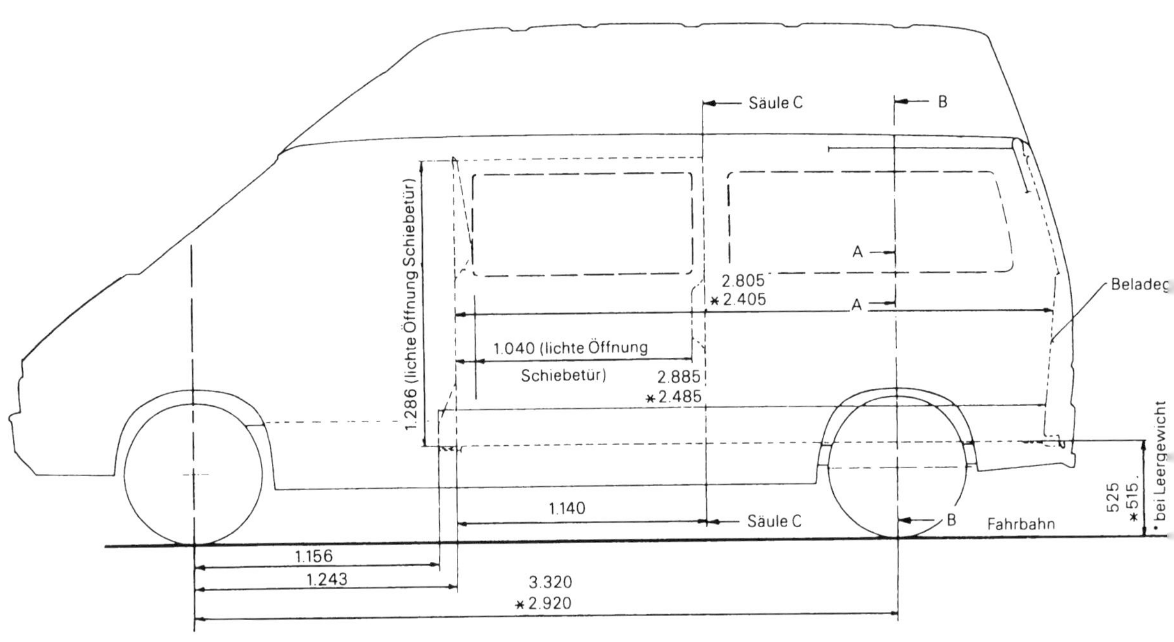

Grundmaße für den Laderaum

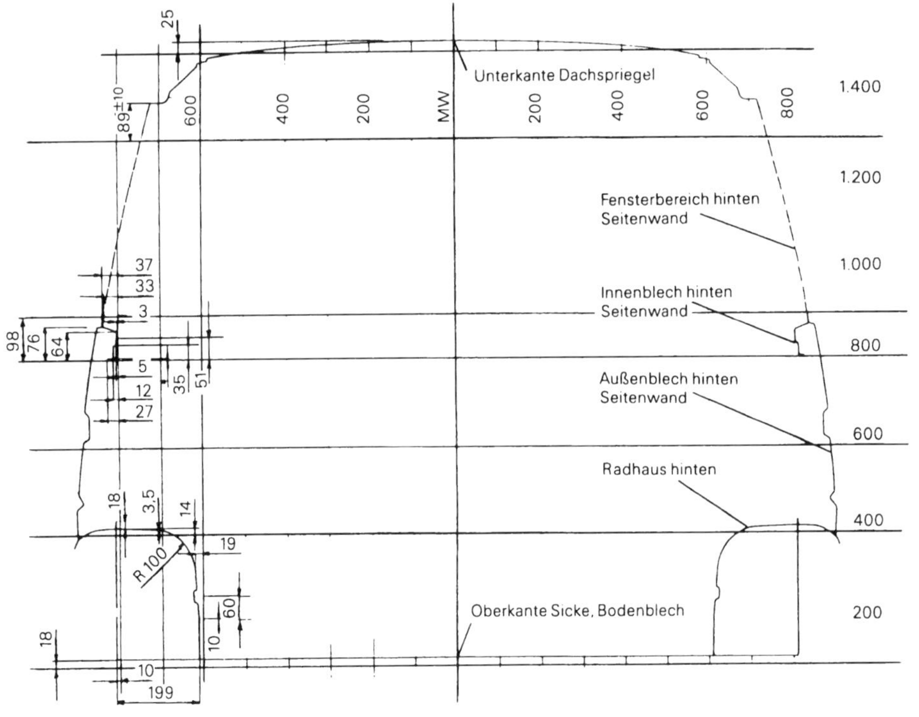

Die Zeichnung zeigt die Innenraum-Maße in Höhe des hinteren Radkastens (Schnitt B–B, siehe Zeichnung oben) bei einem Fahrzeug mit Serien-Blechdach.

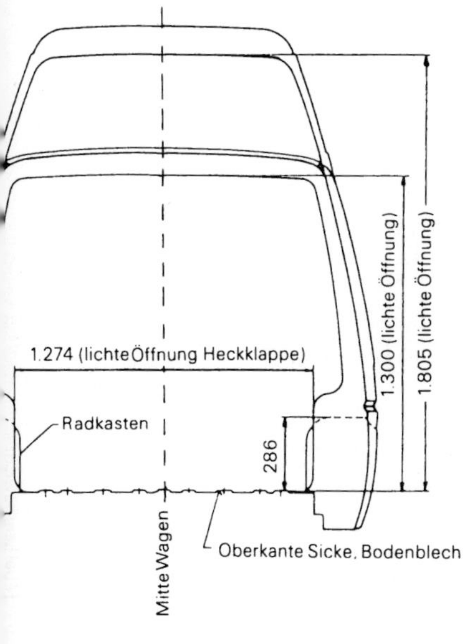

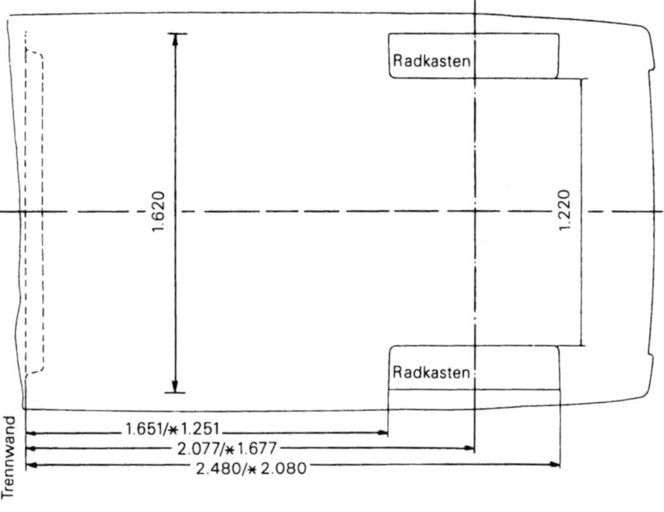

Grundmaße für den Laderaumboden

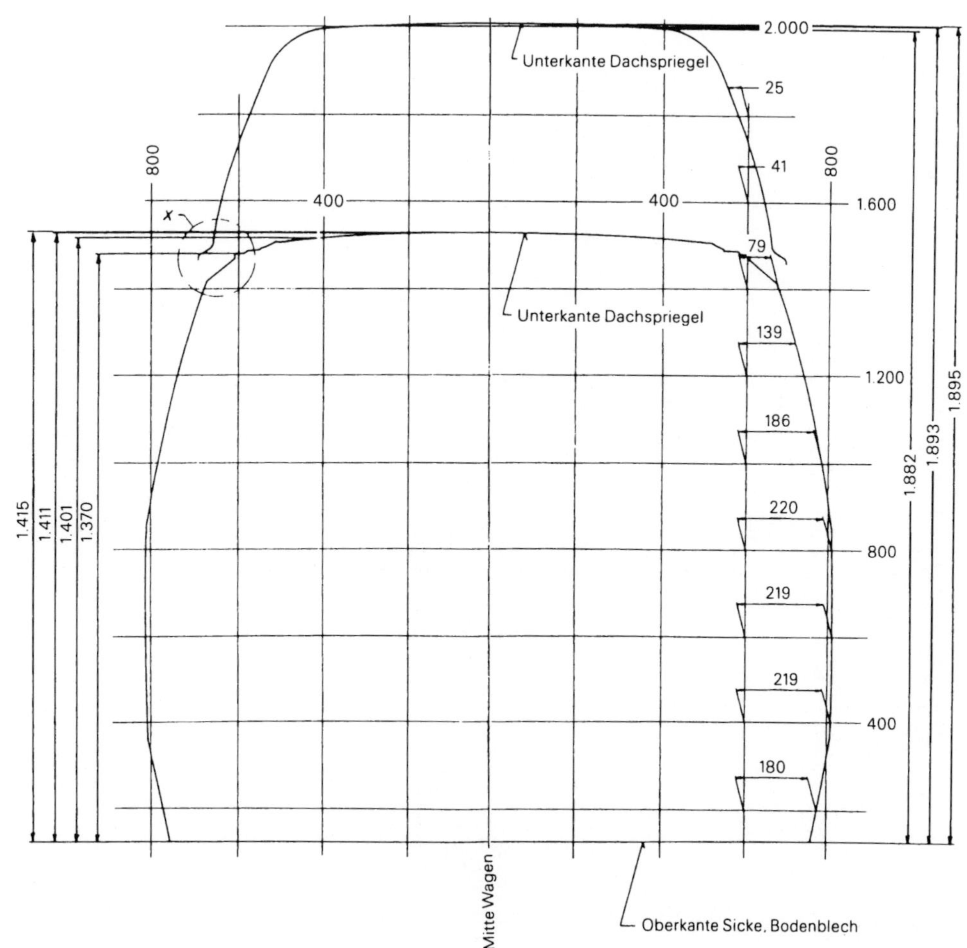

Hier sind die Innenraum-Maße sowohl für das Serien-Blechdach wie das Serien-Hochdach in Höhe der C-Säule (siehe Zeichnung oben) angegeben.

Schlafmütze

Auf Grund der zahlreichen Einrichtungs-Grundrisse, die sich mit den beiden Radständen realisieren lassen, ergeben sich auch vielfältige Möglichkeiten zur Gestaltung des Schlafplatzes.

Schlafgelegenheiten für den unteren Fahrzeugbereich

Die Schlafgelegenheiten im unteren Fahrzeugbereich haben bei fast allen gängigen Einrichtungs-Grundrissen eine Gemeinsamkeit: Sie müssen gleichzeitig als zugelassener Sitzplatz während der Fahrt Verwendung finden können. Daraus ergibt sich der Zwang, eine Klappkonstruktion zu verwenden. Außerdem muß auf die erfüllte **ECE-Norm 14 und 17** geachtet werden, ein Merkmal, das sich die Hersteller dieser Bänke mehr oder weniger teuer bezahlen lassen (siehe dazu Kapitel »Sitze und Gurte«).
Von den zahlreichen Grundkonstruktionen finden Sie nachfolgend die wichtigsten beschrieben.

Klappsitzbank

Die Klappsitzbank ist schon seit (Wohnmobil-) Generationen im VW-Bus als Sitz-/Schlafgelegenheit bekannt. Sie erfüllt alle Anforderungen an einen Sitz-/Schlafplatz und muß nur noch durch ein weiteres Polster zu voller Schlaflänge ergänzt werden. Dieses Polster befindet sich bei Wagen mit **hinten eingebauter Klappsitzbank** meistens zwischen Bank und Heckklappe und ist dort auf einer eigens hierfür eingebauten Konsole aufgelegt. Ist die Klappsitzbank dagegen **in Wagenmitte** installiert (Grundrisse mit Sitzgruppe vorn und Heckküche), kann sie beispielsweise durch ein klappbares Zusatzpolster ergänzt werden. Das Polster steht bei Nichtgebrauch senkrecht und wird zum Bettenbau in waagrechte Stellung geschwenkt.
Klappsitzbänke gibt es in großer Auswahl von verschiedenen Herstellern. Sie haben die Wahl zwischen Zwei- und Dreisitzer-Ausführung sowie unterschiedlichen Klappmechanismen. Auch unterscheiden sich Sitzbänke für Einbau im Heck oder Einbau in Wagenmitte.

Verschiebe-Klappsitzbank

Ist die Klappsitzbank fest im Wagenheck installiert, birgt das diverse Nachteile:
- Während der Fahrt sind die Hinterbänkler recht weit von den vorn Sitzenden entfernt.
- Andererseits wäre es angenehm, die Bank würde zum »Wohnen« tagsüber mehr Bewegungsfreiheit lassen – also weiter hinten stehen, als es zum Aufbauen des Betts erforderlich ist.

Diese Nachteile gleicht die Verschiebebank aus, die sich auf einer am Wagenboden verschraubten Schienenkonstruktion in mehrere Positionen bringen läßt.
Prinzipiell ist dies eine feine Sache, doch muß bedacht werden, daß die Schienenkonstruktion das Ganze natürlich verteuert. Auch wird wohl eine Zusatzbank für weitere Passagiere ebenfalls in den Schienen verankert werden. Das Verwenden eines preisgünstigen gebrauchten Sitzes aus dem VW-Programm, wie im Kapitel »Sitze und Gurte« beschrieben, wird damit erschwert. Es paßt nur noch ein Zusatzsitz aus dem Programm des jeweiligen Herstellers (z. B. Reimo, Westfalia).

Fingerzeig: Wir haben es schon erwähnt: Durch eine leicht demontierbare Sitzbank wird der Nutzen des Fahrzeugs erhöht, weil im Notfall auch sperrige Lasten transportiert werden können.

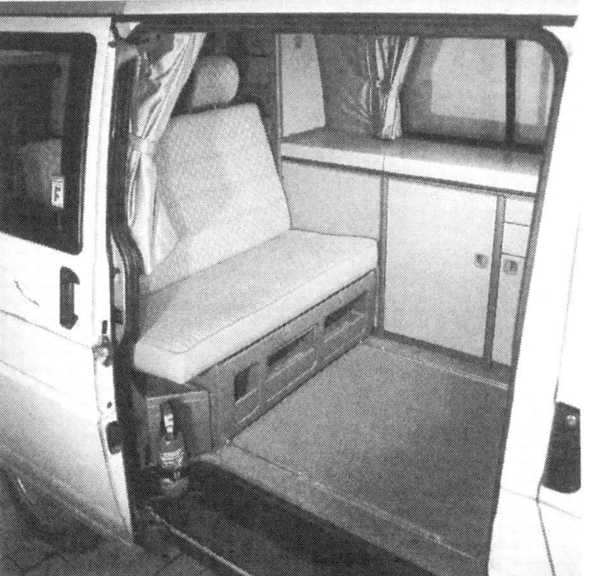

Diese Klappsitzbank läßt sich durch die Schienenkonstruktion am Boden in verschiedene Positionen fahren, wie auf den Bildern unten auf der gegenüberliegenden Seite gezeigt. Hier steht sie in Wohn-Stellung, also ganz hinten (beachten Sie zur Orientierung in allen drei Bildern die Stellung von Feuerlöscher zu Sitzbankkasten).

Links: Skelett einer geprüften Sitzbank:
1 – Lehne;
2 – Sitzfläche;
3 – Klappscharnier;
4 – Grundkonstruktion mit Gurtbefestigung aus Metall.
Rechts: Dieselbe Sitzbank bezogen, jedoch noch ohne Sitzkastenverkleidung (Schwabenmobil).

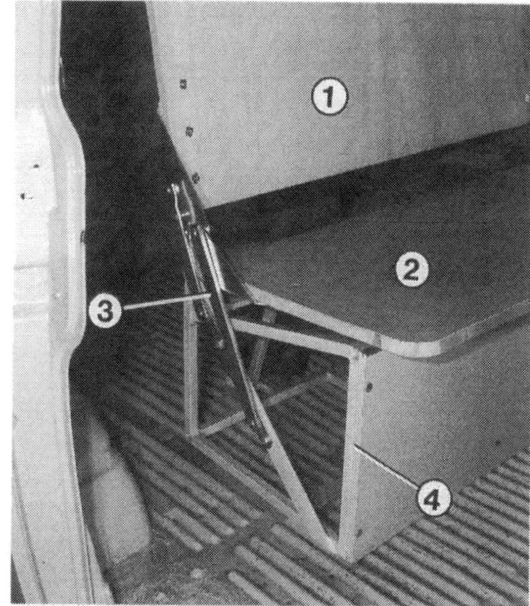

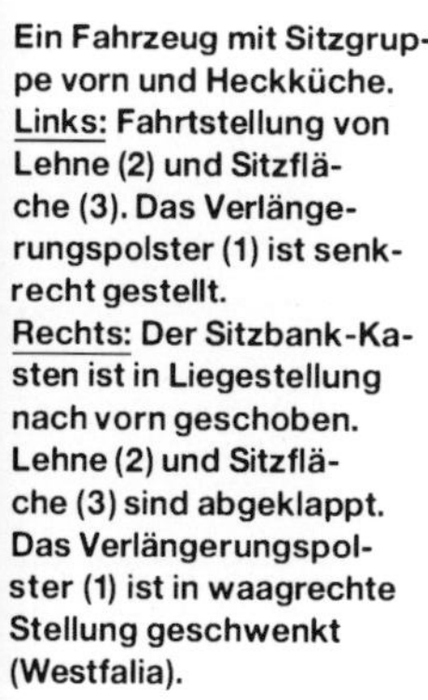
Ein Fahrzeug mit Sitzgruppe vorn und Heckküche.
Links: Fahrtstellung von Lehne (2) und Sitzfläche (3). Das Verlängerungspolster (1) ist senkrecht gestellt.
Rechts: Der Sitzbank-Kasten ist in Liegestellung nach vorn geschoben. Lehne (2) und Sitzfläche (3) sind abgeklappt. Das Verlängerungspolster (1) ist in waagrechte Stellung geschwenkt (Westfalia).

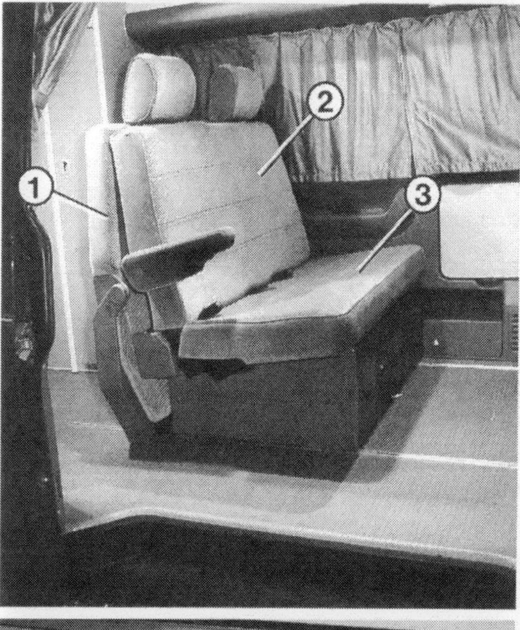

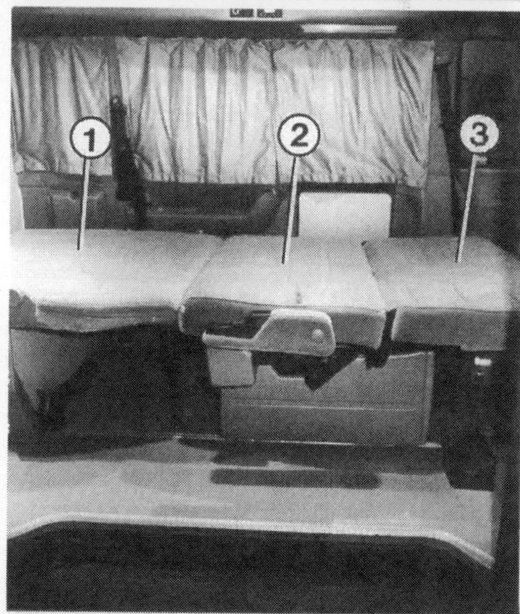

Links: Hier befindet sich die auf der gegenüberliegenden Seite gezeigte Verschiebebank in Fahrtstellung ganz vorn. Die Hinterbänkler sind damit nicht ganz so weit von den Vordersitzen entfernt.
Rechts: Dieselbe Bank in Liegestellung. Für den Anschluß an das Verlängerungspolster ist die Bank hier wieder etwas weiter nach hinten gerückt (Westfalia).

Hier eine Zubehör-Verschiebesitzbank mit integriertem Schwenk-Tischfuß. Zum System gehören auch nachrüstbare Zusatz-Sitze (Reimo).

Klapplehne

Der Phantasie sind bei den Schlaf-/Sitzbänken keine Grenzen gesetzt. Interessant ist z. B. jene Konstruktion, bei der die Lehne des Sitzes zur Bett-Verlängerung nach vorn geschwenkt wird. Das ganze hat zur Benutzung als Sitz die ECE-14- und -17-Zulassung (Varius).

Dachbett

Während die Betten im Untergeschoß des VW-Busses üblicherweise von Erwachsenen benutzt werden, sind die Dachbetten eher Not- oder Kinderbetten. Entsprechend können sie mit dünneren Matratzen belegt werden. Zunächst jedoch einige Worte zur Unterkonstruktion.

Dachbett für das Aufstelldach

○ Die Konstruktion des Dachbetts soll möglichst flach sein, weil es unter dem geschlossenen Aufstelldach Platz finden muß. Je flacher das Bett, desto flacher kann die Dachschale des Aufstelldaches gewählt werden. Das ist gewünscht, denn eine Gesamt-Fahrzeughöhe von weniger als 2 Meter bringt Vorteile.

○ Wird das Bett nicht gebraucht, muß es bei aufgestelltem Dach unauffällig verschwinden. Dabei sollte es die Kopffreiheit möglichst wenig beeinträchtigen.

Im VW-Bus hat sich für diese Anforderungen eine Problemlösung angeboten, die auch die meisten Hersteller aufgreifen: Das Bett besteht aus einer feststehenden und einer schwenkbaren Bettplatte. Anordnung:

○ Der **feststehende Teil** wird an derjenigen Stelle montiert, an der er am wenigsten stört. Das wäre bei einem Fahrzeug mit Sitzgruppe vorn und Heckküche über dem Fahrerhaus; bei einem Fahrzeug mit Klappsitzbank hinten müßte auch die feste Bettplatte hinten montiert werden.

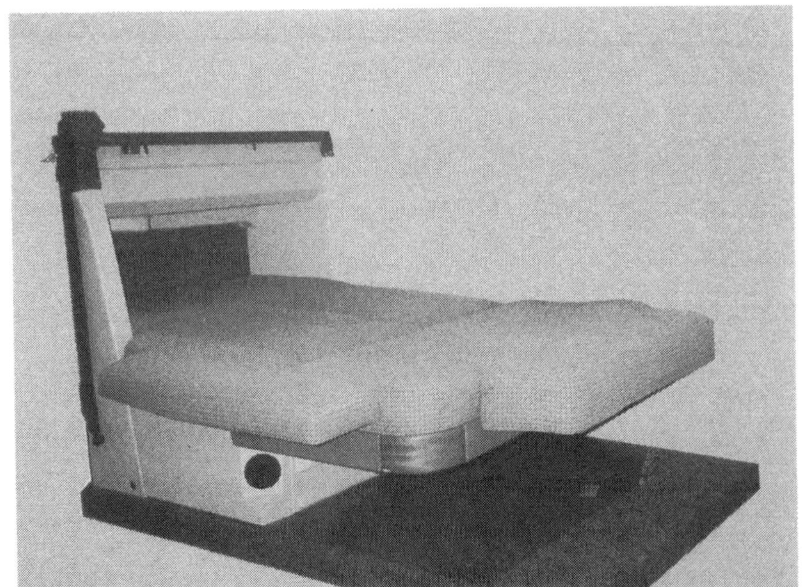

Eine interessante Version ist diese Klappbank, deren Schlaffläche sich im Staukasten fortsetzt. Der Staukasten ist in Sitzposition von der Rückenlehne verschlossen und kann das Bettzeug aufnehmen. Leider nicht frei verkäuflich (Dehler).

Bei dieser Schlaf-/Sitzbank wird die Lehne aus der hier gezeigten Sitzstellung ...

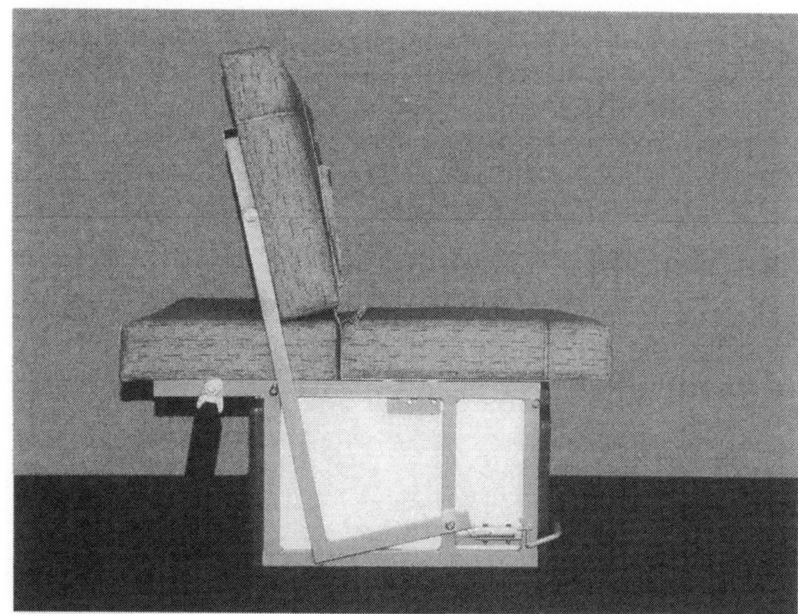

... zunächst gedreht ...

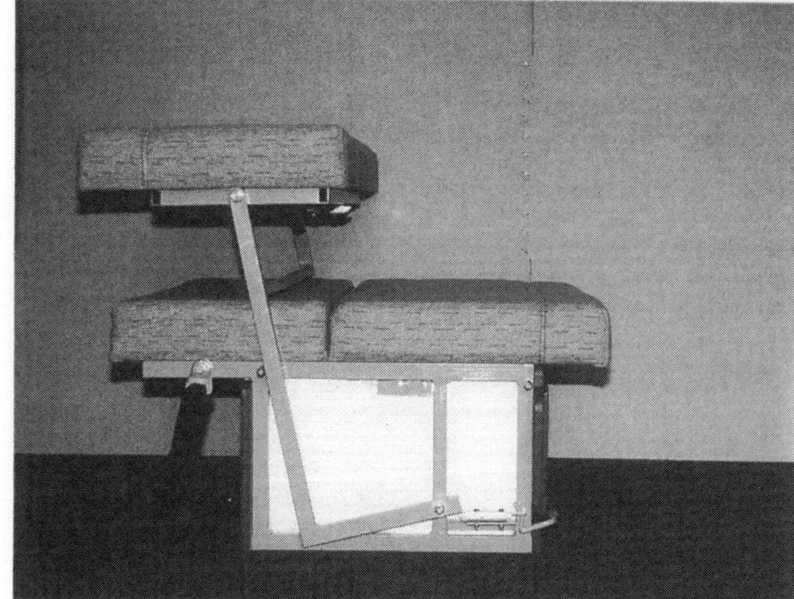

... und dann ans vordere Ende der Sitzfläche geschwenkt. Der Staukasten unten in der Bank bleibt weiterhin von oben zugänglich (Varius).

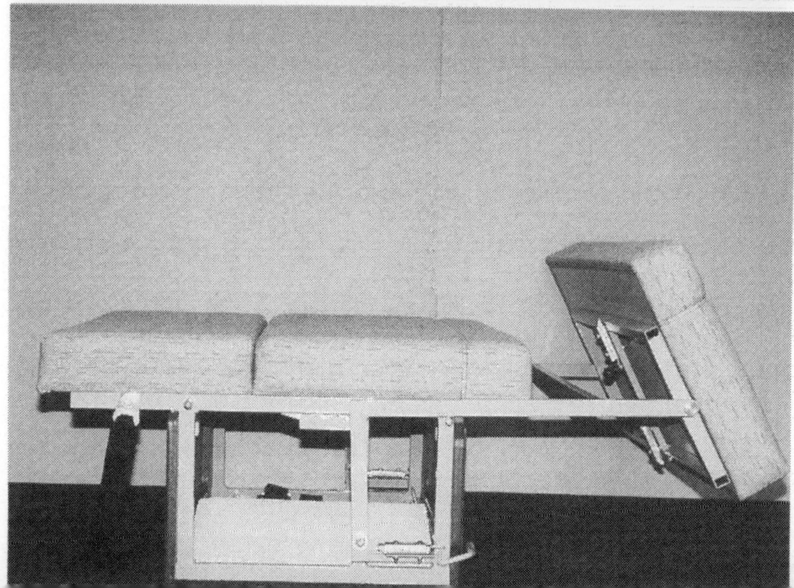

Dachbett im Aufstelldach mit »reduziertem Dachausschnitt«. Die Aussparung an der vorderen Dachkante ermöglicht den Durchstieg (Carthago).

○ Der **bewegliche Teil** wird bei aufgestelltem Dach nach oben geschwenkt. Dabei kann dieses Bettplatten-Teil am aufgestellten Dach befestigt werden. Oder die schwenkbare Bettplatte verfügt über einen eigenen Hebemechanismus, der getrennt vom Aufstelldach funktioniert.
Unterschiede gibt es auch bei der Gestaltung der beweglichen Bettplatte: Man kann sie entweder in einem Stück schräg nach oben schwenken lassen oder man kann sie in der Mitte abknickend nach oben schwenken lassen, was mehr Kopffreiheit ergibt.
Weitere Möglichkeit: Man klappt das bewegliche Bettplattenteil in zwei Hälften um und legt es auf dem feststehenden Teil ab. Soll das ohne Demontage des Bettpolsters geschehen, bedarf es am ersten Knickpunkt dazu eines Scharniers mit größerem Schwenkradius. Solche Scharniere wurden beispielsweise bei den T3-Westfalia-Bussen verwendet (erhältlich im VW-Teilelager).

Dachbett-Platzprobleme bei kurzem Radstand

Unser VW-Bus T4 hat bei kurzem Radstand ein im Verhältnis zu seiner Gesamtlänge recht kurzes Dach. Schuld ist der Motorraum-Vorbau und die stark geneigte Windschutzscheibe.
Um jetzt ein Dachbett von 2 Meter Länge zu realisieren, muß man schon in die Trickkiste greifen. Denn der »reduzierte Dachausschnitt« (siehe Kapitel »Änderungen an der Karosserie«) ist gerade 2,24 Meter lang. Die Ausbuchtung beim »großen Dachausschnitt« über dem Fahrerhaus bringt weitere 20 cm.
So kann beim »reduzierten Dachausschnitt« zwar ein Dachbett eingebaut werden, doch ist der Durchstieg nach oben mit 24 cm zu schmal. Abhilfe bringt, einen kurzen Teil vorn im Dachbett abklappbar zu gestalten. Hat man das Dachbett erklommen, wird die »Falltür« wieder hochgezogen. Vorteil: bei geschlossenem Dachbett kann niemand nach unten fallen. Nachteile könnte man in der Handhabung sehen.

Diese Dachbettversion schwenkt man bei Nichtgebrauch und geöffnetem Aufstelldach nach oben. Gehalten wird sie von Gasdruckfedern (SCA).

Hier wird der vordere Teil des (nicht benutzten) Dachbetts (1) bei geöffnetem Aufstelldach (2) nach oben geschwenkt und am Aufstelldach arretiert (Westfalia).

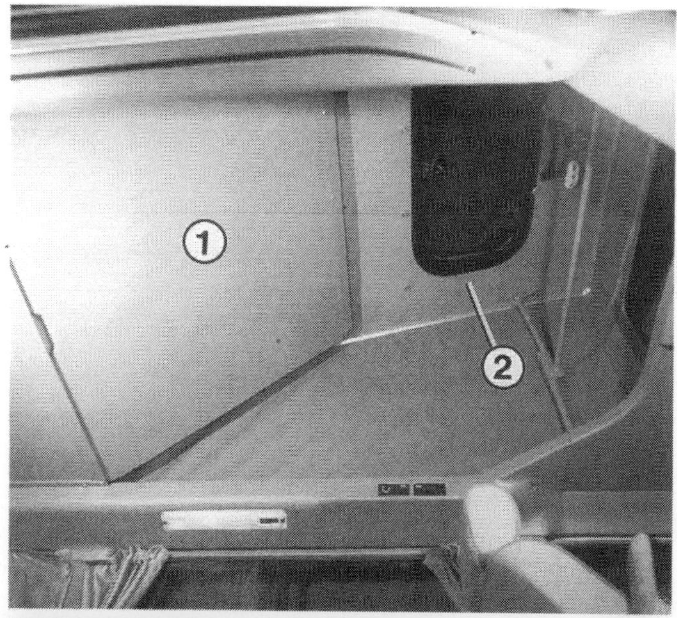

Die Dachbett-Konstruktion – bestehend aus festem (2) und schwenkbarem Teil (1) – ist hier für ein Fahrzeug mit hinten aufstellbarem Dach (langer Radstand) vorbereitet. Die Gesamtkonstruktion ist gut zu sehen, zumal das Aufstelldach noch fehlt (Schwabenmobil).

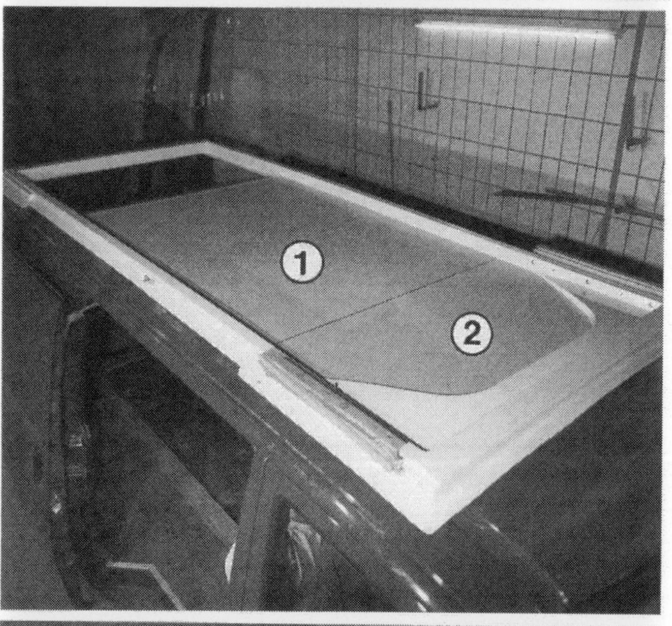

Nach Einbau der Gasdruckfeder an den Gelenkpunkten (Pfeile) läßt sich das bewegliche Betteil leicht nach oben schwenken (Schwabenmobil).

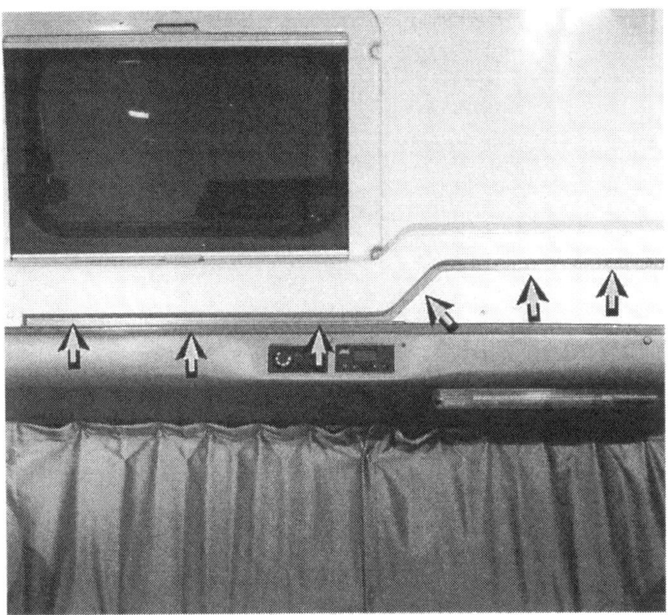

Dachbetten im Hochdach basieren nicht selten auf dem Prinzip, daß ein bewegliches Bettplattenteil auf einer geknickten Schiene oder Führung (Pfeile) vor das feste Bettplattenteil gezogen wird (siehe dazu Bilder auf der gegenüberliegenden Seite).

Der »große Dachausschnitt« schafft durch seine Ausbuchtung zwar auch noch keine üppigen Verhältnisse beim Durchstieg, doch jetzt kann man sich die Kletterpartie schon eher vorstellen. Wenn der Umfang noch nicht ausreichend erscheint, muß notfalls am Bett ein kleiner Ausschnitt abgenommen werden. Hier genügt auch eine Ausbuchtung in der Mitte.

Dachbett für das Hochdach

Für die feststehende Bettplatte gilt beim Hochdach gleiches wie beim Aufstelldach:

○ Der **feststehende Teil** kommt bei einem Fahrzeug mit Heckküche über das Fahrerhaus. Bei einem Fahrzeug mit Klappsitzbank im Heck wird das feste Teil hinten montiert.

○ Die **beweglichen Bett-Teile** ordnet man anders an, weil hier nicht um jeden Zentimeter Höhe gegeizt werden muß. Bestes Prinzip ist jenes, bei dem das bewegliche Bettplattenteil in einer geknickten Schiene läuft und bei abgebautem Bett über dem festen Teil ruht. Bei Bedarf wird das bewegliche Bett-Teil hervorgezogen und senkt sich durch die geknickte Schiene auf das Niveau des festen Teils ab.

Zur Sicherung des beweglichen Teils dient ein Sicherungsbrett an Scharnieren, das abgeklappt Teil der Bettkonstruktion ist (Westfalia u. a.).

Weitere Ausführungen

○ Beim **Hubbett** wird die gesamte Bettkonstruktion mittels Gasdruckfedern nach oben geschwenkt. Die Bettplatte ist zweigeteilt und mit Scharnieren verbunden. Schwenkarme aus Metall geben die Schwenkrichtung vor (Gall u. a.).

○ Natürlich läßt sich auch mittels einsteckbarer Metallstützen und **gespannter Stoffbahnen** ein Notbett im Dach zaubern (Dehler).

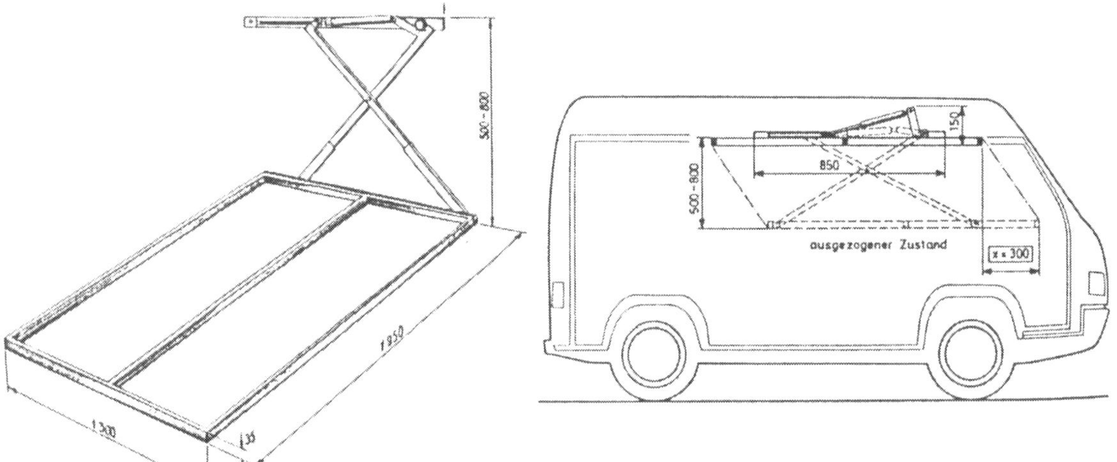

Systemzeichnung eines Hubbetts. Die Schlaffläche wird bei Bedarf von der Hochdachdecke nach unten geschwenkt.

Hier ist das Dachbett abgebaut. Die Verschlußplatte (1) ist in senkrechte Stellung geschwenkt und mit stabilen Riegeln (Pfeile) gesichert.

Aufbauen des Dachbetts: Die Verschlußplatte (3) ist nach unten geschwenkt. Die Ausziehplatte (1) samt aufgelegtem Polster kann jetzt in der seitlichen Führung (Pfeile) nach hinten gezogen werden. Das Polster auf der feststehenden Bettplatte (2) bleibt in unveränderter Position.

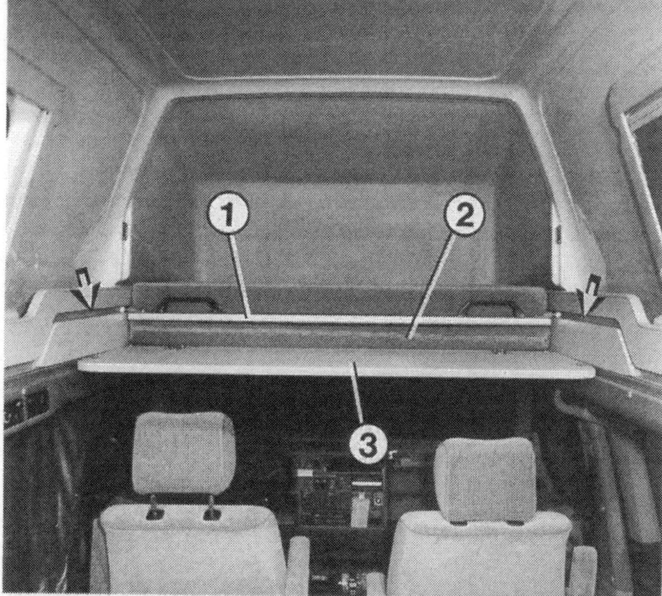

Fertig aufgebautes Dachbett: Die Ausziehplatte (1) samt Polster (2) ist auf Endstellung ausgezogen. Beide Teile schließen jetzt an das Polster der festen Platte (3) an.

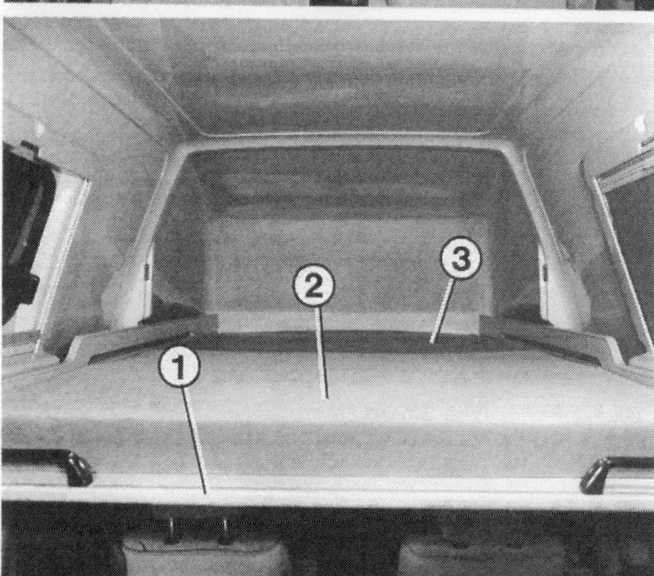

Alle Teile stabil verankern

Eine stabile Verankerung aller Teile ist unumgänglich, wenn die Unfallsicherheit erhalten bleiben soll. Die Bett-Bretter sind schwer, und entsprechend hoch ist das Verletzungsrisiko.
Stabile Scharniere mit ebenso stabiler, durchgehender Verschraubung sind gefordert. Klavierband-Scharniere taugen nur für Omas Nähkästchen. Spanplatten sind hier – wie überall im Wohnmobil – untauglich. Die Riegel des Hochdachbett-Sicherungsbretts müssen ebenfalls von stabiler Ausführung sein.

Stoffe und Polsterung

Nach dem Erörtern der Basiskonstruktionen kommen wir nun zum gemütlichen Teil, den Polstern und Bezügen.

Schwer entflammbar

Für den Wohnmobilausbau kommen nur schwer entflammbare Stoffe in Frage. Heimtextilien sind das generell. Im Zweifelsfall Brennprobe durchführen: An einem senkrecht gehaltenen Stoffstreifen dürfen sich die Flammen nicht schneller als 110 mm pro Minute emporhangeln. Besser ist es, wenn die Flamme erlischt.

Schaumstoff für Sitzpolster

Für Sitz- und Schlafpolster eignet sich am besten ein relativ hart geschäumter Schaumstoff von etwa 10 cm Dicke. Lediglich bei Kinderbetten oder Notbetten (etwa im Aufstelldach) können Kompromisse bei der Materialstärke eingegangen werden.
Die Härte des Materials und damit das Maß, wie dicht es geschäumt ist, drückt sich im Raumgewicht aus. Das soll für unsere Belange 35–46 kg/m³ betragen. Bei schweren Personen eignet sich das dichter geschäumte Material, leichtgewichtigere werden Schaumstoff mit niedrigerem Raumgewicht bevorzugen. In keinem Fall darf sich der Körper beim Liegen bis zur harten Unterkonstruktion durchdrücken. Deshalb muß auch bei dünneren Polstern das härter, also dichter geschäumte Material zur Anwendung kommen.
In diesem Zusammenhang: Das beste Schaumstoffmaterial nützt nichts, wenn die Unterkonstruktion nicht absolut gerade ist. Der kleinste Knick in der Fläche wirkt beim Schlafen unkomfortabel. Das registrieren Sie spätestens am Morgen, wenn der Rücken schmerzt.
Schaumstoff verkaufen Wohnwagen- und Wohnmobilausstatter oder Spezialgeschäfte (Branchen-Telefonbuch). Das Material liegt meist in Platten mit 1,00–2,00 m oder 1,30–2,00 m vor, von denen dann das passende Maß abgeschnitten wird. Es lassen sich aber auch zu kleine Platten oder Verschnitt aneinanderkleben.

Der richtige Bezugstoff

Polsterstoffe im Auto – speziell im Wohnmobil – müssen starken Beanspruchungen standhalten können. Sie sollten pflegeleicht, schmutzunempfindlich und farbecht sein. Ebenso dürfen sie sich nicht verziehen. Damit der Stoff diesen Anforderungen gerecht wird, müssen wir auf geeignetes Garn und die richtige Bindung achten. Auch die Farbe spielt eine Rolle.
Das Garn – also, die Fäden aus denen der Stoff besteht – kann die unterschiedlichsten Eigenschaften besitzen:

Garnmaterial	Eigenschaften
Naturfaser (Baumwolle)	reißfest, waschbar, luftdurchlässig, saugfähig, nur wenig elastisch
Chemiefaser (Viskose, Acetat, Polyamid, Polyester, elastische Garne)	schmutzabweisend, knitterarm, pflegeleicht, reißfest, formbeständig, schnell trocknend, elastisch, sehr hitzeempfindlich

Ein Stoff aus 100% Baumwolle wäre zwar recht angenehm, weil er atmungsaktiv und saugfähig ist, dafür wäre er aber hart und knitterempfindlich. Ein reiner Synthetikstoff würde zwar immer gut aussehen und wäre auch weit haltbarer, dafür würde man an heißen Tagen schweißgebadet draufsitzen.
Die Lösung heißt deshalb Mischgewebe. Ein Stoff, der sowohl aus Natur- wie auch aus Chemiefasern besteht, verbindet die positiven Eigenschaften beider Werkstoffe. Viele Heimtextilstoffe bestehen aus Mischfasern, doch eben längst nicht alle, die für unsere Zwecke in Betracht kämen.
Ideal für das Wohnmobil ist ein Mischgewebe aus ⅔ Natur- und ⅓ Chemiefasern. Denn gerade für diesen Einsatzzweck ist Saugfähigkeit und gute Luftdurchlässigkeit wichtig.

Die Bindung

Fast ebenso wichtig wie die Wahl des Garns ist die Verwendung der richtigen Stoffbindung. Man versteht darunter die Art, mit der die Fäden zu einem Stoff zusammengewoben wurden. Da gibt es unzählige Varianten, doch nicht alle eignen sich für das Wohnmobil.

Ob sich ein Stoff für die Verwendung im Wohnmobil eignet, können Sie durch eine Brennprobe leicht selbst ermitteln. Die Flammen sollen sich nach TÜV/DEKRA-Anforderungen nicht schneller als 110 mm pro Minute emporhangeln. Beachten Sie bei diesem Versuch die nötigen Sicherheitsregeln. Test im Freien durchführen, Stoff mit einer Zange halten, Wassereimer bereitstellen.

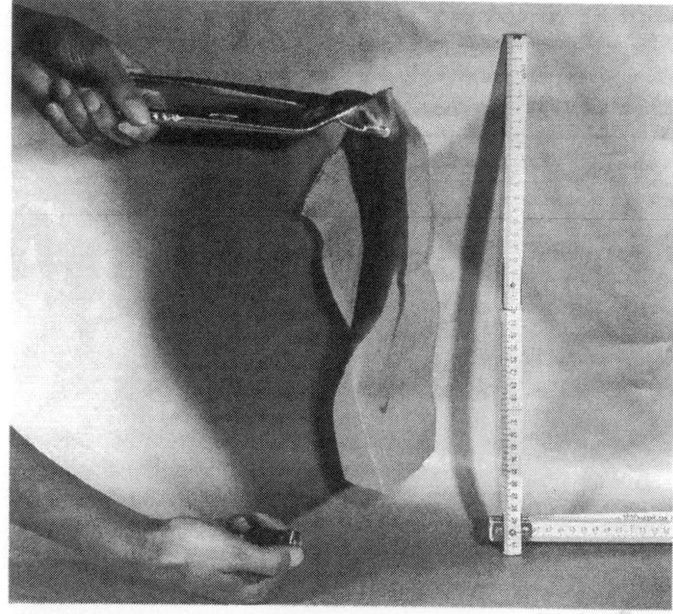

Eine einfache und zugleich robuste Bindung ist die Leinenbindung, die wir vom Jutesack her kennen. Ein solcher Stoff erfüllt alle unsere Anforderungen, als da wären:

- Dichte Webart
- Kein kompliziertes Webmuster (Festigkeit leidet)
- Keine lose hängenden Fäden (wie bei Velours, Cord)
- Gleiche Zugfestigkeit in beide Zugrichtungen (ganz entscheidend fürs Beziehen)

Sofern Sie einen Stoff mit anderer als Leinenbindung wählen, sollten Sie unbedingt auf diese Eigenschaften achten. Bestes Beispiel für ein ungeeignetes Material liefert Cord, der im Laufe der Zeit »speckig« wird und »Haarausfall« bekommt. Überdies setzt sich zwischen dem Flor bevorzugt Schmutz und Staub ab.

Färbung

Stoff in der benötigten Qualität ist fast immer eingefärbt; bedruckte Stoffe sind meist für unsere Zwecke zu dünn. Wir brauchen uns deshalb über die Färbemethode keine Gedanken zu machen. Bleibt noch die Wahl der Farbe: Helle Polster lassen den Innenraum größer erscheinen, dunkle Farben engen ein. Es muß also ein Kompromiß zwischen nicht zu dunklen und doch nicht allzu schmutzempfindlichen Bezügen gefunden werden.

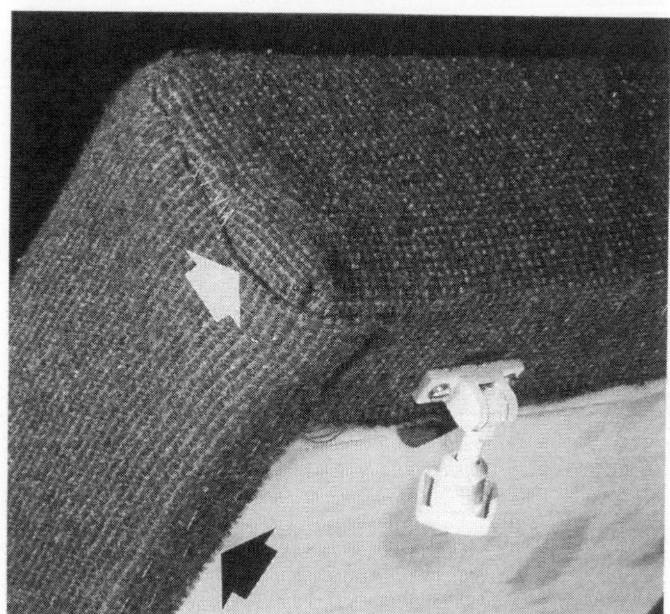

Das Bild zeigt, wie die Sitzfläche der Klappsitzbank bezogen ist: Erst wird der Stoff von hinten nach vorn gespannt und festgetackert. Was seitlich an Stoff übersteht, wird eingeschlagen (weißer Pfeil). Dann kann der Stoff an der Seite der Sitzbank festgetackert werden (schwarzer Pfeil). Zum Schluß die Stofflagen an der Ecke mit einer groben Naht zusammenheften.

Fingerzeige: **Möbelstoffe gibt es in unterschiedlichen Breiten zu kaufen. Wollen Sie eine Sitzgelegenheit in der ganzen Wagenbreite beziehen, werden Sie freilich keinen Stoff finden, der breit genug ist. Dann muß angestückelt werden. Anders ist es bei einer schmalen Klappsitzbank, die neben einem Seitenschrank steht. Da können 1,40–1,60 m breite Stoffe für den Bezug reichen.**
Auf der Suche nach einem geeigneten Polsterstoff können Sie auch bei einem Autosattler vorbeischauen. Dort findet sich meist ein kleines Sortiment von Auto-Sitzbezugsstoffen.

Polster beziehen

Entscheiden Sie zuerst, ob Sie die Polster fest installieren wollen oder ob sie abnehmbar sein sollen. Für zugelassene Sitzplätze verlangt der TÜV/DEKRA eine feste Verbindung zwischen Polster und Unterkonstruktion. Akzeptiert wird ein Klettband als Halterung – besser ist direktes Befestigen des Stoffes am Sitzbrett.
Nach dieser Methode richtet sich auch die nachfolgende Beschreibung, bei der eine Klappsitzbank und das dazugehörige Verlängerungspolster bezogen wird.

Fingerzeig: **Den Bezugstoff aus dem Wohnbereich können Sie auch zum Beziehen von Fahrer- und Beifahrersitz verwenden. Dort genügt es, ggf. die Stoff- oder Kunstleder-Sitzflächen gegen solche aus dem Stoff Ihrer Wahl auszutauschen. Wenn Sie das paßgenaue Einnähen und das Demontieren der Bezüge scheuen, kann das auch der Autosattler erledigen.**
Umgekehrt läßt sich der Bezugstoff der Vordersitze auch für den Wohnbereich verwenden. Nachteilig ist nur, daß die Bestellung dieses Stoffes ein umständliches Prozedere ist: Zunächst muß der Lagerist bei Ihrem VW-Händler den Datenträger im Wartungsheft Ihres Wagens kopieren und an sein regionales Vertriebszentrum faxen. Dort wird dann nachgesehen, ob für diesen Stoff schon eine Teile-Nummer existiert. Wenn ja, kann der Stoff als Meterware in gängiger Breite bestellt werden, wobei noch in Seitenbahnen und Mittelbahnen unterschieden wird. Existiert keine Teile-Nummer für den Stoff, muß beim VW-Werk eine solche beantragt werden, was allein ca. 600 DM kostet. Ob es sich dann noch lohnt?

Klappsitzbank

Den Bezugsstoff zunächst an der Sitzfläche hinten bzw. an der Lehne oben befestigen. Das kann mit Polsternägeln oder den Metallklammern aus dem Elektrotacker geschehen. Jetzt das Schaumstoffpolster auflegen, den Stoff darüberziehen und an der Sitzfläche vorn bzw. an der Lehne unten festnageln. Dabei muß der Stoff schön gleichmäßig gespannt werden.
Die Ecken des Bezugs schlagen Sie nun nach innen ein und befestigen die beiden Seitenkanten des Stoffes an Sitzfläche oder Lehne. Bei Verwendung von Tackerklammern sollten Sie den Befestigungsstreifen mit Isolierband oder einem Schmuckband abdecken.

Fingerzeig: **Am einfachsten geht das Beziehen der Klappsitzbank, wenn sich die Bretter der Lehne und der Sitzfläche leicht von den Klappscharnieren abschrauben lassen. Dazu müssen aber die Bretter mit**

Bezugsstoffe kauft man preisgünstig im Spezialladen, beim Raumausstatter oder in der entsprechenden Abteilung im Kaufhaus.

Einschlagmuttern für die Befestigungsschrauben versehen sein. Denn nach dem Beziehen können die Muttern – die ja unter der Polsterung sitzen – nicht mehr gegengehalten werden.

Verlängerungspolster

Das Polster für die Konsole hinter der Klappsitzbank muß so gezogen sein, daß der Stoff straff auf dem Schaumstoffkern sitzt. Dazu wenden wir folgenden Trick an:
Bezugstoff ohne Nahtzugabe zuschneiden. Der unvernähte Bezug ist dann genauso groß wie der Schaumstoffblock. Durch das anschließende Zusammennähen fällt er etwa 2 cm kleiner aus, weil die Nähte nicht genau an der Stoffkante, sondern ein wenig nach innen versetzt verlaufen. Das genügt, um den Stoff immer gut gespannt zu halten.
Einige Geduld erfordert das Einschieben des Schaumstoffpolsters in den neuen Bezug. Am bestan faltet man dazu das Polster etwas zusammen und versucht dann, es im Bezug wieder in gestreckte Form zu bringen.

Polster reinigen

Auch bei fest montierten Polstern läßt sich eine wirksame Reinigung vornehmen: Mit einem Teppichreinigungsgerät wird der Bezug wieder wie neu. Es sollte sich dabei aber um ein Gerät handeln, das Reinigungsflüssigkeit in den Stoff sprüht und diese im Anschluß sofort wieder aussaugt (wie beispielsweise das Reinigungsgerät von Kärcher). Solche Reinigungsgeräte kann man in Kleiderreinigungen oder Fachgeschäften für Teppichböden ausleihen.
Verwenden Sie aber unbedingt ein mildes Reinigungsmittel – also nicht dasselbe, wie für Teppichböden! Sonst besteht die Gefahr, daß sich die Struktur des Gewebes auflöst.

Inkognito

Neben der Funktion als Gemütlichkeits-Spender haben die Vorhänge auch einige sachliche Funktionen zu erfüllen.

Der Vorhangstoff

Wie für die Polster kommen auch für die Vorhänge nur schwer entflammbare Stoffe in Frage. Heimtextilien sind das generell. Im Zweifelsfall Brennprobe durchführen, wie im Kapitel »Die Schlafstatt« beschrieben.
Auch für die Wahl des Vorhangstoffes gilt sinngemäß dasselbe wie für die Sitzbezüge. Mischgewebe eignet sich am besten, doch für die Vorhänge darf der Synthetik-Anteil höher sein, als es für Sitzbezüge wünschenswert ist. Damit der Vorhang auch wirklich seinen Zweck erfüllt, sollte er möglichst wenig Licht durchdringen lassen. Der Stoff muß deshalb aus dickem Garn bestehen und dicht gewebt sein. Auch die Farbe ist entscheidend – dunkle Farben absorbieren mehr Licht. Einfache Prüfmethode beim Kauf: Den Stoff vor eine Lampe halten.

Fingerzeig: Besonders wichtig sind lichtdichte Vorhänge, wenn häufig wild in der Landschaft übernachtet wird. Denn der beleuchtete Innenraum kann unter Umständen neugierige Zaungäste anlocken.

Vorhänge befestigen

Zum Befestigen der Vorhänge im Wohnraum dienen Aluminiumprofile und/oder sogenannte Spannschnüre. Aber auch Vorhangschienen – ähnlich wie zu Hause – finden zunehmend Verbreitung. Beides gibt es in den schon bekannten Wohnwagen- und Wohnmobil-Ausstattungsläden zu kaufen.

○ Die **Aluleisten** werden auf passende Länge zurechtgesägt und bei Bedarf gebogen. Anschließend bohrt man an den Enden Löcher für die Befestigungsschrauben. Zwischen Leiste und Fahrzeugblech sollte man eine Distanzhülse oder eine kleine Mutter zwischenlegen, damit das Aluprofil etwas Abstand zur Seitenwand hat und somit der Stoff auch wirklich bis zum Anschlag zurückgeschoben werden kann. Oder Sie erzeugen den Abstand durch Zurechtbiegen der beiden Enden.

○ Die **Spannschnüre** sind gewissermaßen kunststoffummantelte Zugfedern. Sie können mit einem scharfen Seitenschneider auf Maß gekürzt werden. Sorgen Sie dafür, daß der Strang »auf Zug« eingebaut wird; also etwas kürzer als gebraucht abschneiden und den Rest durch Federweg ausgleichen. Zum Befestigen werden an beiden Enden die zugehörigen Ösen eingedreht. Auch hier ist ein kleiner Abstand zum Blech wünschenswert, deshalb an der Verschraubung eine kleine Mutter oder Distanzhülse unterlegen. Oder man verwendet die im Bild rechts unten gezeigten Abstandshalter.

○ Auf **Vorhangschienen** lassen sich die Vorhänge besonders leicht bewegen. Die Schienen müssen auf einer stabilen Unterlage montiert werden. Achten Sie darauf, daß sich die Vorhänge zum Waschen leicht abnehmen lassen.

Verschiedene Befestigungsmethoden

Die Bilder auf diesen Seiten zeigen verschiedene Methoden, die Vorhänge im Wohnraum zu befestigen. Alle Versionen verfolgen denselben Zweck: Oben soll der Vorhang geführt sein und sich leicht hin- und herschieben lassen. Unten soll er nicht nach innen hängen, was ohne zusätzliche Befestigung der Fall wäre, da die Seitenfenster unten leicht nach außen geneigt sind.

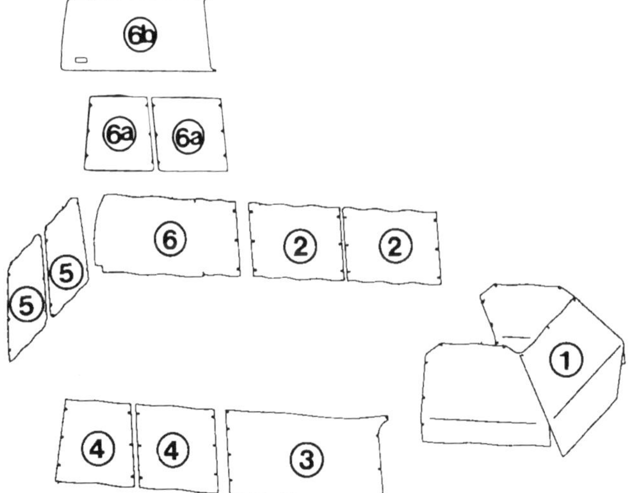

Die Zeichnung zeigt eine sinnvolle Aufteilung der Vorhänge. Es bedeuten:
1 – Fahrerhausvorhang in einem Teil;
2 – Vorhang links gegenüber der Schiebetür in zwei Teilen;
3 – Vorhang an der Schiebetür in einem Teil;
4 – Vorhang hinten rechts in zwei Teilen;
5 – Vorhang Heckklappe/-türen in zwei Teilen;
6 – Vorhang hinten links in zwei Teilen (bei freiem Fenster)
6a – Vorhang hinten links in einem Teil (bei Fenster hinter einem Schrank)
6b – feste Blende hinten links (bei Fenster hinter einem Schrank).

Der Vorhang für das linke vordere Wohnraumfenster ist hier in zwei Teilen (1 und 2) vorgesehen. Während er oben in Vorhangschienen läuft, ist er an der Seite blickdicht mit Druckknöpfen (Pfeile) an der Karosserie befestigt.

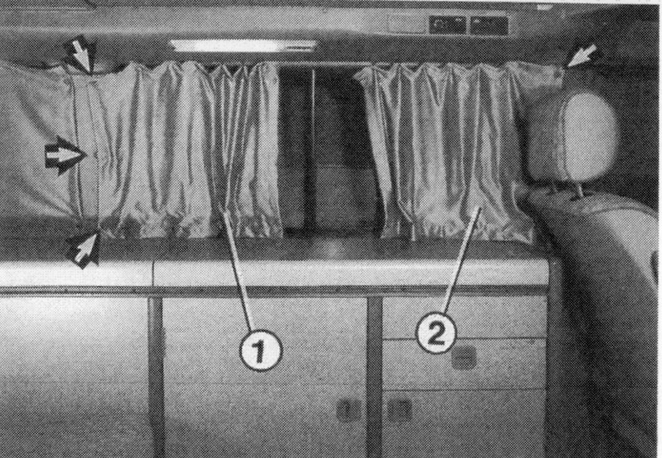

Hier sind einige Befestigungsteile zusammengestellt zum Montieren des Vorhangs in Schienen. Die gezeigten kleinen Ausführungen gibt es oft nur beim Wohnmobil-Ausstatter.

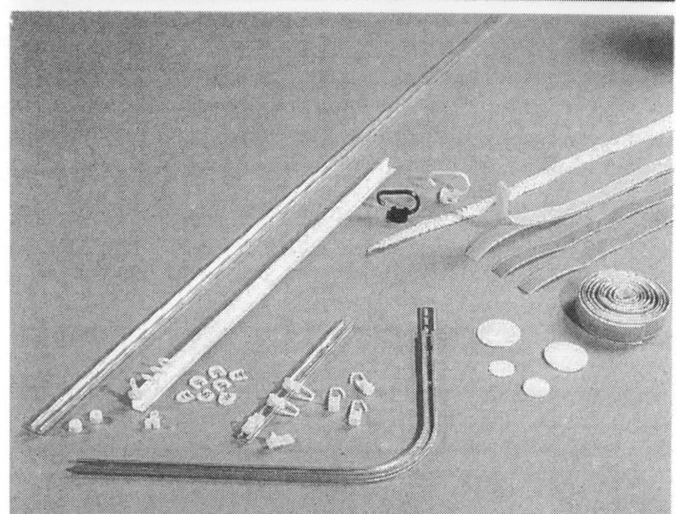

Einfache, aber brauchbare Vorhangbefestigung: Oben läuft der Vorhangsaum auf einer Alu-Schiene, den unteren Vorhangsaum hält eine Spannschnur.

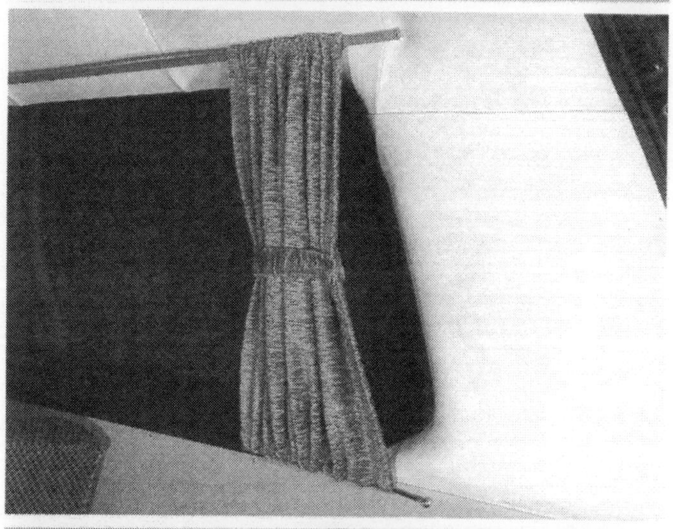

Teile zur Vorhangbefestigung mit Spannschnüren. Die Spannschnüre werden entweder mit Haken bzw. Ösen an den Enden befestigt oder man hängt sie in die gezeigten Kunststoff-Abstandshalter ein.

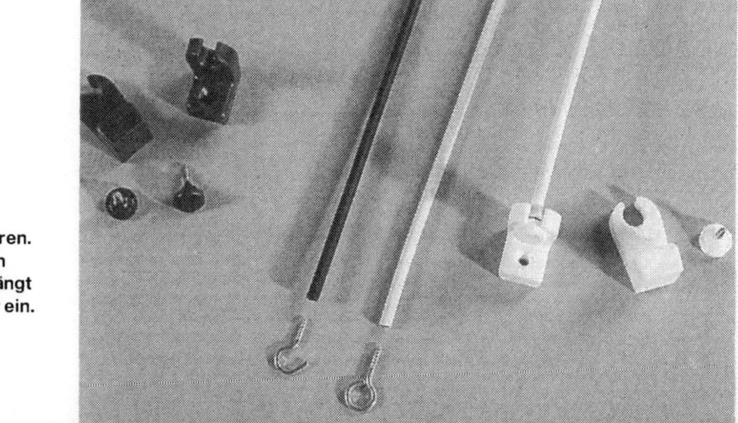

Hier die verschiedenen Befestigungsmethoden:

○ Der **obere** Vorhangsaum läuft auf einer Gardinenlaufschiene (wie zu Hause).

○ Der **obere** Vorhangsaum läuft auf einer Aluminiumschiene.

○ Der **obere** Vorhangsaum wird von einer Spannschnur gehalten.

○ Der **untere** Saum hängt frei. Dafür wird der Vorhang im geschlossenen Zustand hinter eine parallel zur Fenster-Unterkante verlaufende Spannschnur gesteckt.

○ Oder im **unteren** Vorhangsaum läuft eine Spannschnur, die den Vorhang an der Unterseite parallel zur Seitenwand laufen läßt.

○ Oder der **untere** Saum wird durch seitliche Druckknöpfe gestrafft.

Sonderfall Schiebetür

Der Vorhang für das Schiebetürfenster kann auf unterschiedliche Weise montiert werden:

○ Wird er **an der Schiebetür** montiert, muß er unten mit einer Spannschnur gehalten werden. Leider besteht bei dieser Art der Befestigung die Gefahr, daß der Vorhang bei jedem Öffnen der Tür den Schmutz von Türrahmen und Seitenwand abreibt und sich entsprechend verschmutzt.

○ Bei **Befestigung am Türrahmen** muß eine Aluminiumschiene oder eine Vorhangschiene parallel zur oberen Schiebetürführung montiert werden. Unten muß in den Vorhang ein Gummizug eingenäht sein, den man bei geschlossener Gardine vorn am B-Pfosten einhängt.

Sonderfall Heckklappe

Die Vorhänge an der Heckklappe müssen in jedem Fall auch an der Unterkante auf einer Aluminiumschiene oder Spannschnur laufen. Sonst würde sie beim Öffnen der Klappe nach unten hängen. Am besten befestigt man Schiene oder Spannschnur in Scheibenmitte nochmals am Rahmen. Der Vorhang muß dann in eine rechte und eine linke Hälfte geteilt werden. Das ist vorteilhaft, weil so beim Zurückschieben nicht zu viel Stoff auf einer Seite gerafft werden muß.

Sonderfall Fahrerhaus

Mancher spart sich die Vorhänge für die Fahrerhaus-Fenster und läßt nur einen Vorhang quer hinter den Vordersitzen verlaufen. So ist zwar der Wohnraum nach vorn hin abgeschlossen, doch der Innenraum wird optisch ganz entscheidend verkleinert. Die Vordersitze können außerdem nicht mehr als Kleiderablage benutzt werden, und bei einem Fahrzeug mit Drehsitz fällt diese Sitzmöglichkeit zumindest abends weg.

Zur großzügigeren Lösung, das Fahrerhaus auch bei geschlossenen Vorhängen in den Wohnraum mit einzubeziehen, kann nur geraten werden. Die Vorhänge müssen dann direkt an den Scheiben entlang verlaufen. Allerdings können wir im Fahrerhausbereich keine Vorhangschienen und Spannschnüre gebrauchen. Hier helfen uns Druckknöpfe, deren Oberteil im Stoff befestigt wird. Das Unterteil können Sie an der Karosserie mit Blechschrauben befestigen. Solche Druckknöpfe gibt's beispielsweise beim Autosattler. Er verwendet sie zum Befestigen der Verdeckpersenning von Cabrios.

Vier dieser Druckknöpfe (Unterteil) werden oben an den vier Türpfosten des Fahrerhauses (A- und B-Pfosten) angeschraubt. Je ein weiterer kommt oben in Scheibenmitte der Seiten- und der Windschutzscheibe (Bild oben auf der gegenüberliegenden Seite). Daran wird der Vorhang zunächst einmal aufgehängt. Bedingt durch die Außenwölbung der Karosserie hängen die hinteren Vorhangenden unten ein Stück nach innen. Um das zu vermeiden, wird hier auf jeder Seite ein weiterer Druckknopf montiert. Als letzte Problemzone bleibt jetzt noch die Oberkante der Windschutzscheibe. Hier sollte ein Gummizug in den oberen Vorhangsaum eingenäht werden, der den Stoff ein wenig strafft.

Kleine Raffinessen

○ Die zugezogenen Vorhänge lassen – wenn sie in der Mitte geteilt sind – immer einen kleinen Lichtspalt frei. Dem kann durch einen kleinen Druckknopf abgeholfen werden, der beide Vorhanghälften zusammenhält.

○ Im geöffneten Zustand können die Vorhänge durch ein Band gehalten werden, damit sie während der Fahrt nicht wieder vors Fenster rutschen.

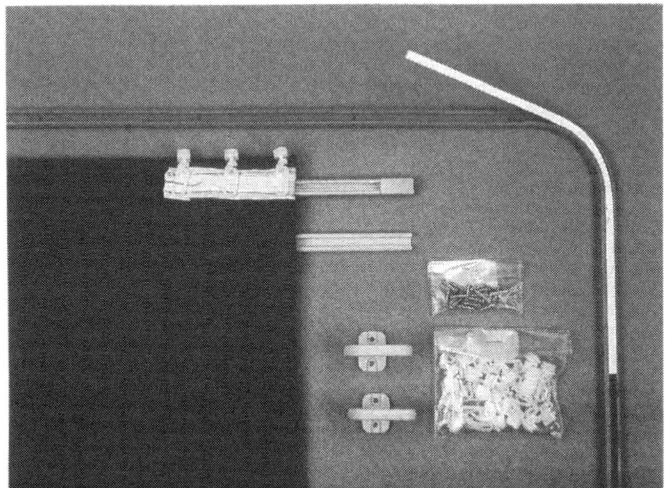

Die Vorhangrollen sind hier mit einem Vorhangband am Stoff befestigt. Ferner zu sehen sind verschiedene Teile der Vorhangbefestigung und ein sogenannter Biegekeder, der vor dem Biegen in die Vorhangschiene mit eingelegt werden muß, damit die Seitenwangen der Schiene den gleichen Abstand behalten.

Perfekte Vorhangbefestigung an der Heckklappe. Der Vorhang ist zweigeteilt und wird von je einer Stofflasche (2) mit Druckknöpfen in geöffneter Stellung gehalten. Geführt ist er bei diesem Wagen mit je einer Vorhangstange oben (1) und unten (3).

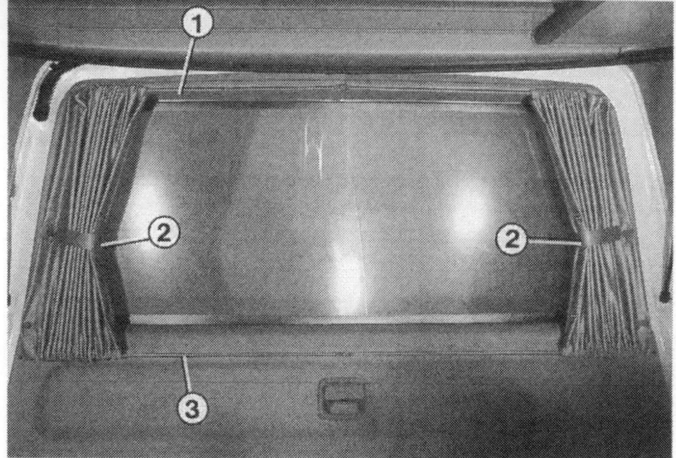

Dieses Bild veranschaulicht, weshalb der Vorhang an der Heckklappe unbedingt oberhalb sowie unterhalb der Heckscheibe befestigt werden muß. Der Vorhang würde sonst beim Öffnen der Heckklappe nach unten hängen. Die Pfeile zeigen auf die Abstandshalter, in denen die Spannschnüre befestigt sind.

Vorhangbefestigung direkt an der Schiebetür. Die Pfeile zeigen die Anschraubpunkte der Spannschnüre.

Vorhangbefestigung im Fahrerhaus. Die Pfeile deuten auf einige der Stellen, an denen der Vorhang mit Druckknöpfen befestigt werden muß.

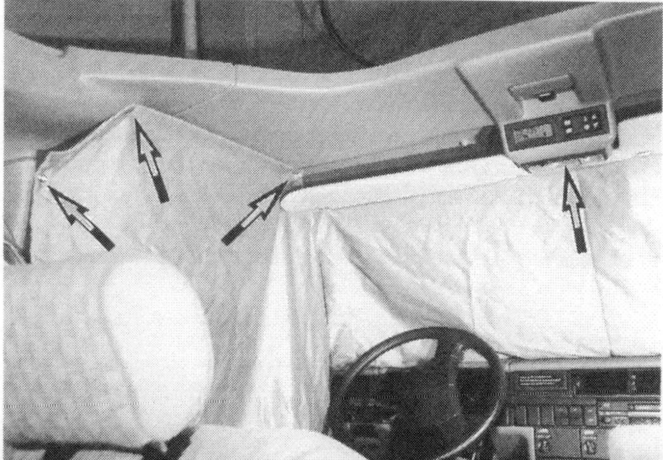

Die beiden Seitenfenster-Vorhänge sind an diesem Fahrzeug mit Spannschnüren oben und unten befestigt. In geöffnetem Zustand werden sie von einer Lasche mit Druckknopf gehalten, wie hier gezeigt.

○ Das Raffen des Stoffes geht leichter, wenn man anstelle des Bandes eine Lasche mit Druckknopf seitlich am Fensterrahmen festschraubt. Lasche um den Vorhang legen und mit Druckknopf befestigen – fertig.

Rollos anstelle von Vorhängen

Wem Vorhängchen zu niedlich sind oder wer das Gezupfe beim Zurückziehen leid ist, denkt zwangsläufig irgendwann an die Installation von Rollos.
○ Leider klappt das allenfalls an den Seitenfenstern des Wohnraums.
○ Die Heckklappenscheibe ist oben schmäler als unten. Da würde also nur ein unten angebrachter Rollo-Mechanismus passen und der Stoff müßte schräg zugeschnitten und oben eingehängt werden. Recht umständlich also.
○ Schwierig wird es auch an der Schiebetür: Der Rollo-Mechanismus könnte beim Öffnen der Tür an den Rahmen anschlagen. Bleiben also nur drei Fenster als rollo-geeignet übrig.
○ Günstiger sieht es in Sachen Rollo aus, wenn in einen Kastenwagen nachträglich Isolierfenster eingebaut wurden. Die sind bisweilen sogar genau auf die Montage von Rollos abgestimmt, oder man kann einen Innenrahmen dazukaufen, in den bereits ein Rollo integriert ist.
○ Sehr praktisch sind auch die Kombinations-Rollos, die beim Zurückschieben des Stoffteils sofort einen Fliegengaze-Teil nachziehen. Natürlich können auch beide Rollo-Teile versenkt werden – etwa um das Fenster zu öffnen.

Fingerzeig: **Wenn schon Rollo, dann sollte es ein Sonnenschutz-Rollo sein, das auf der Außenseite aluminiumbedampft ist. So wird ein Großteil der Sonnenstrahlen reflektiert, und im Wageninnern wird's nicht ganz so warm.**

Reflexionsmatten

Speziell für die Innenmontage im Fahrerhaus bietet der Wohnmobil-Fachhandel passend zugeschnittene Reflexionsmatten für den VW-Bus an. Die lassen sich sehr gut mit Sonnenschutz-Rollos im Wohnteil kombinieren.
Doch auch die anderen Fenster können Sie mit Reflexionsmatten abdunkeln bzw. vor Sonneneinstrahlung und der damit verbundenen Aufheizung schützen. Diese Matten werden dann meist von außen über die Scheiben oder sogar über das ganze Fahrzeug gespannt.

Fliegengaze

Manche Reiseländer sind für ihre abendliche Stechmückenplage bekannt. Zumindest die zu öffnenden Fenster im Wohnbereich sollten Sie deshalb mit einem Fliegengitter versehen können. Wo das nicht schon im Fenster vorgesehen ist, können Sie die Gaze mit Klettband versehen und am Fensterrahmen »fliegendicht« befestigen. Manchmal kann sich Fliegengaze sogar für den gesamten Schiebetürausschnitt lohnen. Etwa dann, wenn man sich abends noch bei offener Tür im Bus aufhalten will, ohne von den Stechmücken aufgefressen zu werden.

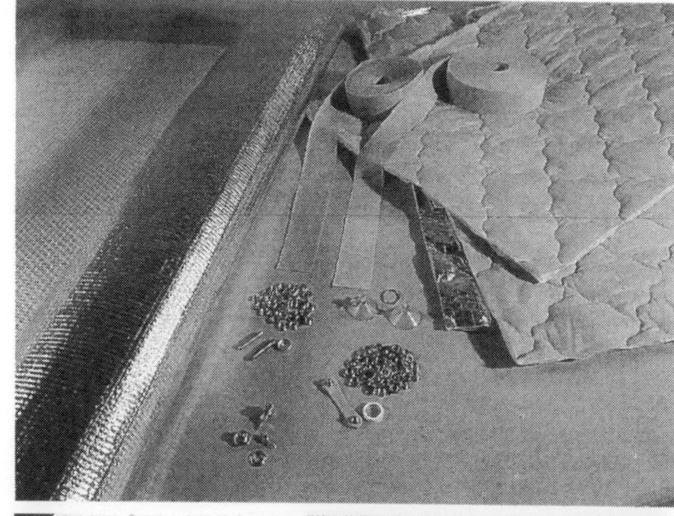

Reflexionsmatten lassen sich aus Meterware mit Hilfe von Einfaßband und Druckknöpfen relativ leicht in Eigenregie herstellen. Die Einzelteile liefert der Wohnmobil-Ausstatter.

Speziell für das Fahrerhaus des T4 gibt es auch fertig zugeschnittene Reflexionsmatten.

Fliegengaze schützt den Innenraum vor den lästigen kleinen Mitbewohnern.

Zum Mitnehmen

Fertigmöbelsätze und Möbelbausätze gibt es für den VW-Bus in Hülle und Fülle. Da muß zwar etwas tiefer in die Tasche gegriffen werden, doch dafür spart man sich eine Menge Zeit und Ärger.

Eine prinzipielle Entscheidung

Ob man komplett selbst baut oder auf Möbelbausätze bzw. Fertigmöbel zurückgreift, wird mehr und mehr zur ideologischen Entscheidung.

Kaum Preisvorteile

Mit Ersparnisgründen kann man kaum noch für den Selbstbau argumentieren, denn nicht selten sind einfache Bausätze unter dem Strich nicht viel teurer als der reine Selbstbau. Das hat folgende Gründe: was vom Heimwerker umständlich beschafft werden muß, hat der Möbelhersteller am Lager. Zusätzlich nutzt er die Möglichkeiten des günstigen Einkaufs bei Abnahme großer Mengen. Rechnet man alle Teile, wie Holzplatten, Umleimer, Schlösser und Scharniere zusammen, liegen die fertigen Schränke vom Preis her gar nicht mehr allzu hoch – von der Bewertung der eigenen Arbeitszeit ganz zu schweigen. Wer in der Holzverarbeitung ungeübt ist, muß auch die falsch zugeschnittenen Teile mit ins Kalkül ziehen, die er voraussichtlich produzieren wird.

Zeitersparnis

Außer Frage steht, daß die Zeitersparnis bei einer Fertigeinrichtung gewaltig ist. Das kann zu einem gewichtigen Argument werden, denn nicht selten arbeitet die Zeit gegen den Selbstbauer: Die im Februar begonnene Einrichtung soll ja bis zu der an Pfingsten geplanten Jungfernfahrt fertig sein.
Gerade der ungeübte Holzbearbeiter kann beim Möbelbau sein blaues Wunder in Sachen Zeitkalkulation erleben. Das kann zum Nervenkrieg ausarten, denn auch das sorgfältige Einpassen der Möbel erfordert sehr viel Zeit.
Bedacht werden muß auch, daß das sorgfältige Vorbereiten eines (gebrauchten) VW Transporters einschließlich Einbau des Sonderdaches, der Isolation, der Fenster usw. sehr zeitraubend ist.

Wann lohnt der reine Selbstbau?

Unserer Meinung nach lohnt sich der Selbstbau der Möbel nur, wenn man
- eine ganz individuelle Einrichtungs-Idee verwirklichen will
- im Möbelbau versiert ist und die nötigen Werkzeuge und Maschinen besitzt
- oder entschieden mehr Zeit als Geld hat.

Die Fertig-Einrichtung

Zahlreiche Hersteller bieten fertige Möbel-Komponenten zum nachträglichen Einbau in den VW-Bus an. Das Spektrum ist groß und reicht von Ergänzungseinrichtungen für den Multivan über rustikale Einfach-Einrichtungen bis zur perfekten Komplett-Einrichtung. Genauso gut kann natürlich nur eine zugelassene Schlaf-/Sitzbank als erste Stufe für eine Einrichtung erworben werden.

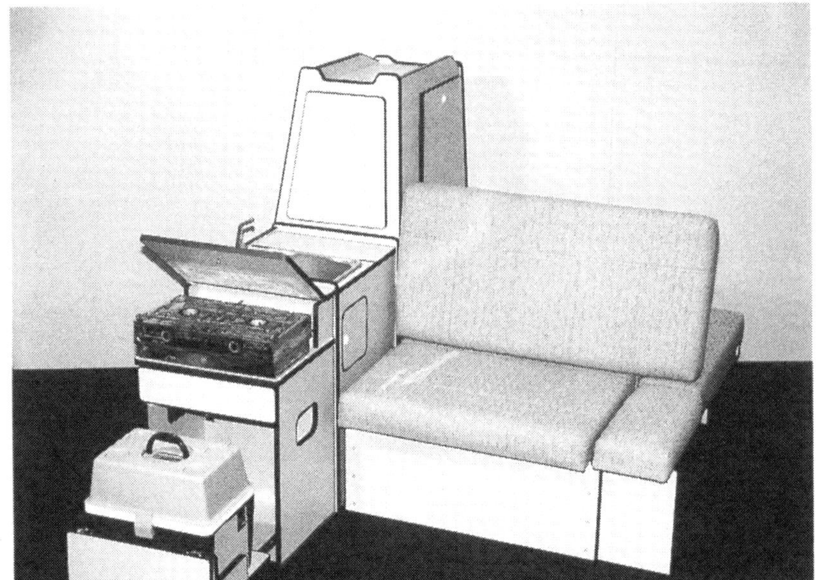

Die Varius-Megavan Basiseinrichtung besteht aus Küchen-, Spülen- und Kleiderschrank sowie der Sitz-/Schlafbank mit Klapplehne (siehe auch Seite 129).

Reimo bietet verschiedene Einrichtungssätze für den T4 an. Hier die sparsam möblierte Ausstattung Alaska KR.

Der Hersteller Schwabenmobil liefert auf Wunsch Möbelsätze, die dem Grundriß seiner Fertigfahrzeuge entsprechen.

Zusätzlich zu der hier abgebildeten fest einzubauenden Einrichtung liefert Fischer auch eine leicht demontierbare Wohn-Ausstattung.

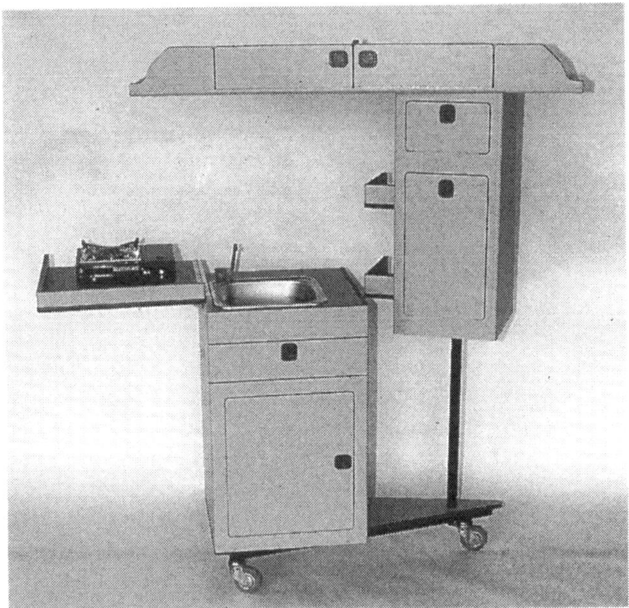

Gedacht als Komplettierung für den Multivan können diese Möbel auch der Grundstock für eine »Kleine Camping-Ausstattung« sein (Fischer).

Gerade bei kleineren Anbietern besteht zusätzlich die Möglichkeit, die Fertig-Einrichtung nach den eigenen Vorstellungen noch etwas zu variieren.

Einzelne Fertigmöbel

Eine gute und salomonische Lösung ist die Verwendung einzelner Fertigmöbel, um die herum gewissermaßen die restliche Einrichtung in Eigenregie gebaut wird. Möbel, die eher problematisch in der Herstellung sind (Beispiel: Küchenblock), erwerben Sie fertig und bauen die fehlenden Schränke dazu.
Wenn Sie die Möbel bei einem kleinen Anbieter erwerben, verkauft der Ihnen sicher auch die identisch beschichteten Möbelplatten dazu. Die fertige Einrichtung sieht dann aus wie aus einem Guß.

Möbelbausätze

Möbelbausätze sind gewissermaßen das Bindeglied zwischen Fertigmöbeln und dem völligen Selbstbau. Bausätze sind ebenfalls von einer Vielzahl von Anbietern zu beziehen. Sie enthalten alle Holzteile, die Sie zum Bau der einzelnen Möbelstücke benötigen. Lediglich den Zusammenbau müssen Sie in Eigenregie übernehmen.
Das bringt gewisse Vorteile, denn die sonst so problematischen Sägeschnitte sind hier bereits einwandfrei ausgeführt. Und auch die Einzelteile passen meist ausgezeichnet zusammen.

Fingerzeig: Eine Einrichtung muß – z.B. bei dünnem Geldbeutel – nicht sofort vollständig angeschafft werden. Stufenweises Vorgehen führt auch zum Ziel. Man könnte beispielsweise zuerst die Schlaf-/Sitzbank und Kleiderschränke einbauen und sich den Küchenblock für später aufsparen.

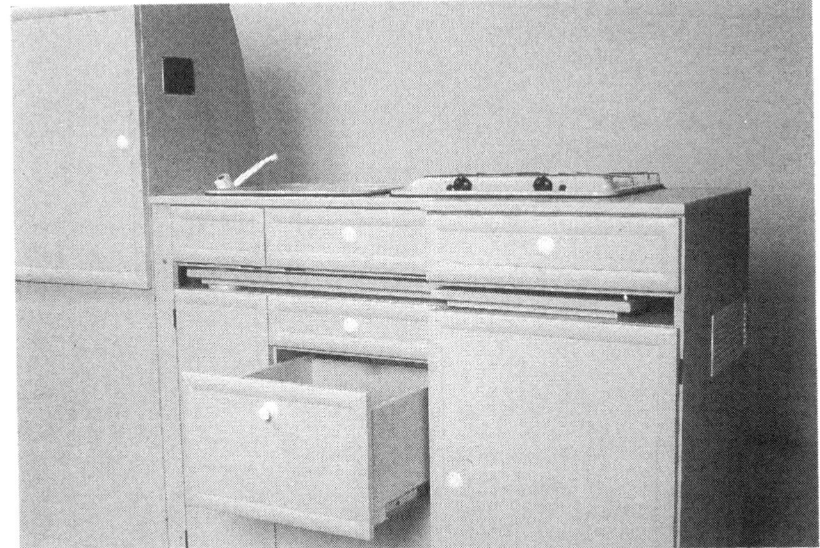

Möbelsatz mit ideenreich integriertem Tisch von Dipa.

BWL in Landau bietet eine einfache, aber ansprechende Standard-Einrichtung zu einem günstigen Preis an.

AAC in Hamburg liefert diese freundliche Möbelgruppe für den T4.

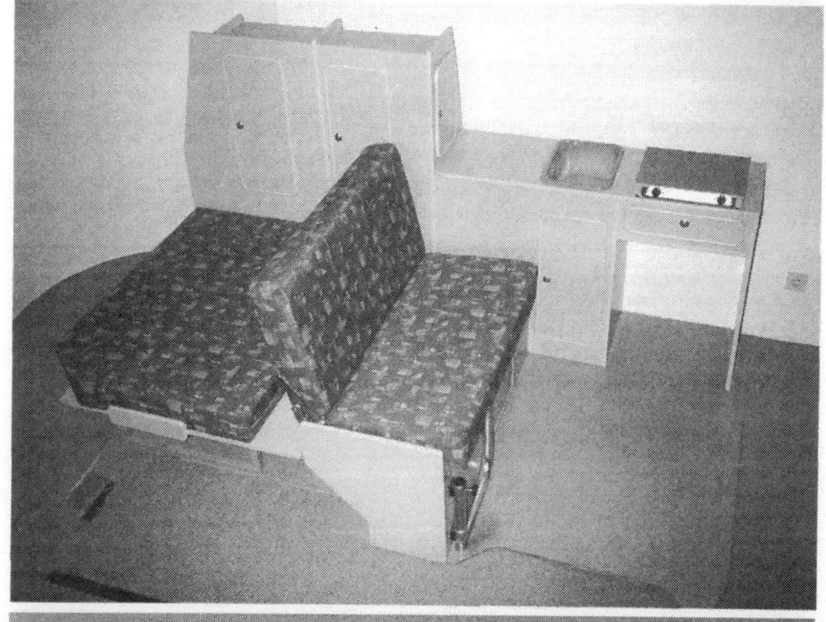

Wer mehr Hang zum Selbstbau entwickelt, kann sich einen Möbelbausatz mit allen zugehörigen Einzelteilen (z. B. Beschlägen und Schlössern) von Reimo erwerben.

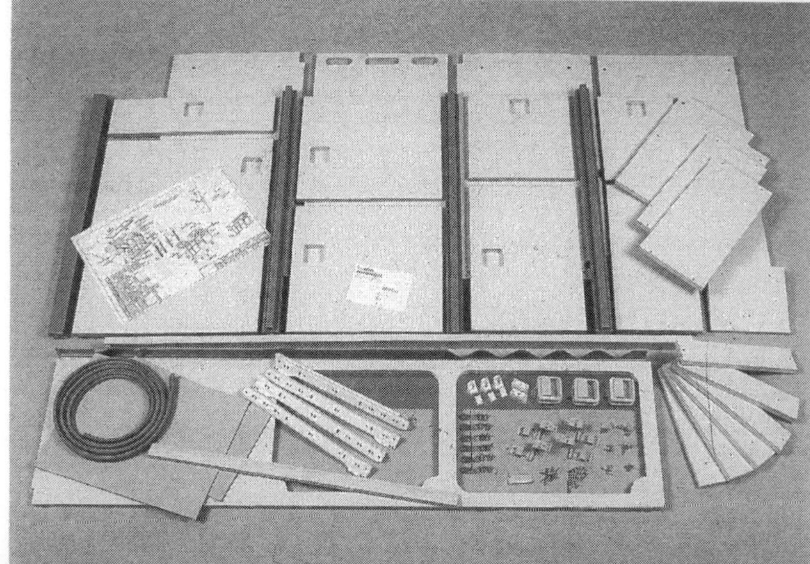

Holzwurm

Dieses Kapitel will Ihnen alle Fertigkeiten zum Selbstbau der Wohnmobil-Möblierung vermitteln. Dazu braucht man kein ausgebildeter Schreiner zu sein, denn die wenigen Material- und Arbeitskenntnisse, die wir brauchen, sind schnell erlernt.

Ein Wort vorab

Bevor Sie Verbundplatten einkaufen und zur Säge greifen, sollten Sie als Alternative das Angebot an fertig zugeschnittenen oder bereits teilmontierten Möbelbausätzen sorgfältig prüfen. Vor allem der Preisvergleich ist interessant. Denn oft sind die Bausätze unterm Strich nicht viel teurer als der reine Selbstbau, siehe dazu auch Seite 144.

Grundkenntnisse

Möbelbau ist zwar keine Hexerei, aber etwas zeitraubend. Einiges schneller geht die Arbeit, wenn keine hohen Ansprüche an die Verarbeitungsqualität gestellt werden. Soll's ordentlich aussehen, wird die Sache arbeitsaufwendiger.

Die eigentliche Arbeit teilt sich im wesentlichen in folgende Einzelbereiche auf:

- ○ Materialauswahl
- ○ Ausführen exakter Sägeschnitte
- ○ Herstellen von stabilen Eckverbindungen
- ○ Einpassen der Teile ins Fahrzeug
- ○ Anbringen der Schranktüren
- ○ Befestigen der Teile im Wagen

Mit dem Lösen dieser Teilprobleme wollen wir Sie im Folgenden vertraut machen.

Kleine Materialkunde

An dieser Stelle sollen einige Holzplattenarten aufgezählt werden, die üblicherweise in Holzhandlungen und Heimwerkermärkten erhältlich sind. Einige eignen sich für den Möbelbau im Wohnmobil, andere sind dagegen unbrauchbar.

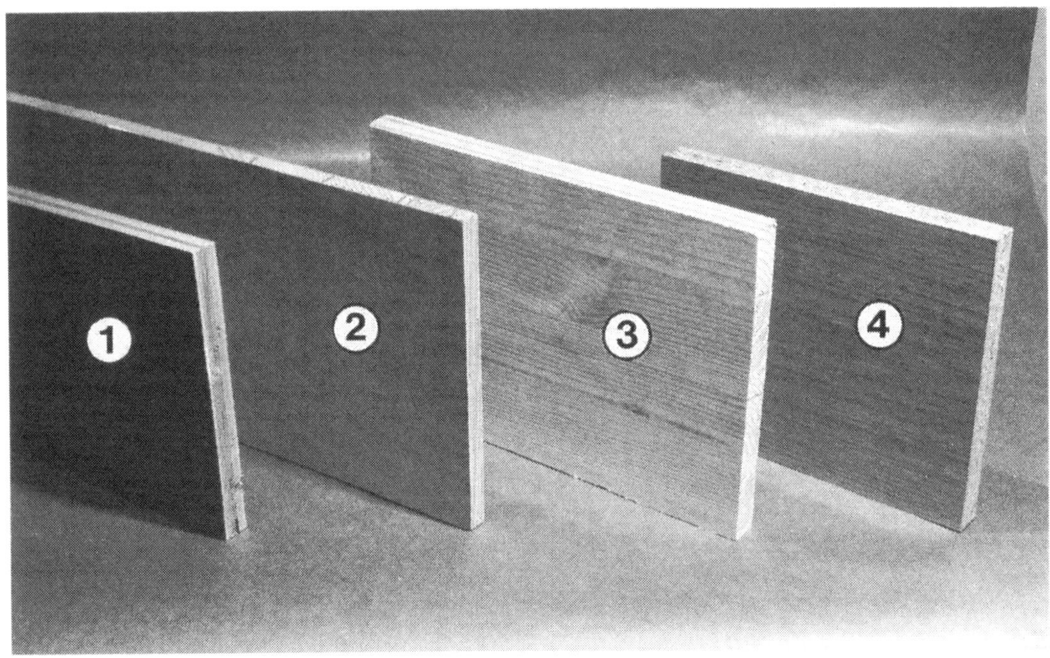

Taugliche und untaugliche Holzplatten nebeneinander: 1 – Pappel-Sperrholzplatte, beschichtet; 2 – Tischlerplatte; 3 – Massivholzplatte; 4 – Preßspanplatte, beschichtet.

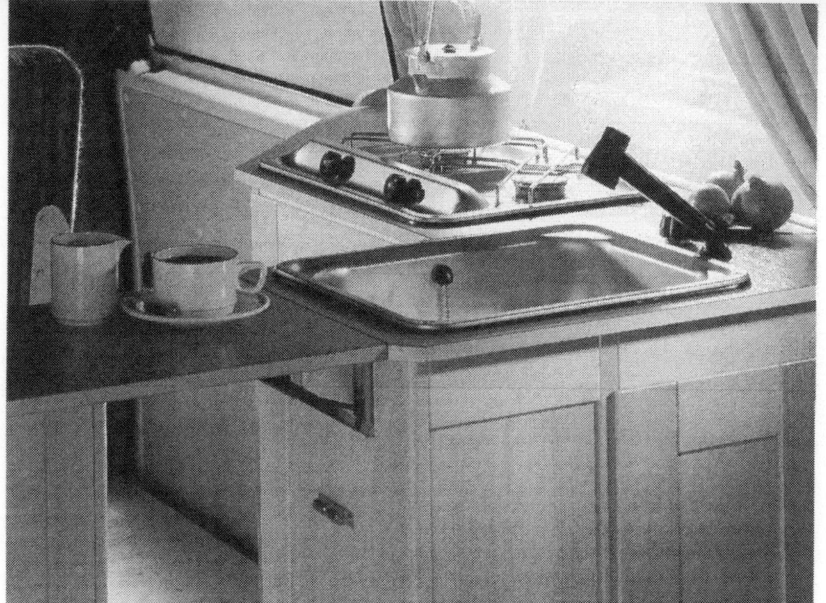

Den Bau einer Echtholz-Einrichtung sollte man dem Profi überlassen, wenn es so sauber aussehen soll wie hier (Schrempf & Lahm).

Preßspanplatten

Diese Holzplatten zählen zu den völlig ungeeigneten Materialien. Zwar sind sie mit den unterschiedlichsten Furnieren und Beschichtungen erhältlich, doch besteht das eigentliche Plattenmaterial aus verleimten Holzspänen. Der hohe Leimanteil dieser Platten macht sie viel zu schwer für unseren Bedarf. Zudem halten Schrauben in diesem Material nicht besonders gut. Vibrationen und Verwindungen, die zwangsläufig bei fahrendem Wagen entstehen, lassen die Spanplatte im Bereich der Verschraubung bröselig werden – die Einrichtung wird instabil. Zudem läßt sich keine ausreichende Unfallsicherheit der Einrichtung erzielen.
Auch der günstige Preis darf Sie nicht verleiten. Preßspanplatten eignen sich ausschließlich für die Verwendung im Wohnhaus, wo das hohe Gewicht nicht stört und keine Vibrationen vorkommen.

Sperrholzplatten

Sie bestehen aus mindestens drei dünnen Holzschichten, die – in der Maserungsrichtung um jeweils 90° versetzt – miteinander verleimt sind. Sperrholz ist ein sehr stabiles Material, das durch den gekreuzten Faserverlauf nicht sehr anfällig gegen Verzug ist.
Üblicherweise erhält man Sperrholz aus »Gabun«-Holz, das durch seine rötliche Farbe auffällt. Sperrholz ist nicht mit Zierfurnieren erhältlich. Es muß daher bei Bedarf nachträglich furniert werden (siehe übernächsten Abschnitt), oder man behandelt die vorhandene Holzoberfläche mit Beize und Lack.
Sehr gut geeignet ist Sperrholz für dünne, leichte und dennoch stabile Fachbretter in den Wohnmobil-Schränken. Wer eine besonders leichte Einrichtung bauen will, verwendet Sperrholz auch für die Schrankflächen.

Tischlerplatten

Tischlerplatten sind den Sperrholzplatten recht ähnlich. Allerdings besteht die mittlere Holzlage der Platte aus schmalen Holzstäbchen, die aneinandergeleimt wurden. Diese mittlere Schicht gibt auch die Einbaurichtung vor. So müssen die Stäbchen bei einem belasteten Brett von einem Auflagepunkt zum anderen verlaufen. Bei der Sitzfläche der Klappsitzbank müßten also beispielsweise die Stäbchen vom linken Klappscharnier zum rechten verlaufen.
Falsch eingebaut wäre das Brett, wenn die Stäbchen nicht quer, sondern von hinten nach vorn zeigen würden. So müßte die untere der beiden dünnen Außenschichten die ganze Belastung durch das Körpergewicht der Mitfahrer aufnehmen. Die Bruchgefahr wäre höher.
Die Platten-Außenschichten bestehen üblicherweise – wie beim Sperrholz – aus Gabun, das zumindest unbehandelt nicht sehr wohnlich aussieht. Für die Schrankflächen können Tischlerplatten problemlos zur Anwendung kommen – vorausgesetzt, das Furnier gefällt. In der Regel liegen Sie mit 16 mm Materialstärke richtig; bei stark belasteten Platten – etwa zu Bettkonstruktionen – darf's etwas mehr sein.
Hervorragend geeignet sind Tischlerplatten auch für Schrankteile, die zwar stabil sein sollen, später aber verdeckt eingebaut werden. An solchen Stellen brauchen Sie natürlich keine teuren beschichteten Platten zu verwenden.

Furnierte Tischlerplatten

Tischlerplatten mit Zierfurnier gibt es nur in sehr kleiner Auswahl zu kaufen. Mit Kunststoffbeschichtungen, wie wir sie für den Wohnmobil-Ausbau benötigen, sind sie überhaupt nicht erhältlich.
Es besteht jedoch die Möglichkeit, zum Schreiner zu gehen, und sich aus dessen umfangreichem Katalog eine gefällige Beschichtung auszusuchen und damit die Platte verzieren zu lassen. Der Schreiner macht das unter der großen Furnierpresse, die unter Temperatur und Druck die Beschichtung auf das Holz leimt. Dabei müssen Vorder- und Rückseite ein Furnier erhalten, sonst verzieht sich die Platte.
Sägeschnitte wollen anschließend mit Bedacht ausgeführt sein, damit nicht allzuviel von der teuren Platte als Verschnitt weggeworfen werden muß.

Pappel-Sperrholzplatten

Beschichtete Pappel-Sperrholzplatten sind zweifellos das **ideale Material** zum Bau der Wohnmobilmöbel. Pappelholz ist äußerst leicht und durch die Sperrholzverleimung sehr stabil. Bei Wohnwagenmärkten und Wohnmobil-Ausstattern sind Pappel-Sperrholzplatten in kunststoffbeschichteter Ausführung erhältlich. Kunststoff ist zwar nicht jedermanns Sache, doch im Wohnmobil sehr zu empfehlen, da äußerst pflegeleicht. Zudem bleibt das gute Aussehen über lange Jahre erhalten, während alle Naturmaterialien mit der Zeit etwas anschmuddeln. Mittlerweile gibt es eine Anzahl attraktiver Dekors zur Auswahl. Mit diesen Platten lassen sich die Möbel wirklich problemlos bauen, denn eine nachträgliche Oberflächenbehandlung entfällt. Außerdem sehen die Möbel bei einigem Geschick dann nicht gerade wie Sohnemanns Laubsägearbeiten aus. Günstig ist ferner, daß die ganzen Kanten-, Eck- und Türprofile, die Wohnwagenmärkte als Meter- oder Stangenware führen, exakt für diese Platten mit meist 15 mm Stärke passen.

Massivholz

Massivholz verzieht sich, sobald sich die Luftfeuchtigkeit ändert, was im Wohnmobil gewiß nicht selten der Fall ist. Dann paßt keine Schranktür mehr, und es entstehen Spalte zwischen den einzelnen Möbeln. Brauchbar wären evtl. noch die stabverleimten Massivholzplatten, bei denen schmale Holzstäbe zu Platten zusammengeleimt sind. Genauso wären schichtverleimte Massivholzplatten denkbar, bei denen drei Holzschichten miteinander verleimt sind. Nachteilig an diesen Platten ist ihr Splitterverhalten, das bei einem Unfall wichtig werden kann. Wegen der damit verbundenen Gefahr kann der TÜV/DEKRA langfaseriges Massivholz im Wohnmobil ablehnen. Ebenfalls gegen solche Bretter spricht der hohe Preis, die Schmutzempfindlichkeit sowie die Standardmaße der Platten, die meist zu schmal für unseren Bedarf sind.
Massivholz setzen wir beim Wohnmobil-Ausbau allenfalls in Form von Dreikant- und Vierkantleisten ein. Die eignen sich als Haltekonstruktion oder Eckverbinder.
Ungeachtet des Gesagten liefern professionelle Ausbauer Echtholz-Einrichtungen mit entsprechend behandelten Oberflächen. Nach unserem Dafürhalten sollte man Echtholz-Verarbeitung tatsächlich dem Profi überlassen, damit das Ergebnis ansprechend aussieht.

Fingerzeig: Behalten Sie sich ein größeres Stück der verwendeten Möbelplatten in Reserve zurück. Für spätere Reparaturen oder Ergänzungen ist das gleiche Dekor sicher nicht mehr lieferbar.

Sägeschnitte

Nach dem Anreißen der Maße ist ein genauer und sauberer Sägeschnitt unser nächstes Möbelbau-Problem.

Gerade Schnitte

Einen geraden Sägeschnitt führen Sie am besten mit einer Kreissäge aus. Ideal wäre eine **Tischkreissäge mit stabilem Anschlag**. Der Heimwerker besitzt jedoch meist nur eine Handkreissäge, die – als preisgünstige Ausführung – zu allem Übel auch noch einen verwindungsfreudigen Blechanschlag besitzt. Der Sägeschnitt wird nie und nimmer gerade, allenfalls die grobe Richtung wird eingehalten. Da hilft auch noch so genaues Nachfahren der Anrißlinie nicht.

○ Wir behelfen uns deshalb mit einer geraden Holzleiste, die wir im richtigen Abstand zum Anriß mit zwei Schraubzwingen auf die zu schneidende Platte spannen.

○ Beim Sägen lassen wir die Grundplatte der Kreissäge an der Leiste entlanglaufen. So wird der Schnitt gerade.

Saubere Sägeschnitte

○ Im Schnittbereich läuft das sich drehende Sägeblatt der Handkreissäge **von unten nach oben**, das Blatt der Tischkreissäge dagegen **von oben nach unten**. Dort, wo die Sägezähne nach getaner Schneidearbeit aus dem Holz austreten, reißen sie immer ein kleines Stück von den Schnitträndern ab. Drehen Sie deshalb die Holzplatte beim Sägen so, daß die Möbelplatten-Rückseite bei der Handkreissäge **oben**, bei der Tischkreissäge aber **unten** liegt. Dann bleibt die Vorderseite der Platte unbeschädigt.

Saubere Sägeschnitte erzielt man auch mit einer einfachen Handkreissäge. Dazu als Anschlag eine gerade Leiste (2) mit Schraubzwingen auf dem zu sägenden Brett (1) befestigen und die Grundplatte der Säge daran entlangführen (Pfeile).

Der Vergleich macht es deutlich: Mit einem grob verzahnten Sägeblatt fällt die Schnittkante weit unsauberer aus (Position 1) als mit einem feinen Blatt (2).

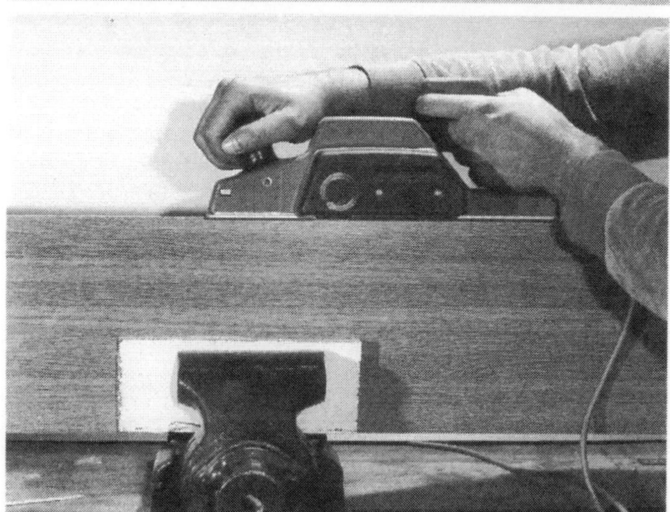

Wenn der Sägeschnitt keine saubere Oberfläche aufweist, kann die Schnittkante nachträglich mit einem Elektrohobel geglättet werden.

Nach dem vorhandenen Anriß soll hier ein Loch zum Ansetzen des Stichsägeblatts gebohrt werden. Besser sind mehrere kleine Löcher hintereinander, dann besteht keine Gefahr, das auszusägende Teil – aus dem wir später die Schranktür herstellen wollen – zu beschädigen.

Zum Aussägen von Durchbrüchen im Holz eignet sich die Stichsäge am besten – zumal wenn Rundungen gesägt werden müssen.

○ Vorheriges Aufkleben eines Tesa-Krepp-Streifens verhindert allzu starkes Ausfransen des Schnittbereiches.
○ Anriß auf dem Kreppstreifen anbringen, sägen, Klebestreifen wieder abziehen.
○ Je feiner das Sägeblatt gezähnt ist – also je mehr Zähne es bei gleichem Umfang besitzt – desto säuberer der Sägeschnitt.
○ Stumpfe Sägeblätter bewirken eine unsaubere Schnittkante.
○ Höhere Sägedrehzahl – bessere Oberfläche des Schnitts.
○ Niemals die Kreissäge im Schnitt verkanten oder gar versuchen, damit einen Radius zu sägen. Sonst rupft das Sägeblatt Späne aus dem Holz.

Gebogene Schnitte

○ Für gebogene Schnitte eignet sich am besten die Stichsäge.
○ Feinzähniges Sägeblatt für saubere Schnitte verwenden und die Säge nicht zu stark nach vorn drücken.
○ Auch mit der Stichsäge keine zu starken Radien sägen. Lieber nochmals ansetzen.
○ Für exakt zu sägende Radien fertigt man eine Schablone aus hartem Holz, spannt sie mit der Schraubzwinge auf das zu sägende Teil und läßt das Blatt der Stichsäge an der Schablone entlanglaufen.

Durchbrüche ins Holz sägen

○ Ausschnitte lassen sich ebenfalls am besten mit der Stichsäge herstellen.
○ Dazu in den herauszusägenden Teil der Holzplatte zunächst ein Loch bohren, durch das das Sägeblatt der Stichsäge paßt.
○ Vom Loch aus die Kontur des Ausschnitts nachsägen. Bei einem eckigem Ausschnitt die Kanten zunächst rund umfahren.
○ Erst wenn sich das auszusägende Holzstück herausnehmen läßt, können Sie die Ecken von zwei Seiten aus genau aussägen.

Schnittkanten versäubern

Ist die Schnittkante nicht glatt genug geraten, kann sie mit einem Elektrohobel geebnet werden. Wer keinen Hobel besitzt, behilft sich so gut es geht mit der Feile Hieb 2.
Damit das Holz nicht quellen kann, streichen Sie zumindest die Stirnseite an denjenigen Kanten, die später auf dem Wagenboden stehen, mit farblosem Lack. Auch im Bereich der Küche kann es sich lohnen, die Kanten zu versiegeln.

Umleimer anbringen

Unter einem Umleimer versteht man eine Abdeckung für die nicht furnierten Schnittkanten einer Holzplatte.

Klebe-Umleimer

Diese Umleimer werden meist beim Möbelbau (für Wohnungsmöbel) verwendet. Die schmalen Furnier- oder Kunststoff-Dekorstreifen sind auf der Rückseite mit einer Thermo-Klebeschicht versehen. Zum Ankleben legt man den Umleimerstreifen auf die Holzkante und erhitzt ihn mit einem Bügeleisen. Der Klebstoff verflüssigt sich dadurch – der Umleimer haftet. Bleibt zum Schluß nur noch das Abtrennen der überstehenden Reste sowie das Verschleifen der Ränder mit Schmirgelpapier.
Nachteil dieser Umleimer: Sie sind wenig widerstandsfähig und damit eigentlich für unsere Zwecke ungeeignet. Weiterer Nachteil: Sie können nur auf gerade Kanten aufgebügelt werden. Dadurch entsteht zwangsläufig eine rechtwinklige ungepolsterte Kante, was wir aus Gründen der Unfallsicherheit vermeiden sollten.

Steg-Umleimer

Steg-Umleimer bestehen aus stabilem Kunststoffmaterial. Die gebräuchlichen Versionen erhalten Sie bei Caravan- und Wohnmobil-Ausstattern. Man erhält sie passend zu den üblichen Möbeldekors eingefärbt, damit die Sache professionell aussieht. Auch gepolsterte Versionen werden angeboten, damit keine scharfen Kanten im Wohnmobil entstehen – hohe Unfallsicherheit; sehr empfehlenswert!

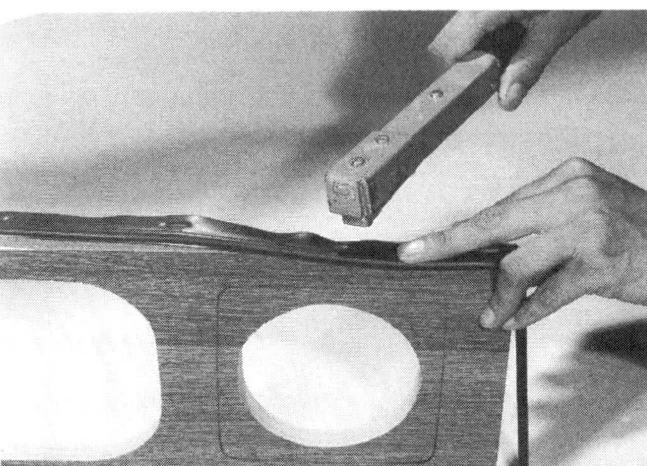

Wo eine Holzplatte nach dem Einbau an Seitenwand oder Dach des Wagens anschließt, schafft ein solcher Keder einen sauberen Übergang. Angebracht wird er mit Heftklammern – hier mit einem sogenannten Hammer-Tacker.

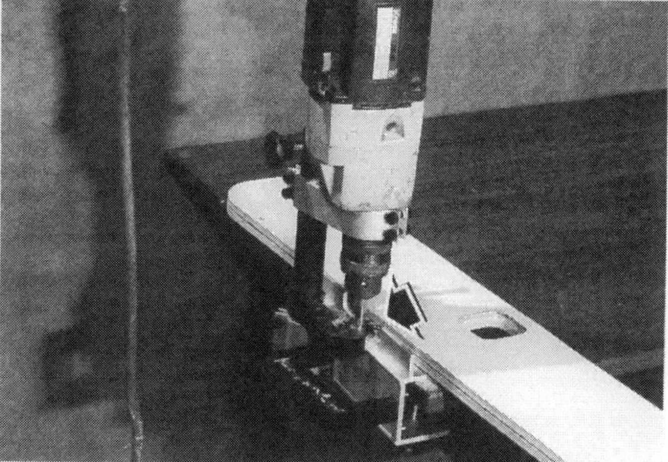

Mit diesem Vorsatzgerät für die Bohrmaschine lassen sich problemlos Nuten in die Stirnseite der Möbelbauplatten fräsen (Pfeil). Dann kann anschließend ein Steg-Umleimer angebracht werden.

Vorher – nachher: Die linke Schranktür ist mit einer Nut für den erwähnten Steg-Umleimer versehen.

Nach Einfräsen der Nut in die Stirnseiten des Türblatts wird jetzt der weiter hinten beschriebene Anschlagprofil-Stegumleimer eingesetzt. Das manchmal nicht leicht zu biegende Profil läßt sich besser verarbeiten, wenn es etwas erwärmt wird. Einkleben mit der Heißklebepistole garantiert festen Sitz.
Dazu noch ein Tip: Wählen Sie die Eckradien der Tür nicht kleiner als 40 mm. Sonst kann es Probleme mit dem Biegen des Anschlagprofils geben.

Anbringen des Steg-Umleimers: Wenn vor dem Eindrücken des Umleimers etwas Klebstoff aus der Heißklebepistole in die Nut im Holz gestrichen wird, hält der oft störrische Umleimer besser. Besonders zu empfehlen bei Radien und Winkeln.

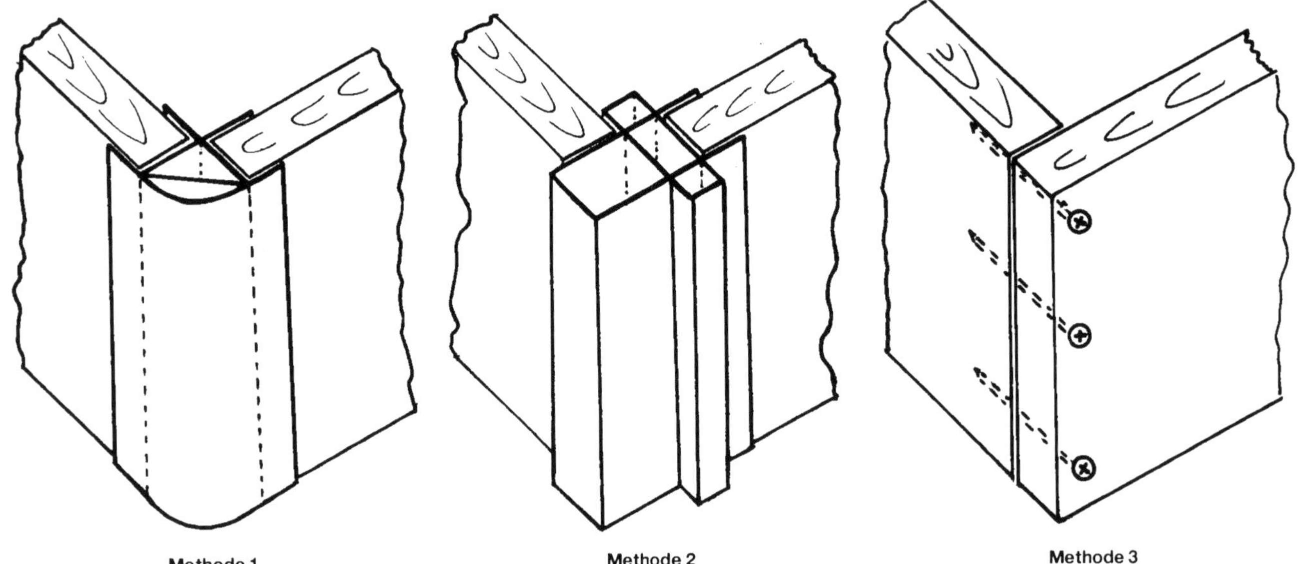

Zum Anbringen der Steg-Umleimer muß zunächst eine Nut in die Stirnseite der Möbelplatte gefräst werden. Dazu benötigen Sie einen preisgünstigen Fräsvorsatz für die Handbohrmaschine (Bild auf der Vorseite). Der Steg des Umleimers wird in die Nut gesteckt und hält bombensicher, wenn Sie zuvor etwas Leim in den Spalt gedrückt haben. Wollen Sie den Umleimer um einen Radius führen, sollte er zunächst passend vorgebogen werden. Verhält er sich dabei störrisch, erwärmen Sie das Kunststoffmaterial unter einem Haarfön.

Eckverbindungen

Eckverbindungen machen die zugesägten Holzplatten zum Schrank. Sehen wir uns also verschiedene Möglichkeiten an, um die Schrankwände – meist rechtwinklig zueinander – zu verbinden:

Methode 1: Front- und Seitenplatte werden in ein fertig gekauftes Eckverbindungsprofil für Plattenstärken bis ca. 16 mm geleimt und anschließend mit dem Profil verschraubt. Vorteil: Durch das Einstecken der Plattenkanten fällt ein unsauber ausgeführter Sägeschnitt nicht mehr auf. Ferner können die Platten in gewissem Umfang zueinander verschoben werden.

Methode 2: In Abwandlung von Methode 1 werden hier spezielle Möbelbau-Systeme verwendet, bei denen sich Abschluß- und Verbindungsprofile zusammen mit Möbelbauplatten und entsprechend abgestimmten Scharnieren zu Möbelstücken nach eigener Vorstellung ergänzen (z. B. von Reimo).

Methode 3: Die Frontplatte wird stumpf auf die Stirnfläche der Seitenplatte angeschraubt. Natürlich tragen Sie zusätzlich zur Verschraubung etwas Leim an der Stoßkante auf. Wenn Sie die im Kapitel »Werkzeuge und Hilfsmittel« erwähnten Schrauben mit Abdeckkappe verwenden, sieht auch die Verschraubung sauber aus. Die freie Schnittkante der Seitenplatte versehen Sie mit einem Steg-Umleimer. Damit der Haltesteg des Umleimers nicht mit den Verschraubungen kollidiert, setzt man die Frontplatte ein Stück von der Vorderkante zurück oder schneidet dort, wo die Schrauben die Nut für den Umleimer kreuzen, ein Stück von dessen Steg aus.

Methode 4 sieht aus wie Methode 3, die Platten werden jedoch – von außen unsichtbar – mit Dübeln verbunden.

Methode 5 eignet sich, wenn die Einrichtung auf einem Rahmengerüst basiert, das anschließend mit dünnen Sperrholzplatten verkleidet werden soll. Bei dieser Methode, eine möglichst leichte Einrichtung zu bauen, schrauben Sie einfach die Front- und Seitenplatte mit einem Vierkantholz über Eck zusammen. Eine Zierleiste kann anschließend die Schraubenköpfe abdecken.

Methode 6 basiert auf Eckverbindungen von Methode 3, 4 oder 5. Eine Winkelleiste aus Holz oder Kunststoff verdeckt hier unsaubere Schnittkanten oder Schraubenköpfe.

Immer verleimen

Wo zwei Holzteile miteinander verbunden werden, muß Leim mit im Spiel sein. Selbst wenn Sie die Teile verschrauben, bringt der Holzleim noch zusätzliche Stabilität.

Sogar wenn die Holzkante an eine kunststoffbeschichtete Seitenwand stößt, ist Holzleim nicht fehl am Platz. Zur besseren Haftung soll lediglich die Kunststoffschicht mit Schleifpapier ein wenig angerauht werden.

Zuviel aufgestrichenen Leim sollten Sie möglichst bald entfernen. Denn zum einen läßt er sich natürlich in angetrocknetem Zustand schwerer abkratzen, zum anderen nimmt Holz, auf das Leim geraten ist, Farbe und Beize nur noch eingeschränkt an. Das führt bei Teilen, die man hinterher streichen will, zu häßlichen hellen

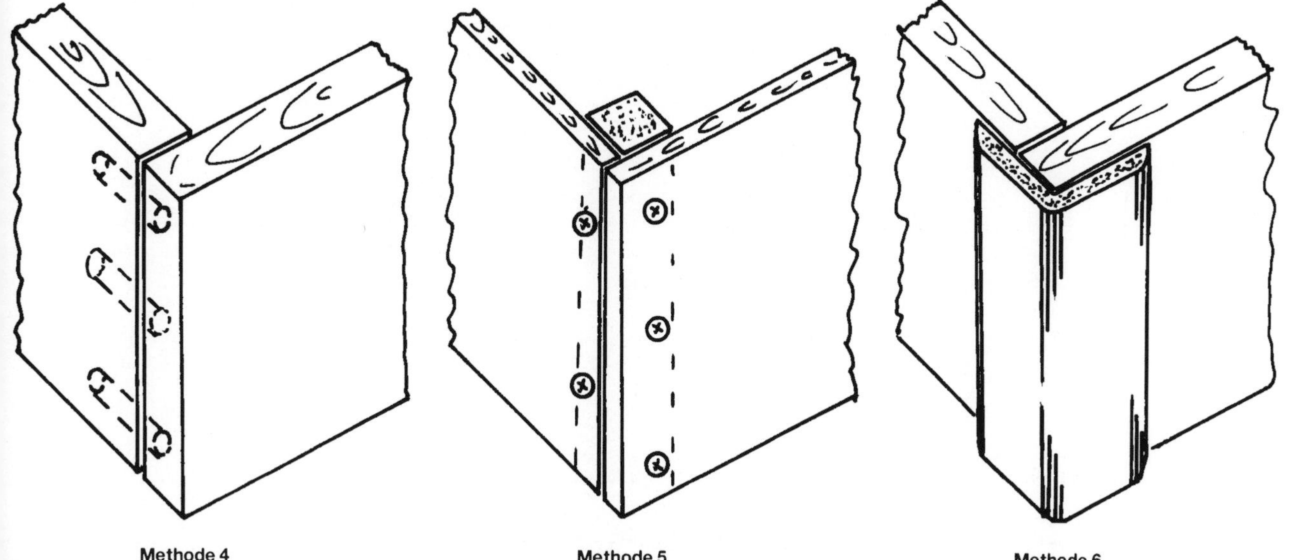

Flecken. Leim entfernt man von Holz am besten mit einem scharfen Stecheisen oder ersatzweise mit einem scharfen Messer.

Gängige Eckverbindungen

Gehen wir davon aus, daß die Einrichtung aus praktischen Pappel-Sperrholz- oder Tischlerplatten gebaut wird, stellen sich die Eckverbindungs-Methoden »1, 2 und 3« als geeignet heraus.
Verdübeln (»4«) stellt auch bei Verwendung des Hilfswerkzeugs hohe Ansprüche an genaues Arbeiten, und die unter »5« gezeigte Methode behandelt den Spezialfall der Leichtbau-Einrichtung.
Ebenfalls hohe Genauigkeitsansprüche stellt das Verbinden der Möbelplatten unter Gehrung. Beide Platten müssen dazu an den Stirnseiten unter 45° angeschrägt werden. Eben diese Arbeit kann mit dem Heimwerker-Maschinenpark wohl kaum exakt genug gelingen. Dann ist die Festigkeit der Verbindung nicht ausreichend, und überdies ist der Pfusch sofort zu erkennen. Wir haben deshalb diese Möglichkeit bei unseren Beispielen erst gar nicht erwähnt.

Unfallsichere Eckverbindungen

Wie schon im Kapitel »Unfallsicherheit« angesprochen, können die bei einem Verkehrsunfall auftretenden Kräfte so hoch sein, daß die hier beschriebenen Eckverbindungen der Möbel reißen. Die Folge wären lose durch den Wagen fliegende Möbelteile, die von hinten wie Geschosse auf Fahrer und Beifahrer prallen.
Einzige Möglichkeit, dies zu vermeiden, ist das **zusätzliche** Anbringen von Blechwinkeln, die – jeweils in der Nähe der Ecken – Front- und Seitenplatten sowie Boden und Schrankdeckel verbinden. Crashversuche bei VW beweisen das. Wichtig dabei ist, daß Platten und Winkel mit **durchgehenden** Schloßschrauben verschraubt sind. Holzschrauben reißen ab einer bestimmten Aufprallgeschwindigkeit aus.
Die Köpfe der Schloßschrauben sehen zwar außen auf der Plattendekor-Oberfläche nicht besonders schön aus, doch dieses Opfer müssen Sie im Interesse der Unfallsicherheit bringen. Wer sich mit dem Anblick der

Links: Zusätzlich zur eigentlichen Eckverbindung sind die einzelnen Schrankseiten durch Blechwinkel (Pfeil rechts) und Schloßschrauben verbunden.
Dort, wo zwei Schränke mit Schrauben aneinander befestigt sind, müssen großflächige Unterlegscheiben mit verbaut werden (Pfeil links).
Rechts: Der Schloßschraubenkopf (Pfeil) unserer unfallsicheren Eckverbindung an der Vorderseite der Möbelplatte stört das Gesamtbild des Schranks nur wenig. Der Sicherheitsgewinn ist dagegen enorm.

blanken Schraubenköpfe gar nicht anfreunden kann, lackiert sie in einer dem Plattendekor ähnlichen Farbe. Genauso sicher wie die Verschraubung der Schrankteile muß natürlich die Verankerung der fertigen Möbel im Wagen sein. Mehr darüber erfahren Sie am Ende dieses Kapitels.

Einpassen der Möbel

In den VW-Bus paßt kaum ein Schränkchen, ohne daß es nicht an die Konturen des Fahrzeug-Innenraums angepaßt wird, denn die Karosserie zeigt auch innen zahlreiche Wölbungen und Biegungen. Also müssen die Möbelplatten der Karosserieform angeglichen werden, damit zwischen Möbelstück und Fahrzeugblech keine unpraktischen und platzzehrenden Spalte entstehen.
Ob das Anpassen nach Fertigstellen des betreffenden Schränkchens oder schon vorher mit den einzelnen Holzplatten vorgenommen wird, muß der Einzelfall klären. Am günstigsten wird es sein, die Einzelteile vor dem Zusammenbau zumindest grob einzupassen, um dann am fertigen Möbel die Feinanpassung vorzunehmen.

Drei Methoden

Je nach den gegebenen Voraussetzungen verfahren wir beim Einpassen nach den folgenden Methoden:
Einpassen nach Anriß: Die zwar auf Maß, jedoch noch rundum rechtwinklig zugesägte Möbelplatte wird auf der ebenen Bodenplatte vor die gebogene Seitenwand gestellt. Dort wo der Abstand zur Seitenwand am größten ist, nehmen wir Maß und besorgen uns einen Holzklotz in eben dieser Größe. Auf den Holzklotz legt man dann einen Bleistift und fährt so die Kontur der Seitenwand ab, damit der Bleistift die Form der Seitenwand auf der Möbelplatte anzeichnet. Nach diesem Anriß sägen wir die Platte aus. Dabei kann es nötig sein, sich in mehreren Durchgängen an die richtige Form heranzutasten.
Einpassen nach Schablone: Aus einer stabile Pappe fertigen wir uns mittels Schere eine Schablone, deren Form wir vor dem Aussägen auf die Möbelplatte übertragen können. Dabei wird so lange an der Schablone herumgeschnippelt, bis sie das genaue Gegenstück zur betreffenden Fahrzeugkontur darstellt. Achten Sie dabei auf den Winkel der Schablone zur Bezugskante; also etwa auf den Winkel der Seitenwand zum Boden. Sonst kann es passieren, daß zwar die Kontur stimmt, der Schrank aber beim Festschrauben an der Wand mit der Vorderkante vom Boden abhebt.
Einpassen durch Maßnehmen: Dazu wird ein Winkel auf die ebene Bodenplatte gestellt und vom senkrecht stehenden Schenkel aus der Abstand zur Wand gemessen. Mißt man dabei in verschiedenen, genau definierten Höhen – also beispielsweise mit 5, 10, 15 und 20 cm Bodenabstand – läßt sich anhand der Meßpunkte die Kontur auf die Möbelplatte übertragen.

Der letzte Schliff

Das letzte Feinanpassen erfolgt am besten am fertigen Möbelstück. Dazu den Schrank an die Wand rücken und diejenigen Bereiche, an denen die Möbelplatte schon an der Wand anliegt, mit Bleistift markieren.
Diese kleine Ungenauigkeiten glätten Sie am besten mit dem Hand- oder Elektrohobel. Die Schnittiefe des Hobels muß dazu sehr klein eingestellt sein – also etwa 0,5 mm. Achten Sie auch beim Ansetzen des Hobels an einer Kante darauf, daß er sich nicht beim Anfahren der Hobelfläche aus Versehen tief ins Material eingräbt. Das kann passieren, wenn seine Gleitfläche noch nicht vollständig auf dem Holz aufliegt.
Einen sehr schönen Übergang zwischen Möbelstück und Wand erreichen Sie durch Festtackern eines Möbelkeders an den betreffenden Holz-Stirnflächen. Das flexible PVC-Profil gleicht kleinere Ungenauigkeiten in der Anpassung aus (Bild Seite 152). Außerdem vermeidet das Kunststoffprofil Quietschgeräusche während der Fahrt. Diese entstehen unweigerlich, wenn das Möbelholz durch die Verwindung der Karosserie an den Flächen der Seitenwand scheuert.

Stehen die Schränke auch senkrecht?

Bei niedrigen, breiten Schränken erübrigt sich diese Frage. Wenn der Schrankboden im rechten Winkel zur Frontplatte steht, ist der Schrank automatisch senkrecht aufgestellt.
Anders ist es etwa bei einem hinteren Seitenschrank, der bis zum Wagendach reichen soll. Wegen seiner

Mit entsprechend hohen Brettchen (Pfeile) kann der Wagen genau waagrecht gestellt werden. Sie haben dadurch die Möglichkeit, mit einer Wasserwaage zu prüfen, ob der Schrank im Wageninnern senkrecht steht.

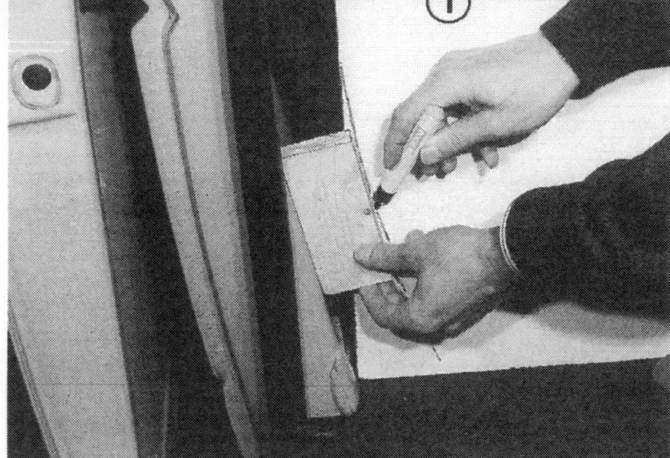

Einpassen nach Anriß: Unterlegt durch ein passendes Holzklötzchen wird mit dem Bleistift die Kontur der Seitenwand auf dem einzupassenden Brett (1) abgefahren.

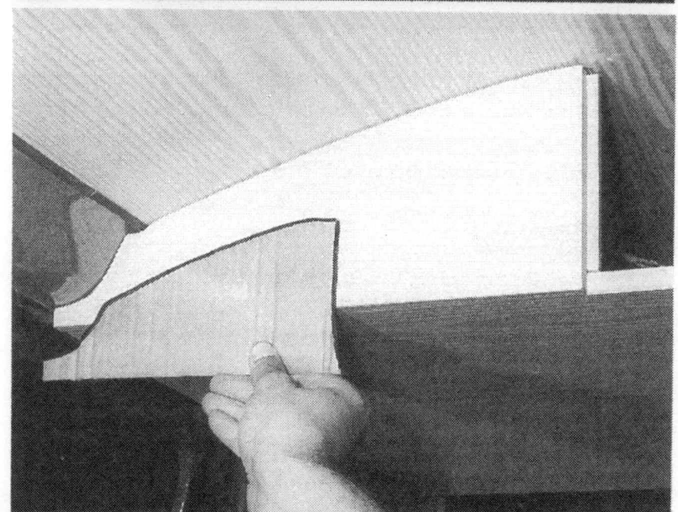

Einpassen nach Schablone: Die Kontur von Dach und Fensterrahmen wird mit einer passend zurechtgeschnittenen Pappe auf das Holzteil übertragen. Der Erfolg dieser Methode ist hier im Bild sichtbar.

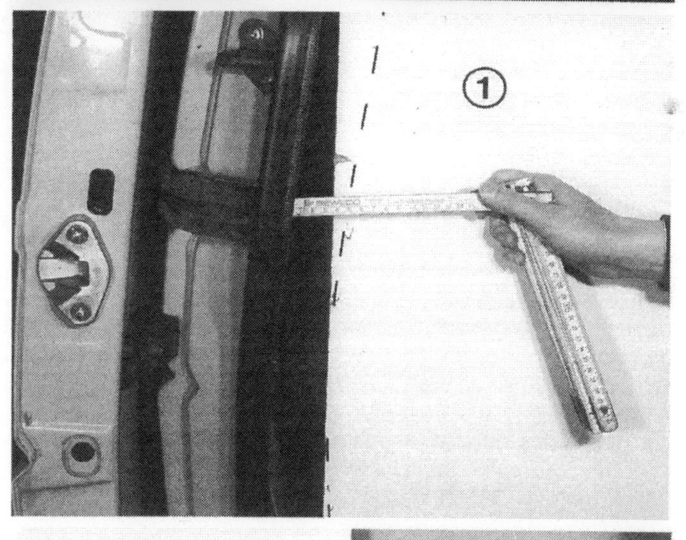

Einpassen durch Maßnehmen in verschiedenen Höhen: Nach Übertragen der Meßpunkte ergibt sich die Form der Möbelplatte (1).

Der senkrechte Stand der Möbelplatte (1) im Innenraum läßt sich mit einer Wasserwaage kontrollieren, wenn sichergestellt ist, daß das Fahrzeug genau waagrecht steht (siehe Bild auf der gegenüberliegenden Seite). Das lohnt sich allerdings nur bei hohen Schränken.

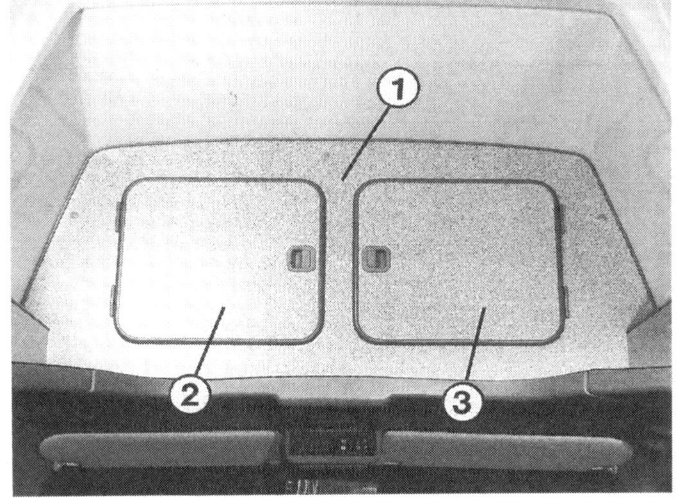

Professionelle Wohnmobil-Ausbauer verwenden zum Einbau der Schranktüren bevorzugt die Methode »Türen mit Anschlagprofil«. Hierbei entsteht kein Verschnitt, weil die Möbelplatten der Türen (2 und 3) aus der Frontplatte (1) des Schranks ausgesägt und wieder verwendet werden. Außerdem sieht die Sache sauber aus, wie das Bild beweist.

großen Höhe und der relativ kleinen Standfläche ist es da schnell passiert, daß er schief gebaut und eingepaßt wird. Dem begegnen Sie so: Stellen Sie den Wagen mit den Rädern auf entsprechend hohe Brettchen, bis die Bodenplatte absolut waagrecht liegt. Das kontrollieren Sie mit einer Wasserwaage. Jetzt besteht die Möglichkeit, den senkrechten Stand der Möbel ebenfalls mit einer Wasserwaage nachzuprüfen.

Türen einbauen

Grundsätzliches

Der Einbau der Türen stellt mit die höchste Anforderungen an unser schreinerisches Können. Da die Türen vorn auf der Schrankfläche sitzen, fällt es hier auch am ehesten auf, wenn gepfuscht wurde, und außerdem muß natürlich die Tür-Funktion einwandfrei gewährleistet sein.

Wir raten zu der Methode **»Türen mit Anschlagprofil«**, wie nachstehend beschrieben. Vorteil dieser Methode:

○ Leichte Verfügbarkeit aller nötigen Zubehörteile. Jeder Wohnwagen- und Wohnmobil-Ausstatter führt die notwendigen Profile und Scharniere.

○ Die Stabilität der Frontplatte bleibt großteils erhalten, weil aus ihr nur die Öffnungen der Türen ausgesägt werden. (Wie wichtig das ist, weiß jeder, der schon einmal einen großformatigen Schrank einer Billig-Marke aufgebaut hat.)

○ Sauberes Aussehen der Arbeit wird bei vertretbarem Aufwand erreicht.

Fingerzeig: An dieser Stelle wurde der Einbau von Türen bei Verwendung eines speziellen Möbelbau-Systems nicht berücksichtigt. Türen sind in diesem Fall Bestandteil der Schrankstruktur und erfordern keine separate Erklärung.

Türen mit Anschlagprofil

Zu dieser Methode verwenden wir ein spezielles Anschlagprofil an, das eigentlich nichts anderes ist, als ein Steg-Umleimer für 16-mm-Platten, wie wir ihn bereits kennengelernt haben. Einziger Unterschied ist eine aufgesetzte Kante, die der Tür als Anschlag dient. Grundsätzlich verfahren wir bei dieser Methode so:

● Die Frontplatte des Möbelstücks wird so zugesägt, als sollte gar keine Tür eingebaut werden. Sie sieht also zunächst aus wie eine geschlossene Möbelfront.

● Erst jetzt legen wir den Türausschnitt fest, wobei wir einen möglichst breiten Rahmen übrig lassen. Die vier Ecken des Ausschnitts sollten zwecks größerer Stabilität und auch zur leichteren Anbringung des Anschlagprofils als Rundung ausgeführt werden. Wichtig: Die Bohrung zum Einsetzen des Stichsägenblatts muß genau am Rand des Ausschnitts sitzen, damit das ausgeschnittene Teil heil bleibt und sich zur späteren Verwendung als Tür eignet.

● Unsere schöne Frontplatte haben wir jetzt zum Türrahmen degradiert. Das ausgeschnittene Holzteil wird als Schranktür wieder verwendet. Hier zeigt sich ein weiterer Vorteil der abgerundeten Ausschnittecken: Mit der Stichsäge mußte beim Aussägen nicht abgesetzt werden.

● Ausschnitt der Türrahmens versäubern.

● Türteil rundum abhobeln oder abfeilen. Es muß – in den Türrahmen gehalten – rundum einen Spalt von ca. 5 mm freilassen. Diesen Raum beanspruchen unsere Umleimer und Anschlagprofile.

● Jetzt in die Schmalseiten des Türblatts die Nut für das Anschlagprofil einfräsen.

● Der Türausschnitt in der Frontplatte wird mit einem normalen Steg-Umleimer versehen, für den ebenfalls eine Nut gefräst werden muß.

● Dann zunächst probieren, ob die Tür gut in den Ausschnitt paßt.

● Beliebige Scharniere können natürlich nicht verwendet werden. Es müssen die für diese Türbefestigung geeigneten Spezialscharniere sein. Denn das Türblatt sitzt bei dieser Methode nicht auf und auch nicht bündig mit der Frontplatte, sondern es steht etwa mit halber Materialstärke vor.

Erster Schritt zum Einbau einer Schranktür unter Verwendung von Anschlagprofilen: Die Tür wird ausgesägt, ohne dabei das spätere Türblatt zu beschädigen. Jetzt erfolgt der Anriß (Pfeile), nach dem rundum 5 mm vom Türblatt abgenommen werden müssen.

Anordnung der Möbelbauplatten und Profile bei der Methode »Türen mit Anschlagprofil«. Es bedeuten:
1 – Tür;
2 – Frontplatte (Türrahmen);
3 – Anschlagprofil;
4 – normaler Steg-Umleimer.

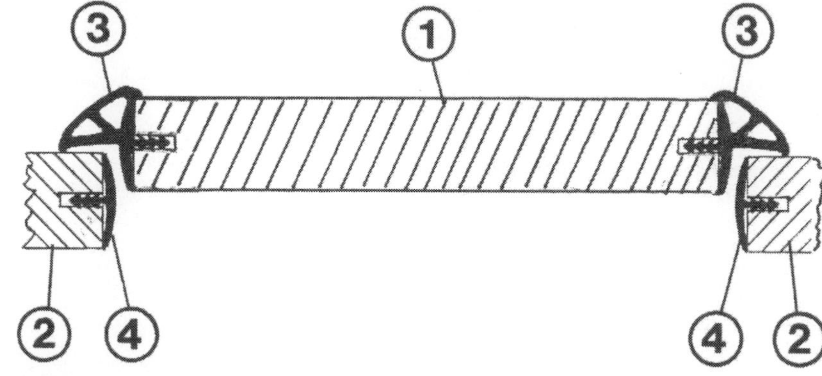

Die Tür ist fertig eingepaßt. Der Spalt rundum (Pfeile) läßt das Anbringen des Anschlagprofils an der Tür zu.

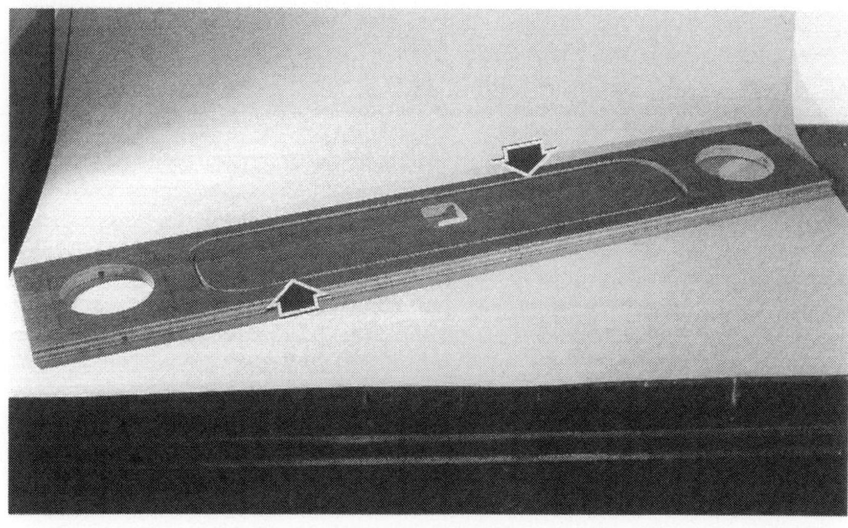

Die fertige Frontplatte vor dem Schrankkörper. Zur Tür-Befestigung müssen Spezialscharniere verwendet werden, da die Tür – wegen des Anschlagprofils – etwa mit halber Materialstärke aus der Frontplatte herausragt.

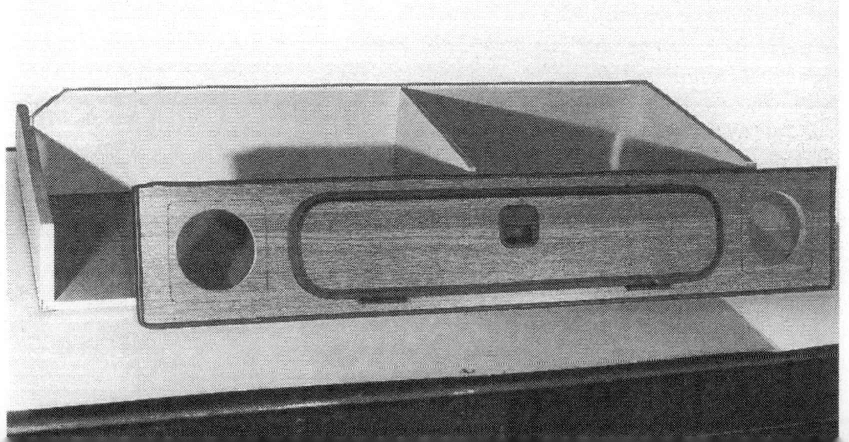

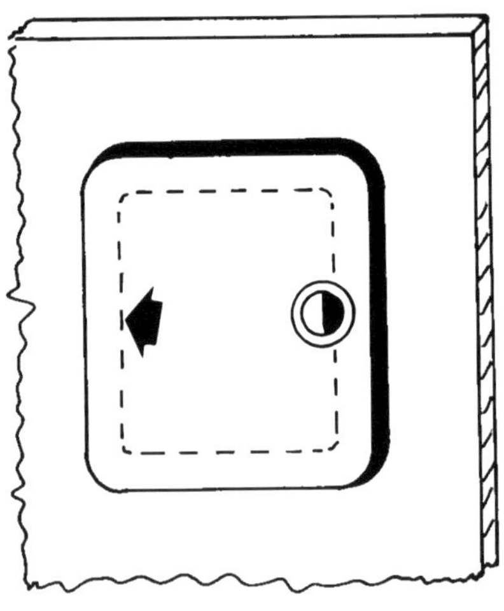

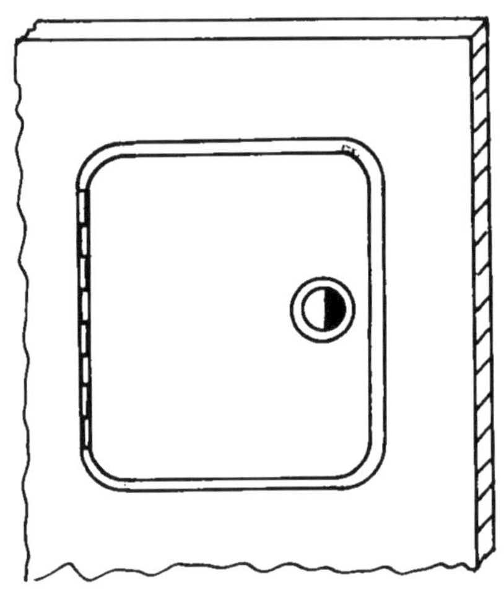

Links: Bei aufgesetzten Schranktüren ist der Türausschnitt (Pfeil) in der Frontplatte kleiner als die Tür selbst. Die Tür ist gewissermaßen außen darübergesetzt.
Rechts: Die Schranktür ist hier in die Frontplatte eingelassen; sie steht nicht vor. Allerdings bleibt rundum ein Spalt.

Alternativen für Schranktüren

Nachfolgend sind noch zwei Alternativen für Schranktüren angesprochen, die ggf. bei geeignetem Einsatzgebiet verwendet werden könnten.

Eingelassene Türen

Auch bei dieser Methode entsteht kein Verschnitt, denn die ausgeschnittenen Teile werden wieder verwendet. Insgesamt geht man in gleicher Weise vor, wie im letzten Abschnitt beschrieben. Doch hier bekommen die Türen kein Anschlagprofil, sondern einen normalen Steg-Umleimer. Sie sitzen auch nicht versetzt zur Platte, sondern außenbündig in die Platte eingelassen. Auch hier muß das Türblatt befeilt werden, damit es samt Umleimer in den Türausschnitt paßt. Natürlich versieht man Tür und Rahmen mit Kantenumleimer, am besten mit Steg-Umleimern. Als Scharnier eignet sich ein Klavierband, das an der Stirnkante von Türblatt und Ausschnitt angeschlagen ist. An dieser Stelle ist dann kein Platz mehr für einen Umleimer. Zumindest an der Schloßseite der Tür müssen Sie jedoch einen Anschlag vorsehen, der das Eindrücken der Tür in Richtung Schrank-Innenraum verhindert. Sonst werden das Scharnierband und seine Halteschrauben zu stark belastet.

Aufgesetzte Türen

In der aufgesetzten Version lassen sich die Türen am leichtesten realisieren. Dafür haben wir mehr Verschnitt, weil die Türen größer sein müssen als der Ausschnitt. Die ausgesägten Teile können nicht verwendet werden. Nach dem Aussägen des Türausschnitts in der Frontplatte fertigen wir uns aus einer anderen Holzplatte die Tür und achten darauf, daß sie rundum ca. 3 cm größer ist als der Ausschnitt. Sowohl an der Tür wie am Ausschnitt werden nun rundum Steg-Umleimer angebracht. Deshalb eignen sich wieder abgerundete Kanten am Türblatt. Mit geeigneten Scharnieren verbindet man nun Schrankfront und Türblatt. Die Tür kann bei dieser Methode optimal ausgerichtet werden. Sie brauchen praktisch keine Rücksicht auf den Türausschnitt zu nehmen. Auch das Türschloß ist schnell montiert. Die Schloßfalle wird eben auf den Rahmen des Ausschnitts statt dahinter gesetzt.
Besonders geeignet ist diese Art der Türbefestigung für weniger geübte Heimwerker oder zur Verwendung an einer Leichtbau-Einrichtung, bei der die Frontplatten aus dünnem Sperrholz bestehen. Nachteil an dieser Methode: Die Türen stehen immer um die Stärke des Scharnierbands von der Schrankfront ab.

Schubladen

Die Frontplatte der Schublade stellt man in der gleichen Weise her wie auch die Türen an den übrigen Schränken. Man entscheidet sich also für eine der beschriebenen Methoden »Türen mit Anschlagprofil«, »eingelassene Türen« oder »aufgesetzte Türen«.
Zum Herstellen des eigentlichen Schubladenkastens eignen sich am besten die Bestandteile der gebräuchlichen Schubladensysteme. Sie bestehen aus den entsprechenden Seiten- und Eckteilen, die auf Maß abgesägt und dann mit Spezialklebstoff verklebt werden.
Letztes Thema beim Schubladenbau sind die Auszugschienen. Zwei Methoden bieten sich an:

○ Man läßt die Schublade auf **waagrecht eingesetzten Möbelbauplatten-Streifen** laufen, wie im Bild oben auf der gegenüberliegenden Seite gezeigt,

○ oder man verwendet **rollengelagerte Schubladen-Führungsleisten**.

Eleganter sind natürlich die Führungsleisten. Außerdem lassen sie sich einfacher montieren und justieren. Dafür muß man sie extra bezahlen, während man Möbelplattenreste stets zur Verfügung hat.

Beispiel für eingelassene Türen: Das Türteil (3) liegt bei geschlossener Tür bündig zwischen den Frontplatten-Teilen (1 und 2).

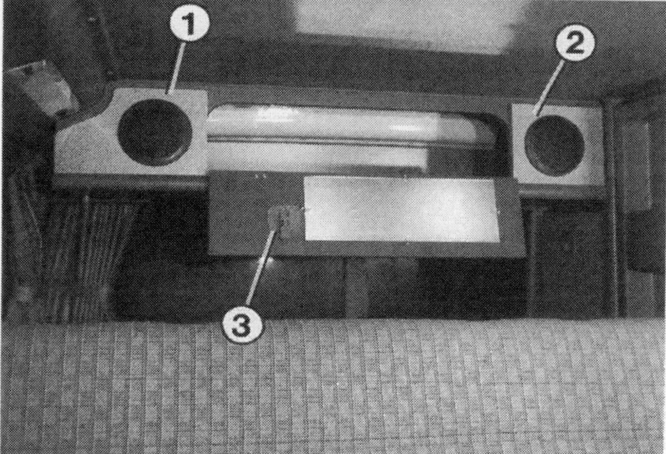

Auch hier wieder eine eingelassene Tür (2), die geschlossen bündig mit der Frontplatte (1) abschließt. Zwischen Tür und Platte bleibt ein Spalt, der aber nicht weiter stört.

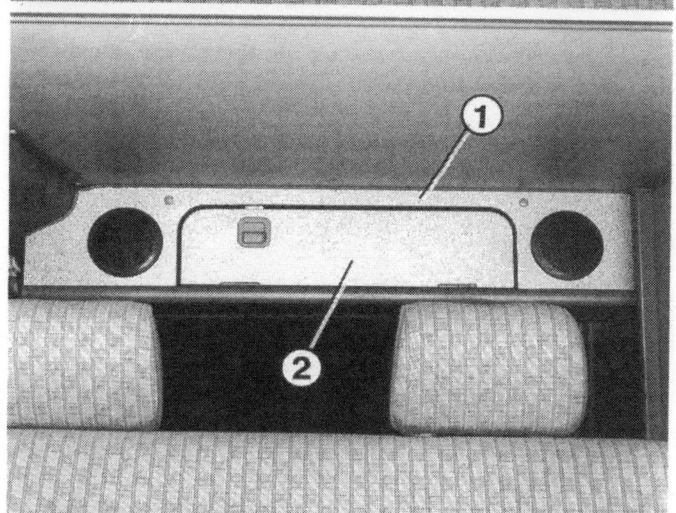

Beispiel für eine aufgesetzte Tür: Die hier geöffnete Tür (2) liegt in geschlossenem Zustand vollflächig auf der Schrank-Frontplatte (1).

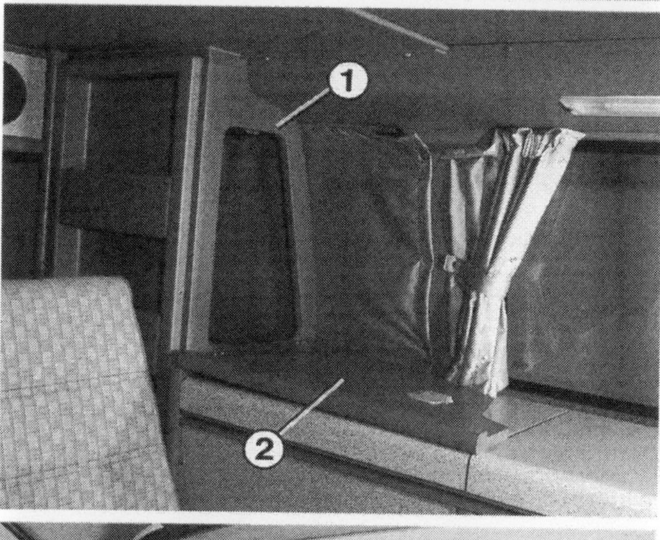

Noch eine aufgesetzte Tür (3), die allerdings im geschlossenen Zustand von Leisten (1 und 2) flankiert wird.

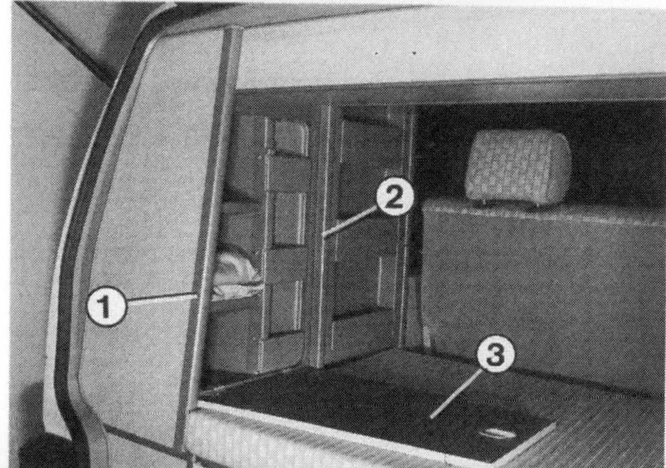

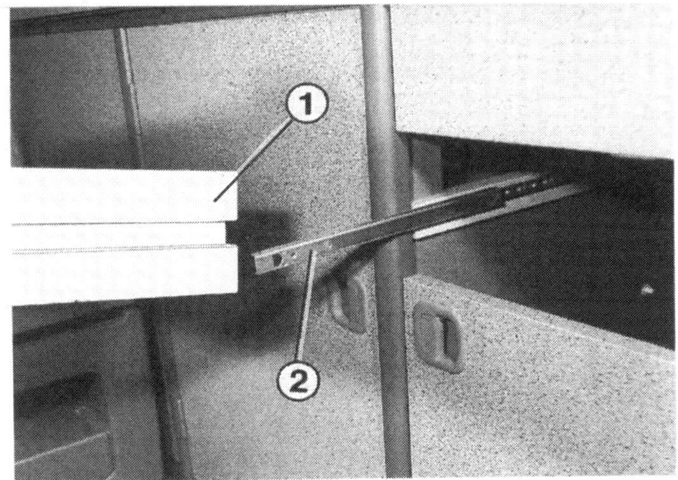

Hier läuft die Schublade (1) auf rollengelagerten Schubladen-Führungsleisten (2). Die Führungsleisten lassen sich in den Aussparungen des Schubladenprofils montieren.

Fingerzeig: Nicht selten kollidiert die Schublade mit dem Abflußrohr der Spüle, unter der sie montiert ist. Läßt sich das Rohr nicht seitlich oder nach hinten wegführen (ein waagrechtes Rohr verstopft leichter), muß man die Schublade eben um das Rohr herumbauen. Mit vier weiteren Eckteilen und etwas mehr Seitenprofilen läßt sich das ohne weiteres machen, wie das zweite Bild von oben auf der gegenüberliegenden Seite zeigt.

Türschlösser

Als Türschlösser eignen sich für das Wohnmobil in erster Linie die eingelassenen **Schnappschlösser**, die – natürlich wieder im Spezial-Zubehörhandel – genau für diesen Zweck angeboten werden. Durch ihre versenkte Einbauweise erfüllen sie alle Sicherheitsanforderungen. Außerdem verhindern sie zuverlässig das Aufspringen der Schranktüren während der Fahrt. Das wird durch einen Riegel erreicht, der sich nur bei Betätigen der Öffnertaste zurückschiebt.

In Sonderfällen (große Türen, die in Fahrtrichtung öffnen) eignen sich sogenannte **Stangenschlösser**, wie wir sie aus Schlafzimmerschränken kennen. Wichtig ist für den (an sich unproblematischen) Einbau im Wohnmobil, daß es sich um ein Schloß mit Drehgriff – also ohne Schlüssel – handeln muß, siehe unten.

Gänzlich ungeeignet sind dagegen **Magnetschlösser**, die nie die Tür eines komplett gefüllten Schranks in einer scharf gefahrenen Kurve halten können.

Ebenso wenig eignen sich **Schrankschlösser mit Schlüssel**, denn ein eingesteckter Schlüssel stellt als relativ spitzes, vorstehendes Teil ein echtes Sicherheitsrisiko dar.

Fingerzeig: Bei den Türschlössern nicht am Pfennig sparen! Türschlösser tragen entscheidend zur Unfallsicherheit der Einrichtung bei, wenn sie in der Lage sind, bei Unfällen den Schrankinhalt zurückzuhalten.

Schnappschloß einbauen

Obwohl ähnlich aussehend, unterscheiden sich doch die Einbauweisen der verschiedenen Schnappschlösser in Details. Eins haben sie gemeinsam: Allzu schwierig ist die Montage bei allen nicht.

Nachdem der Einbauort festgelegt ist, muß ein Ausschnitt ins Holz der Tür eingearbeitet werden, in das man die Griffschale des Schlosses einläßt. Die Rückseite des Schlosses mit dem Riegel kann dann von hinten (durch die Türplatte) mit dem Vorderteil verschraubt werden. Meist muß das Verbindungsstück zwischen Öffnertaste und Riegel der Plattenstärke angepaßt werden.

Nach oben öffnende Klappen

Zur Bauweise gilt gleiches, wie bei den Schubladen gesagt: Die Klappe selbst kann nach den beschriebenen

Die hier gezeigten Schubladen bestehen aus fertigen Kunststoffelementen, die auf Schubladen-Führungsleisten laufen.

Hier ruht die Schublade auf waagrecht eingesetzten Möbelbauplatten-Streifen (Pfeile). Die Möbelplatten greifen dabei in die Aussparungen im Schubladenprofil ein.

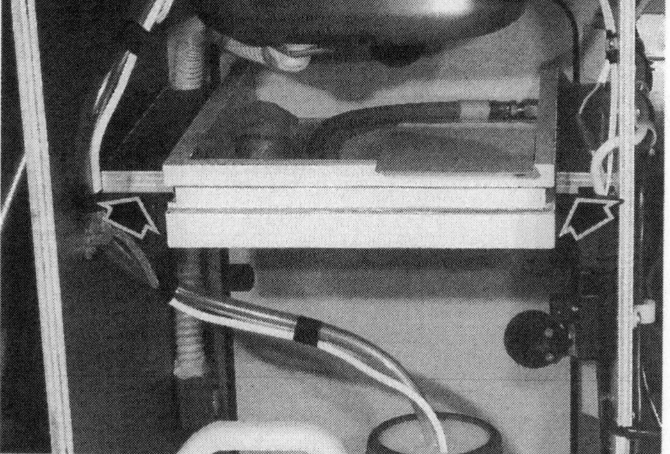

Diese Schublade wurde aus den Bestandteilen der gebräuchlichen Schubladen-Systeme zusammengebaut. Die weißen Pfeile zeigen die geraden Seitenteile, der schwarze Pfeil deutet auf eines der Eckstücke.

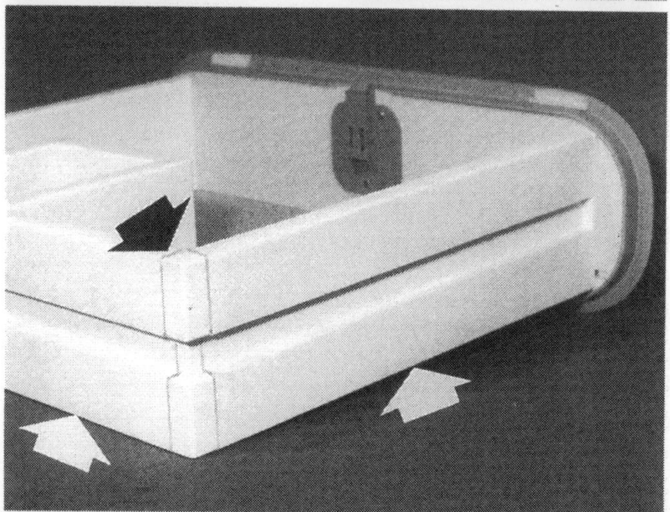

Schublade und Spüle lassen sich problemlos im selben Schrank kombinieren, wenn man die Schublade mit einer Aussparung für das Abflußrohr versieht.

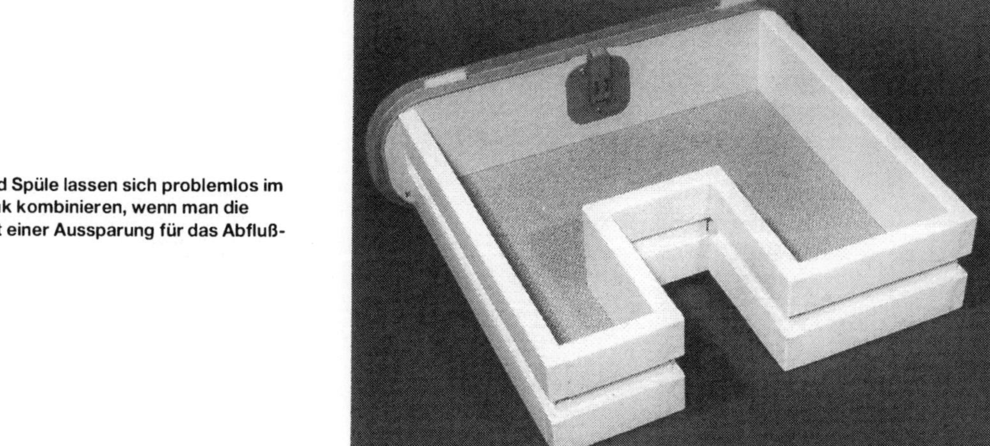

Ein Spezialschloß für Wohnmobil-Schranktüren:
1 – Anschlag;
2 – Vorderteil mit Griff;
3 – Rückteil mit Schloßfalle;
4 – Stößel; über ihn betätigt der Griff die Schloßfalle. Beim Einbau des Schlosses in Möbelplatten von geringerer Wandstärke als 16 mm kann der Stößel gekürzt werden.

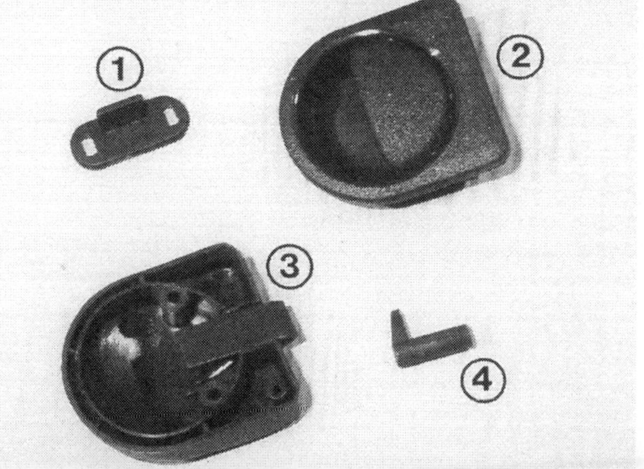

drei Methoden hergestellt werden. Wichtig ist jedoch, daß die Klappe mit einem Klappen-Aufsteller versehen wird, der eine **gut funktionierende Arretierung** besitzt. Sonst kann man sich gehörig die Finger einklemmen. Leicht vorstellbar, was mit kleinen Kinderfingern passiert!

Verankerung der Einrichtung

Bei einem Unfall müssen alle Einrichtungsteile in der Verankerung bleiben. Das gilt natürlich auch für einen möglichen Überschlag des Fahrzeugs. Sonst wird man im unfallsicheren Fahrzeug womöglich von einem losgerissenen Teil erschlagen. Daß jedoch Risse oder Verformungen auftreten, läßt sich nicht vermeiden.

○ Kunststoffwinkel und einfache Blech- oder Holzschrauben taugen nicht zur alleinigen Befestigung. Haltbar sind dagegen Verschraubungen, die z. B. mit Schloßschrauben durch das Holz **und durch den Wagenboden** oder die Träger an der Seitenwand gehen. Als Verbindungselement können Blechwinkel gewählt werden.

○ Besonders stabil muß die Befestigung der Sitze im Wohnraum – also etwa der Klappsitzbank – ausgeführt sein. Dieses Thema finden Sie im Kapitel »Sitze und Sitzplätze« eingehend behandelt.

○ Übrigens genügt es nicht, die Einrichtung mit der Bodenplatte zu verschrauben. Die Befestigung muß immer durch den Wagenboden hindurch gehen und unter dem Wagen mit einem großen lastverteilenden Metallstück oder einer Unterlegscheibe mit übergroßem Außendurchmesser versehen sein.

○ Ideal ist die Befestigung der Möbel an einer Stelle der Bodenplatte, an der sich Querträger unter dem Wagenboden befinden. Wo diese liegen, ist auch von oben im (nackten) Laderaumboden gut zu sehen. In diesen Querträgern befinden sich (außer beim Kastenwagen) die Gewindebohrungen der Sitzbefestigung.

Vorsicht beim Bohren

Bevor Sie Löcher – etwa zum Befestigen von Einrichtungsteilen – in die Karosserie bohren, müssen Sie sich vergewissern, daß auf der Blech-Rückseite nichts vom Bohrer beschädigt wird:

○ So verlaufen etwa die Kabel zur Innenleuchte, zum Heckwischer und zur heizbaren Heckscheibe im Dachholm über den Fenstern.

○ Unter dem Wagenboden ist der Haupt-Kabelstrang untergebracht. Bei den meisten Fahrzeugen verläuft er in Wagenmitte quer zur Fahrtrichtung parallel zu einem der Querträger.

○ Zu beachten sind auch die Bremsleitungen sowie der Bremskraftregler in Wagenmitte vor der Hinterachse.

○ Die Wärmeabschirmbleche der Auspuffanlage sollten ebenso unbeschädigt bleiben wie das Reserverad bzw. der Syncro-Antrieb im Wagenheck.

○ Befindet sich unter dem Wagenboden bereits ein Wassertank oder eine Standheizung, dürfen natürlich auch diese Teile nicht mit dem Bohrer traktiert werden.

Verschraubungen abdichten

Verschraubungen durch den Wagenboden oder durch das Radkastenblech müssen besonders sorgfältig abgedichtet werden, damit kein Spritzwasser in den Wageninnenraum dringt.

Dazu eignet sich Karosserie-Dichtmasse, die ringförmig zwischen Bodenblech und Unterlegscheibe der Verschraubung gelegt wird. Beim Anziehen der Mutter drückt sich die Dichtmasse in alle Ritzen und Fugen – die Verschraubung ist abgedichtet.

Blechschrauben, die durch den Wagenboden geschraubt sind, müssen zwar nicht unbedingt von außen mit Dichtmasse versehen sein, doch ein Spritzer Hohlraumversiegelungsspray kann nicht schaden. Das beseitigt kleine Undichtigkeiten und konserviert gleichzeitig gegen Rost.

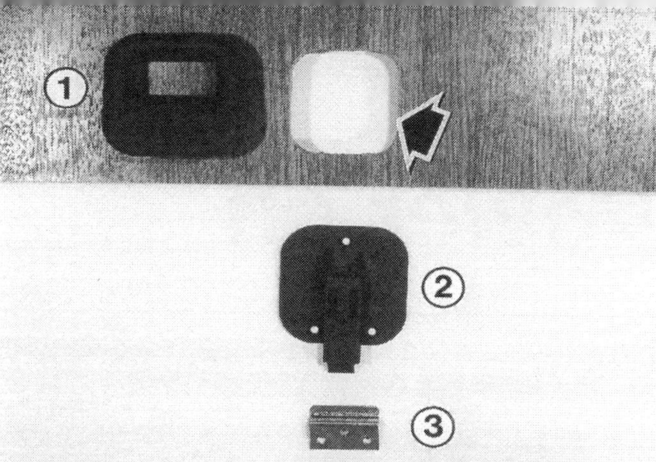

Zum Einbau des Schlosses (Teile 1–3) muß ein entsprechender Durchbruch im Türblatt geschaffen werden (Pfeil).

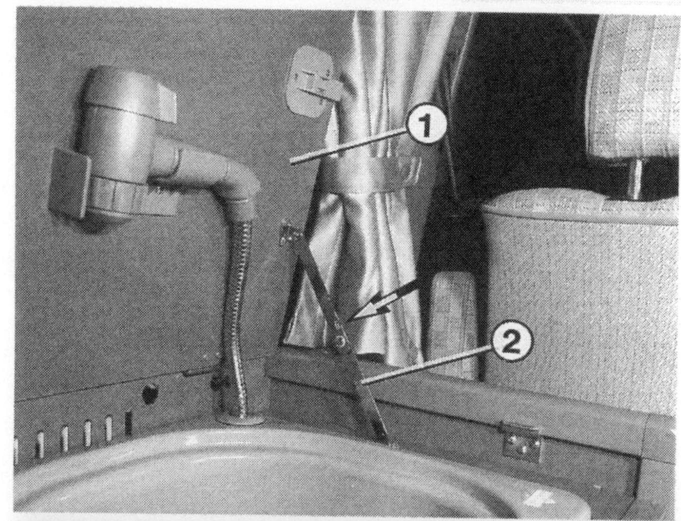

Nach oben öffnende Klappen (1) müssen mit einem Klappen-Aufsteller (2) versehen werden, der eine gut funktionierende Arretierung (Pfeil) besitzt.

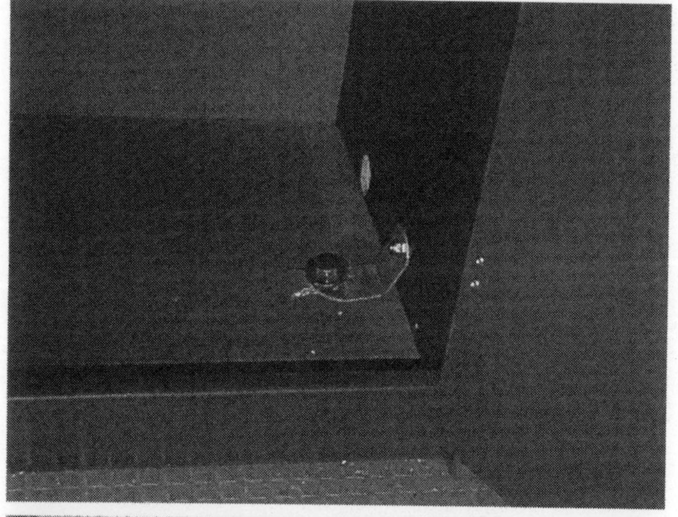

Nur so ist ein unfallsicherer Einbau gewährleistet: Die Befestigungsschraube mit großer Unterlegscheibe geht durch den Wagenboden hindurch. Zur Seitenwand des Schranks ist sie zusätzlich mit einem Blechwinkel verbunden. Die gezeigte Verschraubung hat einen Crash-Test erfolgreich bestanden.

Unterhalb des Wagenbodens soll die Verschraubung durch ein großes, lastverteilendes Metallstück gehalten sein (weiße Pfeile). Ganz so groß wie bei den hier gezeigten Sitzbank-Verankerungen muß die Unterlage für eine einzelne Möbel-Befestigung natürlich nicht sein. Ideal ist die Verschraubung durch einen der schon vorhandenen Querträger hindurch (schwarzer Pfeil).

Power on

Dieses kurze Kapitel soll in Sie zum richtigen Energiekonzept für Ihr Wohnmobil führen. Wiederholungen der Gedanken aus anderen Kapiteln sind beabsichtigt.

Verschiedene Energieträger

Im Wohnmobil steht uns zunächst 12 Volt Gleichstrom zur Verfügung. Propan- oder Butangas kann als zusätzliche mobile Energiequelle hinzugezogen werden. Mit 220 Volt Wechselstrom kann man sich nur versorgen, wenn der Wagen steht.

Geplante Zulassung entscheidet mit

Als Pkw kann der Wagen nur eingetragen werden, wenn er **keine** fest montierte Kochgelegenheit hat. Bei fest installiertem Herd ist das Fahrzeug ein Wohnmobil.
Das Kriterium Sicherheitsgurte, das hierfür ebenfalls ausschlaggebend ist, finden Sie im Kapitel »Sitze und Gurte« erörtert.

Wohnmobil-typische Energie-Überlegungen

○ **Licht und Kleingeräte** (z.B. Wasserpumpe) betreibt man über eine **12-Volt-Zweitbatterie**. Damit auch bei längerer Standzeit die Starterbatterie ihrer Hauptaufgabe gewachsen bleibt, werden Fahrzeug- und Wohnmobil-Stromkreis durch ein Trennrelais getrennt.
○ Für ein **einfaches Freizeitmobil** genügt ein **Spirituskocher**, der mangels Schlauchanschluß leicht demontierbar ist. Dadurch besteht die Möglichkeit zur Pkw-Zulassung. Der Spiritusherd ist jedoch nicht immer ganz geruchsneutral.
○ Gleiche Situation bei einem **herausnehmbaren Gasherd**. Pkw-Standard wird durch den demontierbaren Herd erreicht, doch ist für die Gasflasche ein fest installierter Flaschenschrank mit Entlüftung gefordert. Von der Installation her ist hier jedoch ein höherer Aufwand nötig als beim Spiritusherd. Auch fallen jetzt Gasprüfungen an. Der Herd benötigt vergleichsweise wenig Gas, die kleinste Gasflasche genügt. In Betracht käme schon eine **blaue** 2-kg-Butangas-Flasche.
○ Kommt ein **Absorber-Kühlschrank** dazu, stellt sich beim Sommerurlaub die Frage nach dem Gasvorrat – siehe folgenden Absatz. Kann ständig an **220** Volt angeschlossen werden, verändert sich der Energie-Haushalt nicht. Doch ist das **12-Volt-Netz** für das Betreiben der Absorber-Kühlgeräte im Stand ungeeignet.
○ Ist man – z.B. gerade beim Absorber-Kühlschrank – aufs Gas angewiesen, muß eine erheblich **größere Gas-Menge** vorgesehen **oder** entsprechend oft **Flaschentausch** betrieben werden. Damit stellt sich die Frage, welcher Gasflaschentyp sich eignet:
○ Die **blauen** Butangas-Flaschen sind praktisch überall in der Welt zu tauschen. Bei Verwendung der **grauen Gasflaschen**, die im Ausland nur selten vertreten sind, sollte ein Euro-Adapter-Set zum problemlosen Nachfüllen mit auf die Reise genommen werden.
○ Noch ein Aspekt zu den Gasflaschen: Es dürfen **maximal zwei Gasflaschen** mit je 15 kg Gas im Fahrzeug transportiert werden. Das wären entweder 2 x 3 kg Butan (blaue Flasche) oder 2 x 11 kg Propan (graue Flasche).
○ Gleiches wie beim Absorber-Kühlschrank gilt im Winterurlaub für die **Gasheizung**. Hier muß allerdings wegen der hohen Verbrauchsmenge der **größtmögliche Gasvorrat** vorgesehen werden. Das wären zwei graue 11-kg-Propangasflaschen. Probleme mit Füllen/Tauschen wie gehabt. Zusätzlich muß die Batterie genügend groß sein, um für den gewünschten Zeitraum das Gebläse der Heizung zu betreiben. Oder es wird an 220 Volt angesteckt.
○ Beim **Gastank** hat man mehr Vorrat, aber auch in einigen Ländern Nachfüll-Probleme. Ist man – etwa zum Heizen – auf reibungslose Gasbefüllung angewiesen, sollte man sich eine Liste der Gastankstellen besorgen und einen Adaptersatz mitnehmen. Auch hier gibt es unterschiedliche Füllanschlüsse.
○ Die **Kraftstoffheizung** versetzt den Camper in einen angenehm autarken Zustand, denn Kraftstoff gibt's überall, und durch die Speisung aus dem Tank erübrigt sich weiterer Raum für andere Energievorräte. Stromversorgung siehe Gasheizung.
○ **Ganz ohne Gas** geht es auch: Dann wird zusätzlich zum Spiritusherd und zur Kraftstoffheizung ein Kompressor-Kühlschrank bzw. eine Kompressor-Kühltruhe nötig. Die betreibt man mit großzügig dimensio-

nierten 12-Volt-Batterien und ist damit einige Tage autark – ohne Nachladen beim Fahrbetrieb oder über 220-Volt-Anschluß. Ein zusätzliches Solar-Modul schafft fast völlige Unabhängigkeit.

Details in den einzelnen Kapiteln

Vorgenanntes soll nur als Entscheidungshilfe dienen. Details und Installation der einzelnen Energieträger ist in den Kapiteln »Die Gasanlage«, »Die 12-Volt-Anlage« und »Die 220-Volt-Anlage« beschrieben.

Sanfte Energie

Neben Flüssiggas ist Strom der Haupt-Energieträger im Wohnmobil. Auch hier gilt wieder: Je einfacher die Ausstattung, desto unkomplizierter ist die Verkabelung.

Elektrische Geräte

Führen wir uns zunächst vor Augen, welche Geräte im Wohnmobil mit Strom betrieben werden und wie hoch deren Stromverbrauch ist:

- ○ Innenbeleuchtung – 8 Watt
- ○ Wasserpumpe – 30 Watt
- ○ Absorber-Kühlschrank – 85 Watt
- ○ Heizung – 13 Watt (Gas) bzw. 15 Watt (Kraftstoff)

Abhängig davon, wieviele Stromverbraucher wir in den Wohnbereich des Wagens einbauen wollen und wie hoch deren Stromaufnahme ist, sieht die Ausführung der elektrischen Anlage aus.

Grundkonzept der 12-Volt-Anlage

Bevor wir an die Erklärung der einzelnen Bauteile gehen, hier zunächst die Erklärung des Grundkonzepts der 12-Volt-Anlage im Wohnbereich. Sie ist nicht zu verwechseln mit der elektrischen Anlage des Fahrzeugs und hängt zunächst auch nicht mit ihr zusammen.

Kernstück der Anlage ist die **Zweitbatterie** oder auch Bordbatterie – nicht zu verwechseln mit der ohnehin vorhandenen Fahrzeugbatterie. Sie versorgt alle wohnmobilbezogenen Verbraucher, wie z.B. Innenbeleuchtung oder Wasserpumpe. Diese Verbraucher zehren allein von der Zweitbatterie.

Der Stromvorrat dieser Batterie wäre schnell verbraucht, würde sie nicht regelmäßig nachgeladen. Das besorgt die **Lichtmaschine** unseres VW-Bus-Motors **über die reguläre Fahrzeugbatterie**. Zum Nachladen besteht also eine direkte Verbindung zwischen Fahrzeugbatterie und Zweitbatterie.

Bei stehendem Motor muß aber eine Vorkehrung getroffen werden, damit sich die Stromverbraucher im Wohnbereich keinen »Saft« aus der Fahrzeugbatterie holen können. Sonst wäre diese möglicherweise beim nächsten Startversuch schon zu erschöpft, um den Motor in Gang zu setzen.

Abhilfe bringt ein sogenanntes **Trennrelais**, das nur dann die Verbindung zur Zweitbatterie herstellt, wenn der Motor läuft und die Lichtmaschine dabei Ladestrom spendet. Steht der Motor, trennt das Relais die Zweitbatterie (und damit das Wohnraum-Stromnetz) vom Fahrzeug-Stromnetz ab.

Als Ergänzung die 220-Volt-Anlage

Sind einzelne Stromverbraucher im Wohnbereich permanent in Betrieb – etwa die Heizung beim Winter-Camping – reicht der Stromvorrat der Zweitbatterie nicht lange. Sie muß also wieder aufgeladen werden, was während einer anschließenden Fahrt auch geschieht. Ein mehrtägiger Aufenthalt an einem Platz macht aber einen Strich durch die Rechnung, da bei stehendem Motor die Lichtmaschine keinen Strom liefert.

Unsere Zweitbatterie muß also mit anderen Mitteln aufgeladen werden. Und genau hier kommt die 220-Volt-Anlage (siehe auch das folgende Kapitel) ins Spiel. Ein mit 220 Volt Wechselstrom betriebenes **Ladegerät** muß unsere Zweitbatterie wieder aufladen. Bedingung ist natürlich, daß es an ein 220-Volt-Netz angeschlossen werden kann, was auf fast allen Campingplätzen möglich ist. Einzige Aufgabe der 220-Volt-Anlage ist es also, die Zweitbatterie mittels Ladegerät wieder aufzupäppeln. Demgemäß haben wir auch keine weiteren 220-Volt-Stromverbraucher im Wagen. Lediglich der Kühlschrank kann über eine Steckdose mit dieser Spannung gespeist werden.

Die Ausrichtung auf den 12-Volt-Stromkreis liegt darin begründet, zumindest im Sommer weitgehend unabhängig von den üblichen Versorgungseinrichtungen zu bleiben, was schließlich den Charakter des Wohnmobils ausmacht. Der Anschluß des Wagens ans Netz soll eigentlich einen Sonderfall darstellen – Winter-Camping oder im Sommer ein mehrwöchiger Aufenthalt an einem Platz.

Kommen diese beiden Sonderfälle bei Ihnen nicht vor, reicht die Zweitbatterie als Stromversorgung vollauf. Sie können dann leicht auf die 220-Volt-Anlage verzichten.

Planung und Einbau

So viel zum grundsätzlichen Aufbau der Wohnmobil-Stromversorgung. Im Folgenden wollen wir uns mit der Dimensionierung und dem Einbau der Komponenten sowie mit den unvermeidlichen Vorschriften befassen.

Zum Ermitteln des Stromverbrauchs in unserem Wohnmobil stellen wir uns eine Liste der geplanten Stromverbraucher zusammen. Ferner notieren wir uns, welche Leistung sie aufnehmen und wie lange sie pro Tag eingeschaltet sind (nachfolgende Zahlen verstehen sich als Beispiele):

Bauteil	Leistungsaufnahme ca.	Stromverbrauch ca.	Benutzungsdauer/Tag
Transistorleuchte	8 Watt	0,67 Ampere	3 Stunden
Leseleuchte	15 Watt	1,25 Ampere	2 Stunden
Wasserpumpe	30 Watt	2,5 Ampere	0,5 Stunden
Absorber-Kühlschrank (12-Volt-Anschluß)	85 Watt	7,1 Ampere	(Gasbetrieb)
Eberspächer-Kraftstoffheizung	15 Watt	1,25 Ampere	24 Stunden (Winter)
Gasheizung Trumatic	13 Watt	1,1 Ampere	24 Stunden (Winter)

Die Leistungsaufnahme der Verbraucher ist meist bekannt. Nach der Formel

$$\text{Strom (Ampere)} = \frac{\text{Leistung (Watt)}}{\text{Spannung (Volt; im Bordnetz immer 12 Volt)}}$$

errechnen wir die Stromaufnahme der einzelnen Geräte, wie das in der Tabelle oben dargestellt ist. Wir benötigen diesen Wert später für unsere Energiebilanz.

Umgekehrt kann auch die Leistung des Verbrauchers errechnet werden. Die Formel sieht dann so aus:

$$\text{Leistung (Watt)} = \text{Spannung (Volt)} \times \text{Strom (Ampere)}$$

Auf der anderen Seite unserer Energiebilanz steht die Leistungsfähigkeit der Zweitbatterie. Von ihrer Größe hängt es ab, wie lange die Stromverbraucher funktionieren. Sicherheitshalber rechnet man nur mit ⅔ der Batteriekapazität. Dann sind ungenügende Ladung und Kapazitätseinbußen bei Kälte mit einkalkuliert.

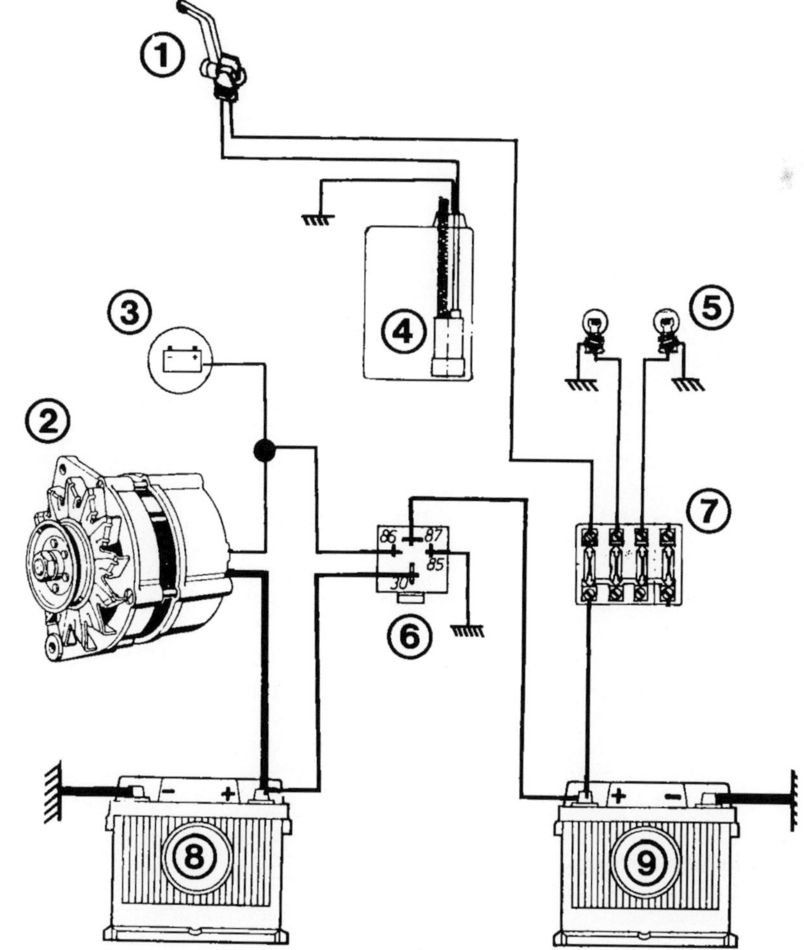

Beispiel einer 12-Volt-Anlage im Wohnmobil. Die rot abgesetzten Teile gehören zur bereits vorhandene Fahrzeugelektrik. Die schwarz eingezeichneten Teile zeigen den Wohnmobil-Stromkreis. Es bedeuten:
1 – Automatik-Wasserhahn;
2 – Lichtmaschine am Motor;
3 – Ladekontrolleuchte am Armaturenbrett;
4 – Tauch-Wasserpumpe;
5 – Leuchten für den Wohnraum;
6 – Trennrelais;
7 – Zusatz-Sicherungskasten für Stromverbraucher im Wohnraum;
8 – Fahrzeugbatterie (Starterbatterie);
9 – Zweitbatterie (Wohnmobilbatterie).

Die folgenden Batterien passen z. B.in den Batteriekasten in der Fahrer-Sitzkonsole:

Batterie	45 Ah	54 Ah	63 Ah
Kapazität bei ⅔ Ladung	30 Ah	36 Ah	42 Ah

Der Wert »Ah« gibt die »Stromstärke in ihrer zeitlich lieferbaren Menge« an. Im Klartext: Die 45-Ah-Batterie kann theoretisch 1 Stunde lang 45 Ampere liefern. Oder 45 Stunden 1 Ampere. In der Praxis rechnet man realistisch damit, daß 30 Stunden lang 1 Ampere abgegeben wird.
Nach unserer bekannten Formel könnte somit ein Verbraucher von 12 Watt (der ja 1 Ampere Strom zieht) 30 Stunden lang betrieben werden.

Fingerzeig: Über den Einbauort unter dem Fahrersitz hinaus kann die Zweitbatterie natürlich auch in einem Schränkchen der Einrichtung untergebracht werden. Dann lassen sich auch größere Batterien (Solar-Batterien) verwenden. Mehr dazu weiter hinten im Kapitel.

Wie lange reichen die Stromreserven?

Energiebilanz im Sommer

Leistungsangebot der Batterie und Leistungsaufnahme der Verbraucher sind nun ausgelotet: Im Sommerurlaub benötigen wir lediglich die Transistorleuchte, die Leseleuchte und die Wasserpumpe. Wir setzen in diesem Beispiel voraus, daß wir einen gasbetriebenen Kühlschrank eingebaut haben.
Von der Batterie werden also – ausgehend von unserer Tabelle – pro Tag gefordert:

$$\begin{array}{rl} 0{,}67 \times 3 & = 2{,}01 \text{ Ah} \\ +1{,}25 \times 2 & = 2{,}5 \text{ Ah} \\ +2{,}50 \times 0{,}5 & = 1{,}25 \text{ Ah} \\ \hline & 5{,}76 \text{ Ah} \end{array}$$

Unsere zu ⅔ geladene 45-Ah-Battrie hält diese Belastung lässig fünf Tage durch, ohne weiche Knie zu bekommen. Die 54-Ah-Batterie macht es einen Tag länger, und der 63-Ah-Speicher kann uns sogar sieben Tage versorgen – wohlgemerkt jeweils nur ⅔-Ladung vorausgesetzt. Außerdem gehen wir davon aus, daß während der ganzen Zeit der Wagen nicht gefahren und somit die Batterie nicht geladen wird.
Daß der Kühlschrank in unserer Aufstellung nicht berücksichtigt ist, hat folgende Bewandtnis: Ein Absorber-Kühlschrank muß, sobald der Wagen steht, mit Gas betrieben werden. Sonst bringt er mit seinen 85 Watt Eingangsleistung unseren Stromhaushalt deutlich durcheinander. Soll dagegen ein batteriebetriebener Kompressor-Kühlschrank eingebaut werden, bedarf es einer völlig anderen Auslegung der Bord-Elektrik, worauf wir noch zu sprechen kommen.
Fazit: Sommers kann sich das Wohnmobil in Standardausrüstung selbst mit Strom versorgen, vorausgesetzt, es wird zumindest alle fünf Tage bewegt. Am schnellsten geht das Wiederaufladen natürlich mit einer kräftigen Lichtmaschine. Daran ist keine Not, denn je nach Modell können im VW-Bus Lichtmaschinen mit einer Leistungsabgabe von bis zu 100 Ampere eingebaut werden.

Energiebilanz im Winter

Schlechter sieht's im Winter aus. Da läuft zusätzlich zu den anderen Verbrauchern den ganzen Tag die Heizung, und an langen Winterabenden wird außerdem eher mehr Strom für Beleuchtung verbraucht.
Läuft die Eberspächer-Heizung ganztags, sind 1,25 A x 24 h = 30 Ah aufgerufen. Die teilgeladene 45-Ah-Batterie ist also schon ohne die übrigen Verbraucher nach einem Tag erschöpft.
Gerade winters wird man zum Skifahren eher an einem Platz bleiben, statt umherzugondeln. Die Zweitbatterie muß also unbedingt ständig nachgeladen werden. Eine 220-Volt-Anlage ist hier unumgänglich.

Energiebilanz bei Kompressor-Kühlschrank

Wer in Erwägung zieht, einen Kompressor-Kühlschrank bzw. eine Kompressor-Kühltruhe einzubauen, muß sich energieseitig etwas wärmer anziehen. Derartige Geräte haben zwar eine Leistungsaufnahme von bis zu 55 Watt, wobei aber die Pausenzeiten des Kühlaggregats zu berücksichtigen sind. So laufen die Kühlaggregate nur max. 20% ihrer Betriebszeit, womit die mittlere Leistungsaufnahme auf ca. 11 Watt sinkt. Das entspricht weniger als 1 A. Mit einer teilgeladenen 45-Ah-Batterie würden wir also fast zwei Tage ohne Nachladung überdauern.
Für reibungslosen Betrieb bedarf es in diesem Fall erhöhter Batterie-Kapazität. Sind zwei 100 Ah-Solarbatterien im Einsatz, verlängert sich die Eigenständigkeit je nach Ladezustand auf mehr als eine Woche. Allerdings verliert auch der Geldbeutel beim Batterie-Kauf spürbar an Umfang.
Mit dieser Batteriekapazität läßt sich das Kompressor-Aggregat komfortabel betreiben. Man braucht also nicht ständig an den Ladezustand der Bord-Batterie zu denken. Während einer Woche wird der Wagen sicherlich zwischendurch gefahren, was die Batterie wieder lädt, oder man muß eben nachladen.
Ideale Ergänzung dieser Ausstattung ist auch eine Solar-Anlage – siehe Kapitel-Ende.

Ausführung

Entgasung: Für den freien Einbau im Fahrzeug sollten Sie bei Verwendung einer Standard-Batterie eine solche mit »Zentral-Entgasung« verwenden. Die beim kräftigen Laden auftretenden gesundheitsschädlichen Gase (Knallgas) werden bei solchen Batterien oben im Batteriegehäuse gesammelt und über einen dünnen Schlauch durch den Fahrzeugboden nach außen geleitet. Audi-Fahrzeuge sind beispielsweise mit Starterbatterien mit Zentral-Entgasung ausgestattet.
Eine andere Möglichkeit, die Gase von den Wohnmobil-Insassen fernzuhalten, besteht darin, die Batterie in einem geschlossenen Schrankteil unterzubringen, das über eine Boden-Entlüftung ins Freie verfügt.
Bauart: Zunächst bieten sich für die Verwendung als Zweitbatterie die gebräuchlichen **Starterbatterien** an. Sie sind verhältnismaßig preisgünstig in den gängigen Größen von 45 bis 63 Ah zu haben. Die ganz »dicken« Batterien bis 135 Ah sind dann schon etwas teurer.
Noch teurer, aber geradezu ideal im Wohnmobil sind die **»Solar«- bzw. Gel-Batterien**. Konzipiert sind sie neben langer Lebensdauer für relativ niedrige Stromentnahme, aber dies über eine lange Zeitdauer. Für kurzzeitige hohe Belastungen (Anlasser) eignen sich diese Batterien nicht.

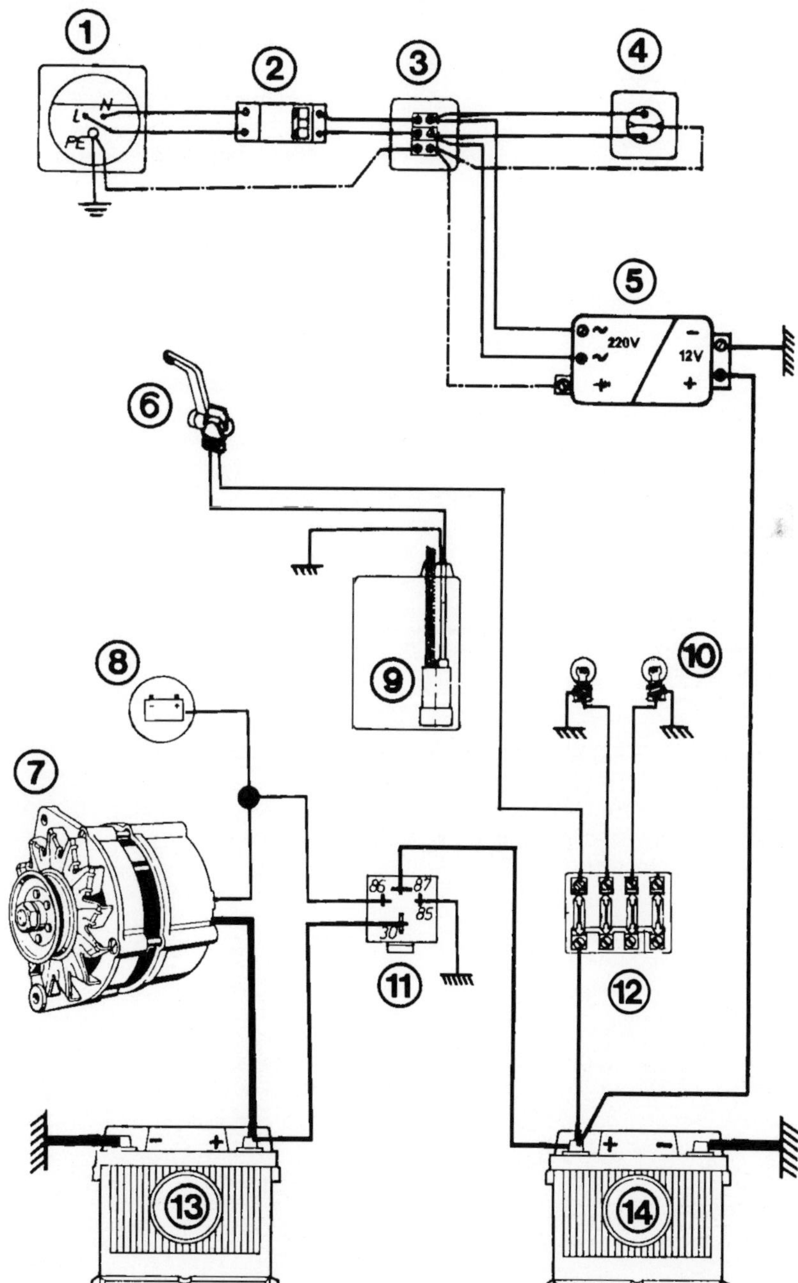

Hier ist die Wohnmobil-Elektrik um eine 220-Volt-Anlage (rot abgesetzt) ergänzt. Somit präsentiert sich hier eine vollständige Wohnmobil-Elektrik. Es bedeuten:
1 – CEE-Eingangssteckdose;
2 – Sicherungsautomat;
3 – Verteilerdose;
4 – Innensteckdose (z. B. für den Kühlschrank);
5 – Ladegerät;
6 – Automatik-Wasserhahn;
7 – Lichtmaschine am Motor;
8 – Ladekontrolleuchte am Armaturenbrett;
9 – Tauch-Wasserpumpe;
10 – Leuchten für den Wohnraum;
11 – Trennrelais;
12 – Zusatz-Sicherungskasten;
13 – Fahrzeugbatterie (Starterbatterie);
14 – Zweitbatterie (Wohnmobilbatterie).

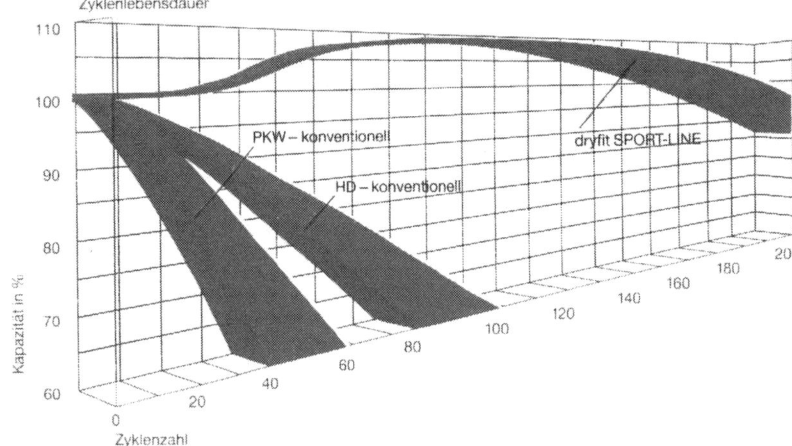

Die Grafik zeigt den Vergleich der Batterie-Lebensdauer (in Ladezyklen) zwischen einer konventionellen Starterbatterie, einer konventionellen zyklenfesten Batterie und einer Gel-Batterie (dryfit).

Einbauort

Größe und Bauart unserer Zweitbatterie haben wir bereits festgelegt – nun bleibt nur noch der Einbau.

○ Idealer Platz für eine Standard-Batterie ist die feststehende **Sitzkonsole** unter dem Fahrersitz. Leider kann dann an dieser Stelle kein Drehsitz montiert werden. Wer auf den Drehsitz an dieser Stelle nicht verzichten kann, baut die Batterie in einem Schrank der Einrichtung ein.

Zum Einbau in die Sitzkonsole wird die Klemmleiste 701915313 A und eine selbstsichernde Mutter M 8 benötigt. Alle anderen Halteeinrichtungen sind in der Konsole vorgesehen. So ist die Batterie (unfall-)sicher eingebaut.

○ Wird die Batterie in einen **Schrank der Wohneinrichtung** eingebaut (was sich bei Verwendung einer großformatigen Solar- bzw. Gel-Batterie nicht vermeiden läßt), muß sie in einem stabilen Halter verankert sein, um nicht bei einem Unfall zum lebensgefährlichen Geschoß zu werden. Solche Halterungen gibt es im Zubehör-Laden oder im VW-Teilelager aus dem Wohnmobil-Programm. Nicht übersehen werden darf natürlich, daß auch der Batteriehalter selbst stabil angeschraubt werden muß.

Übrigens sollte die Batterie – wenn schon freie Wahl des Einbauorts besteht – möglichst weit hinten im Wagen steht. So erreichen wir einen Beitrag zu einer ausgeglichenen Gewichtsverteilung im Fahrzeug.

Anschließen der Zweitbatterie

Zum Anschließen besorgen wir uns am besten ein Masseband mit Polschuh aus dem Autozubehörgeschäft. Das wird am Minuspol der Batterie und am Karosserieblech befestigt. Blech vorher blankkratzen, damit ein guter Kontakt zustandekommt. Noch besser: Zusätzlich eine Zahnscheibe zwischen Blech und Kabel legen.

Für den Pluspol verwenden wir einen Plus-Polschuh – ebenfalls aus dem Autozubehörgeschäft, der mit einem schraubbaren Kabelanschluß versehen ist. Dieser Polschuh besitzt übrigens einen größeren Innendurchmesser als der Minus-Polschuh. So kann es erst gar nicht zu Verwechslungen beim Anschließen kommen.

Der angeschlossene Pluspol muß mit einer Pluspolabdeckung aus Kunststoff versehen werden. Die gibt es speziell für die für VW-Fahrzeuge vorgesehenen Batterien.

Das Trennrelais

Auf die Funktion des Trennrelais haben wir bereits hingewiesen: Es soll bei laufendem Motor Ladestrom von der Lichtmaschine zur Zweitbatterie fließen lassen, soll aber bei stehender Maschine das Wohnmobil-Stromnetz vom Fahrzeugnetz abtrennen, um ein Entladen der Fahrzeugbatterie zu verhindern.

Trennrelais gibt's in allen Wohnmobil-Zubehörläden. Teure Spezialrelais mit Zusatzfunktionen, wie einem zweiten Kontakt zum Abtrennen der Stromzufuhr zum Kühlschrank, sind nur dann erforderlich, wenn diese Schaltung gewünscht und gebraucht wird. Ansonsten tut es ein billiges Standard-Trennrelais, z. B. von Bosch oder von VW (Teile-Nr. 701 070 524).

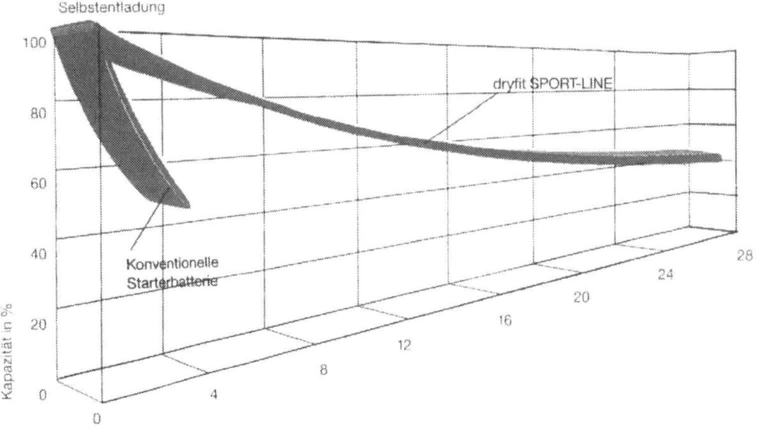

Die Selbstentladung ist bei einer Gel-Batterie deutlich geringer als bei einer herkömmlichen Starterbatterie, wie die Grafik zeigt. Beim Überwintern kommt die Gel-Batterie ohne Nachladen aus. Auch Tiefentladungen übersteht sie deutlich länger.

Guter Platz für den Einbau einer Zweitbatterie: Die nicht drehbare Konsole des Fahrersitzes. Allerdings muß es sich um eine für den Batterie-Einbau geeignete Konsole handeln (erhältlich im VW-Teilelager). Die serienmäßig montierten Konsolen sind ungeeignet.

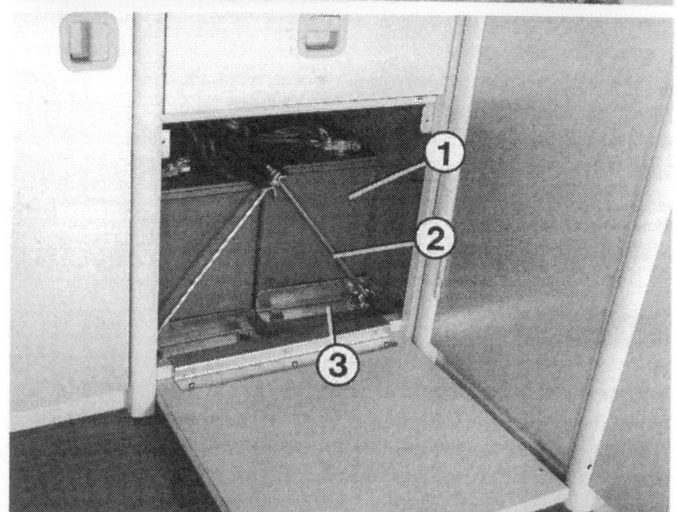

Zwei Zusatz-Batterien (1) sind hier in einem der Wohnmobil-Schränke eingebaut. Unumgänglich ist eine stabile Verankerung mit Bodenstandblech (3) und Halter (2).

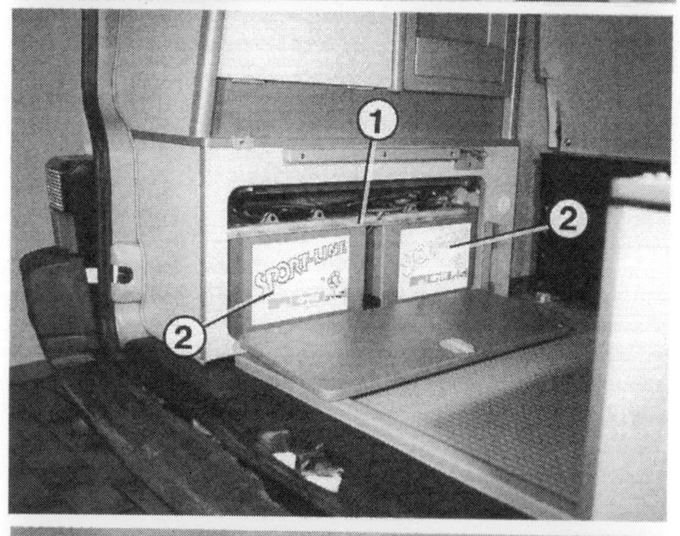

Von der Gewichtsverteilung her ist der Einbau der Zusatzbatterien (2) im Wagenheck unbedingt zu empfehlen. Auch hier ist ein stabiler Halter (1) zwingend erforderlich.

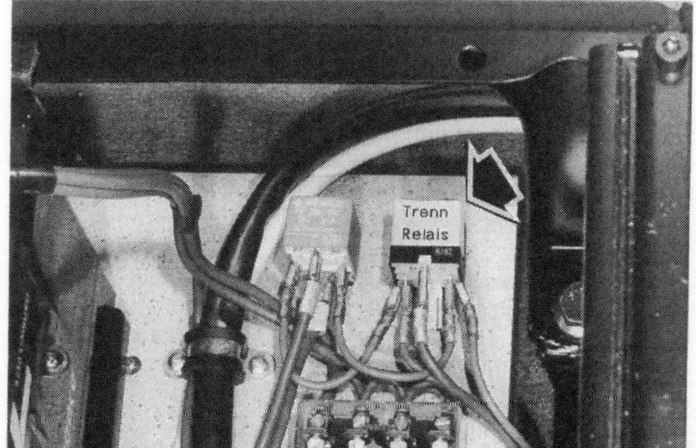

Das Trennrelais leitet den Ladestrom der Lichtmaschine bei laufendem Motor zur Zweitbatterie. Hier ist das Trennrelais (Pfeil) vorbildlich beschriftet und in der Fahrersitz-Konsole eingebaut.

Trennrelais einbauen

Bester Einbauort ist natürlich die Fahrersitzkonsole, sofern dort auch die Zweitbatterie montiert und kein Drehsitz eingebaut ist.
Die Verschaltung des Trennrelais ist einfach: Von den beiden Polen des Relais wird einer mit der Fahrzeugbatterie (+) und der andere mit der Zweitbatterie (+) verbunden. Als Steuerstrom dient die D+-Leitung, die von der Lichtmaschine zur Ladekontrolleuchte am Armaturenbrett geht.
Diese Leitung steht nur dann unter Spannung, wenn die Lichtmaschine auch wirklich lädt. Sie liefert dadurch dem Trennrelais die Information, die beiden Stromkreise zu verbinden. Angezapft werden kann diese Leitung am besten an der **Rückseite der Zentralelektrik** (Relaisträger und Sicherungskasten) links unter dem Armaturenbrett. Das geht so:

- Zentralelektrik ausbauen und umdrehen.
- Passendes Kabel mit Kabelstecker mit **Pin 1 im Mehrfachstecker A2** verbinden. Dieser eignet sich ideal, weil nicht belegt.
- »Anzapfen« läßt sich aber auch das blaue Kabel an Pin 3, Stecker F oder an Pin 12, Stecker U2.
- Steuerkabel nach mitgeliefertem Relais-Einbauplan oder nach dem Schaltplan auf Seite 169 mit dem Trennrelais verbinden.
- Bleibt zuletzt nur noch das Befestigen des Massekabels am Relais.
- Als Kabelstärke wählen wir für die Leitungen vom Trennrelais zu den Batterien 6 mm². VW verwendet in den eigenen Wohnmobilen dieselbe Kabelstärke.
- Als Steuerkabel tut's ein 1,5 mm²-Kabel, da hier so gut wie kein Strom fließt; genauso beim Massekabel.

Sicherungen

Von der Zweitbatterie aus verlaufen die Leitungen zu den einzelnen Stromverbrauchern, wobei sie zuvor noch eine Sicherung passieren.
Sie unterbricht bei Überlastung einer Leitung den betreffenden Stromkreis. Das geschieht, indem der dünne Metallstreifen in der Sicherung einfach durchbrennt. Solch eine Leitungsüberlastung könnte beispielsweise ein Kurzschluß durch einen Schaden an der Kabelisolierung oder ein Defekt in einem Gerät sein. Ohne Sicherung würde ein Kurzschluß unweigerlich zu einem Kabelbrand führen.
Sicherungen gibt es in verschiedenen Stärken – beispielsweise 5, 8 und 16 Ampere. Soviel Strom lassen sie ungehindert durchfließen. Bei höherer Belastung brennen sie durch. Die Gerätehersteller geben an, wie hoch die Leitung abgesichert werden soll. So läßt beispielsweise Elektrolux für den Kühlschrank RM 185 maximal eine 15-Ampere-Sicherung zu. Kleinverbraucher, wie Lampen, sichert man mit 5 Ampere ab.
Ist die Sicherung zu stark, bleibt sie noch standhaft, wenn das Kabel schon raucht. Der gewünschte Effekt ist so nicht erreicht. Ist sie zu schwach, brennt sie bereits beim Einschalten des Stromverbrauchers durch.

Der Sicherungskasten

Günstig ist es, jedes einzelne Zuleitungskabel zu einem Stromverbraucher mit eigener Absicherung zu versehen. Damit wird bei einem Defekt der mögliche Übeltäter sofort erkannt, und außerdem bleiben die anderen Geräte immer noch einsatzfähig.
Bei Verwendung mehrerer Sicherungen bietet sich der Einbau eines Sicherungskastens an. Geeigneter Einbauort dafür ist auch hier wieder die Sitzkonsole unter dem Fahrersitz, sofern dort die Zweitbatterie sitzt. Oder bei anderswo eingebauter Batterie kann die Innenseite eines Schranks oder ein Karosserieholm als Montageplatz dienen.
Als elektrische Verbindung zwischen Zweitbatterie und Sicherungskasten bietet sich ein 2,5-mm²-Kabel an. Zum Verbinden der Sicherungsanschlüsse auf der Eingangsseite des Sicherungskastens bietet Bosch für die eigenen, etwas altertümlich anmutenden Sicherungskästen eine Verbindungsschiene (Nr. 1351 090 000) an, damit das Zuleitungskabel nicht umständlich durchgeschleift werden muß.

Fingerzeige: Bezeichnen Sie gleich nach Verlegen der Kabel die Sicherungen im Sicherungskasten. Sonst gerät die spätere Fehlersuche zum Verwirrspiel.
Wird der Sicherungskasten nahe der Batterie eingebaut, müssen die blanken Kontakte mit Polfett oder Kontaktspray behandelt werden. So kann man sie vor Korrosion schützen, die der Säurenebel der Batterie hervorruft. Das Problem tritt nicht auf, wenn man – wie vorgeschlagen – eine Batterie mit Zentral-Entgasung bzw. eine Gel-Batterie verwendet.

Anschließen der Stromverbraucher

An der Ausgangsseite des Sicherungskastens (es ist übrigens egal, welche Seite wir als Eingangs- und Ausgangsseite benutzen) schließen wir die Kabel zu den einzelnen Stromverbrauchern an. Einen Teil der Kabel haben wir bereits unter den Seiten- und Dachverkleidungen bzw. in einem Kabelkanal verlegt. Vorteil beim

A1 A2 B C D E F G1 G2 H1 H2 J 30 Z1 30B

K L Z2 M N P Q R S T U1 U2 V W X Y

Die Rückseite der Zentralelektrik ist hier mit den jeweiligen Stecker- und Klemmenbezeichnungen gezeigt. Die roten Pfeile zeigen, an welchen Klemmen die »D+«-Leitung angezapft werden kann.

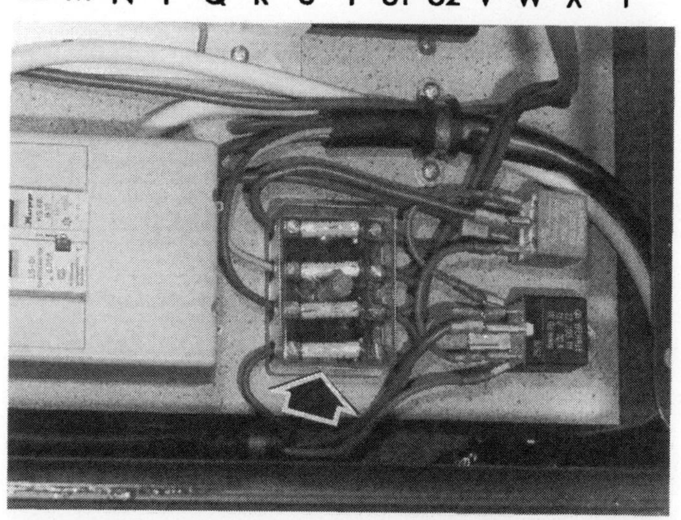

Die Verbraucher im 12-Volt-Wohnmobil-Stromkreis werden über Sicherungen einzeln abgesichert. Standard-Sicherungskästen (Pfeil) gibt's im Zubehörhandel.

Auch für die 12-Volt-Anlage gibt es Verteilerblöcke (Pfeil). Die Beschriftung der Bauteile vermeidet später Verwechslungen.

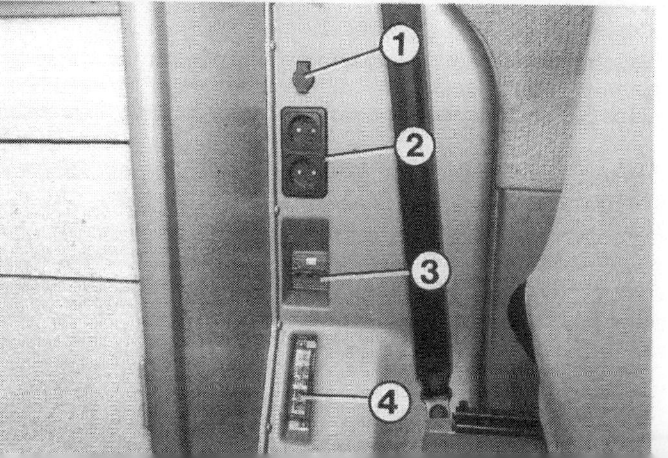

Was an Elektrik-Bauteilen eines Wohnmobils zugänglich sein muß, ist hier sauber aufgereiht:
1 – 12-Volt-Steckdose;
2 – 220-Volt-Steckdose;
3 – 220-Volt-Sicherungsautomat;
4 – 12-Volt-Sicherungsleiste.
Das friedliche Nebeneinander der beiden Stromkreise darf nicht darüber hinwegtäuschen, daß die Kabel und Bauteile beider Kreise streng voneinander getrennt werden müssen.

Kabelkanal: Man kann noch nachträglich Leitungen dazulegen, und auch diese sind anschließend gut geschützt. Lose verlegte Strippen sollte man wenigstens mit Kabelbindern oder Kabelschellen an einigen Stellen befestigen, damit sie nicht aus Versehen abgerissen werden können. Muß das Kabel durch eine Bohrung im Blech durchgeführt werden, ist das Einsetzen einer Gummi-Kabeldurchführung nicht zu umgehen. An einer blanken Blechkante ist die Kabelisolierung sonst schnell durchgescheuert, und wir haben den schönsten Kurzschluß.
Am Stromverbraucher selbst wird zunächst das Pluskabel angeschlossen. Je nach Ausführung kann sich der Verbraucher die Masseverbindung über das Gehäuse holen. Sitzt das Gerät dagegen isoliert auf Holz- oder Kunststoffteilen, muß ein separates Massekabel verlegt werden, dessen Ende wir irgendwo gut leitend an der Fahrzeugkarosserie festschrauben. Denn die Karosserie dient als Minusleitung – zumal ja der Minuspol der Batterie ebenfalls mit dem Karosserieblech verbunden ist.

Die richtige Kabelstärke

Verbraucher mit hoher Wattzahl brauchen ein dickeres Zuleitungskabel als solche mit geringer Leistung. Denn dünne Leitungen haben einen größeren elektrischen Widerstand und erhitzen sich deshalb, wenn ein zu hoher Strom fließt.
Generell gilt: Lieber das Kabel überdimensionieren, als ein zu dünnes verwenden. Kabelstärken von 0,5 oder 0,75 mm² sollten Sie wegen ihrer zu geringen mechanischen Festigkeit ohnehin nicht verwenden.
Für Kleinverbraucher, wie z.B. Leuchten, kommt deshalb als schwächstes Kabel eine 1,5-mm²-Leitung in Frage. Stromverbraucher mit höherer Leistung, wie der Kühlschrank, werden über ein 2,5-mm²-Kabel gut versorgt. Daß die Kabel so reichlich dimensioniert sind, zeigt die folgende Tabelle, die Kabelquerschnitt und zulässigen Strom in Bezug setzt:

Leitungsquerschnitt*	mm²	1	1,5	2,5	4	6	10	16
Zulässiger Dauerstrom bei 50°C	A	13,3	16,6	22,6	30	38	52	69

* Gültig für 12-Volt-Anlage

Fingerzeig: Wenn für ein stromzuführendes Kabel ein bestimmter Leitungsquerschnitt als ausreichend ermittelt wurde, darf für das Minus- oder Massekabel natürlich kein dünneres Kabel verwendet werden.

Die richtigen Kabel für die 12-Volt-Anlage

Haushaltskabel haben im Wohnmobil nichts verloren, starre Kabel schon gar nicht. Wir benötigen **Autoelektrikkabel**, wie es der Autozubehörhandel führt. Das ist hinreichend flexibel und hat eine stabile Isolierung, die überdies öl- und säurefest ist.
Kaufen Sie Kabel in verschiedenen Farben, damit später die Fehlersuche einfacher vonstatten geht. Die braune Isolierung ist in der Autoelektrik den Minus- oder Masseleitungen vorbehalten. Diesen guten Brauch sollten Sie aufrecht erhalten, denn er schützt Sie und eventuelle Nachbesitzer des Wagens vor Überraschungen.

Fingerzeig: Diese Farbcodierung trifft nur für die 12-Volt-Autoelektrik zu! Bei der 220-Volt-Anlage in Haus oder Wohnmobil ist braun eine der Farben für stromführende Leitungen!

Kabelverbindungen

Eine gelötete Kabelverbindung ist ansonsten der Stolz des Hobby-Elektrikers, doch im Auto hat Löten nichts verloren. Das Lot steigt nämlich während des Lötvorgangs ein Stück zwischen den Einzeldrähten des Kabels hoch und verbindet diese. Man hat dadurch kein flexibles Kabel mehr – es ist zumindest im Bereich der Lötstelle starr und damit empfindlich für einen Schwingungsbruch geworden.
Geeignete Kabelverbinder sind dagegen Quetschverbindungen, die mittels der passenden Hülsen, Stecker oder Steckerzungen hergestellt werden. Quetschverbindungen werden hergestellt, indem man das Kabel in die Öffnung am Stecker oder Verbindungsstück steckt und dann die Quetschhülse mit der Spezialzange zusammendrückt. Das hält wunderbar, wenn der zum Kabelquerschnitt richtige Verbinder gewählt wurde. Außerdem entspricht die Verbindung den Anforderungen im Kraftfahrzeug.
Abzweigverbindungen stellen eine Sonderform der Quetschverbindung dar. Im Abzweigverbinder werden zwei Kabel elektrisch miteinander verbunden indem – im Verbinder selbst – kleine Keile die Isolierungen beider Kabel durchschneiden und gleichzeitig eine leitende Brücke herstellen.

Schalt- und Kabelverlegungsplan

Fertigen Sie sich unbedingt einen kleinen Schalt- und Kabelverlegungsplan an, aus dem Sie später ersehen können, welche Funktion die betreffenden Kabel haben und vor allem, wo sie im Wagen verlegt sind. Diesen Plan sollten Sie bei Ihren Fahrzeugunterlagen aufbewahren, falls später an der Wohnmobil-Elektrik ein Defekt auftritt. Hilfreich ist auch – wie schon erwähnt – ein Belegungsplan für den Sicherungskasten.
Sehr umfangreich ist die Verschaltung meist nicht, so daß ein einfacher Handzettel schon genügt. Kabelfarben nicht vergessen!

Kleinteile für die 12-Volt-Elektroinstallation:
1 – Autoelektrikkabel;
2 – Kabelösen;
3 – Flachstecker;
4 – Flachsteckerhülsen;
5 – Kabelschuh oder -öse offen;
6 – Abzweigverbinder (mit den beiden Kabeln wird die Funktion demonstriert).

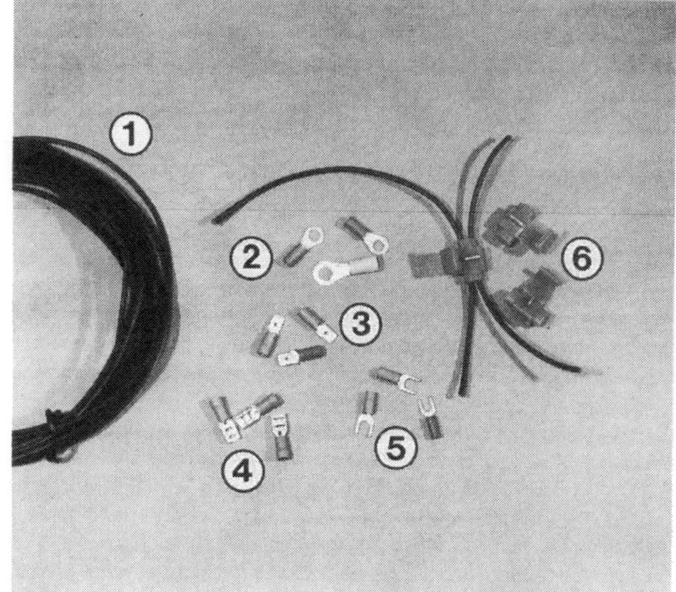

Anbringen von Kabel-Quetschverbindungen mit der Spezial-Quetschzange (1). An Quetschverbindungen stehen zur Auswahl:
2 – Stecker;
3 – Steckerhülsen;
4 – Ösen.
Diese Teile sind für unterschiedliche Kabelstärken erhältlich.

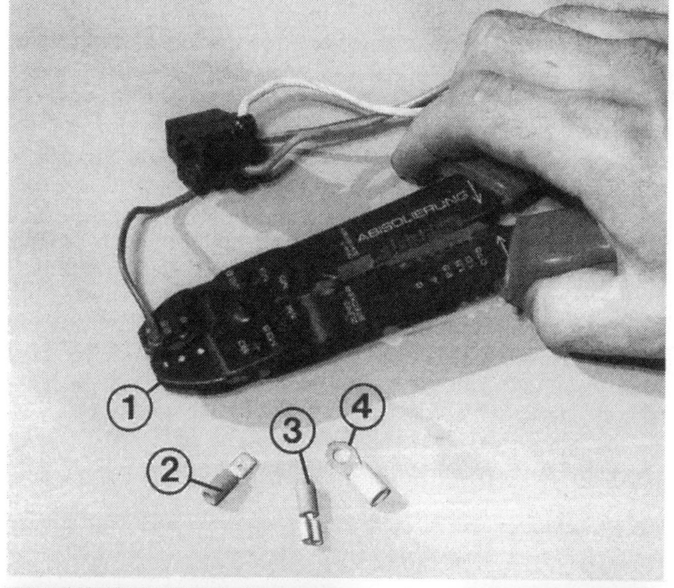

Kabelverlegung an der Seitenwand: Die zur 12-Volt-Elektrik gehörenden Kabel sind in Leerrohren (schwarze Pfeile) verlegt, die Leitungen der 220-Volt-Anlage (weiße Pfeile) liegen separat.

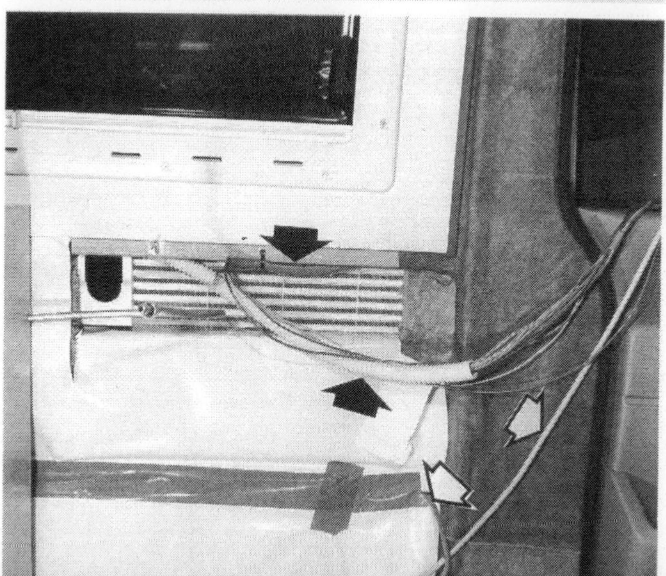

Solar-Anlage

Ideale, wenn auch nicht ganz billige Ergänzung der 12-Volt-Wohnmobil-Elektrik ist die Solar-Anlage. Sie schafft je nach Größe entscheidende Schritte zum völlig autarken Wohnmobil. Auch Fahrzeuge mit Kompressor-Kühlschrank oder -Kühltruhe sind bei entsprechender Auslegung der Solar-Anlage selbst bei wochenlangen Standzeiten nicht mehr von Fahrbetrieb oder Steckdose abhängig.
Etwas innere Überzeugung muß schon dabei sein, sonst wird man die Investition wohl nicht tätigen. Immerhin zeigt die Solar-Anlage, daß dezentrale Energierversorgung durchaus keine Illusion sein muß. Folgende Teile werden benötigt:

Solarmodul

Verbreitet sind zwei verschiedene Solarmodule, **kristalline Module** und **amorphe Module** (auch Dünnschicht-Module genannt). Vorteil der kristallinen Module ist ihr höherer Wirkungsgrad. Umgekehrt verhält es sich mit den amorphen Modulen: Sie sind preisgünstiger, haben dafür aber einen geringeren Wirkungsgrad.
Was nicht jedem bekannt ist: Die Solar-Anlage spendet nicht nur bei praller Sonne Strom, sondern sie arbeitet – mit geringerer Leistung – auch bei diffusem Licht. Interessant ist auch, daß die Leistung der Solarmodule bei Temperaturen über 25°C wieder abnimmt. Konsequenz für den Anbau: Einen geringen Abstand zum Wagendach lassen, damit das Modul auf der Rückseite belüftet wird. Auch darf das Modul selbst keinen zu dicken Anbaurahmen haben, da sich sonst bei stehendem Wagen die warme Luft darunter staut.
Bliebe noch ein Wort zur Auslegung zu sagen: Die Watt-Angaben der Hersteller beziehen sich auf die Spitzen-Leistung des Moduls unter idealen Bedingungen. In der Praxis kommen weit geringere Leistungen zustande. Zu bedenken ist, daß nachts nicht geladen wird, daß aber z.B. ein Kompressor-Kühlaggregat auch nachts Strom verbraucht. Legt man – wie schon berechnet – eine durchschnittliche Leistungsaufnahme von 11 Watt für das Kühlgerät zugrunde, müßte das Solarmodul schon 40 Watt Nennleistung haben, um eine verläßlichen Betrieb in Verbindung mit »dicken« Batterien sicherzustellen.

Schutzdiode

Spendet das Solarmodul tagsüber Strom, wird die angeschlossene Batterie geladen, nachts kehrt sich das Spiel um. Die Batterie würde sich über das Solarmodul entladen, wenn nicht der Stromfluß in Rückwärts-Richtung gebremst würde. Das ist Aufgabe der Schutzdiode, die Stromfluß zwar in die eine Richtung ermöglicht, ihn aber in die andere Richtung sperrt.
Schutzdioden werden heute nur noch selten als separates Teil verbaut. Je nach Hersteller sind sie meist schon im Laderegler oder im Solarmodul verbaut.

Laderegler

Aufgabe des Ladereglers ist es zunächst, ein Überladen der Batterie zu verhindern. Bei 14,1 Volt Batteriespannung schaltet er die Stromzufuhr zur Batterie ab, die Batterie gilt dann als geladen. Weiteres Laden bringt nichts, sondern bewirkt lediglich ein »Gasen« bzw. Überkochen der Batterie und damit verbunden Säureverlust. Bei entsprechend ausgelegtem Laderegler wird bei voll geladener Zweit-Batterie auf Ladung der Starter-Batterie umgeschaltet.
Andererseits schaltet der Laderegler bei 11 Volt Batteriespannung alle Verbraucher ab, die an der Batterie hängen, um eine Tiefentladung der Batterie zu verhindern.
Bei selbstregelnden Solarmodulen erübrigt sich der Laderegler, sofern eine ausreichend große Batterie verwendet wird. Allerdings besteht dann auch kein Schutz gegen Tiefentladung.

Wechselrichter

Bei Bedarf kann die 12 Volt Anlage durch einen Wechselrichter ergänzt werden, was sich speziell nach Installation einer Solar-Anlage anbietet. Herkömmliche 220 Volt-Verbraucher lassen sich dann via Bordbatterie

Auch für kleinere Wohnmobile, wie den VW-Bus, ist eine Solar-Anlage eine sinnvolle Ergänzung. Mindestens 1.000,- DM muß man für eine einfache Anlage mit einem Solarmodul berappen. Um jedoch bei Verwendung eines Kompressor-Kühlschranks selbst bei wochenlangen Standzeiten unabhängig von der Steckdose zu sein, bedarf es eines zweiten Solarmoduls.

Beispiel einer Verschaltung von zwei Solarmodulen (Parallelschaltung). Der Schaltplan enthält zusätzlich alle Angaben für die Kabelverlegung. Beim Anschließen ist vor allem auf die richtige Polung der Anschlußkabel zu achten. Außerdem sollte man die Leitungen auch auf dem Fahrzeugdach in Kabelkanälen verlegen. Die Durchführung durch das Wohnmobil-Dach muß perfekt abgedichtet sein, weshalb hier eine (mit Sikaflex aufzusetzende) Dach-Durchführungsdose vorgesehen wurde.

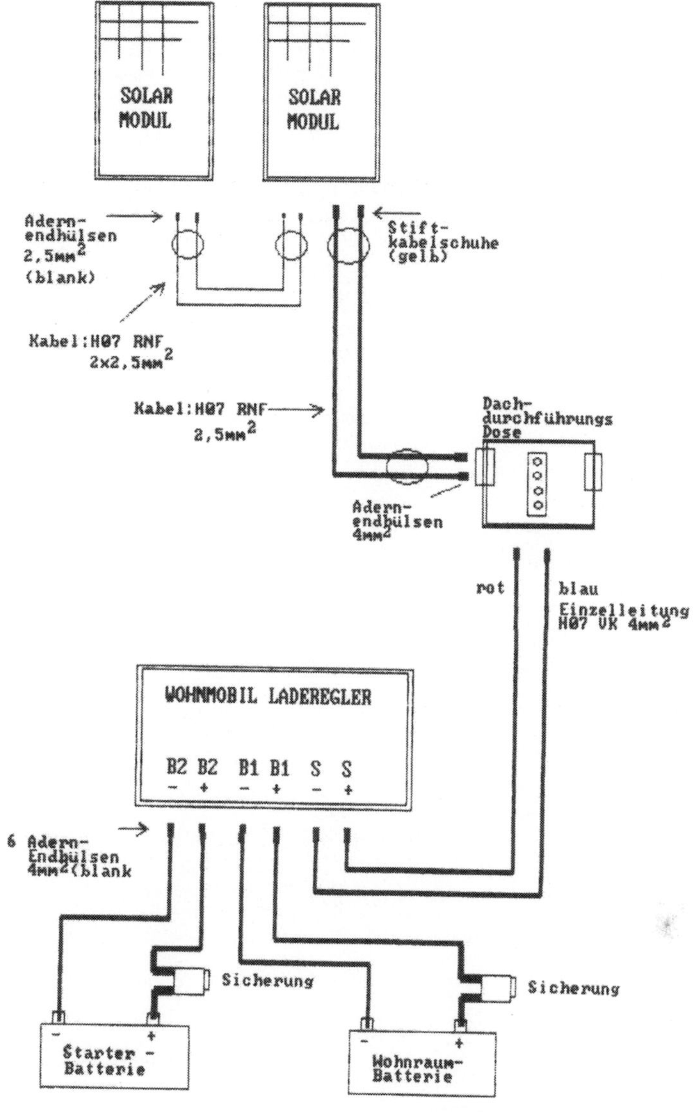

betreiben. Solche Wechselrichter gibt es ab 100 Watt Dauerleistung, womit zumindest Kleingeräte betrieben werden können. Nach oben gibt es kaum Grenzen, sofern sie nicht von der Batteriekapazität gesetzt werden. Schon bei den kleinen Wechselrichtern muß aber darauf geachtet werden, daß das Zuleitungskabel den nötigen Querschnitt aufweist (Herstellerangabe beachten).

Detailprobleme

Selbstverständlich können hier im Buch nicht alle Detailprobleme zum Thema Solar-Anlage erörtert werden. Weitergehende Informationen liefern Vertriebsfirmen, die sich auf Solar-Anlagen spezialisiert haben. Diesen Service sollten Sie unbedingt in Anspruch nehmen.

<u>Fingerzeig:</u> Teilweise werden komplette Einbausätze für Solar-Anlagen angeboten. Neben einem eventuellen Preisvorteil bietet dieser Verbund den Vorteil, daß die einzelnen Komponenten aufeinander abgestimmt sind. Sie sollten jedoch erfragen, ob sich dieses System im Bedarfsfall erweitern läßt.

Spannungsverhältnis

Die 220-Volt-Anlage hat kaum noch Ähnlichkeit mit der zuvor beschriebenen 12-Volt-Bordelektrik. Vor allem aber kann die hohe Netzspannung weit größeren Schaden an Mann und Material anrichten.
Die Ursache für Unfälle in diesem Bereich muß nicht immer im Wohnmobil selbst liegen. Oft ist auch die chaotische Verdrahtung auf einem Campingplatz schuld.
Meist wird im VW-Bus keine 220-Volt-Anlage gebraucht. Entscheidet man sich aber doch dafür, sollte man sich auf wenige 220-Volt-Geräte beschränken, eine gute Absicherung wählen und vor allem auf einwandfreie Ausführung achten.

Die 220-Volt-Anlage selbst einbauen?

Ein Stromschlag von einer 220-Volt-Anlage kann unter bestimmten Umständen tödlich sein. Besonders gefährlich ist ein solcher Stromschlag, wenn man selbst auf einem gut leitenden Untergrund, also etwa im nassen Gras steht.
Entsprechend sorgfältig muß der Einbau der 220-Volt-Anlage ausgeführt sein. Falscher Ehrgeiz ist hier nicht am Platz: Wer sich die Sache nicht zutraut, muß **einen Elektriker mit der Verdrahtung beauftragen** bzw. nach Abschluß der Arbeiten die Anlage durchprüfen lassen. Denn auch das Elektrik-Kapitel hier im Buch kann nicht für alle Sonderfälle eine Lösung bereit halten und versteht sich deshalb nur als Hilfestellung.

Fingerzeig: Die 220-Volt-Anlage muß nach Fertigstellung von einer Elektrofachkraft nach den Bestimmungen des Verbandes Deutscher Elektrotechniker e.V., der VDE 0100 T 610 geprüft werden.

Installationsrichtlinien

Maßgebend für die Installation der 220-Volt-Anlage sind die VDE 0100 und die mitgeltenden Normen und Vorschriften sowie speziell VDE 0100 Teil 708. Was dabei für den Wohnmobil-Ausbauer an Bestimmungen in Betracht kommen kann, ist in der Tabelle zusammengestellt:

VDE 0100	Bestimmungen für das Errichten von Starkstromanlagen mit Nennspannungen bis 1000 Volt
VDE 0100 Teil 410	Schutzmaßnahmen: Schutz gegen Körperströme
VDE 0100 Teil 708	Elektrische Anlagen auf Campingplätzen und in Caravans
VDE 0100 Teil 724	Elektrische Anlagen in Möbeln und ähnlichen Einrichtungsgegenständen
VDE 0100 Teil 728	Ersatzstromversorgungsanlagen
VDE 0100 Teil 730	Verlegen von Leitungen in Hohlwänden sowie in Gebäuden aus vorwiegend brennbaren Baustoffen
VDE 0165	Errichten elektrischer Anlagen in explosionsgefährdeten Bereichen
VDE 0298	Verwendung von Kabeln und isolierten Leitungen für Starkstromanlagen
VDE 0510	VDE-Bestimmungen für Akkumulatoren und Batterie-Anlagen

Im folgenden Abschnitt haben wir das Wesentliche aus diesem Vorschriftenpaket herausgegriffen und allgemein verständlich dargelegt. Trotzdem sollten Sie auf die Anschaffung dieser Blätter (Adresse Seite 269) nicht verzichten, denn **die Angaben ändern sich immer wieder, und so könnte es sein, daß unsere Hinweise nicht mehr dem allerneuesten Stand entsprechen**.

Zunächst die Vorschriften

Bei der Gefährlichkeit der 220-Volt-Anlage geht's natürlich nicht ohne Vorschriften. Hier die wichtigsten:
○ Als Elektroanschluß zur 220-Volt-Einspeisung darf nur ein versenkt eingebauter spritzwassergeschützter **CEE-Einspeisestecker** verwendet werden. Die alten Schuko-Einspeisestecker sind nicht mehr zulässig.
○ Im Wageninnern muß die elektrische Anlage mit **Sicherungen** gegen Kurzschluß und Überlastung abgesichert sein. Am besten eignet sich dazu ein Sicherungsautomat mit Personenschutzschalter (FI-Schalter; Erläuterung weiter hinten). Der FI-Schalter muß in doppelter Ausführung für jeden der beiden Leiter verbaut sein.

○ Gefordert ist auch ein **Hauptschalter** für alle Leitungen. Diese Funktion übernimmt bei nur einem Stromkreis der zweipolige Sicherungsautomat. Er muß aber leicht zugänglich und beschriftet sein.
○ Alle 220-Volt-Steckdosen sowie alle **nicht schutzisolierten** 220-Volt-Geräte müssen mit einem **Schutzleiter** (grün/gelbes Kabel) versehen werden. Schutzisolierte Geräte (Erkennungszeichen ⧈) benötigen dagegen keinen Schutzleiter.
○ Kabel mit **Kabelschellen** oder am besten in **Kabelkanälen** so verlegen, daß sie sich während der Fahrt nicht an scharfen Kanten durchscheuern können. Beim Verlegen in Staukästen muß eine Beschädigung durch Ladegut ausgeschlossen sein. Durchführungen durch Blechwände mit geeigneten Gummitüllen versehen.
○ 220-Volt-Leitungen und 12-Volt-Leitungen niemals nebeneinander verlegen! Auch nicht zusammen in einem Kabelkanal. So soll von vornherein eine mögliche elektrische Verbindung zwischen beiden Stromnetzen ausgeschlossen sein.
○ Für die Verkabelung mindestens einen Kabelquerschnitt von 1,5 mm² wählen. Besser und **empfehlenswert** sind **2,5 mm²**.
○ Keine elektrischen Leitungen durch den **Gasflaschen-Kasten** verlegen.
○ **Starre Kabel** sind **nicht zulässig!** Es muß generell feindrähtige Aderleitung (Litze) verbaut werden. Auch an die Isolierung werden Ansprüche gestellt.
○ Das richtige Kabel für unseren Bedarf trägt die Bezeichnung **HO5RN-F3×1,5, G1,5** bzw. **2,5**. Das sind drei Aderleitungen, in einer stabilen Gummiisolierung zusammengefaßt.
○ Ebenfalls möglich, aber unzweckmäßig sind die Einzelleitungen **HO7V-K1,5 bzw. 2,5**, die nur in Isolierrohren verlegt werden dürfen. Genannte Kabelbezeichnungen kennt der Elektriker; deshalb beim Kabelkauf danach fragen.
○ Die Kabelfarbe **grün/gelb** ist ausschließlich für den **Schutzleiter** vorgesehen.
○ Die **Phase (L)** – also das stromführende Kabel – trägt die Kabelfarben **braun** oder **schwarz**.
○ Der **Null-Leiter** – laienhaft gesprochen: die Rückleitung – ist immer **blau** eingefärbt.
○ Durch um **180° verdrehtes Einstecken** eines Schuko-Steckers in der Zuleitung können **Phase und Null-Leiter** in der Anlage **vertauscht** werden. Verlassen Sie sich deshalb nie blind auf die Farbcodierung der Kabel!
○ Alle berührbaren, leitfähigen Teile – also Metallteile, wie Gasherd, Spüle, Rohrsystem, Karosserie – müssen mit einer mindestens **4 mm² starken, flexiblen Aderleitung** untereinander verbunden und am Schutzleiter angeschlossen werden. Spannung, die etwa durch einen defekten Fön auf eines dieser Teile gelangt, wird so über den Schutzleiter abgeleitet. Die Teile selbst können aber nie unter Spannung stehen.
○ Anschlüsse **niemals anlöten**. Die Kabelenden werden dadurch starr und sind durch Vibrationen bruchgefährdet. Zum Anklemmen der Kabel stattdessen sogenannte **Aderendhülsen** verwenden, die auf das von seiner Isolierung befreite Kabel geschoben und festgequetscht werden (siehe Bild Seite 186).
○ Nur Geräte verwenden, die ein **GS-** (= **G**eprüfte **S**icherheit) bzw. ein **VDE-Zeichen** tragen.

Aufbau der 220-Volt-Anlage

Wie schon erwähnt, ist die Hauptaufgabe der 220-Volt-Anlage das Aufladen der Zweitbatterie. Entsprechend einfach ist auch ihre Verkabelung.

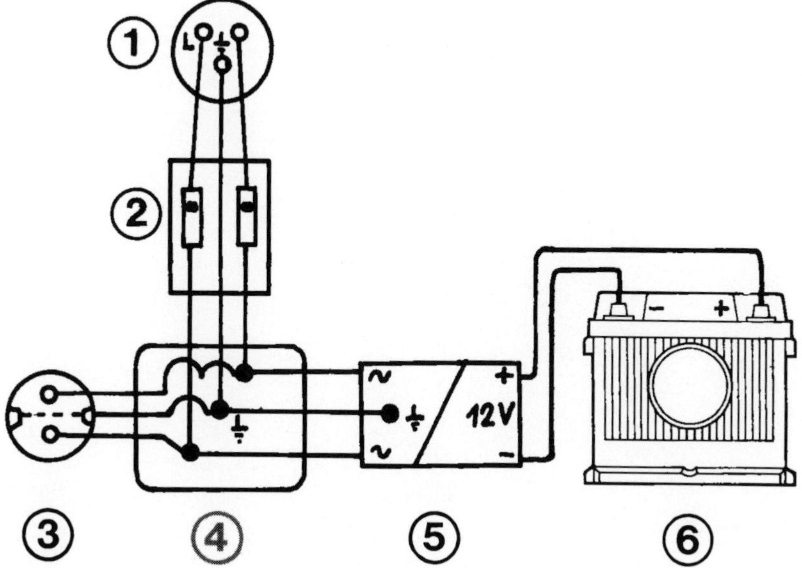

Verschaltung der 220-Volt-Anlage, bestehend aus Einspeisestecker (1), Sicherungsautomat (2), Innensteckdose (3), Verteilerdose (4) und Ladegerät (5) für die Zweitbatterie (6).

○ Vom Einspeisestecker an der Fahrzeug-Außenwand führt das Kabel zunächst zu einem 2-poligen Sicherungsautomaten.
○ Über eine Verteilerdose geht es nun direkt zum Ladegerät.
○ Die Verteilerdose wird nur gebraucht, wenn im Wohnmobil ein weiterer 220-Volt-Stromverbraucher eingebaut ist. Von der Dose aus könnte beispielsweise ein Kabel zur Steckdose des Kühlschranks führen. Denkbar wäre auch die Installation einer weiteren Innensteckdose, wenn Sie einen elektrischen Rasierer oder einen Haarfön angeschließen möchten.

Die Bauteile

Befassen wir uns zunächst mit den Einzelteilen der 220-Volt-Anlage.

Der Einspeisestecker

Außen an der Fahrzeugwand wird der Einspeisestecker montiert. Er darf nicht über die Fahrzeugkontur hinausragen und wird deshalb versenkt angebracht. Der dazu nötige Karosseriedurchbruch entsteht nach der bekannten Methode (Kapitel »Änderungen an der Karosserie«). Damit Sie im Urlaub nicht ständig über das eingesteckte Einspeisekabel stolpern, sollte der Anschluß auf der Fahrerseite – also im Bereich hinter der Fahrertür sitzen.
Der CEE-Stecker hat drei Polstifte, von denen der etwas dickere Stift für den Schutzleiter (grün/gelb) vorgesehen ist. Kennzeichnung ⏚. Ein Schutzleiter-Kabel (vom Stecker kommend) wird direkt mit dem Fahrzeugblech verschraubt – etwa an einer Querstrebe. Damit guter Kontakt gewährleistet ist, das Blech an der Schraubstelle blank kratzen und unter die Kabelöse eine Zahnscheibe legen. Das zweite Schutzleiter-Kabel führt zu den weiteren 220-Volt-Geräten und Steckdosen – eventuell über die Verteilerdose.
An dem mit »L« gekennzeichneten Anschluß des Einspeisesteckers wird von außen das stromführende Kabel angeschlossen. Im Wageninnern muß also an seiner Rückseite ein braunes oder schwarzes Kabel angeschlossen und auf kürzestem Weg zum Sicherungsautomaten geführt werden.
Der dritte, meist nicht bezeichnete Pol des Einspeisesteckers ist für den Null-Leiter reserviert. Von hier aus verläuft das blaue Kabel zum zweiten Pol des Sicherungsautomaten (achten Sie auf sichere Leitungsverlegung!).

Der Sicherungsautomat

Mittlerweile müßten theoretisch alle Campingplätze mit Sicherungen für die einzelnen Entnahme-Steckdosen ausgerüstet sein. Somit würde sich eine zusätzliche Absicherung im Wohnmobil erübrigen. Leider ist das nicht immer der Fall, so daß es dringend erforderlich ist, einen Sicherungsautomat ins Wohnmobil einzubauen.
Der Sicherungsautomat soll die Stromzufuhr unterbrechen, wenn an den Elektrogeräten im Wohnmobil Überlastung oder Kurzschluß auftritt – sprich: der Stromzufluß rapide ansteigt. Wieviel Strom der Automat zuläßt, steht auf der Sicherung vermerkt – meist sind es 10 Ampere.
Übrigens müssen beide Eingangsleitungen – also Phase und Null-Leiter (Hin- und Rückleitung) – abgesichert werden. Das ist bei den gängigen Caravan-Sicherungsautomaten der Fall. Denn die Zuleitung zum Wohnmobil könnte ja irgendwo über einen Schuko-Stecker laufen, und der kann auch um 180° verdreht eingesteckt sein. Dann wäre plötzlich die andere Leitung stromführend. Gleiches gilt bei nicht sachgemäßer Verdrahtung der Campingplatz-Elektrik.

Fingerzeig: Werden für die 220-Volt-Anlage im Wohnmobil 1,5 mm²-Kabel verwendet, darf höchstens mit 10 Ampere abgesichert werden (Kennzeichnung »B« auf dem Sicherungsautomat).

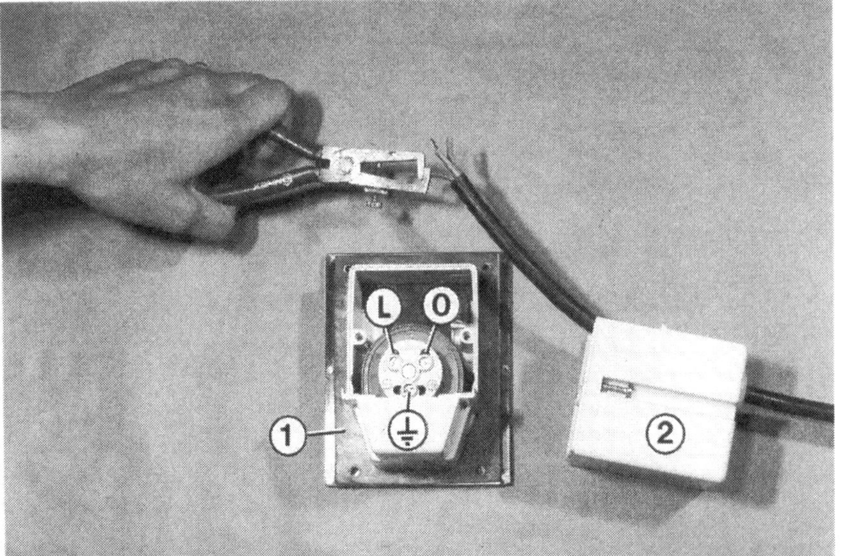

Nach Abschrauben der Abdeckung (2) kann das dreiadrige Kabel am Einspeisestecker (1) angeschlossen werden. Die Klemmenbezeichnungen sind am Stecker vorhanden. Wir haben sie hier zusätzlich markiert. Kabel nur mit richtig eingestellter Abisolierzange von der Isolierung befreien. Aderendhülsen (Bild Seite 186) nicht vergessen.

CEE-Einspeisestecker zur Außenmontage am Wohnmobil. Durch versenkten Einbau ragt das Bauteil nicht über die Fahrzeugkontur hinaus.

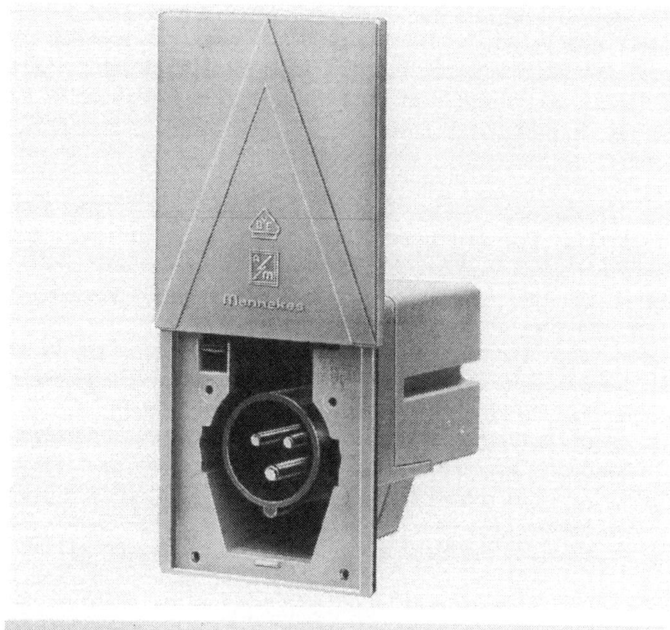

Andere Version eines Einspeisesteckers mit Klappdeckel. Die Einspeisestecker sind mit einer Sicherungstaste gegen unbeabsichtigtes Herausziehen der Anschluß-Kupplung versehen.

Sicherungsautomat zum Einbau ins Wohnmobil. Hier eine Ausführung ohne FI-Schutzschalter.

FI-Schutzschalter

Die etwas teureren Sicherungsautomaten sind zusätzlich mit einem FI-Personen-Schutzschalter ausgestattet. Der FI mißt den Strom in Phase und Null-Leiter (Hin- und Rückleitung). Ist der Strom in beiden Leitungen gleich groß, ist alles in Ordnung. Besteht dagegen eine Differenz, muß der Strom anderweitig abfließen, z. B. über eine defekte Isolation oder wenn eine Person mit stromführenden Teilen in Berührung kommt.
Ist die Stromdifferenz größer als 10 Milliampere, unterbricht der FI die Stromzuleitung. Dadurch wird jede Gefahr ausgeschaltet – ein wesentlicher Beitrag zur Sicherheit im Wohnmobil.

Verteilerdose

Als Verteilerdose sollten Sie eine Aufputz-Dose für die Kabel verwenden; am besten in wasserdichter Ausführung. Die wird dann von innen an eine Schrankwand geschraubt.
Die Verteilerklemmen im Innern der Dose müssen so beschaffen sein, daß sie sich nicht durch Fahrzeugvibrationen aus ihren Verankerungen lösen und so einen Kurzschluß verursachen können. Keinesfalls eine Lampe oder ähnliches als Verteilerdose mißbrauchen!
Noch einige Tips zur Ausführung der Klemmstellen in der Verteilerdose:

- Klemmstellen von Schutzleiter- bzw. Potential-Ausgleichsleiter sollten Sie unbedingt gegen selbsttätiges Lockern sichern (Lacktupfer auf die Klemmschraube o. ä.).
- Leiterenden des flexiblen Kabels müssen gegen Aufspleißen gesichert werden (Aderendhülse).
- Natürlich dürfen Sie nur isolierte Klemmen verwenden. Wegen der Erschütterungen im Wagen sollen diese nicht lose in der Verteilerdose hängen, sondern zusätzlich gesichert sein.
- Die Kabel sollten mit einer Zugentlastung versehen sein, damit sie nicht (etwa wenn ein Gepäckstück an einer Leitung einhakt) aus der Verteilerdose herausgezogen werden können.

Innensteckdosen

Wer eine zusätzliche Innensteckdose braucht und diese versenkt an einem Schrank montieren will, muß die freien Kontakte, die nun in die Schrank-Innenseite ragen, mit einem Schutz versehen. Isolierband reicht nicht! Es muß ein stabiler Isoliertopf angeschraubt werden, wie es ihn zusammen mit aufschraubbaren Einbausteckdosen in Wohnwagenmärkten zu kaufen gibt. Geeignete Dosen tragen die Kennzeichnung ▽.
Die Steckdose für den Kühlschrank montiert man am besten an der Innenwand eines Schranks. Auch hier wieder die Aufputz-Version verwenden. Dann sind alle Kabel sauber aufgeräumt.

Das Ladegerät

Kommen wir zum Schluß zum Hauptgrund, weshalb wir die 220-Volt-Anlage überhaupt eingebaut haben – zum Ladegerät. Für unsere Belange kommt nur ein automatisches Ladegerät in Frage, das mit einer Ladestrombegrenzung ausgestattet ist. Das Gerät soll also bei vollgeladener Batterie keinen Strom oder zumindest nur reduzierte Stromstärke abgeben. Denn beim Überladen »gast« die Batterie; es wird ätzendes, hochexplosives Knallgas freigesetzt. Und das können wir im Wohnmobil keinesfalls gebrauchen, denn beim Anzünden des Herds oder des Brenners im Kühlschrank könnte es sonst zu einer Explosion kommen.
Die Ladeleistung des Gerätes sollte etwa so hoch wie der mögliche Stromverbrauch im Wohnmobil sein. Diese Anforderungen erfüllt fast jedes Ladegerät, denn unsere Verbraucher sind relativ genügsam.
Für die Anschlußkabel vom Ladegerät zur Batterie genügt ein Leitungsquerschnitt von 2,5 mm². Die 220-Volt-Kabel zum Ladegerät sind auch mit 1,5 mm² reichlich dimensioniert. In erster Linie sind jedoch die Angaben des Ladegerät-Herstellers zu beachten.

Fingerzeig: Auch von der Batterie kann bei Kurzschluß durch die Beschädigung der Leitungen zwischen Ladegerät und Batterie ein Brand ausgelöst werden. Direkt am Batterieabgang wird daher zumindest eine Absicherung in der Plusleitung empfohlen.

Für die Verwendung im Wohnmobil eignen sich ausschließlich sogenannte Automatik-Ladegeräte, die bei Erreichen der Batterie-Gasungsspannung ihre Leistung auf ein Minimum reduzieren. Ein Überladen ist damit ausgeschlossen.

Ein Sicherungsautomat mit FI-Schutzschalter schafft hohe Sicherheit im Wohnmobil. Er unterbricht auch dann den Stromfluß, wenn Personen mit stromführenden Teilen in Berührung kommen, was ein normaler Sicherungsautomat nicht erkennt. Damit seine Funktionsfähigkeit erhalten bleibt, muß er von Zeit zu Zeit gedrückt werden.

Diese Einbau-Innensteckdose hat einen Isoliertopf an ihrer Rückseite, damit man nicht von der Schrank-Innenseite her mit den blanken Kontakten in Berührung kommt. Nur solche Dosen mit der Kennzeichnung ▽H dürfen für den genannten Einbaufall verwendet werden.

Abzweigungen müssen bei der 220-Volt-Anlage in eine solche Verteilerdose gelegt werden. Beschriften der Dose verhindert lebensgefährliche Irrtümer.

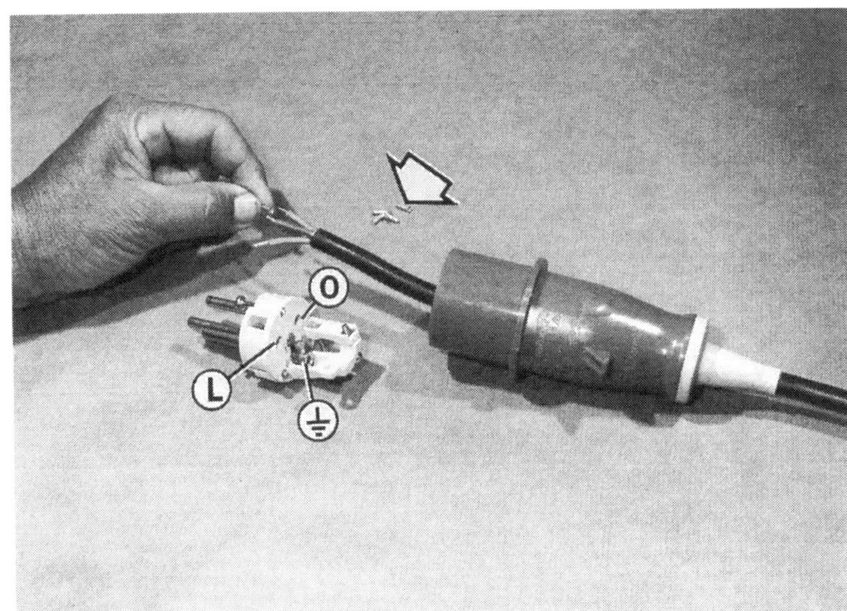

Beim Anschließen von Kabeln für die 220-Volt-Anlage immer Aderendhülsen (Pfeil) vor dem Anschrauben auf das von der Isolierung befreite Kabel schieben. Wie die Kabel anzuschließen sind, ist auf dem Stecker genau vermerkt. Wir haben die Polbelegung hier zusätzlich markiert.

Leitungsverlegung im Fahrzeug-Innern

Über die Verwendung der richtigen Kabel haben wir bereits zu Kapitel-Anfang gesprochen. Hier nochmals eine Zusammenfassung, worauf man beim Verlegen der Kabel achten sollte.

○ Die Befestigungsmittel dürfen den Außenmantel des Kabels nicht beschädigen.

○ Als maximaler Abstand für die Befestigungklemmen zueinander sind 400 mm bei senkrechter Kabelverlegung und 250 mm bei waagrechter Verlegung gefordert. Diese Richtlinie ist zwar für Hausinstallationen ausreichend, doch im Wohnmobil sollten genannte Maße auf die Hälfte reduziert werden.

○ Keine Leitungen über scharfe Ecken oder Kanten führen. Ggf. diese abrunden oder abdecken.

○ Kleinster Knickradius der Leitungen = vierfacher Leitungsdurchmesser.

○ Keine Leitungen an den Wänden von Naßzellen etc.

○ Sternförmige Verlegung vom Verteilerkasten ausgehend ist zu empfehlen. Möglichst keine Leitungen von einem zum anderen Verbraucher »durchschleifen«.

○ Wie bereits erwähnt: Elektrische Leitungen dürfen nicht durch den Gasflaschen-Kasten geführt werden.

Kabel für den Außenanschluß

Zum Anzapfen von Strom auf dem Campingplatz brauchen wir ein langes Kabel mit einem CEE-Stecker und einer CEE-Kupplung. Die Kupplung wird in die Steckdose am Wagen eingesteckt. Je nach Lage des Anschlußsteckers am Wagen wählen wir die Kupplung in gerader oder abgewinkelter Version.

Das Anschlußkabel selbst darf höchstens 25 Meter lang sein. Es muß aus dreiadriger, flexibler Gummischlauchleitung bestehen (Bezeichnung: **HO7RN-F 3x2,5 mm²**). Nur diese Gummischlauchleitung kann auch gefahrlos im nassen Gras liegen sowie ab und an das Gewicht eines darüberfahrenden Autos aushalten.

Empfehlenswert ist ein zweites Kabel, das zwar eine CEE-Kupplung für den Wagen aber am anderen Kabelende einen Schuko-Stecker besitzt. Dann kann die 220-Volt-Anlage auch zu Hause in Betrieb genommen werden – etwa wenn der Kühlschrank im VW-Bus für eine Gartenparty benutzt wird.

Außerdem kommt dieses Kabel zur Anwendung, wenn ein entlegener Campingplatz noch nicht auf die CEE-Norm umgestellt hat oder wenn beim Bauern auf der Wiese hinterm Haus übernachtet wird.

Teilweise hapert es auch im europäischen Ausland immer noch mit der Umstellung auf CEE-Stecker. Dort kommen oder kamen dann noch andere Steckerversionen zur Anwendung, für die es aber in Wohnmobil-Zubehörläden geeignete Adapterstecker gibt.

Anschließen von Stecker und Kupplung

Beim Anschließen von Stecker und Kupplung des Einspeisekabels muß wieder – wie beim Einspeisestecker – auf die genaue Zuordnung der Polstifte geachtet werden:

○ An den etwas dickeren Stift mit der Kennzeichnung ⏚ kommt das grün/gelbe Schutzleiter-Kabel.

○ An den mit »L« bezeichneten Anschluß kommt das schwarze bzw. braune Kabel (Phase; stromführendes Kabel).

○ Der verbliebene dritte Anschluß, der meist keine Bezeichnung trägt, wird mit dem blauen Null-Leiterkabel verbunden.

Anschlußstecker-Kupplungen mit nach unten gerichtetem Anschluß eignen sich am besten für das Anschlußkabel außen am Wohnmobil. Die Leitung wird dadurch knapp an der Außenwand nach unten geführt und bildet so keine Stolperfalle.

In der auf der gegenüberliegenden Seite beschriebenen Weise ist sowohl bei der Kupplung wie beim Stecker zu verfahren.

Fingerzeig: Durch die Erschütterungen im Fahrzeug ist die elektrische Anlage höheren Beanspruchungen ausgesetzt als die Elektrik in Haus und Wohnung. Deshalb empfiehlt sich eine regelmäßige Überprüfung der Anlage.

Flaschengeist

Geräte mit großem Energieverbrauch können nicht immer auf die Dauer aus dem elektrischen Bordnetz gespeist werden. Wir benötigen deshalb einen weiteren Energieträger, der folgende Eigenschaften besitzen muß: Er muß ergiebig genug sein, um unsere »Großverbraucher« zu versorgen, einen vergleichsweise geringen Raumbedarf haben, und er muß vor allem leicht zu transportieren sein.
Da ist Gas genau richtig. Mit Gas können wir kochen und den Kühlschrank betreiben und dabei längere Zeit von Versorgungseinrichtungen unabhängig sein. Und winters dient Gas bei einer entsprechenden Heizung – zur gemütlichen Temperierung des Innenraums.

Gas als Gefahrenquelle

Gas hat's in sich: Es ist neben der 220-Volt-Netzspannung die gefährlichste Energieart im Wohnmobil. Und das gleich auf mehrerlei Art:

○ Aufgrund unvollständiger Verbrennung enthält das Abgas einer Gas-Brandstelle neben dem ungefährlichen Kohlendioxid (CO_2) auch das hochgiftige Kohlenmonoxid (CO). Das kann bei entsprechender Konzentration zunächst zu Bewegungsunfähigkeit und dann zu tödlicher Vergiftung führen.
In den Innenraum kann CO durch eine undichte Abgasanlage von Heizung oder Kühlschrank gelangen. Bei einer Heizung mit Bodenkamin besteht außerdem die Gefahr, daß die Abgase durch eine andere Öffnung im Boden in den Wagen eindringen.

○ Brennstellen ohne eingebaute Sauerstoffzufuhr (von der Wagenaußenseite her) verbrauchen natürlich den Sauerstoff aus dem Wageninnern. Bestes Beispiel hierfür ist der Kocher. Hat die Gasflamme allen Sauerstoff verbraucht, bleibt für den Menschen keiner mehr übrig – die Folgen sind bekannt.
Deshalb beim Kochen immer ein Fenster (mindestens 150 cm^2 Größe) öffnen und niemals den Kocher – zumal noch über Nacht – zum Heizen verwenden! Ein **Schild im Bereich des Kochers** muß auf diese Gefahr hinweisen.

○ Das durch eine Undichtigkeit ausströmende Gas ist nahezu ungiftig. Es verdrängt jedoch wegen seiner schnellen Verdampfung Sauerstoff aus der Luft, was zu Benommenheit oder Bewußtlosigkeit führt.

○ Bliebe noch die Brand- und Explosionsgefahr. Bei Anreicherung der Luft durch 2–12 Volumenprozent Gas aus einer undichten Stelle der Gasanlage kann es durch einen Funken oder durch offenes Feuer zur Explosion kommen.

Die Gasanlage selbst einbauen?

Bei den zahlreichen Gefahrenquellen, die Gas in sich birgt, sollten Sie sich ernsthaft überlegen, ob Sie die Gasanlage nicht lieber von einer entsprechend autorisierten Werkstatt vornehmen lassen sollten. Wer sich seiner Sache nicht völlig sicher ist, ist besser beraten, vom Selbstbau abzusehen.
Andererseits ist verantwortungsbewußte Eigenarbeit – mit entsprechender Kenntnis ausgeführt – so gut wie Werkstattarbeit.

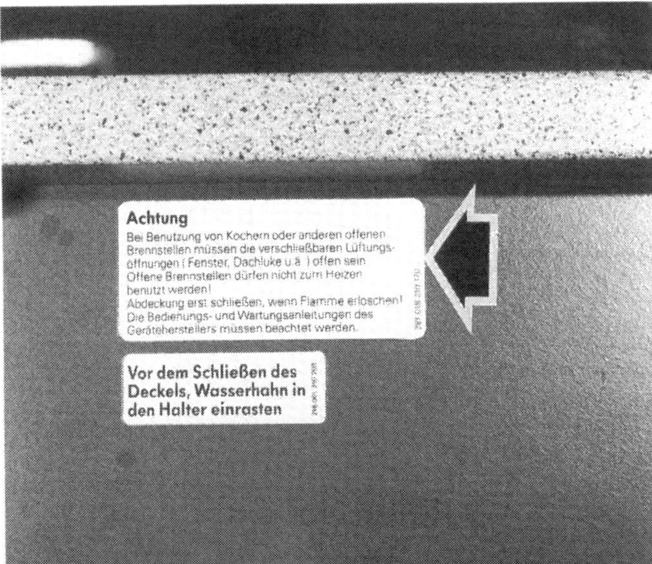

Die Gefahren durch Gas im Wohnmobil sollten nicht unterschätzt werden. Auf eines dieser Probleme weist ein Schild (Pfeil) hin, das im Bereich des Kochers angebracht werden muß.

So kann eine vollständige Gasanlage für den VW-Bus aussehen: 1 – Gasflasche; 2 – Hochdruckschlauch; 3 – Gasdruckregler; 4 – Einzel-Absperrhähne; 5 – Gasheizung; 6 – Gaskocher; 7 – Kühlschrank; 8 – Einzel-Absperrhahn.

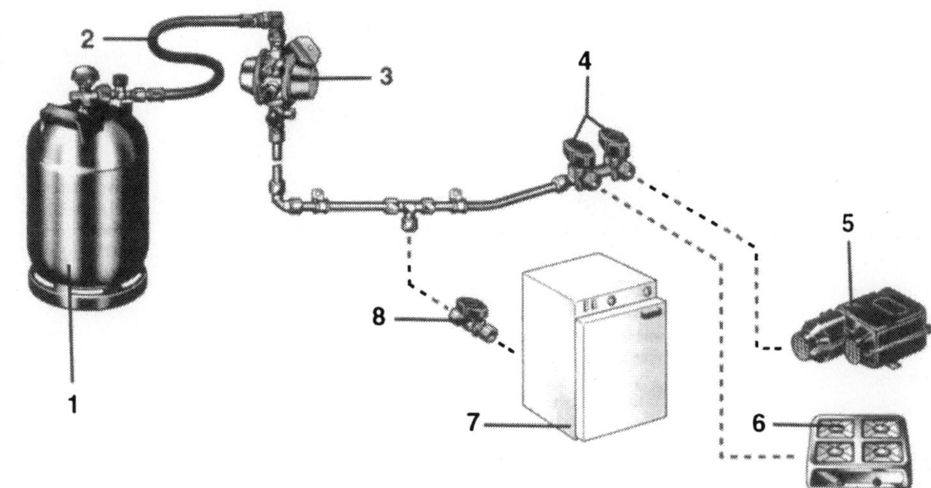

Die Anlage muß ohnehin nach dem Einbau vor der ersten Inbetriebnahme durch einen Fachmann geprüft werden (siehe Kapitel-Ende).
So verstehen sich die im Folgenden gegebenen Hinweise zur Gas-Installation als Anleitung für den erfahrenen, umsichtigen Selbstbauer. Er ist später auch für die sachgerechte Ausführung des Einbaus verantwortlich.

Baurichtlinien

Bei der Gas-Installation haben wir es mit zahlreichen Richtlinien und Vorschriften zu tun, denn hier kann Pfusch zum Selbstmord werden. Leider ändern sich die Vorschriften immer wieder, und so kann das heute hier im Buch Gesagte morgen schon überholt sein. **Setzen Sie sich vor Baubeginn über die aktuellen Vorschriften in Kenntnis.**
Wesentliche Änderungen der Vorschriften gab es zum **Januar 2006**. Zu diesem Zeitpunkt traten die EU-Richtlinien, für deren Einführung eine Übergangsfrist galt, zwingend in Kraft. So gilt nun für Neueintragungen das **neue DVGW-Arbeitsblatt G607** und die **EU-Norm EN 1949**. **Altfahrzeuge haben** allerdings **Bestandsschutz**. Sie müssen **nicht umgerüstet** werden.
Besorgen Sie sich das **DVGW-Arbeitsblatt G607 »Flüssiggasanlagen in Fahrzeugen«**. Erhältlich ist es oft in Betrieben, die auch das Zubehör zur Gasanlage liefern oder (relativ teuer) per Nachnahme bei der Wirtschafts- und Verlagsgesellschaft Gas und Wasser mbH in Bonn (Telefon 0228/919140, mail info@wvgw.de). Ferner benötigen Sie die EU-Normen DIN EN 1949 **»Festlegungen für die Installation von Flüssiggasanlagen in bewohnbaren Freizeitfahrzeugen und zu Wohnzwecken in anderen Straßenfahrzeugen«**, Bezugsquelle: Beuth Verlag GmbH, Burggrafenstr. 6, 12623 Berlin.
Wohnmobil-Zubehörläden oder -Ausstatter geben gerne Auskunft, wenn Sie mit dem einen oder anderen Installationsproblem nicht zu Rande kommen. Eventuell können Sie auch dort oder in einer Wohnmobil-Werkstatt einzelne Gasgeräte oder die ganze Anlage installieren lassen.

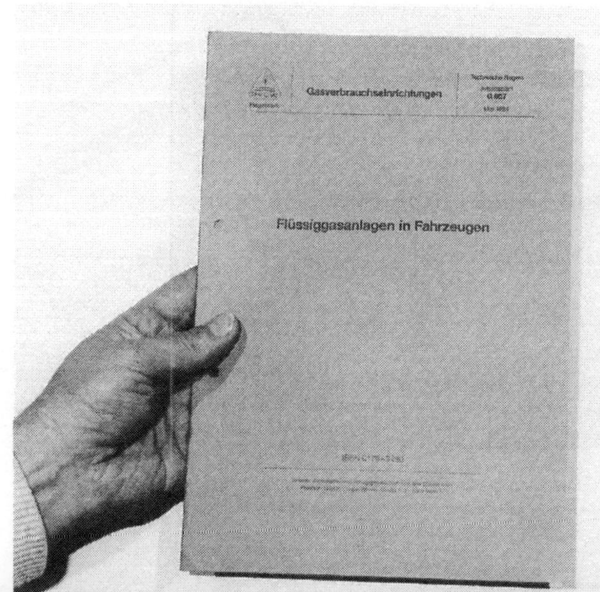

Pflichtlektüre für den Installateur der Gasanlage: Das DVGW-Arbeitsblatt G 607 »Flüssiggasanlagen in Fahrzeugen« in neuester Auflage.

Die Gasart

Propangas in Flaschen

Überwiegend kommen in Wohnmobilen die bekannten grauen 5- oder 11-kg-Gasflaschen mit Propangas zur Anwendung. Die Flaschen sind bereits mit einem Sicherheitsventil ausgestattet und eignen sich somit für den Einbau im Wohnmobil.
Schwierigkeiten kann es lediglich geben, wenn die graue Gasflasche im Ausland befüllt werden soll. Dann passen möglicherweise die Anschlüsse der Befüllstation nicht. Abhilfe bringt ein aus vier Adapter-Anschlüssen bestehendes »Euro-Set«. Dieses Adapter-Set sollten Sie immer dann ins Urlaubsland nehmen, wenn zu befürchten ist, daß unterwegs die Flasche einer Nachfüllung bedarf.
In den Tourismus-Zentren ist man zwar auf die Befüllung der grauen Flaschen eingerichtet, doch zieht es den Wohnmobilisten meist in entlegenere Gegenden, wo es mit der Versorgung hapert.
Übrigens muß die Gasflasche alle 10 Jahre einer eingehenden Überprüfung unterzogen werden, sonst wird sie nicht mehr neu befüllt. Die Kontrolle erfolgt bei der Füllstation. Dort erhalten Sie nach Entrichten einer Unkostenpauschale meist eine andere, geprüfte Flasche im Austausch. Wann die Überprüfung fällig ist, ersehen Sie an einem Stempel, der bei der Propanflasche am Griff sitzt.

Autogas im Gastank

Wer Platz im Innenraum sparen will, montiert unten am Wagen einen Gastank für die Propan-Butan-Gasmischung. Geeigneter Einbauort wäre beispielsweise links unten zwischen dem äußeren und inneren Längsträger. Dort sitzt der Tank relativ geschützt unter der seitlichen Aufprallzone.
Leider reduziert er die Bodenfreiheit des Wagens, weshalb Sie eine Ausführung mit möglichst kleinem Durchmesser wählen sollten. Wird der Wagen viel im Gelände bewegt, ist von einem Unterflur-Gastank gänzlich abzuraten. Denn zumindest die Anschluß- und Befüllarmaturen sind der Beschädigung durch große Steine ausgesetzt. Der Tank selbst ist stabil genug, auch einen kleinen Rempler einzustecken.
Befüllt wird der Gastank an Autogas-Tankstellen, **deren Zahl** aber leider in der Bundesrepublik **nicht besonders hoch ist**. Auch vor einem Auslandsaufenthalt kann es sich empfehlen, vom entsprechenden Fremdenverkehrsamt ein Gastankstellen-Verzeichnis anzufordern.
Wie bei den Gasflaschen passen manche ausländische Befüllschläuche nicht auf den hier gebräuchlichen Stutzen. Es müssen also wieder die entsprechenden Adapter mitgeführt werden, wenn man sich nicht darauf verlassen will, daß die betreffende Gastankstelle einen hat. Falls es keine Möglichkeit gibt, Gasnachschub an einer Tankstelle zu erhalten, kann – je nach Ausführung – statt dem Gastank eine Gasflasche angeschlossen werden. Da die Flasche jetzt außerhalb des Wagens steht, kann sie natürlich nur bei stehendem Wagen angeschlossen werden.

Butangas in Flaschen

Butangas in den blauen 2- und 3-kg-Flaschen (Camping-GAZ) ist auch im Ausland recht verbreitet. Die Gasflaschen sind jedoch von Haus aus nicht für die Verwendung im Wohnmobil vorgesehen. Sie müssen deshalb für unsere Zwecke mit einem **Sicherheits-Flaschenventil**, einem sogenannten GAZ-Ventil, versehen werden.
Tücke am Butangas: Bei Temperaturen unter −4° C ist sein Siedepunkt unterschritten – es vergast nicht mehr. Im Innenraum dürfen Temperaturen also nie unter diesen Wert fallen, sonst kann die Heizung erst gar nicht in Betrieb genommen werden. Sicher ist das bei einem Wohnmobil mit Heizung ein eher theoretischer Fall.
Entscheidender Vorteil der blauen GAZ-Flaschen: Sie sind wirklich fast überall erhältlich, ohne daß erst umständlich mit Adaptern hantiert oder in einer unbekannten Fremdsprache geradebrecht werden muß.

<u>Fingerzeig:</u> Den Inhalt einer Gasflasche können Sie auch unterwegs leicht durch Wiegen mit einer

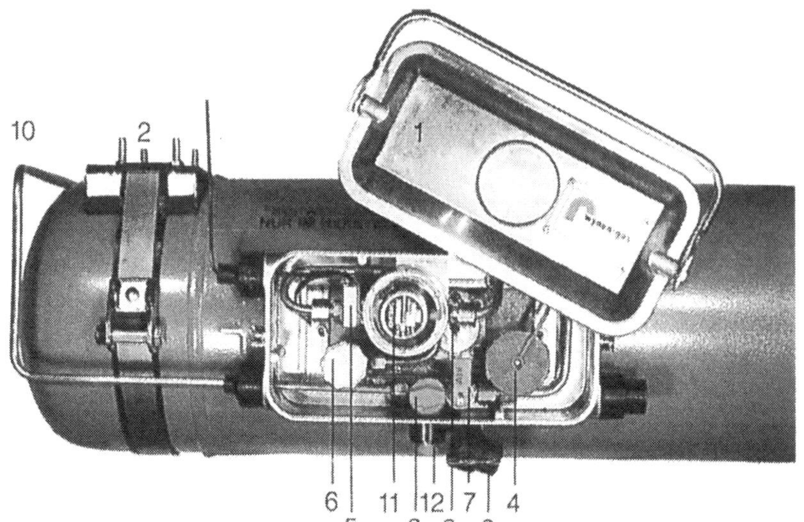

Teile eines Gastanks:
1 – Schutzkappe;
2 – Halter mit Nirosta-Bändern;
3 – Füllstandsanzeige mit Schwimmersystem;
4 – Füllstutzen für Gastankstelle;
5 – Reglerheizung 12 V/4 W;
6 – Absperrventil Hochdruck;
7 – Absperrventil Niederdruck;
8 – Ventil für Gassteckdose;
9 – Schutzkappe für Gassteckdose;
10 – Rohrleitung zum Anschluß am Verteiler im Fahrzeug;
11 – Nirosta-Regler mit korrosionsfesten Ventilen und Sicherheitsventil;
12 – Gassteckdose zur Entnahme, Notversorgung (aus der 11-kg-Flasche) und Prüfanschluß.

Eine gebräuchliche 5-kg-Propangasflasche (1) und einige Komponenten der Gasanlage:
2 – Druckregler in verschiedenen Ausführungen mit unterschiedlichen Anschlüssen (Vorsicht: Nicht alle eignen sich für den Einbau ins Wohnmobil);
3 – Gasleitung;
4 – Winkel-, Anschluß- und Abzweigstücke;
5 – Einzel-Absperrhähne.

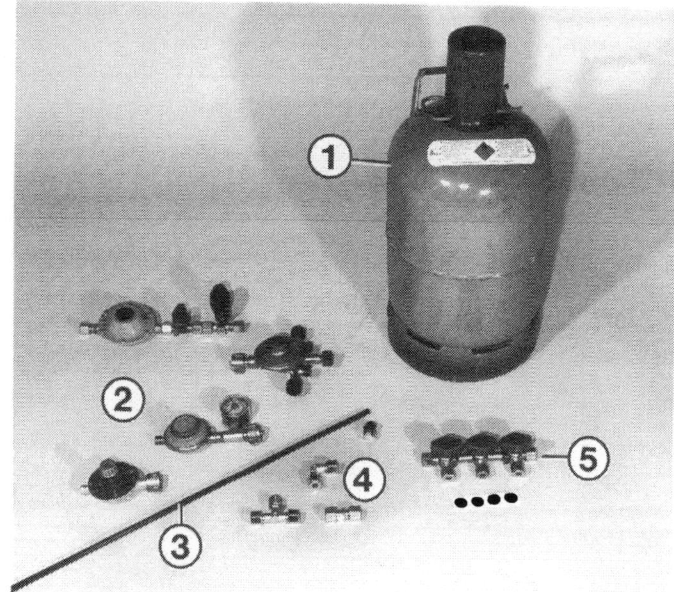

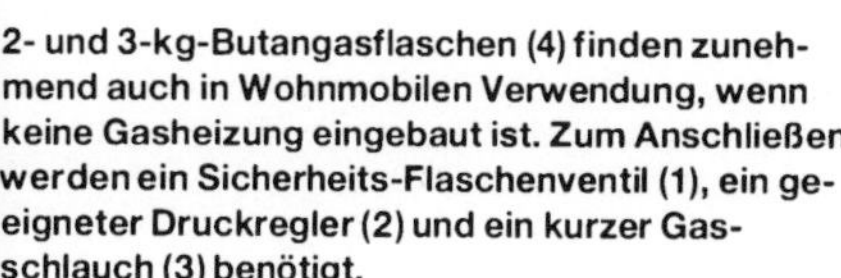

2- und 3-kg-Butangasflaschen (4) finden zunehmend auch in Wohnmobilen Verwendung, wenn keine Gasheizung eingebaut ist. Zum Anschließen werden ein Sicherheits-Flaschenventil (1), ein geeigneter Druckregler (2) und ein kurzer Gasschlauch (3) benötigt.

Ein Gastank (2) ist eine elegante Art der Unterbringung des Gasvorrats. Die Befüll- und Entnahme-Armaturen befinden sich unter der Abdeckung (1).

Federwaage ermitteln. Beim Gastank wird die Füllmenge durch ein Manometer direkt am Tank angezeigt.

Wie lange reichen die Gasreserven?

In der folgenden Tabelle finden Sie die Gasverbraucher, die für den VW-Bus in Betracht kommen, zusammengestellt. Für jeden Verbraucher haben wir eine Nutzungsdauer angenommen und wollen nun sehen, wie lange wir mit einem bestimmten Gasvorrat auskommen.

Bauteil	Gasverbrauch	Nutzungsdauer	Effektiver Gasverbrauch pro Tag
Gaskocher	150 g/Stunde	1–2 Stunden	150–300 g/Tag
Absorber-Kühlschrank	200 g/Tag	24 Stunden	200 g/Tag
Gasheizung	100 g/Stunde	24 Stunden (Winter)	2400 g/Tag

Wie lange unsere Gasreserve nun effektiv hält, errechnen wir nach der folgenden Formel:

$$\text{Zeit} = \frac{\text{Gasvorrat}}{\text{Gesamt-Gasverbrauch/Tag}}$$

Dazu das Beispiel aus dem Sommerurlaub. Es wird nur wenig gekocht, aber der Kühlschrank ist den ganzen Tag eingeschaltet:

$$\text{Zeit} = \frac{5000\ g}{(150+200)\ g/\text{Tag}} = 14\ \text{Tage}$$

Sie kommen also 14 Tage mit Ihren Gasreserven aus, wenn eine 5-kg-Gasflasche an Bord ist.

Der Gasflaschen-Kasten

Gasflaschen dürfen nicht einfach irgendwo im Wageninnern aufgestellt sein. Sie gehören in einen zum Fahrzeug-Innenraum hin dichten Gasflaschen-Kasten, an den eine Reihe von Anforderungen gestellt werden. Hier die Auflistung der Anforderungen nach neuer Norm:

○ Zur **Entlüftung** ins Freie muss der Gasflaschen-Kasten eine Öffnung von minimal 2 % der Bodenfläche, mindestens jedoch 100 cm² besitzen.

○ Alternativ dazu eignet sich auch eine Öffnung von minimal 1 % der Bodenfläche, mindestens jedoch 50 cm² im Boden und eine weitere, gleich große Öffnung in der Decke des Gasflaschen-Kastens.

○ Ebenfalls ist eine sogenannte Lenzleitung zulässig: Ein Rohr mit Innendurchmesser 20 mm, das unten aus dem Gasflaschen-Kasten nach außen fallend verlegt wird und zwar so, daß es nicht von außen oder innen verschlossen oder verstopft werden kann – etwa durch Schneematsch oder Schmutz. Die Länge der Leitung darf max. 5 Mal den Innendurchmesser betragen (also 100 mm). Lediglich wenn sich am Wagenboden ein Abgasaustritt befindet, darf die Länge 10 Mal den Innendurchmesser betragen. Die Angaben zur Lenzleitung beziehen sich auf Gasflaschen-Kästen mit nur einer Gasflasche.

Natürlich darf kein ungewollt austretendes Gas in den Innenraum gelangen, deshalb ist bei einem von innen zugänglichen Gasflaschen-Kästen ein **dichter Deckel oder** eine **dichte Tür** Vorschrift.

Bei einem Gasflaschen-Kasten mit Tür zum Innenraum darf die Öffnung nicht ganz nach unten gehen. Ein **Sockel** von 50 mm Höhe muß notfalls ausströmendes Gas, das sich ja im Bodenbereich sammelt, am Austritt in den Innenraum hindern.

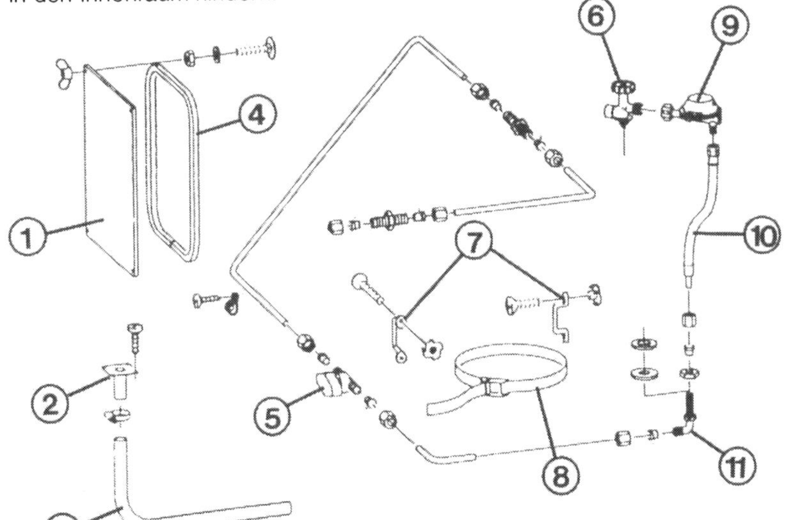

Teile der Gasanlage aus einem VW-Wohnmobil, wie sie im Teilelager bestellt werden können:
1 – Deckel für Gasflaschen-Kasten mit Flügelmutter-Befestigung;
2 – Stutzen für Flaschenkasten-Entlüftung;
3 – Ablaufstück (Lenzleitung) für Flaschenkasten-Entlüftung;
4 – Dichtung für Flaschenkasten-Deckel;
5 – Haupt-Absperrventil;
6 – Sicherheits-Flaschenventil für blaue Butangasflasche;
7 – Halterung für Gasflaschen-Halteband (8);
9 – Gasdruckregler;
10 – Gasschlauch;
11 – Durchführung durch den Flaschenkasten mit Anschlußgewinde für Schlauch und Leitung (Schottverschraubung).

Gut zugänglicher Gasflaschen-Kasten für eine angeschlossene und eine Reserve-Gasflasche. Nachteil: Der Gasflaschen-Kasten liegt im Heck-Aufprallbereich.

Merkmale eines zulässigen Gasflaschen-Kastens:
1 – stabile Halterung für das Gasflaschen-Halteband;
2 – Stutzen für die Lenzleitung (aus dem VW-Programm);
3 – Abdichtung für den Kastendeckel.

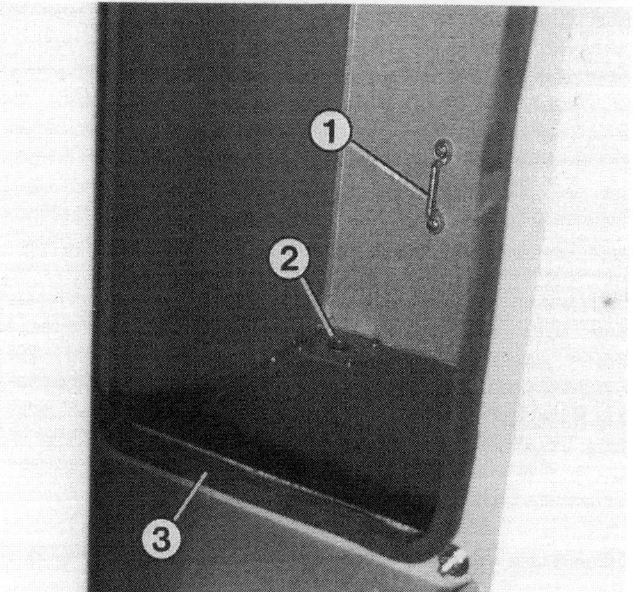

Gasflaschen-Kasten in einem Fach des Küchenschranks:
1 – Gasflasche mit Halteband und Anschlußschlauch;
2 – vier Flügelmuttern zum Befestigen des Kastendeckels (3).

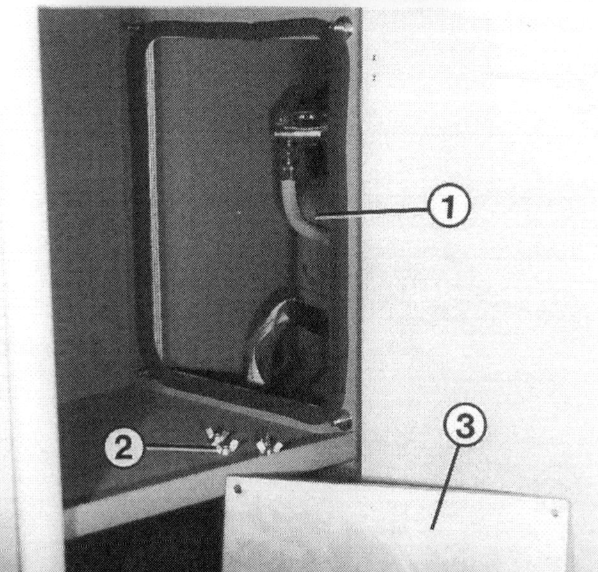

Bis zu 2 **Gasflaschen** mit einem Füllgewicht von je 16 kg dürfen theoretisch im Gasflaschen-Kasten stehen. Da jedoch die Propangasflaschen höchstens 11 kg Inhalt haben, reduziert sich die tatsächliche Höchstmenge auf 22 kg Gas. Von diesen kann eine Flasche angeschlossen sein, wobei die 2. Flasche als Reserve dient. Oder es werden beide Flaschen mit einer Zweiflaschen-Regleranlage (z.B. Truma DuoComfort) angeschlossen, die automatisch auf die Reserveflasche umschaltet. Letztere Methode ist für innenliegende Gasflaschen-Kästen erst seit Einführung der neuen Bestimmungen möglich.
Elektrische Leitungen, Verbraucher oder Steckdosen haben im Inneren des Gasflaschen-Kastens ebenso wenig verloren wie sonstige Zündquellen – was immer das auch sein mag. Doch der Druckregler muss sich innerhalb des Gasflaschen-Kastens befinden.
Die **Gasflaschen** müssen **mit 2 Befestigungen** im Gasflaschen-Kasten verankert werden. Sie müssen dabei gegen vertikale und horizontale Bewegungen genauso gesichert sein wie gegen Verdrehen. Bedenken Sie, daß bei einem Unfall eine losgerissene Gasflasche verheerende Folgen haben kann! Andererseits muss die Halterung aber zum Flaschenwechsel leicht lösbar sein.

Verschiedene Ausführungen

Gasflaschen-Kasten im Schrank

Am einfachsten ist es, die Gasflasche(n) in einem der Einrichtungsschränke unterzubringen. Dann muß das geeignete Schrankfach an den Kanten rundum mit Silikon-Dichtmasse abgedichtet werden. Auch die Tür oder Klappe muß zumindest eine Schaumstoffdichtung erhalten, damit kein Leckgas in den Innenraum gelangen kann. Der vorgeschriebene Sockel mit 50 mm Höhe schafft zusätzlich Sicherheit.
Für die **Entlüftung** installiert man entweder die angesprochene Lenzleitung oder schafft einen Durchbruch mit mindesten 10 x 10 cm freiem Querschnitt. Während man Stutzen und Lenzleitung am besten im VW-Teilelager erwirbt (dann hat der Prüfer kaum Gegenargumente), kann man den 100-cm²-Durchbruch leicht selbst vornehmen. Der Durchbruch kann – wie die Lenzleitung – auch am Fahrzeugboden sein. In jedem Fall darf kein Spritzwasser in die Öffnung geschleudert werden oder winters Matsch die Öffnung zusetzen. Tip: Nach hinten geneigtes Ableitblech bzw. Rohrstück anbringen und zusätzlich zumindest an demjenigen Rad einen Schmutzfänger montieren, in dessen Spritzbereich die Entlüftung liegt.
Die **Boden-Entlüftung** ist nur zulässig, wenn sich am Wagenboden **keine Abgas-Austrittsöffnungen** – etwa von der Zusatzheizung – befinden. Sonst muß die Lüftungsöffnung unmittelbar über dem Boden in die **Fahrzeug-Seitenwand** geschnitten werden. Damit dort kein Loch klafft, kann ein Kiemenblech über die Öffnung geschraubt werden. Der freie Querschnitt von 100 cm² bezieht sich dann allerdings auf die Summe der kleinen Öffnungen in dieser Blende. Der Zubehörhandel bietet Kiemenbleche speziell für diesen Zweck an.
Problematisch ist auch hier wieder, Spritzwasser der Räder vom Innenraum fernzuhalten. Beste Möglichkeit: Von innen einen kurzen Blechkanal an die Kiemenblech-Öffnung anschließen lassen. Der muß zum Innenraum eine leichte Steigung aufweisen, damit hereingespritztes Wasser wieder ablaufen kann. Der Boden des Flaschenkanals muß dann allerdings so hoch wie der höchste Punkt des Kanals sein.
Zur **Befestigung der Flasche** gibt es sehr praktische Flaschengurte mit vier Sockeln und einem integrierten Ring, der über den Hals der Gasflache gestülpt wird. Oder Sie befestigen die Gasflasche mit einem Spanngurt an der Seite des Flaschenkastens. Dann müssen zusätzlich ein oder zwei Blechbügel die Flasche gegen Verdrehen sichern.

Fingerzeig: Ein Fliegengitter an der Lüftungsöffnung verhindert das Eindringen von Ungeziefer.

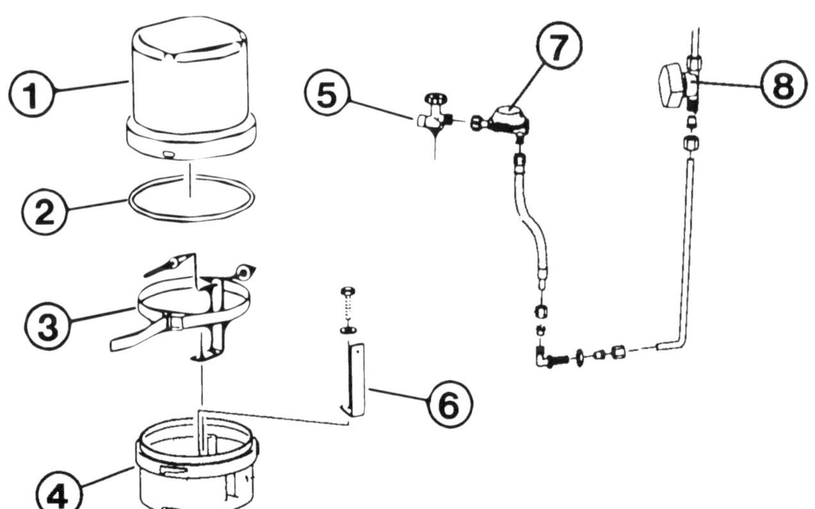

Einzelteile des im Bild unten auf der gegenüberliegenden Seite abgebildeten VW-Gasflaschen-Einbaukastens (Hersteller: Truma):
1 – Gehäuse- Oberteil;
2 – Dichtung;
3 – Gasflaschen-Halteband;
4 – Gehäuse-Unterteil;
5 – Sicherheits-Flaschenventil;
6 – Halter;
7 – Druckregler;
8 – Haupt-Absperrventil.

Auch ein einfacher Gasflaschen-Kasten kann alle gestellten Sicherheitsanforderungen erfüllen: Die Wände müssen ringsum z. B. mit Silikon abgedichtet sein (Pfeile), die Entlüftung von 100 cm² (1) muß im Boden oder in Bodenhöhe angebracht sein, die Gasflasche muß zusätzlich zur Halterung (3) eine Verdrehsicherung (2) besitzen, und die Flaschenkasten-Tür muß eine Dichtung (4) besitzen.

Die Zeichnung zeigt die Anordnung der Lenzleitung im Gasflaschen-Einbaukasten, den Sie im Bild unten sehen. Der Innendurchmesser der Lenzleitung muß 20 mm betragen.

Saubere Lösung: Die kleine Butan-Gasflasche (1) sitzt unfallsicher und gasdicht im Unterteil des Einbaukastens (3). Das Oberteil (2) läßt sich leicht abnehmen, beide Teile sind mit einer breiten Gummidichtung gegeneinander abgedichtet. Vorschrift ist hier der im Schrank sichtbare Abstellhahn, denn an den Zentralhahn der Gasflasche ist bei aufgesetztem Oberteil nicht mehr heranzukommen.

In welchen Schrank ist Platz?

Wenn kein Kühlschrank eingebaut ist, kann die Gasflasche unten im Küchenschrank untergebracht werden. Die Leitung zum Kocher ist dann recht kurz, was Schadensmöglichkeiten einschränkt. Wer platzmäßig variabel ist, sollte die Flasche ein wenig von der Außenwand zurückversetzt einbauen, damit sie bei einem seitlichen Unfallschaden nicht aus der Verankerung gerissen wird.
Von der Zugänglichkeit bietet sich auch ein Einbauort an, der bei geöffneter Heckklappe/-tür gut zu erreichen ist. Baut man den Flaschenkasten aber zu nahe an die Heckkante, besteht wieder Gefahr bei einem Unfall.

Gasflaschen-Einbaukasten

Eine relativ elegante – weil zusätzlich sehr sichere Lösung – findet man in einigen Westfalia-Wohnmobilen. Ein aus Kunststoff geformter schüsselförmiger Flaschenkasten nimmt hier die Gasflasche auf. Der Deckel in Form einer umgestülpten Blechschüssel deckt die Flasche von oben ab. Erprobt unfallsicher, aber nur für kleine Gasflaschen geeignet, ist dieser Gaskasten im VW-Teilelager erhältlich.

Gasflaschen-Versenkkasten

Sehr raumsparend ist der versenkte Einbau der Gasflasche. Hierzu gibt es spezielle Flaschenkästen, die in einen zuvor geschaffenen Durchbruch im Wagenboden eingelassen werden und dann unten aus dem Boden ragen. Unproblematisch ist der Durchbruch zwischen dem äußeren und dem inneren Längsträger am Boden der Karosserie. Da gibt es auch keine Probleme mit TÜV/DEKRA. Von oben her muß auch dieser Flaschenkasten dicht verschlossen sein. Dazu gibt es passende Abdeckungen aus Holz oder Kunststoff. An der Unterseite sind die vorgefertigten Kästen bereits mit der vorschriftsmäßigen Entlüftungsöffnung versehen.

Flaschenkasten mit Außentür

Wer mit Gasflaschen im Innenraum nichts zu tun haben will, baut einen Flaschenkasten mit eigener Tür nach draußen ein. Auch bei einer solchen Ausführung dürfen zwei Flaschen ständig angeschlossen sein. Am besten zum Einbau geeignet ist die linke Seitenwand hinter der Fahrertür. Dort stören keine Träger oder Holme. Verwenden Sie nur einen Flaschenkasten mit einer speziell dem VW-Bus angepaßten Tür! Denn die Seitenflächen des Wagens sind gewölbt. Wer da eine gerade Tür einbaut, erlebt den schönsten Wellenschlag im Blech.

Gastank

Da der Gastank unter dem Wagen montiert ist, braucht er keinen Flaschenkasten oder vergleichbare Einrichtung. Zum Schutz vor mechanischer Beschädigung können aber Gleitkufen unter dem Tank angebracht werden. Die Tankhaltebänder müssen natürlich stabil ausgeführt sein (Mindestquerschnitt 20 mm^2). Lochbandstreifen sind unzulässig. Als Befestigungspunkte an der Karosserie eignen sich beispielsweise die im Kapitel »Änderungen an der Karosserie« angesprochenen Sitzbefestigungspunkte am Wagenboden, wenn der Tank seitlich unter dem Wagenboden eingebaut wird.
Zwischen Tank und Haltebänder muß eine nichtmetallische Zwischenlage eingeschoben sein, ebenso zwischen Tank und Fahrzeugboden. Kunststoffummantelte Haltebänder erfüllen übrigens dieselbe Funktion: Sie verhindern Kontaktkorrosion zwischen den verschiedenen Metallteilen.
Wichtig ist auch die Einbaulage, denn die Gasentnahme erfolgt ganz oben im Tank in der sogenannten Gasphase. Weiter unten ist das Gas flüssig und für unsere Zwecke nicht geeignet. Am Tank ist deshalb die Einbaulage (Kennzeichnung »oben«) vermerkt. Achten Sie ferner darauf, daß die **Armaturen gegen Spritzwasser und Beschädigungen geschützt** sind. Dafür gibt es geeignete Abdeckungen. Außerdem **Spritzschutzblech** vor dem Tank anbringen, um Korrosion durch Steinschlag zu vermeiden.
Der Tank darf die Bodenfreiheit des Fahrzeugs keinesfalls einschränken. Er darf also nicht weiter nach unten ragen als der tiefste Punkt des Wagens an der Hinter- oder Vorderachse. Wählen Sie deshalb eine möglichst schlanke Tankausführung. Der Tank soll zudem nicht näher als 25 cm seitlich und 30 cm über einem Abgasrohr – etwa der Kraftstoff-Zusatzheizung – sitzen. Sonst ist ein Abschirmblech erforderlich.
Noch ein Wort zum Anschließen der Gasleitung: Für eine regelmäßige Druckprüfung der Gasanlage (am Ende des Kapitels beschrieben) sollten Sie am Tank einen Prüfanschluß kombiniert mit Schnellschlußventil vorsehen, damit bei der Kontrolle keine Schneidring-Verschraubung geöffnet werden muß. Sonst besteht die Gefahr, daß die Leitungsverbindung anschließend nicht mehr dicht ist.

Der Druckregler

Mit einem **Linksgewinde** ist der Druckregler an der Gasflasche festgeschraubt. Er reduziert den Flaschendruck auf den richtigen Betriebsdruck für die Gasanlage. Dieser **Betriebsdruck** konnte dank Übergangsfrist bis zum Januar 2006 noch **50 mbar** betragen. Für spätere Umbauten beträgt er zwingend **30 mbar**. **Altfahrzeuge haben** allerdings auch hier **Bestandsschutz**. Sie müssen **nicht auf einen 30-mbar-Druckregler umgerüstet** werden.
Der Druckregler besitzt außerdem ein **Sicherheitsventil**: Steigt der Betriebsdruck – etwa durch eine defekte Reglermembrane – über maximal 150 mbar an, öffnet das Ventil und das Gas kann in den Flaschenkasten strömen, von wo es über die Belüftung nach außen gelangt. So werden die Zündsicherungen der Gasverbraucher vor Schäden geschützt.
Zulässig ist nur ein nicht verstellbarer **30-mbar-Druckregler** nach DIN EN 12864 Anhang D bzw. DIN EN 13786

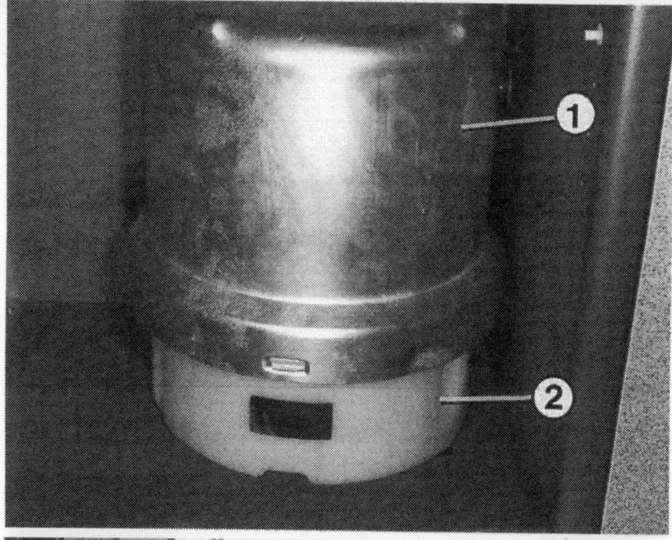

Oberteil (1) und Unterteil (2) des Einbaukastens stellen eine gasdichte Einheit dar. Der Einbaukasten läßt sich in beliebigen Schränken unterbringen.

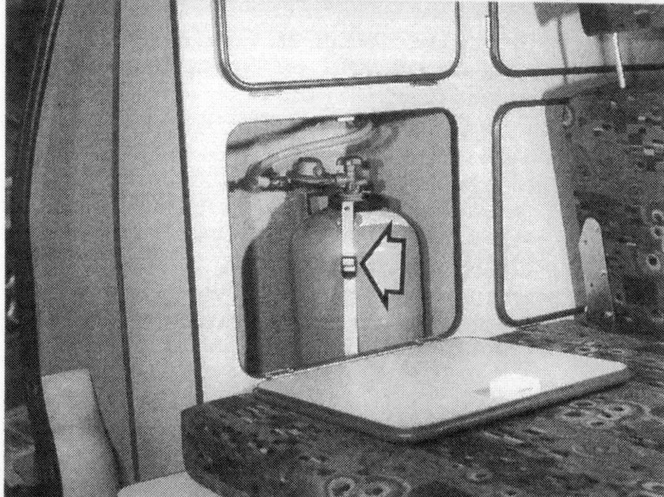

Großer Gasflaschen-Kasten zur Aufnahme von zwei Gasflaschen, wovon eine als Reserve dient. Die erhöhte und etwas von der Fahrzeug-Außenwand zurückversetzte Position des Flaschenkastens schafft eine gewisse Sicherheit bei etwaigen Unfällen. Zur Befestigung der hier eingesetzten Gasflasche dient ein handelsüblicher Flaschengurt (Pfeil).

Vorgeschriebene Kennzeichnung eines Gastanks für Wohnmobil-Verbraucher: Rote Lackierung oder zumindest roter Streifen und die Kennzeichnung der Einbaulage durch den Schriftzug »Oben«.

Zum Einbau in Wohnmobile zulässige Druckregler reduzieren den Flaschendruck auf den Betriebsdruck von 50 mbar. Das eingebaute Sicherheitsventil bläst bei 80–130 mbar ab. Ferner sind die Regler durch eine Aufschrift gekennzeichnet und/oder durch das Symbol △. Der gezeigte Druckregler ist mit einem Manometer und einer Beheizung kombiniert.

mit CE-Zulassung. Dieser Druckregler kann entweder direkt an der Flasche oder innerhalb des Gaskastens an der Wand montiert sein. In letzterem Fall darf der Verbindungsschlauch (Hochdruckschlauch!) nicht länger als 40 cm sein. Und noch eins: Alle 10 Jahre muß der Gasdruckregler ausgetauscht werden.

Druckregler zum Heizen während der Fahrt

Aufgrund der aktuellen Heizgeräterichtlinie besteht für das Heizen während der Fahrt erhöhte Sicherheitsanforderung an die Gasanlage. Druckregler mit Gasströmungswächter und die daran angeschlossenen Hochdruckschläuche mit integrierter Schlauchbruchsicherung sind die Grundlage zur Erfüllung diese Richtlinie. Mit einem solchen Druckregler (z.B. Truma SecuMotion) dürfen Sie in ganz Europa während der Fahrt heizen.

Fingerzeige: Linksgewinde-Verschraubungen an der Gas-Installation sind durch Kerben auf den Überwurfmuttern gekennzeichnet.
Beachten Sie bitte, daß in Ländern, die sich nicht der EU-Gesetzgebung unterwerfen, andere Betriebsdrücke und Normen für Gasgeräte und Druckregler üblich sein können. Nicht kombinieren!

Gasschlauch

Egal, ob der Druckregler direkt an der Flasche oder im Gasflaschen-Kasten an der Wand montiert ist, ein **Gasschlauch** muß die Verbindung von der Flasche zum Anschluß an der Gasflaschen-Kasten-Wand herstellen. Ab dort erfolgt die Gasführung in einer festen Leitung. Durch die Wand des Gasflaschen-Kastens sollte eine »Schottverschraubung« oder eine feste Gasleitung führen – keinesfalls aber der Gasschlauch.
Der **Gasschlauch im Gasflaschen-Kasten** darf **nicht länger als 40 cm** sein (Ausnahme: Bei Auszugsvorrichtung dürfen es höchstens 75 cm sein). Für **Gasschläuche außerhalb des Gasflaschen-Kasten** sgelten **75 cm** als Maximallänge, etwa wenn ein drehbarer Kocher installiert werden soll (unfallsicher befestigen!).
Generell sind nur Gasschläuche nach DIN 4815-2 oder DIN EN 1763 im Wohnmobil zugelassen und auch die müssen alle 10 Jahre ausgetauscht werden.
Eigentlich logisch, dass Gasschläuche so verlegt sein müssen, dass sie nirgends eingeklemmt oder aufgescheuert werden oder sich an heißen Gegenständen (Heizung, Herd) erwärmen können.

Die Gasleitung

Als Gasleitung verwendet man üblicherweise 8- oder 10-mm-Rohre aus verzinktem Stahl oder aus Kupfer. Wohnwagen- und Wohnmobil-Zubehörläden führen sicher das richtige Material. Wer's nachprüfen will:

Bezeichnung	Nahtlose oder geschweißte Stahlrohre		Nahtlose Kupferrohre	
Außendurchmesser	8 mm	10 mm	8 mm	10 mm
Innendurchmesser	1,0 mm	1,0 mm	0,8 mm	1,0 mm

Kupferrohre lassen sich leichter biegen, dafür ist das Anschließen etwas aufwendiger. Zum Biegen von Stahlrohren in kleinen Radien brauchen Sie unbedingt eine Biegezange, sonst besteht die Gefahr, daß die Leitung abknickt.

Vorschriftsmäßige Leitungsverbindungen

Stahlrohre werden durch sogenannte Schneidring-Verschraubungen Reihe »L« verbunden. Der Schneidring, der vor dem Verschrauben auf das Leitungsende geschoben wird, gräbt sich mit seiner Schneidkante in die Leitungswandung ein. Damit hält er die Leitung fest und dichtet gleichzeitig ab.
Kupferrohre können ebenfalls mit Schneidring-Verschraubungen verlegt werden. Das Material ist jedoch weicher, und damit besteht die Gefahr, daß sich das Rohr verformt, ohne daß der Schneidring ausreichend abgedichtet hat. Deshalb muß unbedingt zusätzlich eine sogenannte Stützhülse ins Leitungsende gesteckt werden (Ausnahme: Nicht bei CuR-290-Rohr). Die Verwendung dieser Stützhülsen muß bei der anschließenden Gasprüfung (siehe Kapitel-Ende) derjenige ausdrücklich bestätigen, der den Einbau vorgenommen hat.
Außerdem können Kupferrohre unter Verwendung entsprechender Muffen auch durch Hartlöten miteinander verbunden sein. Diese Löttechnik übersteigt meistens die Möglichkeiten des Heimwerkers und kommt damit kaum in Betracht.

Anbringen einer Schneidring-Verschraubung

Gasrohr nach Bedarf absägen und mit einem Dreikantschaber entgraten. Das Rohr darf dabei nicht deformiert werden. Jetzt die Überwurfmutter und den Schneidring auf das Rohr schieben. Gewinde der Mutter und Verjüngung des Schneidrings müssen zum Rohrende zeigen. Der Schneidring muß mindestens 3 mm vom Rohrende entfernt sitzen.

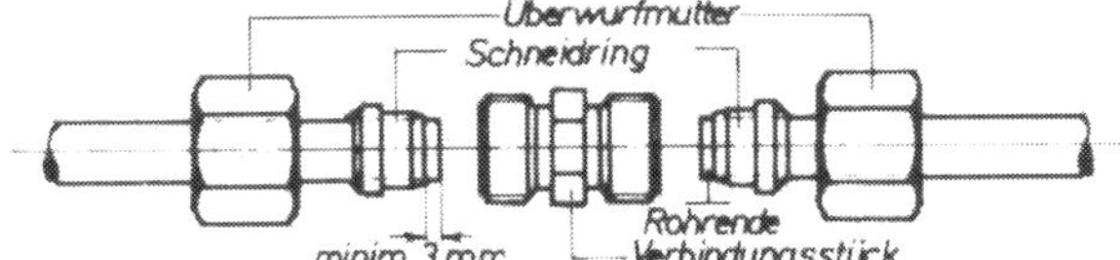

Aufbau einer Schneidring-Verbindung für Stahl-Gasrohre.

Der Verbindungsschlauch zwischen Druckregler und Gasanlage hat am Regler-Anschluß Linksgewinde, was durch Kerben (Pfeil) auf der Überwurfmutter gekennzeichnet ist.

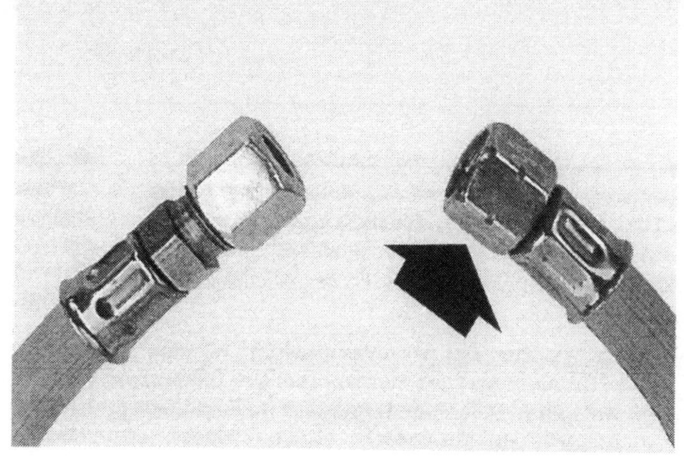

Mit Hilfe dieser Einrichtung kann ein herausnehmbarer Gasherd realisiert werden (und auch nur für diesen Zweck ist sie zugelassen). Sicherheitstrick: Nur bei geschlossenem Hahn ist das Abziehen des Schlauches möglich.

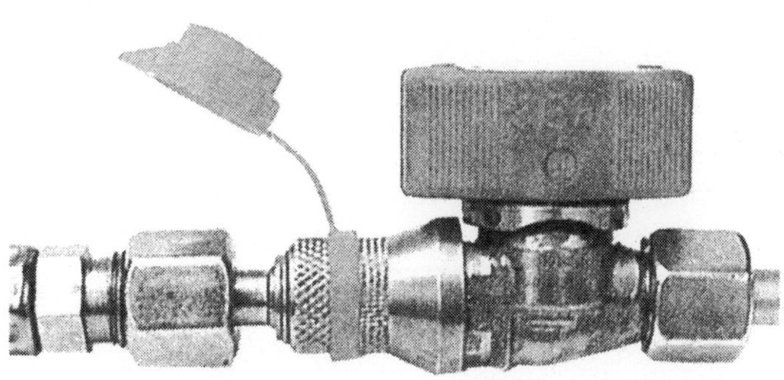

Das Bild zeigt Teile für die Installation der Gasanlage: Stahl-Gasleitung mit gummigepolsterter Rohrschelle, außerdem Winkel-, Anschluß- und T-Stücke für Gasleitung mit Schneidring-Verschraubung.

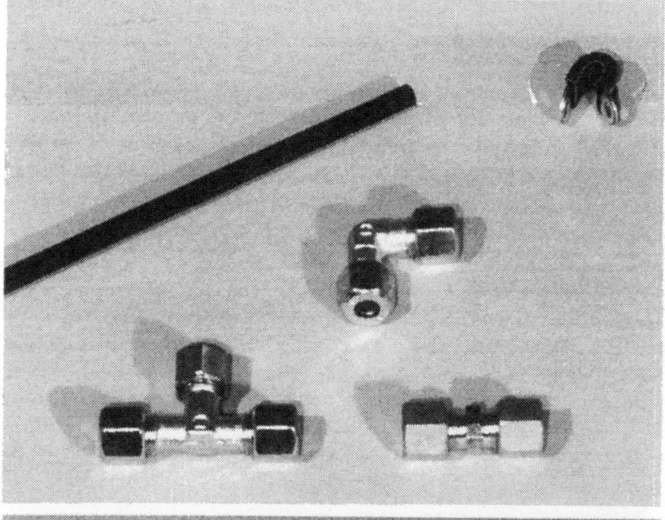

Die beiden Gasleitungen (1 und 5) können mit einer sogenannten Schneidring-Verschraubung (2) verbunden werden. Dazu muß der Schneidring (3) und die Überwurfmutter (4) auf die Leitung geschoben werden. Kupferleitungen verlangen die zusätzliche Verwendung von Einsteckhülsen. Zuletzt Leitung mit Schneidring in die Verschraubung stecken und die Überwurfmutter anziehen. Wie die Arbeit genau vonstatten geht, steht auf der gegenüberliegenden und der folgenden Seite.

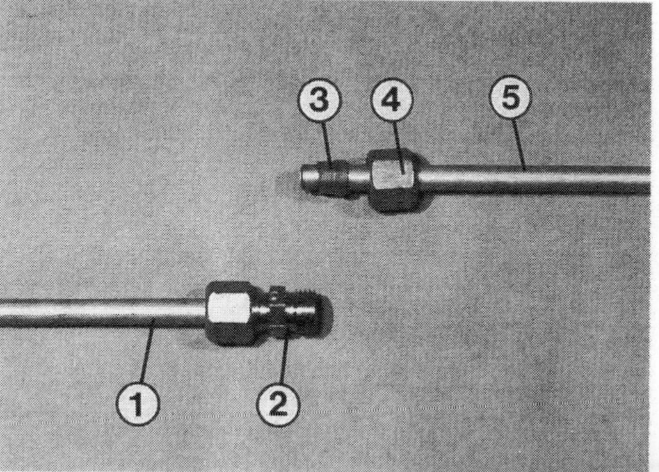

● Bei Kupferleitungen Einsteckhülsen anbringen.

● Rohrende mit Ring und der Mutter in das Gegenstück (Geräteanschluß, Verbindungsstück) einstekken und Mutter zunächst von Hand festdrehen.

● Rohr so weit als möglich in die Verbindung einschieben.

● Überwurfmutter jetzt etwa 1,5 bis 2 Umdrehungen anziehen. Dabei dürfen Rohr und Gegenstück nicht gegeneinander verkantet werden, und das Rohr darf sich nicht mitdrehen.

● Ist der Anschluß noch nicht dicht, kann er etwas nachgezogen werden.

Fingerzeige: Zur leichteren Verarbeitung können Schneidring-Verschraubungen mit gasfester Schmierpaste (Truma-Paste) gefettet werden. Die Paste dient gleichzeitig der zusätzlichen Abdichtung. Zum Aufspüren von Undichtigkeiten im Gas-Leitungssystem eignet sich ein Lecksuchspray. Es erzeugt – aufgesprüht auf die undichte Stelle – Blasen, wenn das Gassystem unter Druck steht.

Gasleitungen biegen

Soll eine Leitung in einem Radius gebogen werden, verwendet man dazu am besten eine Biegezange, wie sie der Flaschner besitzt. Sonst besteht die Gefahr, daß die Leitung abknickt. Kupferleitungen lassen sich noch am ehesten von Hand biegen. Dabei die Innenseite des Bogens beim Biegen mit dem Daumen unterstützen! So können Sie sich langsam am Radius entlangarbeiten. Anstelle enger Biegeradien empfiehlt sich die Verwendung eines Winkelstücks mit Schneidring-Verschraubung.
Beachten Sie: Eine Schneidring-Verschraubung darf nur an einem geraden Rohrstück sitzen. Außerdem sollte der Abstand bis zur nächsten Biegung des Rohrs mindestens 5 cm betragen.

Leitungsverlegung

Die Vorschrift verlangt die Befestigung von Stahlleitungen alle 100 cm und die Befestigung von Kupferleitungen alle 50 cm. Das ist viel zu wenig! Etwa alle 20 cm sollten Sie die Leitungen befestigen, damit die Erschütterungen im Fahrbetrieb der Leitungsverlegung nichts anhaben können. Benutzen Sie dazu Rohrschellen mit Gummieinlage – eben wegen der Vibrationen.
Leitungsdurchführungen durch das Karosserieblech müssen unbedingt mit Gummitüllen versehen sein. Sonst kann sich das Rohr im Laufe der Zeit an den scharfen Blechrändern durchscheuern.
Einen Schutzanstrich gegen Rost brauchen die Gasleitungen nur dort, wo mit erhöhter Korrosionsgefahr zu rechnen ist, also etwa unter dem Wagenboden oder nahe des Batteriekastens.
Und noch ein Punkt: Elektrische Leitungen dürfen nicht an Gasleitungen befestigt werden.

Haupt-Absperrventil

Zunächst benötigt jede Gasanlage ein Haupt-Absperrventil. Da kann beispielsweise das Entnahmeventil der Gasflasche sein, sofern der Flaschenkasten gut zugänglich ist. Ist jedoch der Flaschenkasten nur mit einer Außentür versehen oder befindet sich ein Gastank unter dem Wagen, wird sicher ein zusätzlicher Haupthahn im Innenraum nötig, damit der Ermessens-Spielraum des Prüfers nicht auf eine allzu harte Probe gestellt wird. Ideal als Hauptabsperrventil ist auch ein **Gasfernschalter** (Truma), also ein elektrisch betätigter Haupthahn.

Einzel-Absperrventile

Ebenfalls an gut zugänglicher Stelle im Innenraum müssen die nachgeschalteten Einzel-Absperrventile montiert werden. Jeder einzelne Gasverbraucher im Wagen braucht sein eigenes Ventil, und auf jedem Ventil muß genau seine Zugehörigkeit vermerkt sein. Dazu gibt es zu den üblichen Absperrhähnen geeignete Klebesymbole zu kaufen. Die einzelnen Absperrhähne sollen ein schnelles Abschalten einzelner Gasgeräte ermöglichen.
Die Absperrhähne gibt es sowohl einzeln wie auch als 2er-, 3er- oder 4er-Block zu kaufen. Je nach Anzahl der Gasgeräte im Wagen kann so die passende Version gekauft werden. Der Einbau der Verteilerblöcke löst gleichzeitig das Problem der Leitungsverzweigung, denn vom Verteiler zweigt dann die Hauptleitung zu den jeweiligen Verbrauchern ab. Der ungenutzte Ausgang am Ende des Verteilerblocks muß lediglich mit einem Blindstopfen verschlossen werden. Weiterer Vorteil dieser Absperrhähne: An der Stellung des Griffes ist sofort zu erkennen, ob das Ventil offen oder geschlossen ist. Auch das ist eine Forderung der Einbauvorschriften.
Einfacher wird die Gasanlage, wenn der Kocher der einzige Verbraucher ist. Bei relativ leicht zugänglicher Gasflasche wird überhaupt kein zusätzliches Absperrventil gebraucht. Dann reicht das Gasflaschenventil alleine. Ist die Flasche schlecht zugänglich, bedarf es nur eines zusätzlichen Absperrhahnes.

Gasverbraucher

Geeignete Geräte

Zu Ihrer eigenen Sicherheit dürfen Sie nur Gasgeräte verwenden, die vom DVGW (Deutscher Verein des Gas- und Wasserfachs e.V.) anerkannt sind. Ist das der Fall, tragen die Geräte eine DVGW-Prüfnummer, oder der Verkäufer kann eine Prüfbescheinigung für das betreffende Gerät vorweisen.
Auch müssen die Geräte speziell für die Verwendung in Fahrzeugen zugelassen sein, was zunächst an der

Jede Gasanlage benötigt ein Haupt-Absperrventil. Das kann das Flaschenventil sein, oder falls dieses schlecht zugänglich, ein solcher externer Gashahn (2). Damit der Einbau des Absperrventils auch stabil ist, wird die Gasleitung vor und hinter dem Ventil mit einer Rohrschelle (1) befestigt.

Ein Gasfernschalter erspart die Verrenkung zum Haupt-Absperrventil. Der Haupthahn wird hier elektrisch geschlossen.

Jeder Gasverbraucher muß sich durch ein separates Ventil einzeln abschalten lassen. Außerdem muß an der Stellung des Ventils zu erkennen sein, ob die Zuleitung abgestellt ist oder nicht. Hier sind vier Einzelventile zu einem Verteilerblock zusammengefaßt. Darüber hinaus sind 2er- und 3er-Blocks erhältlich.

Einbau-Beispiel an der Seitenwand des Küchenschranks. Die Zahlen bedeuten:
1 – Einzel-Absperrventile (2er-Block);
2 – Haupt-Absperrventil;
3 – Leitung zum Gaskocher;
4 – Leitung zum Absorber-Kühlschrank;
5 – Leitung von der Gasflasche bzw. vom Gastank.

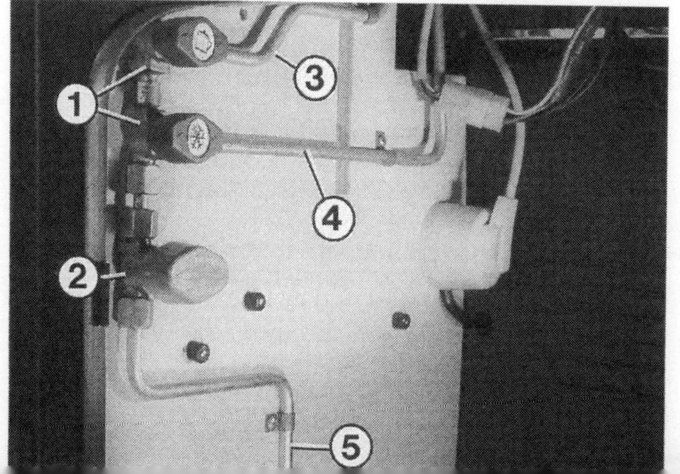

eingebauten Zündsicherung zu erkennen ist. Die Zündsicherung sorgt dafür, daß bei erloschener Gasflamme höchstens noch 60 Sekunden lang Gas aus der Brennstelle ausströmt.
Das funktioniert so: Ein kleiner Metallstab, der Wärmewächter, ragt in den Bereich der Gasflamme hinein. Brennt sie, heizt sich der Wärmewächter auf und leitet die Temperatur zu einem Bimetallplätchen in einem Ventil weiter. Das Plättchen biegt sich unter der Hitze und gibt so die Gaszufuhr zur Brennstelle frei.
Geht die Flamme etwa durch einen Windstoß aus, wird auch der Wärmewächter nicht mehr beheizt, und damit schließt das Bimetall – die Gaszufuhr wird gestoppt. Es kann also schon kurze Zeit nach Erlöschen der Flamme kein Gas mehr ausströmen, wodurch Vergiftungs- wie Explosionsgefahr weitgehend gebannt sind. Dafür muß man kleine Einbußen im Bedienungskomfort hinnehmen: Das Bimetallventil muß zum Anzünden kurze Zeit überbrückt werden.
Gasgeräte ohne Zündsicherung dürfen Sie nicht ins Wohnmobil einbauen, und sei es noch so einfach ausgestattet.

Fingerzeig: An diese Stelle sei nochmals darauf hingewiesen, daß Gasgeräte aus anderen Ländern anderen Normen entsprechen und hierzulande nicht zulässig sind. Ebenso dürfen (z. B. wegen unterschiedlicher Betriebsdrücke) auch keine Geräte anderer Norm mit Gasanlagen nach hiesiger Norm kombiniert werden. Probleme mit der Zulassung gibt es deshalb auch bei importierten oder reimportierten Wohnmobilen – beispielsweise aus den USA (keine Zündsicherung, andere Leitungen etc.).

Der Gaskocher

Der Gaskocher zählt zur Grundausstattung des Wohnmobils. Bei seiner Auswahl leidet man gewiß keine Not: Einbaukocher gibt es in allen Größen und Formen, in Edelstahl- und Emaille-Ausführung. Ob Sie ihn in zwei- oder dreiflammiger Ausführung kaufen, hängt von der späteren Nutzung ab.
Schauen Sie sich vor der ersten Inbetriebnahme des Kochers die Umgebung genau an: **Es dürfen sich keine brennbaren Holzplatten oder gar Vorhänge in der Nähe befinden.** Vorhänge am besten so anbringen, daß sie auch nicht aus Versehen in die Nähe des Kochers geschoben werden können. Gefährdete Holzteile müssen Sie mit Stahl- oder Aluminiumblechen verkleiden. Achten Sie dabei auf einen kleinen Spalt zwischen Blech und Holz, damit kühlende Luft zirkulieren kann. Um festzustellen, welche Teile im brandgefährdeten Bereich liegen, stellen Sie am besten eine große Pfanne auf den Herd. Der Hitzestrom wird nämlich durch die Töpfe zur Seite umgelenkt, und plötzlich sind Teile gefährdet, mit denen man nicht gerechnet hatte.
Bauteile, die stark erwärmt werden, können auch durch klappbare Schutzeinrichtungen abgeschirmt werden. Bestes Beispiel hierfür ist eine Deckelklappe für den Herd, die in hochgeklapptem Zustand Vorhänge oder einen Schrank schützt.
Wir haben es schon eingangs erwähnt: Offene Brennstellen – und der Herd ist eine solche – verbrauchen Sauerstoff aus dem Wageninnern. Vor Anzünden des Kochers muß deshalb für Belüftung gesorgt werden. Mindestens 150 cm^2 groß muß die Belüftungsöffnung nach draußen sein. Das entspricht einem freien Querschnitt von 12,5 x 12,5 cm^2. Selbst wenn keine Schiebefenster, Dachluken oder ähnliches vorhanden sind, gibt es diese Belüftungsmöglichkeiten im VW-Bus: Dann bleibt eben ein vorderes Türfenster oder die Schiebetür offen.
Wichtig für die Gasabnahme ist jedoch ein Schild, das – in der Nähe des Herds angebracht – auf diesen Umstand aufmerksam machen muß. Das soll etwa so lauten: »**Achtung! Bei Benutzung von Gas-Küchengeräten müssen die verschließbaren Belüftungsöffnungen (Dachluken u. ä.) offen sein. Offene Brennstellen dürfen nicht zum Heizen verwendet werden**«. Solche Schildchen gibt's überall dort, wo Flüssiggas-Geräte verkauft werden.

Demontierbarer Gasherd

Leichte Demontierbarkeit des Herds ohne Werkzeug ist, wie wir inzwischen wissen, Kriterium für die **Fahrzeugeintragung als Pkw**, sofern diese gewünscht wird. Auch der Gasherd läßt sich demontieren, wenn der Zuleitungsschlauch mit einer »Sicherheitskupplung mit Schnellschlußventil« getrennt werden kann. Zum Verlegen des Gasschlauches bitte den gleichnamigen Abschnitt vorn im Kapitel beachten.

Spiritus-Kocher

An dieser Stelle seien noch die Spiritus-Kocher erwähnt, die fürs Wohnmobil wiederentdeckt wurden. Mit Einbau eines solchen Herds umgeht man die komplizierten Regelungen zur Gasanlage. Außerdem kann man den Herd ohne besonderen Aufwand so montieren, daß er bei Nichtgebrauch aus dem Wagen entfernt wird, was bei einer Gasanlage nicht ganz so einfach möglich ist – siehe vorangegangenen Abschnitt. In jedem Fall wird aber die **Zulassung als Pkw** möglich.
Somit wäre der Spiritusherd die Lösung aller Probleme, wenn es nicht da nicht ein paar kleine Schönheitsfehler gäbe: Leider macht der Herd bisweilen durch leichten Spiritus-Geruch auf sich aufmerksam, und auch die Flamme ist nicht immer völlig rußfrei. Bleibt noch zu erwähnen, daß der Transport des leicht brennbaren Spiritus im Wageninnern auch nicht ganz ohne Tücken ist. Deshalb möglichst keine zusätzlichen Spiritus-

Ein Wärmewächter »fühlt« an jeder Brennstelle (Pfeil), ob die Flamme noch brennt. Ist das nicht mehr der Fall, verschließt er spätestens nach 60 Sekunden den Gasaustritt.

Empfehlenswert: Platzsparende Herd-/Spülenkombination. Beim Einbau ist unbedingt zu beachten, daß die Luftzufuhr zum Brenner (hier neben den Drehreglern zu erkennen) nicht verschlossen wird.

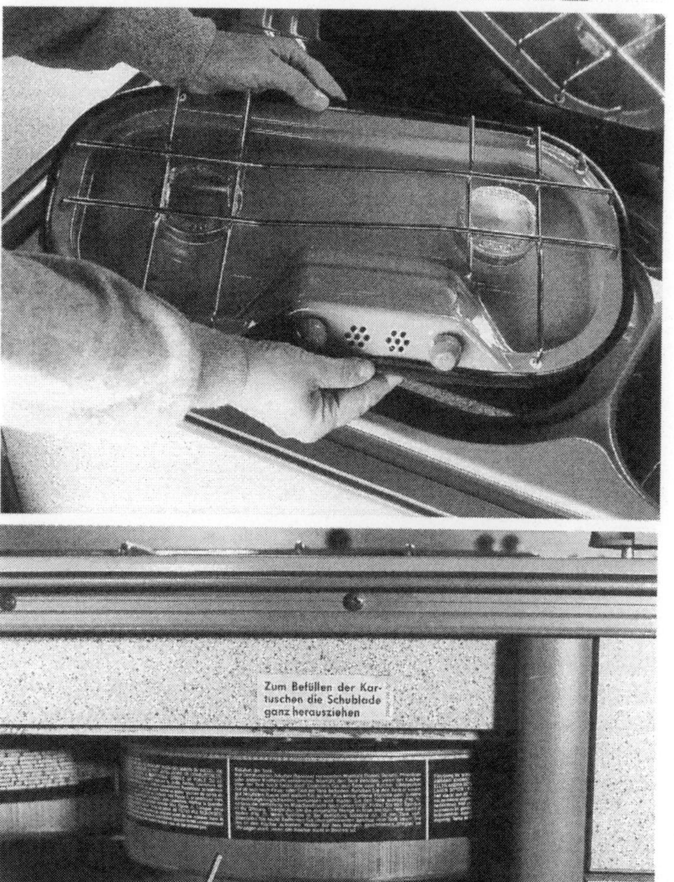

Für die Zulassung als Pkw muß das Wohnmobil mit einer herausnehmbaren Kochstelle ausgestattet sein. Das geht auch beim Gasherd, wenn eine Schlauchkupplung mit Absperrhahn, wie auf der vorhergehenden Doppelseite gezeigt, eingebaut ist.

Wer keine Gasanlage wünscht, kann sein Wohnmobil mit einem Spirituskocher ausstatten. Trick der Sache ist, daß der Herd als ausgebaut gilt, wenn die Spiritus-Kartusche (1) herausgenommen wird. Das ist hier leicht zu machen durch Niederdrücken des Arretierungshebels (2).

Flaschen im Wagen transportieren, sondern Kartusche befüllen und einsetzen. Schließlich kann man Spiritus überall auf der Welt kaufen. Kann man's doch nicht umgehen, daß die Spiritus-Flasche mitreist, sollte sie wenigstens an aufprallgeschützter Stelle und sicher vor allzu starker Aufheizung gelagert werden. Auch eignen sich Glasflaschen nicht zur Aufbewahrung – lieber Kunststoff-Flaschen verwenden!

Fingerzeig: Sinn macht die Verwendung eines Spirituskochers natürlich nur dann, wenn sich keine weiteren Gasverbraucher an Bord befinden. Denn sonst könnte man natürlich auch auf einen demontierbaren Gaskocher zurückgreifen – wenn es nur um die Pkw-Zulassung geht.

Weitere Gasgeräte

Kühlschränke und Heizungen

Kühlschränke und Gasheizungen gehören – zumindest teilweise – zu den Verbrauchern der Gasanlage. Weil es da jedoch viele Einzelprobleme zu erörtern gibt, haben wir diesen Teilen jeweils ein eigenes Kapitel gewidmet. Ein Einbautip sei an dieser Stelle vorweggenommen: Die Wandkamine von Heizung und Kühlschrank sollten nicht direkt unter einem Ausstellfenster sitzen. Sonst könnten die Abgase durchs geöffnete Fenster in den Innenraum ziehen.

Gasleuchten

Gasleuchten eignen sich unserer Meinung nach nicht für die Verwendung im VW-Bus, denn sie müssen so eingebaut sein, daß die Wärmeabstrahlung der Lampe keine Brände verursachen kann. Das ist im engen Gehäuse unseres Wohnmobils kaum möglich. Zusätzlich verlangt der Betrieb einer Gasleuchte eine unverschließbare Öffnung von 10 cm^2, die dann noch zusätzlich in die Karosserie vorgesehen werden muß.
Alles in allem also eine eher komplizierte Geschichte. Besser ist da die bewährte Transistorleuchte, die bei hoher Lichtausbeute einen erfreulich niedrigen Stromverbrauch hat.

Prüfung der Gasanlage

Noch vor der ersten Inbetriebnahme der Gasanlage fahren Sie Ihren VW-Bus zu einem DVFG-Sachkundigen. Das kann der Mitarbeiter einer Wohnmobil-Werkstatt, eines Wohnwagenmarkts, eines Flüssiggas-Handels oder einer Flaschnerei sein. Der prüft den ordnungsgemäßen Einbau der Gasanlage in Ihrem Wagen und führt anschließend eine Druckprüfung mit dem dreifachen Betriebsdruck – nämlich mit 150 Millibar durch. Insgesamt 10 Minuten bleibt dieser Druck auf der Anlage. Wird in dieser Zeit Druckabfall festgestellt, sucht der Prüfer die Leckstelle und dichtet sie ab – eine Arbeit, die er getrennt in Rechnung stellt.
Anschließend wird kontrolliert, ob auch alle Brennstellen ordnungsgemäß funktionieren. Dann kann die Prüfbescheinigung ausgefertigt werden. Bei der Erstprüfung erhalten Sie eine Prüfkarte, in der dann auch die folgenden Prüfungen eingetragen werden müssen. Zwei Jahre Gültigkeitsdauer haben die einzelnen Prüfungen. Dann muß eine Nachprüfung erfolgen.
Die Gasanlagen-Prüfbescheinigung will übrigens auch der TÜV/DEKRA sehen. Sonst scheitert die erstmalige Eintragung als Wohnmobil. Für die späteren regelmäßigen Gasanlagen-Prüfungen ist der Fahrzeugbesitzer dagegen selbst verantwortlich. Alle zwei Jahre muß die Nachprüfung erfolgen. Liegt die Prüfbescheinigung nicht vor, kann der Fahrzeughalter bei Unfällen schadenersatzpflichtig werden.

Fingerzeig: Die Gasanlage niemals mit mehr als 150 Millibar abdrücken! Sonst sind Schäden an den Gasgeräten zu befürchten.

Änderungen an der Gasanlage

Wird die Gasanlage – etwa durch Einbau zusätzlicher Gasgeräte – verändert, muß natürlich wieder eine Prüfung durch einen DVFG-Sachkundigen erfolgen. Bei nachträglichem Einbau einer Heizung kommt zusätzlich der TÜV/DEKRA mit ins Spiel, denn die Heizung ist ein Bauteil, das eine »Allgemeine Bauartgenehmigung des Kraftfahrt-Bundesamts« besitzen muß. Und das kontrolliert der TÜV/DEKRA – genauso wie den ordnungsgemäßen Einbau. Die Prüfung durch den TÜV/DEKRA erfolgt natürlich auch bei Neueinbau der Gasanlage. Doch mehr darüber im Kapitel »TÜV- oder DEKRA-Abnahme, Zulassung«.

Gaswarnanlagen

Gaswarnanlagen sollen im Wohnmobil vor den Gefahren schützen, die eine Gasanlage mit sich bringen kann. Wirklich sinnvoll sind jedoch nur solche Warnsysteme, die auch auf Kohlenmonoxid ansprechen. Unfälle in Caravans und Wohnmobilen, die auf dieses hochgiftige Verbrennungsprodukt zurückzuführen sind, kommen weit häufiger vor als Unfälle durch Flüssiggas selbst.
Das elektronische Warngerät braucht zum Erkennen dieser beiden Gase unterschiedlich abgestimmte Sensoren. Zweckmäßigerweise sollten die Fühler separat in unterschiedlicher Höhe im Fahrzeug untergebracht werden.

Gesamtansicht eines zweiflammigen Spiritusherds. Die linke Vorratskartusche (1) ist noch eingesetzt, während die rechte Kartusche (2) zum Nachfüllen von Spiritus (durch die Öffnung oben) herausgenommen wurde. Oben zu sehen: Der Brennereinsatz (3).

Ideal kombinierbar ist ein Spiritus-Herd mit einem solchen leicht demontierbaren Küchenschrank, der beispielsweise auch nur bei aktuellem Bedarf in den Wagen eingebaut wird.

Bei der Gasprüfung setzt der DVFG-Sachkundige die Gasanlage mit einer Handpumpe unter dreifachen Betriebsdruck.

Wasser marsch!

Im Wohnmobil ist man sommers so lange unabhängig, wie das die Wasservorräte erlauben. Spätestens wenn die Kanister leer sind, muß die nächste Versorgungsstation angesteuert werden. Andererseits will man aus Gewichts- und Platzgründen auch nicht zu viel Wasser mitschleppen.

Unterschiedliche Wasseranlagen

○ Bei den in kleineren Wohnmobilen üblichen Wasseranlagen handelt es sich meist um **drucklose Anlagen**. Die Wasserpumpe wird erst dann in Gang gesetzt, wenn auch tatsächlich Wasser gebraucht wird. Eingeschaltet wird die Pumpe durch einen Schalterkontakt am Wasserhahn.

○ Etwas aufwendiger ist dagegen eine Wasserversorgungsanlage, die ständig **unter Druck** steht. Bei ihr läuft die Wasserpumpe so lange, bis ein Membranschalter erkennt, daß der gewünschte Druck erreicht ist. Dieser schaltet dann die Pumpe ab. Sinkt der Druck nach Öffnen des Wasserhahns, läuft die Pumpe automatisch wieder an bis zum Erreichen des richtigen Druckwertes.

Welches System eignet sich?

Für den Bedarf in einem einfachen Wohnmobil reicht die **drucklose Anlage** völlig aus. Vorteil einer solchen Anlage ist der einfache Aufbau und die geringere Gefahr einer Undichtigkeit im System.
Als Komfort-Nachteil muß man lediglich in Kauf nehmen, daß das Wasser nicht sofort nach dem Öffnen des Hahns fließt. Die Pumpe braucht einige Sekundenbruchteile, bis sie fördert. Das läßt sich aber durch einen einstellbaren Automatikhahn teilweise überspielen, indem man den Pumpenschalter so einstellt, daß die Pumpe losläuft noch ehe die Dichtung des Hahns den vollen Wasserfluß freigibt.
Druckgesteuerte Anlagen sind in diesem Punkt zwar komfortabler, doch die Vorteile kommen erst richtig zum Tragen, wenn eine Dusche mit Warmwasseranlage eingebaut ist, die wir in diesem Buch für den VW-Bus jedoch nicht vorgesehen haben.

Das drucklose System reicht aus

In diesem Kapitel befassen wir uns vor allem mit dem drucklosen System, da dieses für kleinere Wohnmobile völlig ausreichend ist. Für diejenigen, die mehr Komfort wünschen, sind die Bauteile des druckgesteuerten Systems **am Kapitel-Ende** kurz vorgestellt.

Wieviel Wasser mitnehmen?

In europäischen Breiten ist man mit einem Wasservorrat von 20–50 Liter bestens bedient. Sofern man nicht Zusatzeinrichtungen mit hohem Wasserverbrauch, wie z. B. eine Außendusche mit einplant, kommt man mit diesem Vorrat mehrere Tage bzw. bis zu einer Woche aus.

Frischwasserbehälter

Für die Lagerung von Frischwasser im VW-Bus bieten sich zum einen herausnehmbare **Kanister** an. Die andere Möglichkeit ist der feste Einbau eines **Frischwassertanks**. Zur **Vermeidung von Algenbildung** sollte der Wasserbehälter möglichst **im Dunkeln** stehen. Damit eignet sich die Unterbringung im Schrank oder unter der Liegefläche. Frischwassertanks für den Außenanbau besitzen ein **dunkel eingefärbtes Gehäuse**.
In jedem Fall sollten Sie darauf achten, daß es sich bei den Wasserbehältern, die Sie verwenden wollen, um **lebensmittelechte** Werkstoffe handelt. Der Zubehörhandel bietet solche Ware an. Also **nicht** – um ein Extrembeispiel zu nennen – einen ausgedienten Reinigungsmittel-Kanister für Trinkwasser benutzen.

Fingerzeig: Um möglichst ausgeglichene Fahreigenschaften im VW-Bus zu erreichen, sollte alles, was schwer ist, möglichst weit hinten stehen. Sofern sich dieses mit Ihren Einrichtungs-Plänen in Einklang bringen läßt, sollten Sie also zumindest die Frischwasserbehälter im Wagenheck anordnen.

Wasserkanister

Wasserkanister gibt es in allen erdenklichen Formen und Ausführungen. Für eine einfache Kanister-Wasseranlage mit »Tauchpumpe« sollten Sie sich sogenannte »Weithalskanister« besorgen, die eine große Öffnung besitzen. Dort muß nämlich die Elektropumpe durchgesteckt werden können, die später innen im Kanister arbeitet.

Mini-Wasseranlage, bestehend aus Wasserkanister, Tauchpumpe, Wasserhahn und Spülbecken.

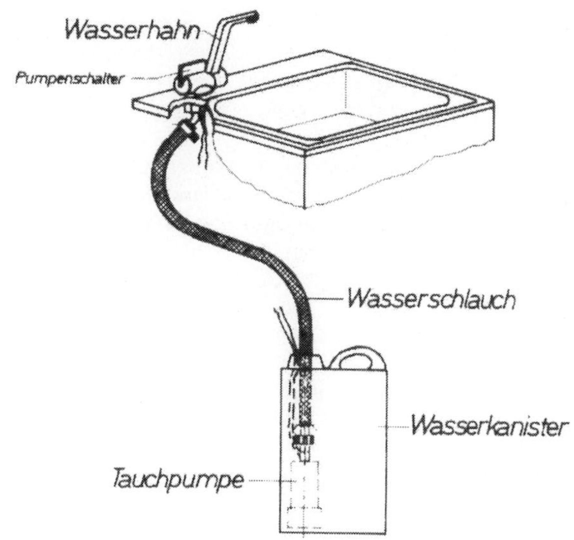

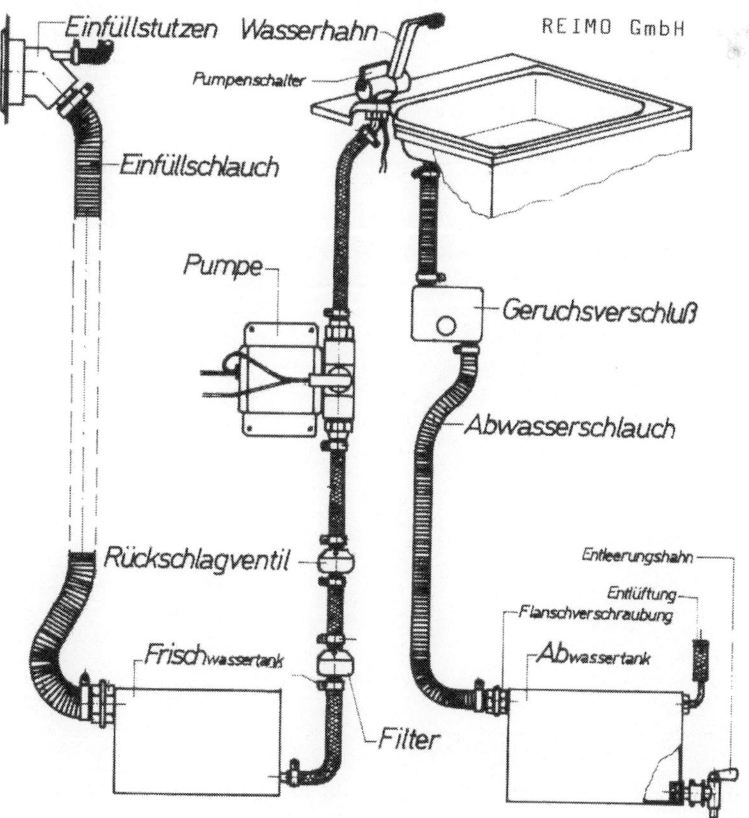

Komplette Wasseranlage mit Frisch- und Abwassertank.

Gegenüber den fest eingebauten Wassertanks haben die Kanister den Vorteil, sich unter widrigen Umständen leichter befüllen zu lassen. Der Kanister ist schnell auch ins Haus eines hilfsbereiten Bauern getragen, der den Wohnmobilisten freundlicherweise mit Wasser versorgen will. Beim fest eingebauten Tank wird es da schon schwieriger. Denn eventuell ist der mitgebrachte Schlauch nicht lang genug, um an die Wasserzapfstelle zu reichen.

Nachteil der Kanister ist die Tatsache, daß sie, randvoll mit Wasser, recht schwer sind. Auch kann die Tauchpumpe immer nur in einem der Kanister sitzen und muß nach dessen Entleerung in den zweiten verpflanzt werden. Zur besseren Handhabung beim Auswechseln und Füllen müssen die Kanister gut zugänglich im Wagen stehen. Dafür bietet sich das Wagenheck an, wo man durch die geöffnete Heckklappe/-tür gut an die Wasserbehälter herankommt. Werden die Kanister bei einem Wagen mit Seitenküche im Spülenschrank untergebracht, beanspruchen sie wertvollen Platz im »Arbeitsbereich«, also dort, wo die Schränke am besten zu befüllen sind.

Fingerzeig: Aus den vollen Kanistern schwappt meist ein Spritzer Wasser heraus, wenn die Tauchpumpe eingesetzt wird. Vielleicht wird auch mal vergessen, den Kanister dicht zu verschließen. Der »Kanisterschrank« sollte deshalb auch innen besonders gut gegen Wasser geschützt sein. Sonst kann es Ärger mit gequollenen Holzteilen geben.

Frischwassertanks

Platzsparend untergebracht ist das mitgeführte Frischwasser in einem speziellen Tank. Auch hier gibt es wieder zahlreiche Ausführungen und Unterbringungsmöglichkeiten:

○ Sehr praktisch ist ein speziell für den VW-Bus angefertigter Tank, der genau **hinter den rechten Radkasten** im Laderaum paßt. Er wird auch in den VW/Westfalia-Wohnmobilen verwendet und ist somit im VW-Teilelager zu bestellen.

○ Weiterhin bietet die Zubehörindustrie Tanks an, die in **Wagenmitte** oder **links unter dem Boden** hängend montiert werden können.

○ Beim Syncro-Bus paßt wegen der Kardanwelle kein Tank in Wagenmitte unter den Boden. Dann muß auf einen Tank zurückgegriffen werden, der im **Wagenheck unterflur** montiert wird. Dazu eignen sich die folgenden beiden Tankversionen:

○ **Standardtanks** gibt es zur Genüge. Sie können innen oder außen angebracht werden.

○ Wer unter allen angebotenen Tanks keinen geeigneten findet, kann auch auf einen **Maßtank** zurückgreifen, der nach Ihren Maßangaben angefertigt wird. Diesen Service bieten einige Tankhersteller über ihre Händler an. Auch die Befüll- und Ablaufstutzen können nach Ihren Wünschen gelegt werden.

Frostsicherheit für den Frischwassertank

Sofern Sie Ihr Wohnmobil nur sommers nutzen, ist die Einbaulage der Wassertanks gleichgültig. Ist Winternutzung geplant, muß das Einfrieren des Tankinhalts verhindert werden.

Sicherste Methode ist der **Einbau** des Frischwassertanks **im Innenraum**. Dort friert das Wasser im Tank auch nach Stunden unbeheizten Stehens noch nicht ein, denn schließlich ist auch das Wasser selbst ein Temperaturspeicher.

Läßt sich ein Einbauort im Fahrzeug-Innern nicht realisieren und liegt deshalb der Frischwassertank unter dem Fahrzeugboden, muß ein **elektrischer Frostwächter** in den Tank eingebaut werden. Dieser schaltet sich selbsttätig ein, sobald die Außentemeperatur unter ca. +5°C absinkt. Durch ein Heizelement verhindert er das Einfrieren des Frischwasssers. Allerdings müssen die 4 Ampere Strom, die das Bauteil zieht (48 Watt), in der Energiebilanz untergebracht werden.

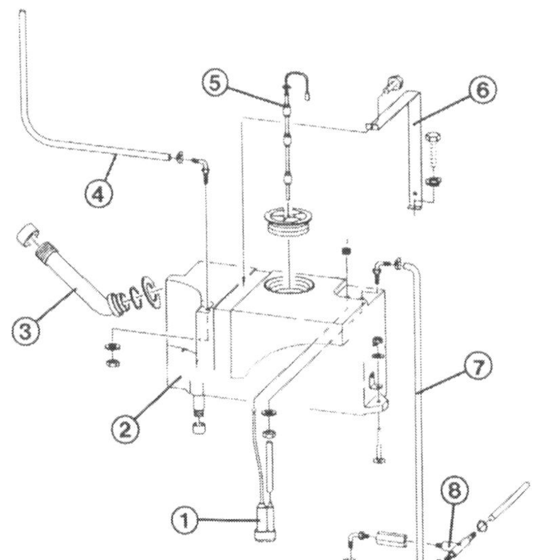

Teile des Frischwassertanks aus einem VW-Wohnmobil. Im Bild unten auf der gegenüberliegenden Seite sehen Sie den Tank im Fahrzeug. Es bedeuten:
1 – Tauchpumpe;
2 – Tank;
3 – Einfüllstutzen;
4 – Entlüftungsleitung;
5 – Wasserstandsgeber;
6 – Halteband für Tank;
7 – Wasserleitung zum Hahn;
8 – T-Stück, über das die Wasserleitung vollständig entleert werden kann.

Bestandteile einer Mini-Wasseranlage:
1 – Wasserschlauch;
2 – Rückschlagventil (damit das Wasser nicht nach jedem Pumpvorgang in den Behälter zurückläuft);
3 – Schlauch-Verbindungsstück;
4 – Wasserkanister;
5 – Wasserhahn mit Schalter (Automatik-Wasserhahn);
6 – Wasserpumpe (Tauchpumpe).

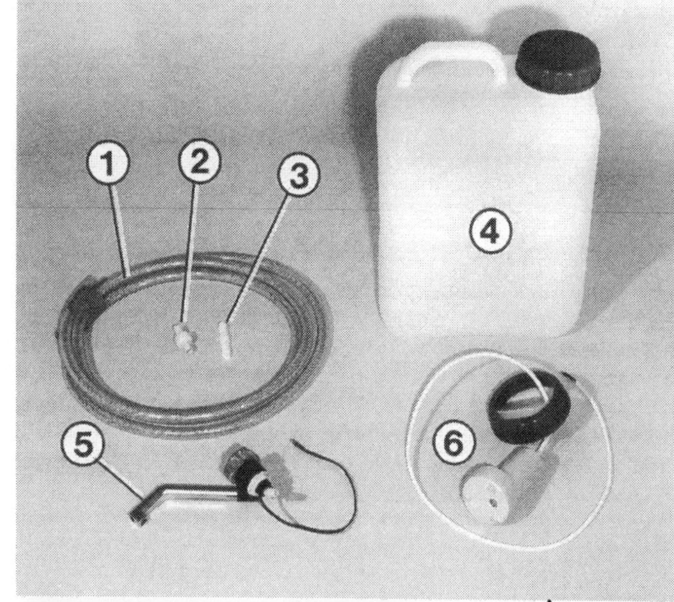

Hier ist die Mini-Wasseranlage in ein Küchenschränkchen integriert (Ansicht von hinten). Es bedeuten:
1 – Spüle;
2 – Wasserschlauch und elektrische Leitungen zum Wasserhahn;
3 – Verschlußdeckel mit Öffnungen für Schlauch und Leitung zur (hier eingesetzten) Wasserpumpe;
4 – Wasserkanister.

Idealer Einbauort für den Wassertank (1) ist aus Sicht der Gewichtsverteilung der Bereich hinter der Hinterachse. Hier ist der rechte hintere Radkasten raumsparend in die Tankform mit einbezogen. Ferner zu sehen:
2 – Halteband;
3 – abklappbarer Einfüllstutzen.
Der Pfeil zeigt auf die Reinigungsöffnung.

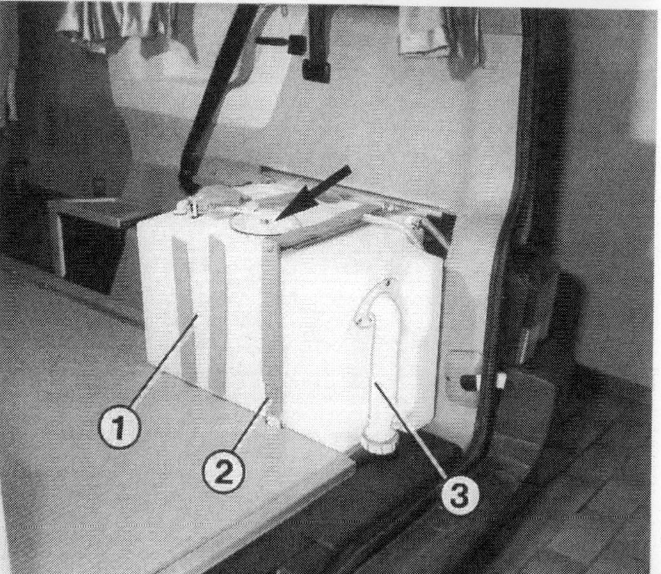

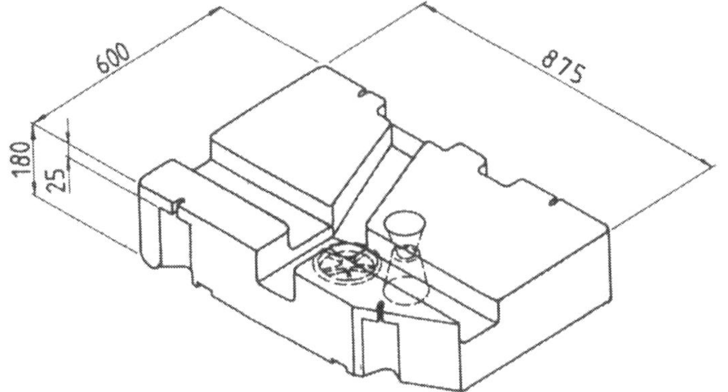

Die Zubehörindustrie liefert maßgeschneiderte Tanks für den VW-Bus. Hier ein Tank, der bei frontgetriebenen Fahrzeugen in Wagenboden-Mitte hinter der Vorderachse montiert werden kann.

Frischwasser-tank einbauen

Wie gesagt, ist bei einem wintertauglichen Wohnmobil der ideale Einbauort für den Frischwassertank der Fahrzeug-Innenraum. Sofern er an einer Außenwand zu liegen kommt, müssen Sie natürlich für eine Wärmeisolation zwischen Tank und Außenwand sorgen. Hier sollte ein Stück Glaswolle zwischengelegt werden, um den Tank frostsicher zu machen.

Innenliegende Tanks werden normalerweise durch den paßgenauen Einbau in ein Möbelstück fixiert. Steht das betreffende Möbelstück frei, sollte an eine zusätzliche Sicherung des Tanks mit einem Stahlband gedacht werden. Denn schließlich hat ein gefüllter 50-Liter-Tank ein Gewicht von 50 kg und stellt somit bei einem Unfall ein nicht zu unterschätzendes Gefahrenpotential dar.

Tanks unter dem Wagenboden befestigt man am besten mit dem stabilen Lochband, wie es Wohnwagen- und Wohnmobil-Zubehörläden führen. Schrauben Sie das Lochband zunächst am äußeren Karosserie-Längsträger fest. Tank jetzt von unten einsetzen und Lochband am inneren Längsträger anschrauben. Benutzen Sie dazu recht lange Schrauben, damit sie das Lochband beim Festdrehen straff über den Tank spannen können. Montieren Sie mehrere dieser Lochbänder, damit auch der volle Tank sicher hält.

Nicht alle Tanks sind ab Werk mit den nötigen Anschlüssen versehen. Teilweise müssen die Anschlußstutzen nach Bedarf nachträglich eingeschraubt werden. Wir brauchen in jedem Fall einen Befüll- und einen Entnahmestutzen sowie einen Anschluß für die Tank-Entlüftung (siehe folgenden Abschnitt). Des weiteren muß eine große Reinigungsöffnung und ein Ablaufhahn zur restlosen Entleerung des Tanks vorhanden sein.

Fingerzeig: Fast alle Frischwassertanks besitzen Reinigungsöffnungen, die es ermöglichen, mit der Hand ins Tankinnere zu fassen. Sorgen Sie beim Einbau dafür, daß die Öffnung gut zugänglich bleibt.

Einfüllstutzen bei Wassertanks

Wassertanks benötigen Einfüllstutzen, die außen in gut zugänglicher Höhe an der Karosseriewand liegen. Denn Unterflur-Tanks lassen sich anders überhaupt nicht und innenliegende Tanks nur mit Wassergeklecker im Innenraum befüllen.

Damit sich das Wasser durch den Stutzen mit anschließendem Schlauch auch problemlos einfüllen läßt, muß eine Entlüftungsleitung vom Tank nach draußen – am besten neben den Einfüllstutzen – geführt werden. Die im Handel befindlichen Einfüllstutzen haben bereits einen Anschluß für die Entlüftungsleitung. Dann muß nur noch zusätzlich zum Befüllschlauch ein dünner Entlüftungsschlauch zur Tank-Oberseite gelegt werden.

Wozu man die Entlüftung benötigt? Über den Entlüftungsschlauch muß die beim Einfüllen aus dem Tankinnern gedrückte Luft entweichen können. Ist das nicht möglich, drückt die Luft zum Einfüllschlauch heraus, wo ja gerade Wasser eingefüllt wird. Dadurch sprudelt der Tank beim Befüllen immer wieder über, obwohl er längst nicht voll ist.

Außerdem muß auch Luft in den Tank nachfließen können, wenn innen Wasser entnommen wird, sonst entsteht ein Unterdruck im Tank. Es wird dann entweder kein Wasser mehr gefördert, oder der Tank zieht sich zusammen.

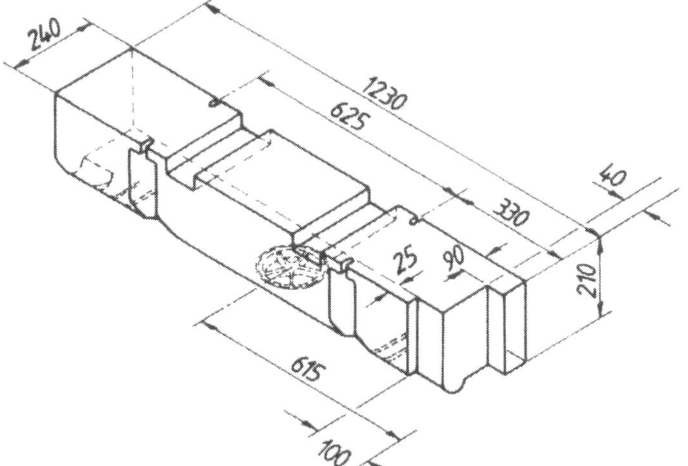

Ebenfalls ein Spezialtank für den VW-Bus. Er kann bei langem und kurzem Radstand links am Wagenboden zwischen den Längsträgern montiert werden.

Ein abschließbarer Wassertank-Einfüllstutzen schützt nicht nur vor böswilligen Zeitgenossen, sondern auch vor ausnahmsweise übereifrigem Tankstellenpersonal, das Kraftstoff in den Wassertank kippt.
1 – Version mit abschließbarem Deckel;
2 – Version mit abschließbarem Drehverschluß.

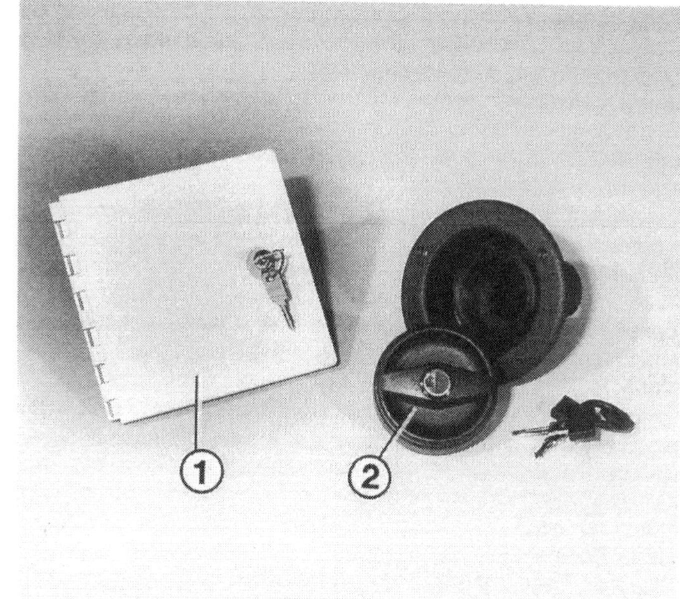

Der schwenkbare, im Fahrzeug-Innenraum liegende Einfüllstutzen (1) ist hier direkt am Tank (2) montiert. Vorteil: Der Stutzen muß nicht in die Fahrzeugaußenwand eingearbeitet werden. Außerdem bleibt er unzugänglich für »Fehlbenutzung«.

Bei diesem Syncro-Bus wurde der Wassertank (2) unter dem Fahrzeugheck mittels der gebräuchlichen Haltebänder (Pfeil) montiert. Die Einfüll-Leitung (1) ist zur Seitenwand rechts herausgelegt. Hinter der Vorderachse ist bei den Allrad-Fahrzeugen kein Platz für einen Tank. Der in der Zeichnung oben auf der gegenüberliegenden Seite gezeigte Tank eignet sich demnach nur für Frontantriebs-Fahrzeuge.

Fingerzeige: Verwenden Sie unbedingt einen Wassereinfüllstutzen mit einem Schloß – nicht nur zum Schutz vor böswilligen Zeitgenossen. Es besteht auch die Gefahr, daß ein übereifriger Tankwart Kraftstoff in den Wassertank füllt.
Wenn kein einwandfreies Trinkwasser »getankt« werden kann (südliche Länder) oder wenn der Wasservorrat längere Zeit im Tank bleiben soll, empfiehlt sich die Verwendung eines Wasser-Entkeimungsmittels. Diese Mittel (z.B. Micropur) halten das Wasser im Tank längere Zeit keimfrei und verhindern außerdem Algenbildung.
Vergessen Sie nicht, bei einem Wagen mit Frischwassertanks einen kurzen Einfüllschlauch mit auf die Reise zu nehmen. Selbst am Campingplatz ist nicht immer ein Wasserschlauch zur Befüllung des Tanks aufzutreiben.

Wasserstands-anzeige

Bei einem einfachen Wasserkanister, der in einem gut zugänglichen Schrank steht, macht die Wasserstandskontrolle keine Probleme. Die teiltransparenten Gefäße lassen leicht erkennen, wie hoch der Wasserspiegel steht.
Genauso leicht kann es bei einem innen eingebauten Wassertank gehen: Das Möbelstück, in dem er eingebaut ist, muß dann nur mit einem senkrechten Schlitz versehen sein, durch den der Wasserstand im durchsichtigen Behälter zu erkennen ist. Das geht natürlich nur, wenn der Tank nicht dunkel eingefärbt ist.
Unterflurtanks, also Behälter aus dunklem Kunststoffmaterial erschweren die Pegelkontrolle. In diesem Fall helfen nur noch die kleinen Füllstandsanzeigen mit Leuchtdioden, die es einzeln oder zusammengefaßt in ganze Kontrolltafeln mit zahlreichen Zusatzfunktionen zu kaufen gibt. Die Wasserstandskontrolle funktioniert hier über Elektrokontakte, die nachträglich in die Seitenwand des Tanks eingesetzt werden. Das recht gut elektrisch leitende Wasser verbindet dann zwei Pole oder unterbricht sie bei gesunkenem Pegel, was eine Warnanzeige auslöst.

Wasserpumpen

Für die Wasserversorgung aus Kanistern eignet sich natürlich eine **Tauchpumpe** am besten. Sie wird durch den Einfüllstutzen in den Kanister gesteckt und baumelt dort am Wasserschlauch und an den Anschlußkabeln im Wasser. Durch die gekapselte Ausführung der Pumpe und die niedrige Versorgungsspannung von nur 12 Volt kann da nichts passieren. Schlauch und Kabel werden durch einen Verschlußdeckel geführt, damit während der Fahrt kein Wasser herausschwappt. Die Pumpen sind meist **trockenlauf-unempfindlich**, so daß auch kurzes Einschalten bei leerem Kanister nicht schadet.
Ist dagegen ein Wassertank eingebaut, kommt auch eine **außenliegende Wasserpumpe** in Frage. Wenn es sich um einen Unterflurtank handelt, muß die Pumpe zusätzlich **selbstansaugend** sein, um das Wasser erst einmal ins Wageninnere zu fördern.
Generell genügt aber für unsere Zwecke eine recht einfache Pumpe mit geringer Förderleistung. Stärkere Modelle sind nur für größere Wohnmobile mit Dusche und mehreren Wasser-Entnahmestellen (druckgesteuerte Anlage) nötig.

Wasserfilter

Zum Schutz von außenliegenden Wasserpumpen kann zwischen Tank und Pumpe ein Filter eingesetzt werden. Er sollte sich an einer gut zugänglichen Stelle einbauen lassen, damit die Reinigung keine Probleme bereitet.
Praktisch sind Filter, die ein durchsichtiges Gehäuse besitzen, so daß Verschmutzung ohne Zerlegen festgestellt werden kann. Auch sollte man den Filter reinigen können, ohne ihn gleich komplett auszubauen.

Armaturen

Unter diesem Begriff läuft bei uns lediglich der Wasserhahn, den wir an der Spüle vorgesehen haben. Es muß sich bei der drucklosen Wasserversorgung um einen sogenannten **Automatikhahn** handeln, der mit einem Schalter kombiniert ist.
Bei den einfacheren Versionen wird durch den Betätigungsgriff lediglich die Pumpe eingeschaltet. Die besseren Ausführungen können zusätzlich die Wassermenge regulieren.

Fingerzeig: Praktischer als die Pumpenbetätigung am Wasserhahn ist ein Fußschalter (Autozubehör, Elektrikladen). Dann sind die Hände sofort zur Stelle, wenn Wasser aus dem Hahn kommt. Das spart Wasser und man hat außerdem beide Hände frei, was besonders beim Kochen hilfreich ist. Der Fußschalter ersetzt den Schalter im Wasserhahn. Es kann also ein normaler Hahn oder nur ein Auslaufbogen verwendet werden.

Wasserleitung

Wenn nur kaltes Wasser durch die Trinkwasserschläuche fließt, brauchen keine hohen Anforderungen an das

Schicker Automatik-Hahn (1) mit Wandhalter (2) und ausziehbarem Brausen-Schlauch (3).

Die Abbildung zeigt eine außenliegende selbstansaugende Wasserpumpe in ihrer Einbaulage im Seitenschrank. Zum Auswechseln des Wasserfilters (Pfeil) muß die Pumpe auch bei fertiggestellter Einrichtung zugänglich bleiben.

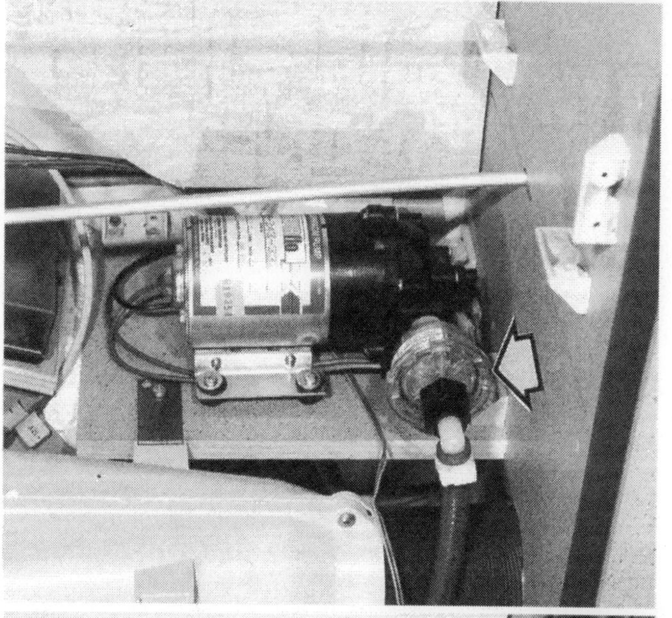

Beispiel einer Anordnung unter der Spüle (1):
2 – Siphon;
3 – Abwasserleitung zum Tank;
4 – Brauseschlauch zum Wasserhahn.

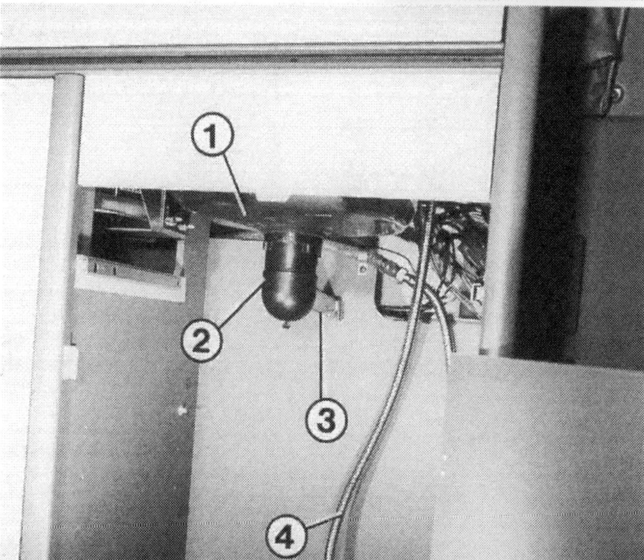

Material gestellt werden. Der Schlauch muß lebensmittelecht sein, was bei PVC-Schläuchen der Fall ist. Eine Gewebeeinlage ist nicht nötig.
Üblich ist ein Schlauchdurchmesser von 10 mm. Für dieses Maß gibt es Schlauchverbinder zu Genüge: Gerade Verbindungsstücke, Eckverbinder, T- und Y-Verbindungen sind im Handel.
Läßt sich der Schlauch in kaltem Zustand nicht über die Anschlußstücke schieben, muß er in kochendem Wasser oder über dem Feuerzeug etwas erwärmt werden. Zusätzlich empfiehlt sich das Festschrauben des Schlauches mit Schlauchschellen, damit es nicht unverhofft zu einer Überschwemmung kommt.

Rückschlagventil

Nach Abschalten der Pumpe entleert sich die Wasserleitung bei dem von uns verwendeten drucklosen System bis auf das Niveau im Wassertank. Die Pumpe braucht dann kurze Zeit, bis sie Wasser aus dem Hahn drücken kann. Wem das lästig ist, der baut ein Rückschlagventil in die Zuleitung. Es läßt das Wasser zwar zum Hahn, aber nicht mehr zurückfließen.
Das Rückschlagventil muß nicht unbedingt als separates Bauteil gekauft werden; teilweise ist es bereits in die Wasserpumpe integriert.

Abwasserleitung

Ist die Trinkwasserleitung schon unproblematisch, so werden an die Abwasserleitung erst recht keine Anforderungen gestellt. Es kann jeder beliebige Gartenschlauch – z.B. mit ¾" (19 mm) Durchmesser – verwendet werden. Günstig ist eine transparente Ausführung, weil so etwaige Verstopfungen im Schlauch sofort erkannt werden.
Da die Abwasserleitung unten in den Abwassertank mündet, wäre normalerweise mit Geruchsbelästigung durch den Abfluß zu rechnen. Zu Hause hat man Kanalisationsgeruch aus dem Waschbecken auch nicht gerne und verwendet deshalb für jeden Ausguß einen Siphon, der als Geruchsverschluß dient. Solch ein Bauteil gibt es auch für das Wohnmobil – allerdings wesentlich kleiner und deshalb anfälliger gegen Verstopfen.
In diesem Geruchsverschluß steht immer ein Rest Wasser, wodurch die Leitung dicht gegen Gerüche von unten ist. Der Siphon muß also genau senkrecht eingebaut und vor allem fest montiert sein, damit er nicht lose mit dem Schlauch hin und her baumelt. Sonst entleert sich der Siphon nach und nach, und aus ist's mit dem Geruchsverschluß.

Abwassertank

Für den Abwassertank kommt nur der Platz unter dem Wagen in Frage – am besten wieder zwischen den Längsträgern. Das ist nötig, weil das Abwasser ja nach unten abfließt und eine Schmutzwasserpumpe eine recht unpraktische Sache ist (Gefahr des Verstopfens). Die niedrige Anordnung der – im vollen Zustand – sehr schweren Tanks kommt der Straßenlage zugute. Andererseits wird die Bodenfreiheit geringer.
Zurück zum Tank selbst: Er soll eine Ausflußöffnung besitzen, die es ermöglicht, den Tank schnell über einem Gully zu entleeren. Geeignet wäre da ein sogenanntes Quick-Entleerventil, bei dem lediglich ein Schieber aufgezogen wird und das einen recht großen Querschnitt hat. Ebenso kann ein großer Hahn angebracht werden. Nur sollte er nicht allzu weit nach unten vorragen, sonst wird er im Gelände beschädigt.
Sitzt der Abwassertank in Fahrzeugmitte, muß die Entleer-Einrichtung zur Seite geführt werden. Dazu eignet sich ein flexibler Abwasserschlauch mit einem außen montierten Ablaßhahn.

Frostsicherheit für den Abwassertank

Während man den Frischwassertank durch seine Einbaulage frostsicher machen kann, muß man beim Unterflur-Abwassertank zu anderen Mitteln greifen.

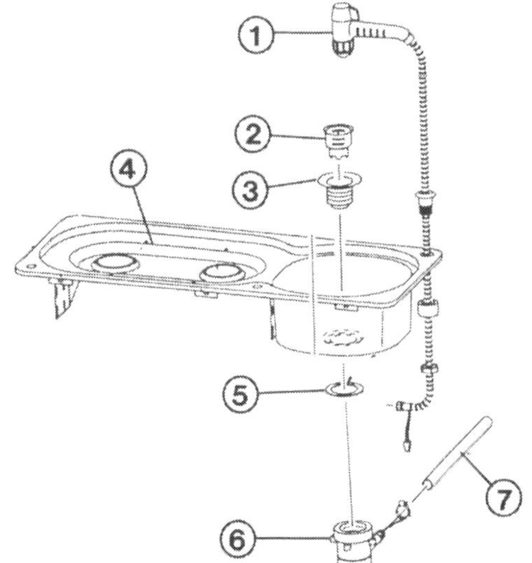

Teile der Wasseranlage im Küchenschrank:
1 – Wasserhahn;
2 – Stöpsel für Ausguß;
3 – Spülen-Ausguß;
4 – Herd-/Spülen-Kombination;
5 – Dichtung;
6 – Siphon;
7 – Abwasserschlauch zum Tank.

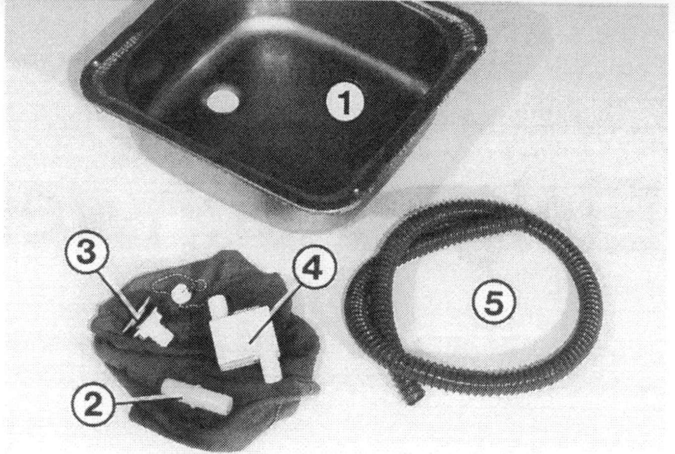

Teile der Abwasserleitung:
1 – Spüle;
2 – Schlauch-Verbindungsstück;
3 – Spülen-Ausguß;
4 – Siphon (Geruchsverschluß);
5 – Abwasserschlauch (zum Tank).

○ Schon von der Konstruktion her kann man vorbeugen, indem man die Einlaufrohre in möglichst großem Durchmesser ausführt. Dann frieren diese nicht so schnell zu.
○ Ein elektrischer Frostwächter (wir haben ihn schon beim Frischwassertank erwähnt) leistet zuverlässig Vorbeugearbeit.
○ Ist der Ablaufstutzen zugefroren, hilft Auftauen in der Parkgarage (sofern man von der Höhe her hineinpaßt) oder gezieltes Besprühen mit dem Dampfstrahler an der Tankstelle.
○ Ins Reich der Fabel gehört der Tip, den Abwassertank durch Einfüllen von Salz frostfest zu machen. Denn pro Liter Wasser müßten dabei 200 g Salz eingefüllt werden, um eine Frostsicherheit von –10°C zu erzielen. Bei 50 Liter Tankinhalt wären das 10 kg Salz.

Fingerzeig: Da sich im Abwassertank keine anderen Bestandteile als im Haus-Abwasser befinden, kann es leicht verantwortet werden, den Tank über einem Gully in einer Stadt zu entleeren. Aus ästhetischen Gründen sollte man aber die Leerung nicht in einer belebten Straße, sondern irgendwo in einem Industriegebiet vornehmen. Noch eins: Benutzen Sie keinen Gully, der an einen Regenwasser-Sammler angeschlossen ist!

Die druckgesteuerte Wasseranlage

Auch von diesem Wasseranlagen-Typ gibt es eine einfache Ausführung, die zum Einbau in den VW-Bus geeignet ist:
○ Grundbestandteil der druckgesteuerten Anlage ist eine Wasserpumpe, die von einem **Membranschalter** gesteuert wird. Soll diese Version eingebaut werden, müssen Sie darauf achten, daß die Druckwerte der beiden Bauteile aufeinander abgestimmt sind. Vereinfacht gesagt, muß der Druck, den die Pumpe aufbauen kann, höher liegen als der Abschaltdruck des Druckschalters.
○ Kombiniert man Pumpe und Druckschalter mit einem **Wasserhahn für Druckanlagen**, ist eine einfache druckgesteuerte Wasseranlage fertig. Ein solcher Wasserhahn verzichtet auf einen Elektrokontakt, muß aber absolut dicht schließen.
○ Nachteil dieser Anlage ist, daß die Pumpe immer dann anläuft, wenn der Druck im Lauf der Zeit absinkt. Die Anlauf-Intervalle verlängert man durch Einsetzen eines **Druckspeichers** in die Druckleitung. Der Druckspeicher besitzt in seinem Innern ein Luftvolumen als »Federelement«. Gegen dieses Federelement drückt die Pumpe Wasser in den Behälter, bis der Abschaltdruck erreicht ist. Sinkt der Druck ab, kann der Speicher dies einige Zeit ausgleichen, weil sich sein komprimiertes Luftvolumen wieder ausdehnt.
○ Bliebe noch zu erwähnen, daß die Verschlauchung der druckgesteuerten Anlage absolut dicht sein muß. Denn bei einer Undichtigkeit entleert sich das System durch das Leck, bis der Wassertank leer ist. Schlauchverbindungen also immer mit Schlauchschellen sichern!

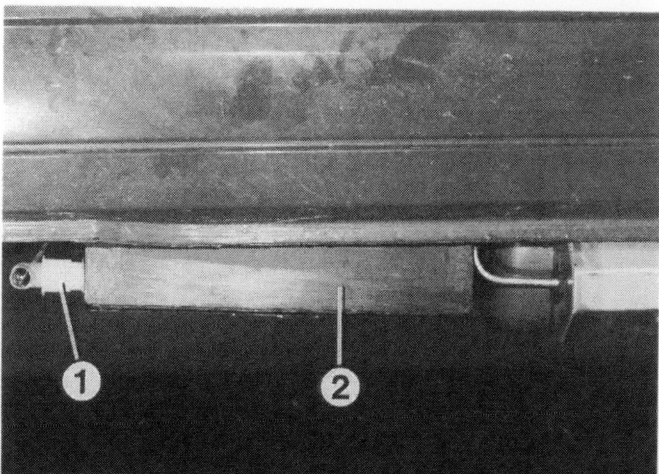

Empfehlenswerter Einbauort für den Abwassertank (2) ist die linke Fahrzeugseite zwischen den Längsträgern, wie hier gezeigt. Sinnvoll ist ein großer Abflußhahn (1).

Eisiges Schweigen

Mit Kühlschrank oder Kühltruhe beginnt der Wohnmobil-Komfort. Ein kühles Getränk, unter praller Sonne genossen, veranlaßt so manchen zum Einbau dieses Geräts in den VW-Bus. Hier wollen wir uns mit der technischen Seite der kleinen Eisschränke befassen, die sich für den Wohnmobil-Einbau eignen.

Welches Prinzip?

Für die Verwendung im Wohnmobil eignen sich zwei verschiedene Kühlanlagen-Systeme – die **Absorber-Kühlgeräte** und die **Kompressor-Kühlgeräte**. Zu welchem Prinzip man sich hingezogen fühlt, entscheidet sich über das Energiekonzept, das man sich für sein Wohnmobil ausgedacht hat – siehe dazu Kapitel »Das Energiekonzept«. Ein weiteres Kühlungsprinzip mittels **Thermoelektronik** spielt eine untergeordnete Rolle im Wohnmobil.

Fingerzeig: Egal, für welches Kühlgeräte-Prinzip Sie sich entscheiden, Sie sollten unbedingt von der Möglichkeit Gebrauch machen, den Kühlschrank oder die Kühltruhe vor Beginn der Fahrt mit 220 Volt vorzukühlen. Das sollte mit möglichst vielen Lebensmitteln im Innern geschehen, denn das Kühlgut dient dann zusätzlich als Temperaturspeicher.

Absorber-Kühlschränke

Absorber-Kühlschränke können ohne Zusatzgeräte mit **12-Volt-Gleichstrom** aus dem Bordnetz sowie mit **220-Volt-Wechselstrom** oder alternativ mit **Flüssiggas** betrieben werden. Durch diese Eigenschaft sind sie besonders geeignet zum Einsatz in einem Wohnmobil, dessen Energiekonzept auf einem ausreichenden Gasvorrat beruht.

Vorteil des Absorber-Kühlschranks ist seine absolut geräuschlose Funktion. Die Nachtruhe im Wohnmobil wird also nicht durch intervallmäßiges Anlaufen des Kühlschrank-Aggregats – und sei es noch so leise – gestört. Das ist möglich, weil dieses Kühlschrankprinzip auf mechanische Bauteile völlig verzichtet.

Ein Nachteil gegenüber einem Kompressor-Kühlschrank ist sein schlechterer Wirkungsgrad und somit sein größerer Energiebedarf. Die recht große Aggregatwärme wird ungenutzt an die Umgebung abgegeben. Es ist aber nicht ratsam, die Wärme des Aggregats zum Beheizen des Fahrzeug-Innenraumes zu nutzen, da im Sommer die zusätzliche Wärmebelastung recht lästig werden kann.

Die Möglichkeit, den Kühlschrank mit **Gas** zu betreiben, macht ihn dagegen zum echten Wohnmobil-Kühlschrank. Denn mit dieser Energieart ist man über Tage und Wochen von den Energie-Versorgungseinrichtungen eines Campingplatzes unabhängig.

Selbst auf dem Campingplatz muß nicht auf die Lage der Versorgungssäulen Rücksicht genommen werden,

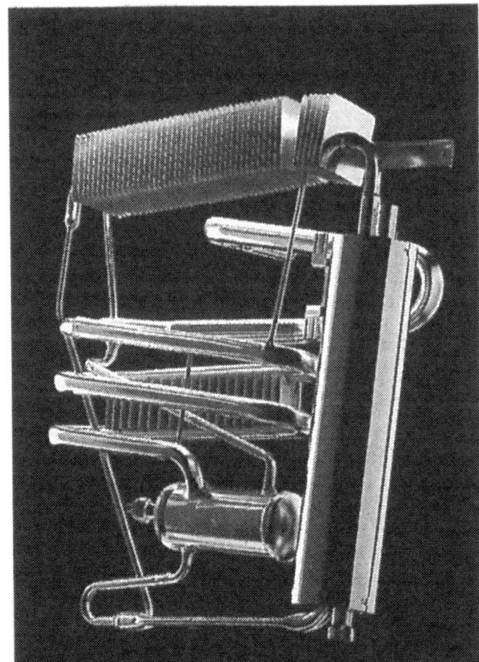

Das Schaumodell eines Absorber-Aggregats zeigt alle Einzelteile in natura, die am Funktionsschema auf der gegenüberliegenden Seite bezeichnet sind.

Funktionsschema des Absorber-Kühlschranks. Die Arbeitsmedien Wasserstoff und Ammoniaklösung zirkulieren in unterschiedlicher Konzentration und Zusammensetzung im Arbeitskreis. Wie das vonstatten geht, lesen Sie in der Funktionsbeschreibung auf der folgenden Seite.

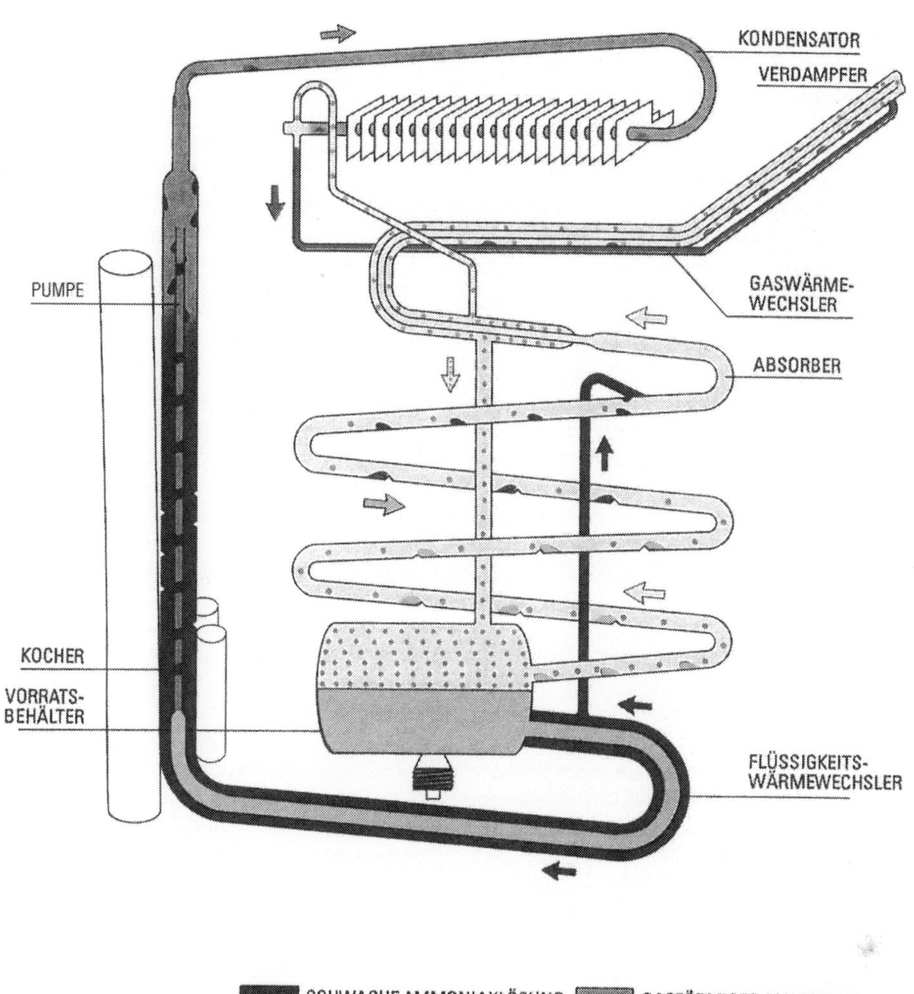

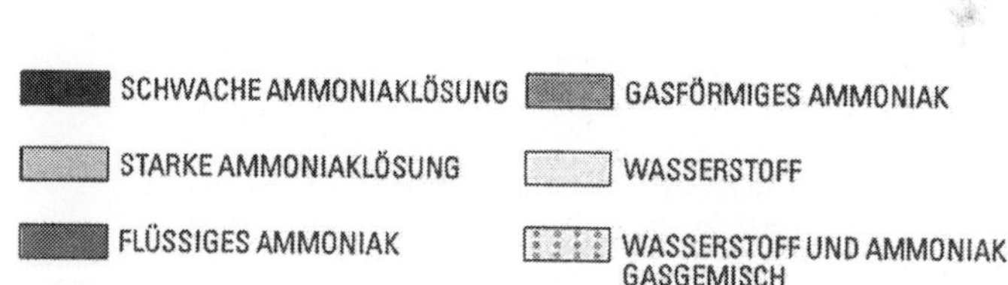

sondern man kann sich einen lauschigen Winkel am Rande des Platzes aussuchen. Auch wenn der Wagen tagsüber am Strand steht, ist Gasbetrieb angesagt, um die Temperatur im Kühlschrank niedrig zu halten. Lediglich während der Fahrt kann es Probleme geben, denn die Flamme im Gasbrenner wird dann oft vom Fahrtwind ausgeblasen bzw. der Sog an der Fahrzeugseite »zieht« die Flamme gewissermaßen aus. Deshalb lieber gleich auf 12-Volt-Betrieb umschalten.

Auf **12-Volt-Betrieb** soll der Absorber-Kühlschrank wegen seines hohen Stromverbrauchs nicht unnötig lange geschaltet bleiben. Die Batterie ist sonst schon bald leer. Die 12-Volt-Stellung soll eigentlich nur eingeschaltet sein, wenn der Motor läuft. Nur dann ist wirklich ausreichend Strom da.

Damit man nicht vergißt, bei eingeschaltetem Motor den Betriebswahlschalter umzustellen, kann man sich ein kleines Relais nach Muster des Batterie-Trennrelais in die Zuleitung schalten, das nur bei laufendem Motor Strom zum Kühlschrank fließen läßt (siehe Kapitel »Die 12-Volt-Anlage«).

Mit **220 Volt** kann der Kühlschrank nur am Standplatz betrieben werden. Diese Betriebsart schont den Gasvorrat, und die Kühlung ist durch das reichliche Energieangebot optimal. Geeignet ist der 220-Volt-Betrieb auch zum Vorkühlen des Eisschranks vor der Fahrt.

Fingerzeig: Wird der Kühlschrank elektrisch betrieben, muß die Gaszufuhr zum Gerät geschlossen sein. Die Beheizung des Kühlschranks mit Strom und Gas gleichzeitig kann zu Schäden führen, weshalb diese Möglichkeit an neueren Kühlschränken durch die Funktion der Bedienungstasten von vornherein ausgeschlossen ist.

Die Funktion

Der Absorber-Kühlschrank macht sich das Prinzip der Verdunstungskälte (richtiger: Verdampfungswärme) zunutze: Flüssigkeiten benötigen für den Übergang in den dampfförmigen Zustand Wärme. Die entziehen sie der Umwelt, hauptsächlich aber dem Gegenstand, der mit Flüssigkeit benetzt ist. Sie spüren das, wenn Wasser auf der Haut verdampft. Die Haut wird an dieser Stelle kühl.

Im Kühlaggregat besteht das Absorptionssystem aus vier Hauptteilen: dem Kocher, dem Kondensator, dem Verdampfer und dem Absorber (siehe auch Abbildung auf der Vorseite). Die einzelnen Bestandteile des Kühlaggregats werden aus Stahlrohr gefertigt und zu einem hermetisch geschlossenen System verschweißt. Anschließend wird das »Arbeitsmedium« eingefüllt: Wasserstoffgas (H2) und eine etwa 30%ige Ammoniak-Wasser-Lösung (NH_3-H_2O).

Funktion: Die 30%ige »reiche« Lösung sammelt sich unten im Vorratsbehälter des Systems und gelangt in den **Kocher**. Im Kocher wird Wärme zugeführt – durch Gasflamme, 220-Volt- oder 12-Volt-Spannung. Die Lösung erwärmt sich und fängt an zu sieden. Dabei zerlegt sich die »reiche« Lösung in reinen Ammoniak-Dampf und eine »arme« Lösung (ungefähr 10%).

Der Dampf steigt hoch in den **Kondensator** und fließt über die Absorberwendel ab. Im Kondensator selbst wird der Dampf verflüssigt, indem die Kondensationswärme durch aufgesetzte Rippen an die Luft abgeführt wird.

Das nun flüssige Ammoniak läuft in den **Verdampfer**, der innen im Kühlschrank angeordnet und mit einem gerippten Kühlkörper versehen ist. Dort verdampft das Ammoniak (NH_3) und nimmt dabei Wärme vom Kühlkörper auf – das Kühlfach kühlt sich dadurch ab.

Der im Verdampfer entstandene Dampf strömt zuerst nach unten in den Vorratsbehälter und dann in die Absorber-Wendel hoch. In der Wendel begegnet er der »armen« Lösung, die als Rinnsal am Boden des Rohrs nach unten fließt. Diese Lösung hat eine große Anziehungskraft zum Ammoniak-Dampf, der deshalb in die Lösung absorbiert wird. Dadurch wird die Lösung wieder angereichert, und wenn sie zum Vorratsbehälter gelangt, ist sie wieder »reich« (mit etwa 30% NH_3). Von dort erreicht sie den Kocher – der Kreislauf beginnt von vorn.

Lage-unabhängige Kühlschränke

Speziell für den Wohnmobilbau werden lageunabhängige Absorber-Kühlschränke angeboten, die auch dann noch voll funktionieren, wenn das Fahrzeug in Schräglage geparkt ist.

Lageunabhängig sind diese Kühlschränke deshalb, weil bei ihnen die Leitungen, in denen das Kältemittel zirkuliert, so gelegt sind, daß auch bei schräg geparktem Wagen nie ein Gefälle in einer Steigleitung auftreten kann. Dann wäre nämlich die Funktion nicht mehr sichergestellt oder sie wäre zumindest beeinträchtigt.

Besitzer eines Wohnanhängers benötigen natürlich keine neigungsunempfindlichen Kühlschränke, weil sie ihre Wohnwagen an jedem Standplatz waagrecht ausrichten können. Der Wohnmobilist muß dagegen – zumal wenn er außerhalb von Campingplätzen übernachtet – oft auch eine leichte Schräglage des Wagens in Kauf nehmen können.

Kompressor-Kühlschränke bzw. Kühltruhen

Kompressor-Kühlgeräte kommen zunehmend im Wohnmobil zur Anwendung. Obwohl sie teurer sind als die Absorberschränke, bieten sie für den Anwender den Vorzug, auf Gas im Wohnmobil ggf. ganz verzichten zu können. Kompressor-Kühlaggregate verbrauchen **weniger Energie** als die Absorber-Kühlaggregate, können aber nicht mit Gas, sondern nur mit 12- oder 220-Volt-Strom betrieben werden.

Ein kleiner Kompressor-Kühlschrank verbraucht bei laufendem Aggregat etwa 55 Watt (je nach Größe). Durch die thermostatische Regelung ist das Kühlaggregat jedoch nur etwa 20% der Zeit im Einsatz, so daß die effektive Leistungsaufnahme sich auf etwa 11 Watt reduziert. Nach unserer Aufstellung im Kapitel »Die 12-

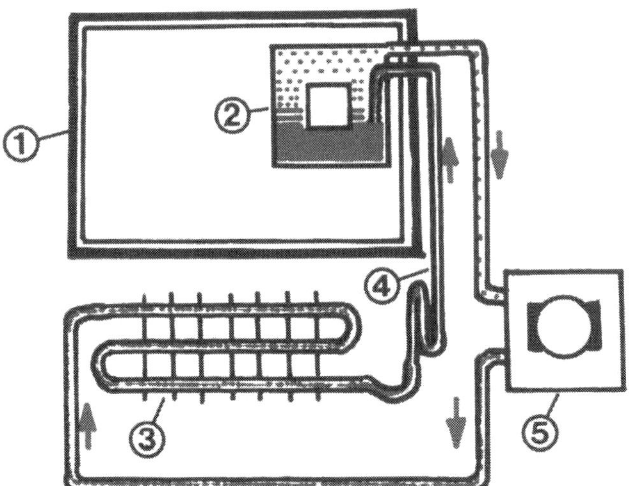

Funktionsschema des Kompressor-Kühlschranks. Die rote Farbe symbolisiert das Kältemittel. Die Zahlen bezeichnen:
1 – Kühlschrank-Innenraum;
2 – Verdampfer;
3 – Kondensator (Verflüssiger);
4 – Drosselrohr;
5 – Kompressor.

Einbaulage der wichtigsten Aggregateteile eines lageunabhängigen Absorber-Kühlschranks.

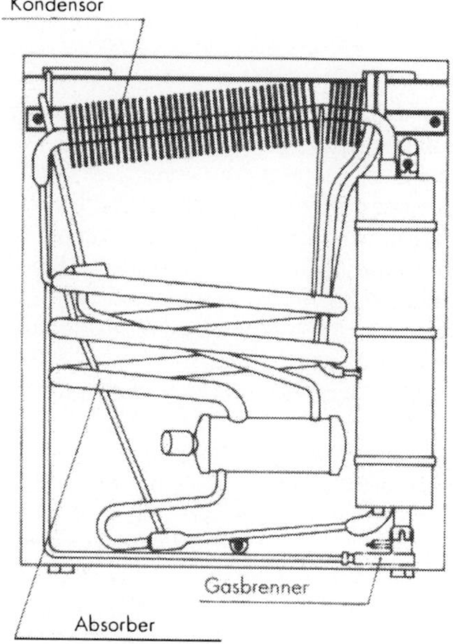

Entscheidend für die zufriedenstellende Funktion eines Absorber-Kühlschranks ist die freie Zirkulation der Kühlluft an der Rückseite des Kühlschranks.

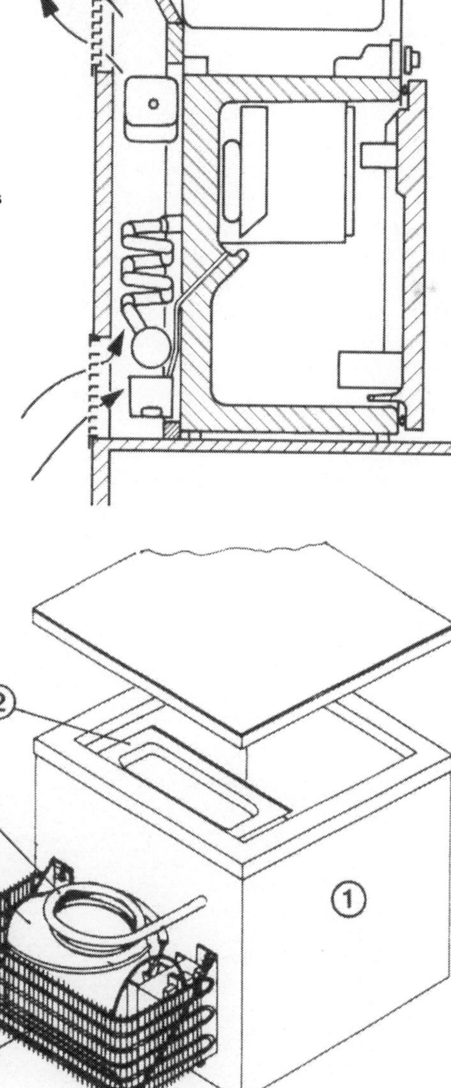

Teile eines Kompressor-Kühlgeräts am Beispiel einer Kühltruhe (1):
2 – Verdampfergefäß;
3 – Kondensator;
4 – Drosselrohr;
5 – Kompressor.

Volt-Anlage« würde also die nicht vollständig geladene 45-Ah-Batterie weniger als 2 Tage ohne Nachladen durchhalten.
Damit eignet sich der Kompressor-Kühlschrank zunächst einmal für die Vielfahrer unter den Wohnmobil-Besitzern. Natürlich kommt man auch dann energieseitig klar, wenn man meist auf Campingplätzen mit Stromanschluß übernachtet. Wer weder zur einen noch zur anderen Gruppe gehört, muß sich zu seinen Energievorräten etwas einfallen lassen. Denn um die Stromversorgung über mehrere Tage sicherzustellen, muß z. B. eine entsprechend große Batterie und/oder eine Solar-Anlage vorgesehen werden – siehe Kapitel »Die 12-Volt-Anlage«. Leider ist weder die eine noch die andere Lösung ganz billig.
Noch eine Möglichkeit gibt es beim Kompressor-Kühlgerät, die Energie-Nutzung zu verbessern: Man erwirbt ein Kühlgerät mit Kältespeicher – siehe dazu Text weiter unten.

Funktion

Der Kompressor-Kühlschrank für Wohnmobile funktioniert gleich wie sein großer Bruder zu Hause: Der elektrisch angetriebene Kompressor zieht Kältemittel aus dem **Verdampfergefäß** im Innern des Kühlschranks heraus, so daß dort ein gewisser Unterdruck entsteht. Da Flüssigkeiten bei geringerem Außendruck früher (also bei niedrigeren Temperaturen als sonst) verdampfen, geht nun auch das Kältemittel im Verdampfer in den gasförmigen Zustand über. Die dabei entstehende »Verdunstungskälte« sorgt für Abkühlung.
Druckseitig schafft der Kompressor das angesaugte Kältemittel in den **Kondensator**, auch **Verflüssiger** genannt. Er sieht ähnlich wie ein Kühler aus und gibt die Wärme, die aus dem Kühlschrank-Innenraum gewissermaßen herausgezogen wurde, an die Umwelt ab. Das Kältemittel dient dabei als »Energieträger«.
Um den Flüssigkeitskreislauf zu schließen, gelangt das Kältemittel über ein **Drosselrohr** wieder zurück in den Verdampfer im Kühlschrank-Innenraum.

Verschiedene Kompressor-Typen

In der Wirkungsweise gleich, doch in der Arbeitsweise unterschiedlich sind die **Schwingkompressoren** (z. B. in Engel-Kühlgeräten) und die **Gleichstrom-Hermetic-Kompressoren** (vom Hersteller Danfoss z. B. für Coolmatic-Kühlgeräte). In beiden Geräten wird das Kühlmittel von einem in einem Zylinder laufenden Kolben komprimiert. Dieser Kolben wird im Schwingkompressor durch eine Magnetspule zu schnellen kurzen Bewegungen im 50-Hz-Takt angeregt. Im Gleichstrom-Hermetic-Kompressor sorgt dagegen ein 12-Volt-Elektromotor für den Antrieb des Kolbens.
Noch ein Unterschied: Die Schwingkompressoren können direkt mit 220 Volt Netzspannung betrieben werden. Der Kompressor nutzt dabei die 50-Hz-Netzfrequenz. Beim Gleichstrom-Kompressor muß die 220-Volt-Einspeisung dagegen entweder über den Umweg des 12-Volt-Bordnetzes erfolgen oder, es muß ein Gleichrichter zwischengeschaltet werden.
Kompressor-Kühlaggregate arbeiten übrigens von Haus aus lageunabhängig. Die bisweilen kritisierte Geräusch-Entwicklung beim Anlaufen der Kompressoren ist bei fest in die Einrichtung eingebauten Kühlschränken und -truhen nicht extrem störend.

Kompressor-Kühlgeräte mit Kältespeicher

Der Kältespeicher entstand aus der Überlegung, immer dann Energie so weit als möglich zu nutzen, wenn sie im Überfluß zur Verfügung steht. Die gespeicherten Energie-Vorräte sollten erst verbraucht werden, wenn Energie knapp ist.

Kühlschränke für Wohnmobile gibt es in den unterschiedlichsten Abmessungen. Interessant dabei ist, daß die Maße von Absorber- und Kompressor-Geräten oft identisch sind. So kann z. B. ein problemloser Umstieg vom einen zum anderen System erfolgen.

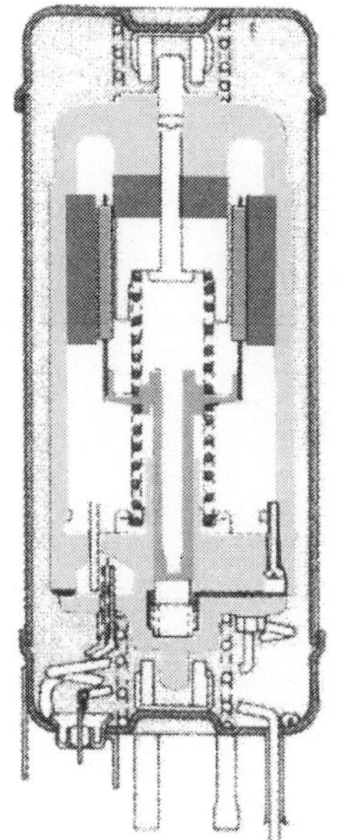

Schnittbild eines Schwingkompressors. Die wichtigsten Teile sind farbig dargestellt und anhand der Farbfelder rechts bezeichnet.

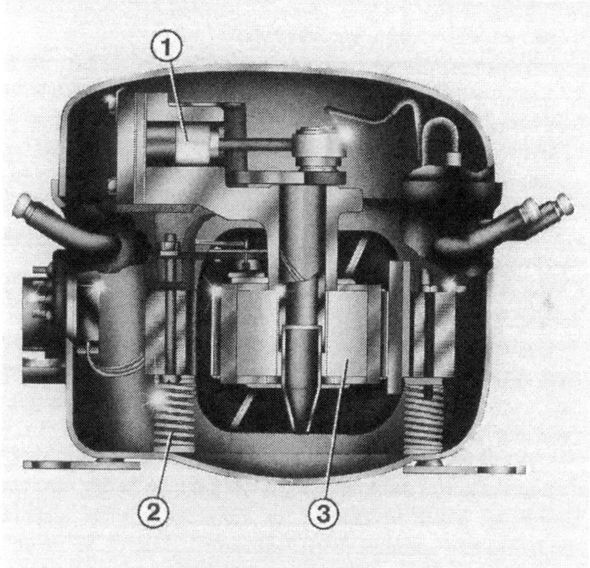

Schnittbild eines Gleichstrom-Hermetic-Kompressors. Die wichtigsten Teile:
1 – Kompressor;
2 – elastische Aggregateaufhängung;
3 – Gleichstrom-Elektromotor.

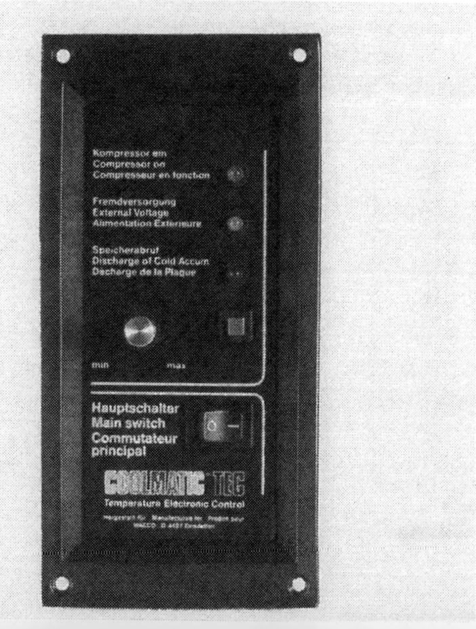

Kompressor-Kühlgeräte mit Kältespeicher können z. B. über diese elektronische Steuerung entscheiden, wann die Speicherplatte aufgeladen und wann sie abgerufen wird. Geladen wird beispielsweise, wenn 220 Volt oder der Batterielader angeschlossen sind oder der Motor läuft. In dieser Zeit läuft der Kompressor ununterbrochen. Ist der Speicher voll, wird auf Normalbetrieb umgeschaltet (zyklisches Anlaufen des Kompressors).
Auf Knopfdruck bzw. automatisch wird dann der Speicher im Bedarfsfall abgerufen und ermöglicht 6 bis 12 Stunden energiefreie und geräuschlose Kühlung.

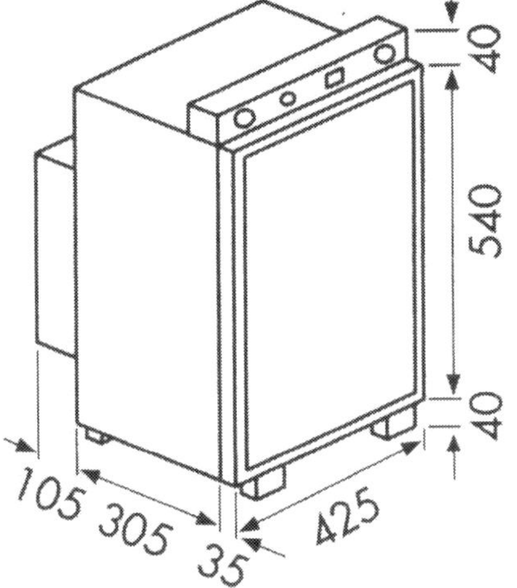

Für die Planung der Einrichtung wichtig: Die Einbaumaße des Kühlschranks. In der Zeichnung sind die Abmessungen des am meisten verwendeten Absorber-Kühlschranks (Bild links) angegeben.

Was da im Sinn eines Akkumulators funktioniert, ist eine sogenannte Speicherplatte (eutektische Platte), die bei laufendem Motor oder aktiver Solar-Anlage bzw. externem Stromanschluß Kälte puffern kann. Über eine elektronische Steuerung oder manuell wird der Kompressor bei ausreichendem Energie-Angebot zum »Laden« des Kältespeichers bis zu 2 Stunden ohne Pause betrieben. Ist der Speicher »geladen«, geht die Schaltung wieder zum normalen Intervallbetrieb über. Ist die externe Energiequelle abgeschaltet (Motor steht, kein Stromanschluß mehr, Solar-Anlage ohne Sonne), kann das Kühlgerät bis zu 12 Stunden aus dem Energiespeicher versorgt werden.

Einbau

Absorber-Kühlschränke

Den Kühlschränken liegt eine detaillierte Einbauanweisung bei, so daß an dieser Stelle nur einige Besonderheiten angesprochen werden sollen:

○ Einbau-Kühlgeräte – ob Kühlschrank oder -truhe – sind so gestaltet, daß sie in einen Schrank der Einrichtung integriert werden müssen; sie können also nicht selbst frei stehen. Beachten Sie deshalb die Einbaumaße schon beim Bau der Wohn-Einrichtung.

○ Die Tür des Kühlschranks kann nach rechts oder links angeschlagen werden.

○ Die Abgasführung des Gasbrenners ist bei Absorber-Kühlschränken im Lieferumfang enthalten. Es darf nur diese Abgasführung verwendet werden. Die Abgasrohre werden beim Betrieb sehr heiß und müssen deshalb so verlegt sein, daß kein Bauteil in der Nähe Feuer fangen kann. Deshalb die Durchführung durch die Seitenverkleidung eventuell mit Glaswolle isolieren.

○ Die Abgasleitung muß in allen Teilen steigend verlegt sein. Das Rohr darf also an keiner Stelle nach unten durchhängen.

○ Die Verbrennungsluft muß sich der Gasbrenner von außen durch eine unverschließbare Öffnung holen können, die nicht höher angeordnet ist als der Boden, auf dem der Kühlschrank steht. So kann auch im Störungsfall austretendes Gas nach unten abfließen. Den Mindestquerschnitt der Lüftungsöffnung schreibt der Kühlschrank-Hersteller vor.

○ Die Führung der Verbrennungsluft muß dicht gegenüber dem Innenraum sein.

○ Damit die Kühlung richtig funktioniert, muß der Kühlschrank an der Rückseite gut belüftet sein. Je besser die Belüftung, desto besser ist die Kühlleistung bei gleichem Energieverbrauch. Die verschiedenen Belüftungsmöglichkeiten zeigen die Abbildungen unten. Bei einer Außenbelüftung erübrigt sich unter Umständen eine zusätzliche Brennerluftzufuhr (Einbauanleitung beachten).

○ In Extremfällen kann ein zusätzliches Gebläse die Kühlleistung bei schlechter Belüftung verbessern. Allerdings verbraucht das Gebläse zusätzlich Energie.

○ Für den 220-V-Anschluß des Kühlschranks muß eine handelsübliche Schuko-Steckdose im Wageninnern vorgesehen werden.

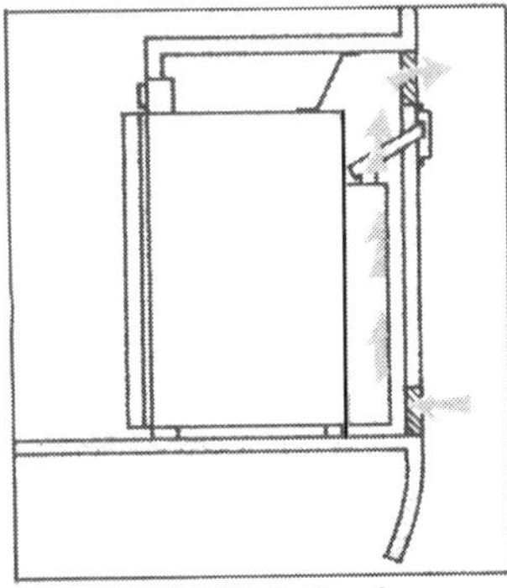

1. Zu- und Abluft durch seitliche Außenbelüftung

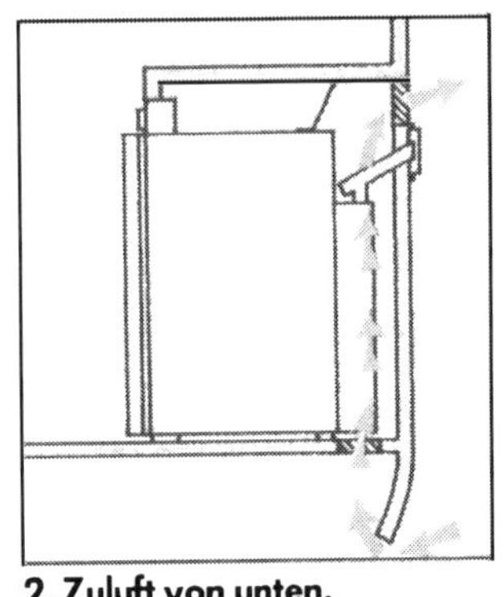

2. Zuluft von unten, Abluft nach außen

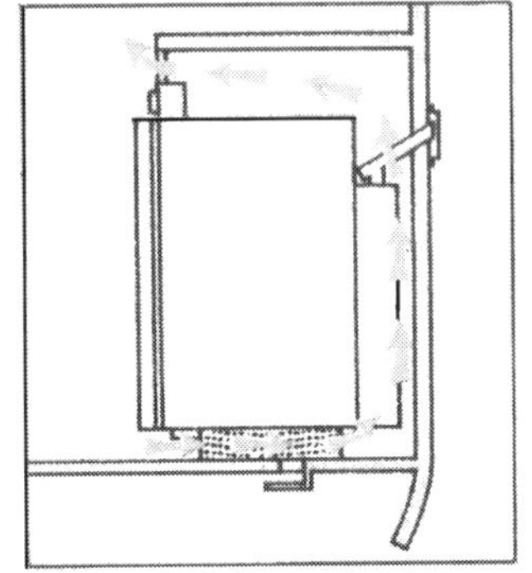

3. Innenbelüftung durch Fuß- und Frontöffnungen

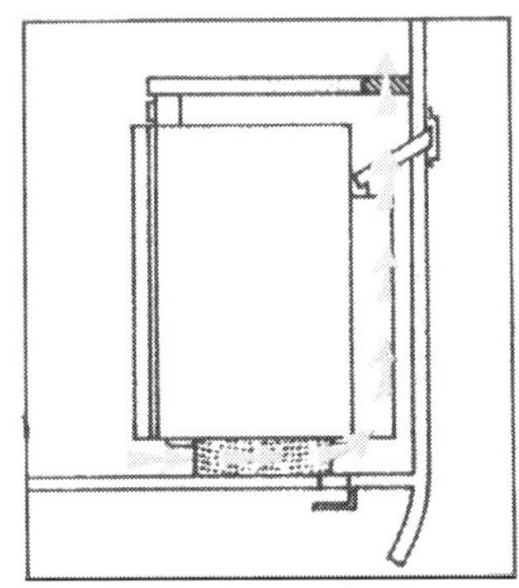

4. Innenbelüftung durch Fußöffnung und hintere Küchenabdeckung

Zur besseren Luftzirkulation gibt es für den Absorber-Kühlschrank ein »Lüftungsgitter oben« (1), das mit einem Außenwandkamin (2) für den Kühlschrank-Gasbrenner kombiniert wird.

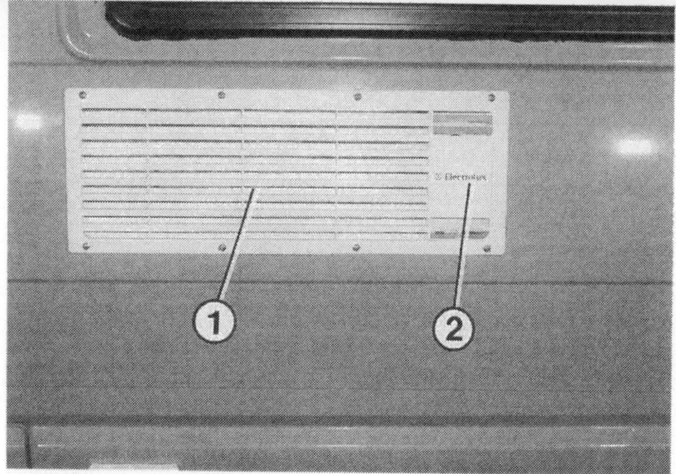

Hier wird das Gegenstück dazu, das »Lüftungsgitter unten« montiert. Die Kühlluft kann hier einströmen und am oberen Gitter wieder ausströmen.

Weil das Gitter nicht unter allen Umständen (z.B. während der Fahrt) verhindern kann, daß Wasser in den Innenraum gelangt, läßt sich vor dem Gitter eine Abdeckung ...

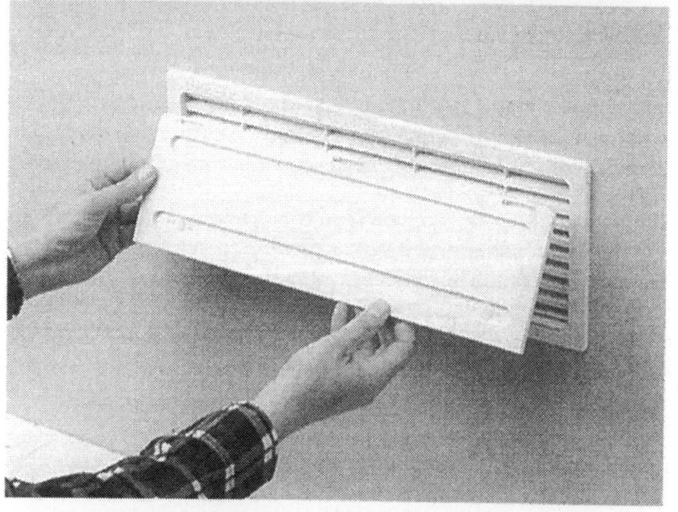

... mit zwei Schnellverschlüssen leicht montieren.

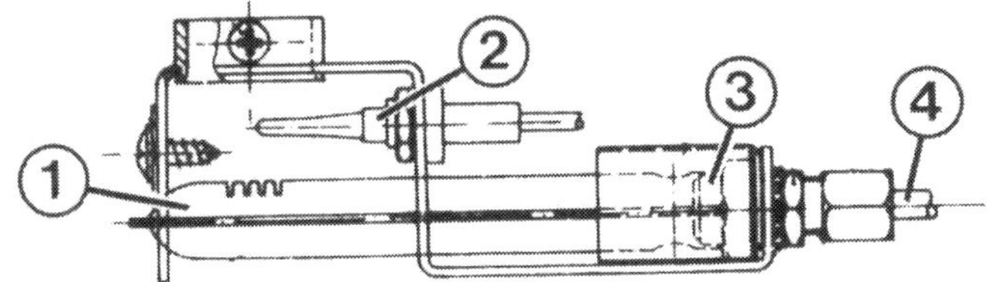

Der Gasbrenner eines Kühlschranks besteht aus Brennrohr (1), Wärmewächter (2), Düse (3) und Gasleitung (4).

Kompressor-Kühlschränke

Der ausschließlich elektrisch betriebene Kompressor-Kühlschrank schafft beim Einbau weniger Probleme als der Absorber. Wichtig ist auch hier die einwandfreie Belüftung der Kühlschrank-Rückseite, damit die Wärmeabfuhr gesichert ist. Wegen der geringeren Abwärme dieser Aggregate ist aber nicht unbedingt eine Außenbelüftung nötig. Andererseits reduziert eine gute Belüftung die Laufzeit des Kühlaggregats und spart somit Energie. Selbst ein kleiner Elektrolüfter ist in der Energiebilanz »drin«, da er weniger Energie braucht, als das perfekt belüftete Aggregat einspart.
Wer eine Zusatzbelüftung wünscht, kann sich im Zubehörprogramm des Kühlschrank- oder Kühltruhen-Herstellers bedienen oder auf eine Eigenkonstruktion zurückgreifen. Wichtig dabei ist, daß ein etwaiger Elektrolüfter nur dann läuft, wenn er tatsächlich gebraucht wird.

Betriebsstörungen

Absorber-Kühlschränke

Da der Absorber-Kühlschrank die Wahl unter drei Energiearten zuläßt, ist meist nur der Betrieb in einer Energieart gestört:
○ Bei 12-Volt-Gleichstrom- und bei 220-Volt-Wechselstrom-Betrieb beschränken sich Fehlermöglichkeiten auf die Kabelzuleitung und die jeweiligen Heizelemente. Bei einer thermostatischen Regelung gerät auch diese in Verdacht.
○ Streikt der Kühlschrank bei Gasbetrieb, kommt zuerst eine verstopfte Gasdüse im Brenner in Betracht. Der Brenner läßt sich dann nicht anzünden. In diesem Fall kann die Düse ausgebaut und in Waschbenzin gesäubert werden. Nadeln oder Drähte dürfen nicht zum Reinigen verwendet werden. Nur Durchblasen ist zulässig. Da die Gasanlage anschließend wieder dicht sein muß, müssen Sie **diese Arbeit einer Kundendienstwerkstatt des Kühlschrank-Herstellers überlassen**. Ebenso verhält es sich mit dem Wechsel des eventuell im Anschlußstutzen sitzenden Gasfilters.

Kühltruhen

Kühlgeräte **für den festen Einbau** im Wohnmobil gibt es in der Ausführung als Kühlschrank und als Kühltruhe. Energieseitig ist die Truhe im Vorteil gegenüber dem Kühlschrank. Grund: Kalte Luft ist schwerer (weil dichter) als warme.
Bei jedem Öffnen der Kühlschranktür »fällt« deshalb kalte Luft aus dem Kühlschrank unten heraus. Die verlorene kalte Luft wird durch warme ersetzt, was dazu führt, daß das Kühlaggregat wieder mehr Kälte produzieren muß – Energie-Verbrauch. Bei der Kühltruhe bleibt dagegen durch die oben liegende Öffnung der Kälteverlust gering.
Einbau-Kühltruhen besitzen technisch gesehen dieselben Eigenschaften wie Einbau-Kühlschränke. Somit gilt für sie das in den betreffenden Abschnitten Gesagte.
Separat stehende Kühltruhen eignen sich eigentlich nur für ein typisches »Wochenend-Wohnmobil«. Für diese Nutzung genügt eine einfache Kühltruhe mit Absorber- oder Peltier-Aggregat. Vorteil: Gegenüber dem Kühlschrank ist diese Kühltruhe wesentlich billiger. Dafür nimmt sie mehr Platz im Wagen weg und ist mit der Bord-Energie nicht dauernd zu betreiben.

Kühltruhen für den Freizeitbereich eignen sich nicht zur ständigen Verwendung im Wohnmobil, zumal sie energieseitig auf diesen Einsatz nicht vorbereitet sind.
Die hier gezeigten Kühltruhen mit Peltier-Elementen haben einen zu hohen Stromverbrauch, um über längere Zeit aus dem Bordnetz gespeist werden zu können.
Auch Absorber-Kühltruhen brauchen zu viel Strom, um sie ständig aus dem Bordnetz zu speisen. Gasbetrieb scheidet aus, weil diese Kühltruhen keine geschlossene Abgasführung haben. Lediglich mit 220 Volt könnten sie im Wohnmobil über einen langen Zeitraum betrieben werden.

Teile einer Einbau-Kühltruhe mit Kompressor-Kühlaggregat in der im Bild unten dargestellten Einbau-Situation in einem VW-Wohnmobil:
1 – Konsole;
2 – elektronische Steuerung;
3 – Kompressor-Kühlaggregat;
4 – Kühltruhe;
5 – Temperaturfühler;
6 – Elektrolüfter zur Abfuhr der Aggregatwärme;
7 – Kühlluftführung mit Filter.

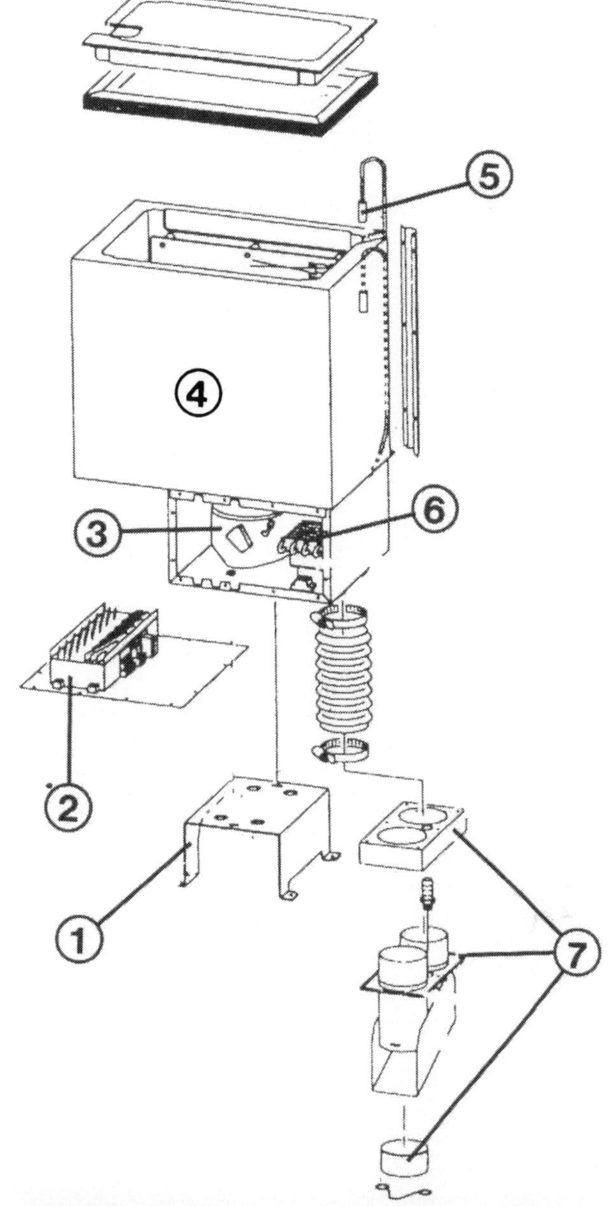

Kompressor-Kühltruhen gibt es für verschiedene Einbausituationen mit Aggregat neben und Aggregat unter der Truhe. Hier ist eine Kühltruhe (1) mit unten angebautem Aggregat (2) gezeigt.

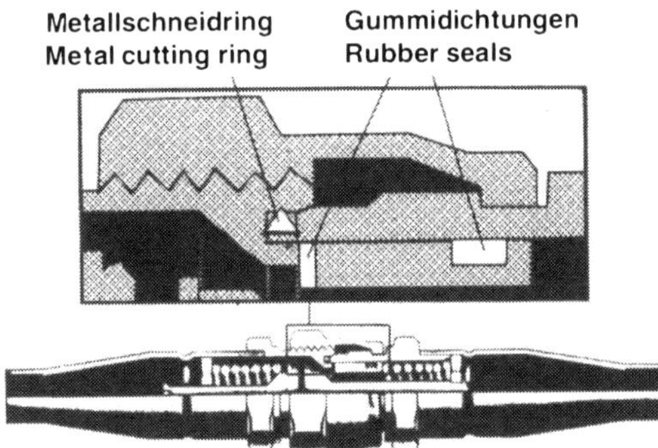

Mit der hier gezeigten Leitungsverbindung lassen sich Kompressoren für Selbstbau-Kühlgeräte an beliebige Verdampfer (Kühlkörper) anschließen. Eine Auswahl hiervon zeigen die Zeichnungen auf der gegenüberliegenden Seite.

Kühlaggregate für separat stehende Kühltruhen

Preisgünstige Kühltruhen arbeiten meist nach dem **Absorber-Prinzip** (siehe Kapitel-Anfang), wodurch ein relativ hoher Stromverbrauch zustande kommt. Mit Gas kann die Kühltruhe im Wohnmobil nicht betrieben werden, denn der Gasbrenner in den Truhen hat keine geschlossene Abgasführung. Diese Version ist zum Betrieb in Fahrzeugen nicht zugelassen!

Weniger verbreitet sind Kühltruhen, in denen die **Kühlung über Peltier-Elemente** erfolgt. Das geht folgendermaßen:

Ein Leiterwerkstoff, z.B. Kupfer, wird mit einem Halbleiterwerkstoff, z.B. Wismut-Tellurid, verbunden. Schickt man Strom über die Verbindungsstelle, so kühlt sich diese ab. Gleichzeitig erwärmt sich eine zweite, gleichartige Verbindungsstelle, die sich ebenfalls im Stromkreis befindet. Polt man die Stromrichtung um, so erwärmt sich die bislang kalte Verbindungsstelle und die warme kühlt sich ab.

Kühltruhen, die mit solchen Peltier-Thermoelementen ausgestattet sind, können bisweilen auch zum Heizen verwendet werden – etwa um winters Getränke oder die Babyflasche warmzuhalten. Zur Änderung der Betriebsart braucht dann nur ein Schalter umgelegt zu werden.

Leider ist der Stromverbrauch bei diesen Kühltruhen nicht wesentlich geringer als bei den herkömmlichen, die nach dem Absorber-Prinzip arbeiten.

Bliebe zuletzt noch die Erwähnung der freistehenden **Kompressor-Kühltruhen**. Ihre Vorzüge, wie geringer Energieverbrauch und gute Kühlleistung, muß jedoch mit einem wesentlich höheren Preis bezahlt werden.

Fingerzeig: Damit die Kühltruhe nicht unbemerkt die Fahrzeugbatterie leert, sollte sie unbedingt an eine Zweitbatterie angeschlossen werden. Gehen wir von einem Verbrauch von 70 Watt bei einer Absorber-Kühltruhe aus, so wäre die zu ⅔ geladene 63-Ah-Batterie schon nach etwa sieben Stunden leer. Bei eingebautem Thermostat ist die Leistungsaufnahme der Kühltruhe nicht ganz so hoch, so daß die Kühlwirkung oft sogar über Nacht vorhält.

Kühlgeräte im Selbstbau

Kompressoren bzw. komplette Kühleinheiten gibt es auch einzeln zu kaufen. Sie brauchen dann nur noch in einen entsprechend isolierten Behälter mit pflegeleichter, wasserdichter Auskleidung integriert zu werden, und fertig ist das Kühlgerät. Ideal wäre z.B. eine Kunststoffbox, die außen isoliert wird, oder ein nach Wunsch dementsprechend geformtes GfK-Teil. Was die Form des Behälters anbetrifft, sind damit der Fantasie keine Grenzen gesetzt. Augenmerk muß jedoch auf eine sicher und dicht schließende Tür gerichtet werden.

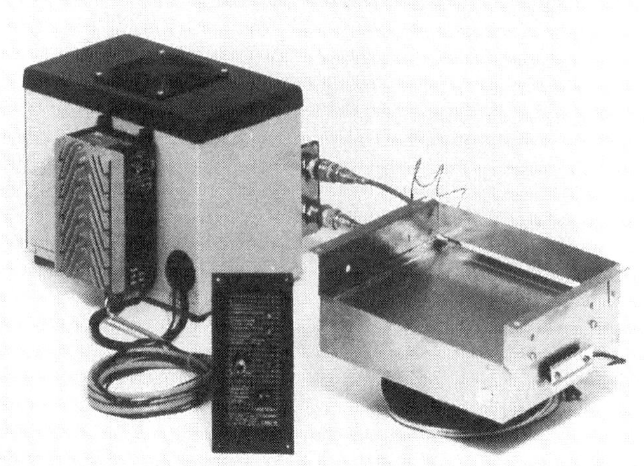

Grundstock für ein Selbstbau-Kühlgerät, bestehend aus Steuerungselektronik, Kompressor und Verdampfer. Weitere Zubehörteile zum individuellen Zusammenstellen finden Sie auf der gegenüberliegenden Bildseite.

Links: Verdampfer mit integriertem Elektrolüfter.
Rechts: Verdampfer mit Edelstahl-Schale.

Links: Verdampfer aus Aluminium in Winkelform.
Rechts: Verdampfer aus Aluminium in Schubfach-Form.

Links: Maße für Kompressor-Kühlaggregat.
Rechts: Verdampfer aus Aluminium für Seitenmontage.

Links: Haltekonsole für Kompressor-Kühlaggregat.
Rechts: Abluft-Schlauch für Kompressor-Kühlaggregat.

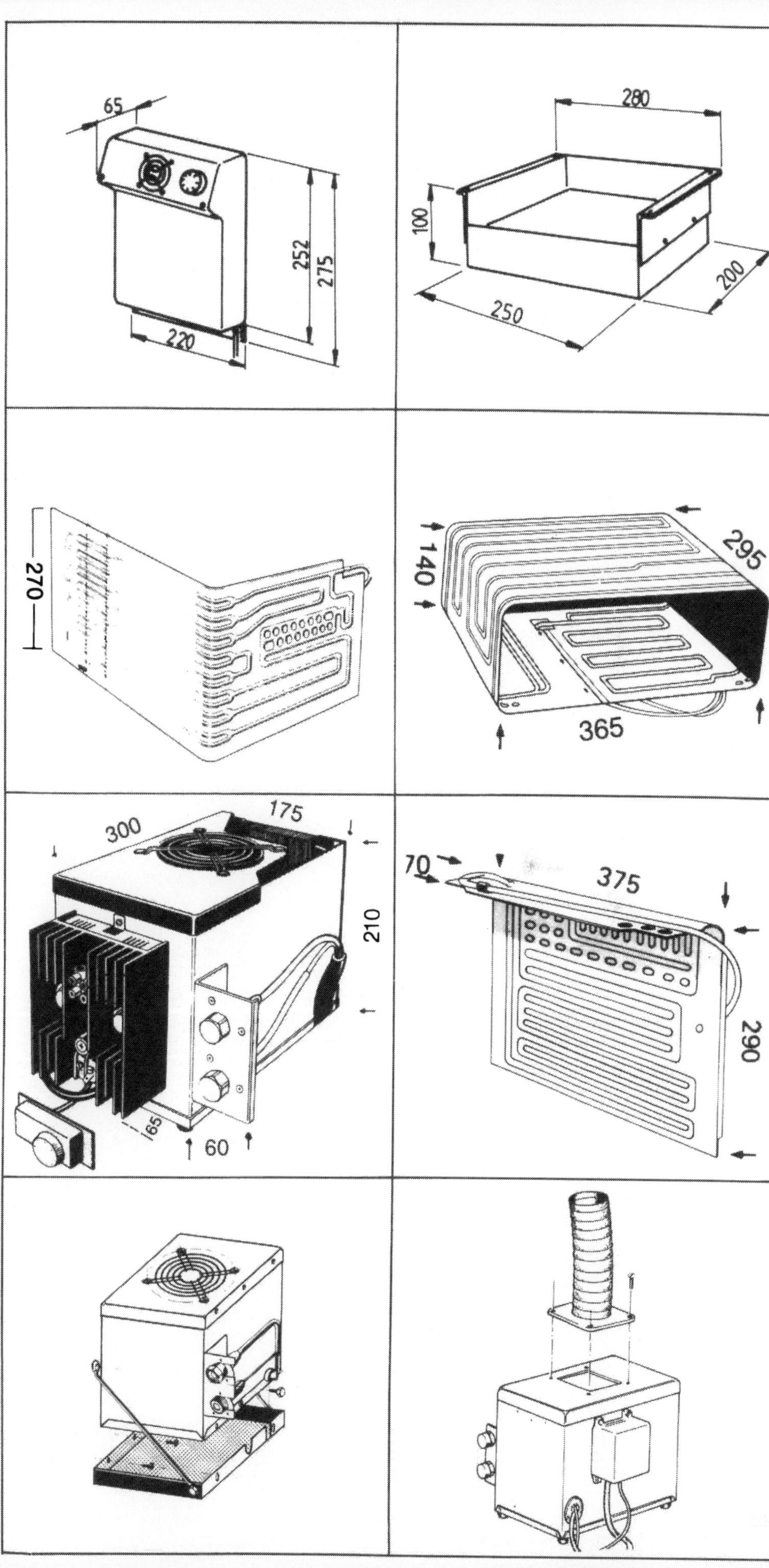

Manche mögen's heiß

Der Einbau einer Zusatzheizung für den Wohnbereich ist kein Thema, das ausschließlich passionierten Winter-Campern vorbehalten bleibt. Reisen in nordische Länder oder eine Reisezeit außerhalb der Hauptsaison können für ein recht »schattiges« Klima im Wohnmobil sorgen. Eine Heizung ist dann – gerade wenn Kinder mitfahren – kein Luxus.

Die richtige Heizleistung

Für ein Wohnmobil auf VW-Bus-Basis reicht normalerweise eine Nennwärmeleistung von 1550 kcal/h (1800 W) aus.
Mehr als diese Leistung bieten schon die kleinsten **Gas-Wohnmobil-Heizungen**, die im Handel erhältlich sind, also etwa die Trumatic E 2400 mit 2400 W. Wer sein Wohnmobil intensiv zum Winter-Campen nutzt, kann aber bei −20°C doch kalte Füße bekommen. Für diesen Bedarf empfiehlt es sich, die nur wenig teurere nächstgrößere Heizung mit etwa 2400 kcal/h zu verwenden, also z. B. die Trumatic E 2400.
Wenn das Heizgerät unter dem Wagenboden angebracht werden soll, ist die Trumatic E 4000 das geeignetere Gerät. Denn bei dieser Einbauart können die kleineren Heizungen durch die Gehäuse-Abkühlung nicht mehr unter allen Bedingungen einen mollig warmen Wohnraum schaffen. Auch ist die Gehäuse-Abdichtung der kleineren Typen nicht so perfekt, so daß Wasserschäden nicht völlig ausgeschlossen werden können.
Kraftstoffheizungen kommen für das Wohnmobil ebenfalls in Betracht. Auf jahrzehntelangen Einsatz im VW-Bus blicken die Eberspächer-Kraftstoffheizungen B2L bzw. D2L (für Benzin- bzw. Dieselmotoren) zurück. Das bewährte Aggregat wurde jedoch längst von der neueren und kompakteren Airtronic-Heizungs-Generation B2/D2 bzw. B3/D3 verdrängt. Mit einer Heizleistung von 2200 bzw. 3000 W sind diese Heizungen auch gut geeignet für den VW-Bus. Für die Kraftstoffheizungen ist grundsätzlich die Unterflur-Montage vorgesehen – die nötigen Halter stehen zur Verfügung.

Gasheizungen für Wohnmobile

Gasheizungen für Wohnmobile unterliegen zum Schutz des Betreibers sehr strengen Sicherheitsvorschriften:
○ Zum einen müssen sie den Anforderungen der DVGW-Vorschrift genügen, die alles reglementieren, was mit Flüssiggas zu tun hat. So ist beispielsweise für Wohnmobil-Heizungen eine geschlossene Abgasführung vorgeschrieben: Brenner-Luftzuführung, Verbrennungsraum und Abgasführung müssen gegen den Fahrzeug-Innenraum dicht sein (vor allem bei Montage im Fahrzeuginnern wichtig).
○ Zum anderen müssen sie ihre Eignung zur Verwendung in Fahrzeugen nachweisen, also nach Gasgeräterichtlinie 90/396/EWG und EMW-Richtlinie 72/245/EWG (elektromagnetische Verträglichkeit) zertifiziert sein. Dafür erhalten Sie automatisch – sozusagen als Bonbon – die Erlaubnis, die Heizung auch während der Fahrt betreiben zu dürfen, einen geeigneten Gasdruckregler vorausgesetzt, siehe Seite 198. Das kann bei tiefem Frost im VW-Bus durchaus von Vorteil sein.

Konvektionsheizungen, wie diese Truma-Heizung, können nur noch kombiniert mit einem Gebläse eingebaut werden. Damit fällt die Wahl zwangsläufig auf die kompaktere Gebläseheizung.

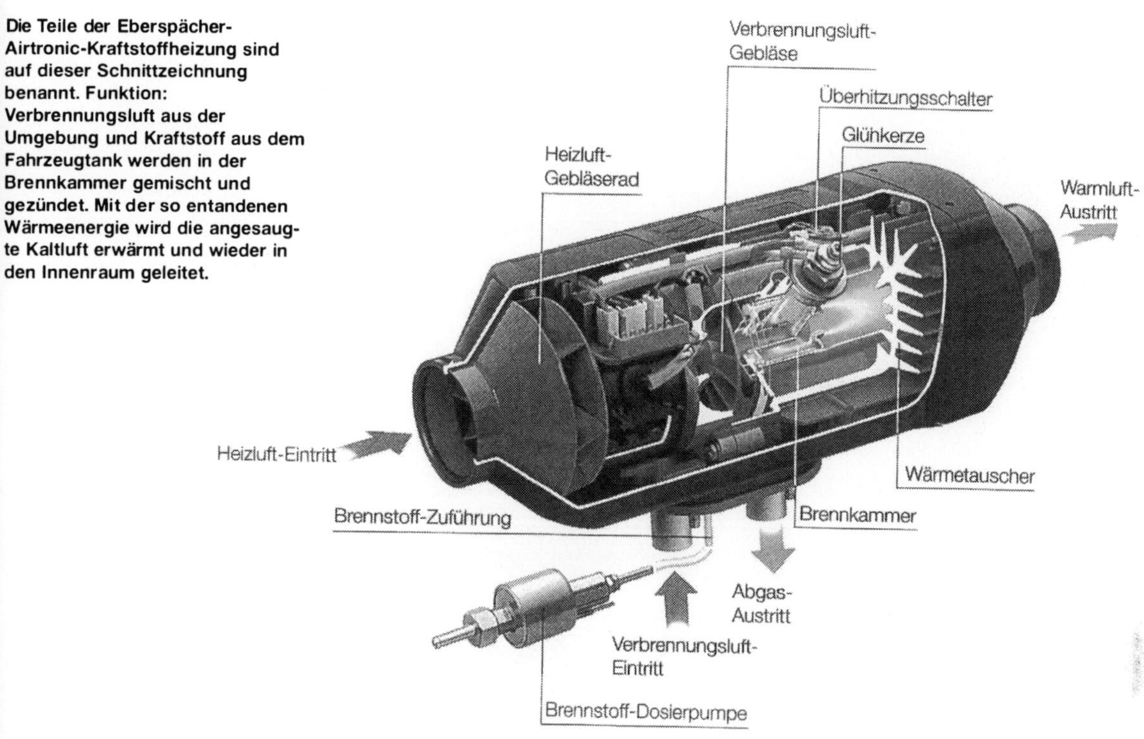

Die Teile der Eberspächer-Airtronic-Kraftstoffheizung sind auf dieser Schnittzeichnung benannt. Funktion: Verbrennungsluft aus der Umgebung und Kraftstoff aus dem Fahrzeugtank werden in der Brennkammer gemischt und gezündet. Mit der so entandenen Wärmeenergie wird die angesaugte Kaltluft erwärmt und wieder in den Innenraum geleitet.

Nach dem gleichen Arbeitsprinzip wie die Kraftstoffheizung verfährt die Gasheizung. Die Zahlen und Buchstaben bedeuten: 1 – Flammrohr; 2 – Wärmetauscher; 3 – Zündkerze; 4 – Überwachungskerze; 5 – Brenner; 6 – Thermostatplatte; 7 – Verkleidung; 8 – Elektroanschluß; 9 – Zünder; 10 – Motor; 11 – Motorflansch; 12 – Ventilatorrad; 13 – Luftkasten; 14 – Verbrennungsluftrad; 15 – Magnetventil; 16 – Elektronik; 17 – Bedienteil; A – Verbrennungsluft-Eintritt; B – Abgas-Austritt; C – Gasanschluß; D – Kaltluft-Eintritt; E – Warmluft-Austritt; F – 12-Volt-Anschluß.

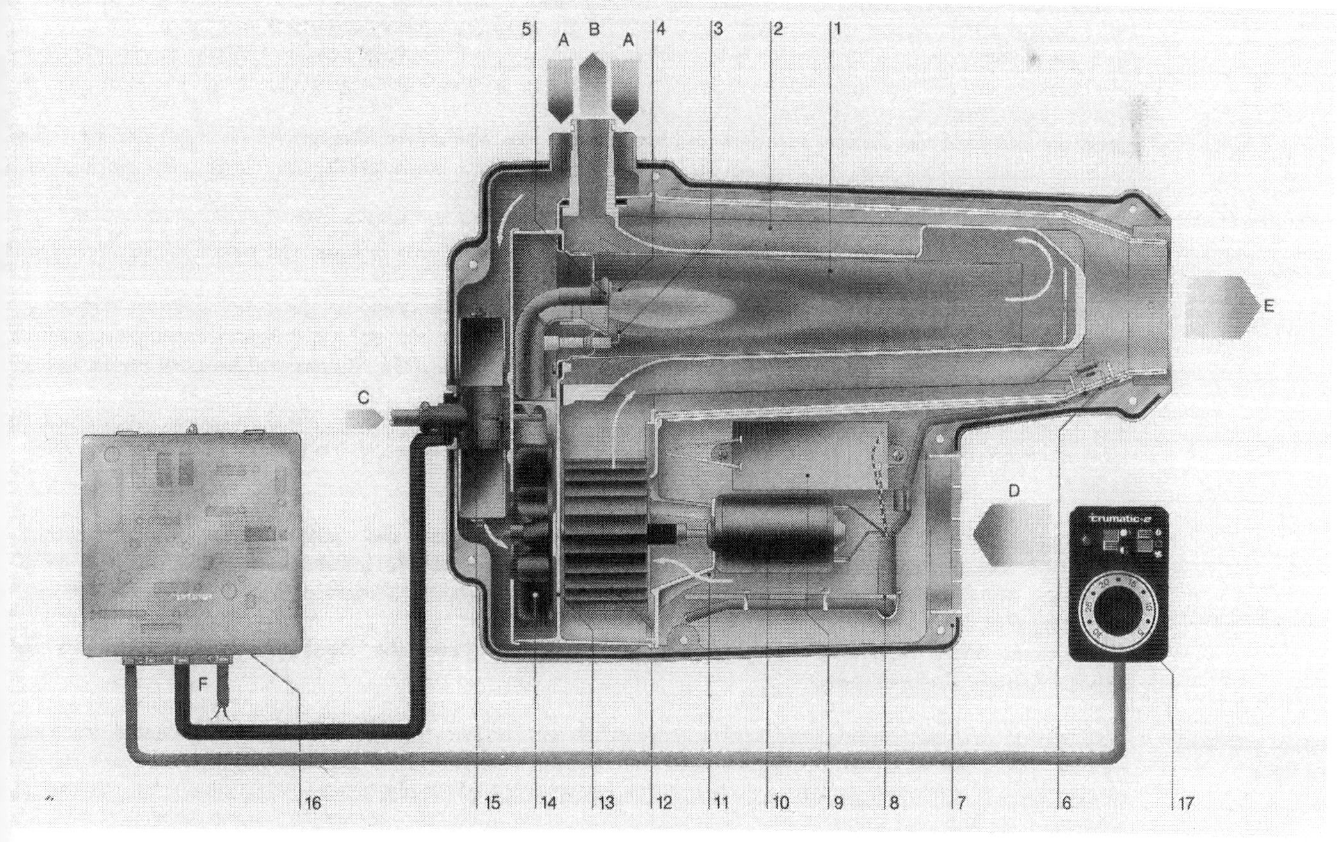

Konvektionsheizungen

Die preisgüngstigste Variante der Gasheizungen war früher die sogenannte Konvektionsheizung (z. B. Trumatic SW-200), die ohne Gebläse auskommt. Der Gasbrenner steht bei dieser Heizung im Fahrzeug-Innenraum und erhitzt dort einen Wärmetauscher. Nach dem physikalischen Prinzip, daß warme Luft nach oben steigt, kommt es am Wärmetauscher zu einer geringen Warmluftströmung, die ausreicht, um nach und nach den Innenraum zu erwärmen.

Vorzug dieser Heizung war natürlich zunächst ihr recht niedriger Preis. Da kein Gebläse nötig ist, wird somit auch kein Strom verbraucht, was die Energiebilanz im Wohnmobil verbessert. Damit die Konvektion (Mitführen von Wärme in einem Luftstrom) auch wirklich funktioniert, muß die Heizung völlig frei stehen. So wird leider kostbarer Raum im Wohnmobil verbraucht, was eher als Nachteil anzusehen ist.

Wenn die natürliche Konvektion für das gleichmäßige Aufheizen des Innenraums nicht ausreichte, konnten diese Heizungen auch mit einem Gebläse-System versehen werden, das der Hersteller als Zubehör anbot. Aber damit war es nur noch ein kleiner Schritt zur raumsparenden, zeitgemäßen Gebläseheizung, weshalb Konvektionsheizungen nicht mehr angeboten werden.

Gas-Gebläse-Heizung

Bei diesen Heizungen sorgt ein eingebautes Gebläse für die nötige Luftumwälzung. Der Wärmetauscher, in dem der Gasbrenner sitzt, ist also zwangsweise mit Luft umfächelt. Dabei wird die Warmluft im Wageninnern besser verteilt.

In einem getrennten Kanal schafft das Gebläse Luft für den Brenner heran. Die Flamme hat also immer genügend Sauerstoff zur Verfügung, weshalb die Verbrennung stets optimal ist. Durch die Lufteinblasung wird die Flamme auch immer in die gewünschte Richtung gelenkt. Deshalb ist es bei dieser Heizung auch gleichgültig, ob sie stehend, liegend oder hochkant im Fahrzeug eingebaut ist. Nur nach unten hängend darf sie nicht montiert werden.

Als weiterer Vorteil wäre zu nennen, daß bei der Gebläseheizung die Gasflamme während der Fahrt nicht ausgeblasen werden kann.

Einbau der Gasheizung

Da die Gasheizung individuell eingebaut werden kann, ist es an dieser Stelle nicht möglich, eine genaue Einbauanweisung zu geben. Als **Anregung** soll die Zeichnung gegenüber dienen, die den nachträglichen Einbau einer Trumatic E 2400 in einen Schrank der Westfalia-Ausstattung zeigt.

Wie schon erwähnt, sollten Sie die Heizung E 2400 für den **Einbau im Wageninnern** vorsehen.

Für die Unterflur-Montage eignet sich die E 4000 besser als die E 2400. Bei dieser Heizung sind Abdichtung und Leistung auf die Außenmontage abgestimmt. Mit einem entsprechenden Einbausatz ist die Montage einfach zu bewerkstelligen, siehe folgende Doppelseite.

Generell müssen beim Einbau natürlich die Vorschriften des DVGW-Arbeitsblatts G 607 und DIN EN 1949 beachtet werden. Auch sind die Anweisungen der Einbauanleitung des betreffenden Gerätes zu berücksichtigen.

Von der Firma Truma, Abteilung Kundendienst, Wernher-von-Braun-Str. 12 in 85637 Putzbrunn können Sie sich auch einen Einbauvorschlag für Ihren Wagen unterbreiten lassen. Dazu müssen Sie eine Maßzeichnung des Wagens und einen Grundriß der Einrichtung vorlegen.

Beachten Sie schon bei der Planung, daß ein Bodenkamin nur dann zulässig ist, wenn sich keinerlei Öffnungen (etwa die Gasflaschen-Entlüftung) am Wagenboden befinden. Das von der Gasheizung erzeugte Abgas ist leichter als Luft und könnte sonst in den Wagen-Innenraum gelangen. Die Folgen sind bekannt (siehe Kapitel »Die Gasanlage«).

Aus diesem Grund wird der leicht einzubauende Wandkamin beim TÜV/DEKRA lieber gesehen. Wenn Sie sich für diese Kaminart entscheiden, müssen Sie schon beim Kauf der Heizung die passende Ausführung mitbestellen.

Fingerzeige: Nach Einbau der Gasheizung muß der Wagen – sofern das nicht wegen anderer Zusatzausstattungen oder -einbauten ohnehin geschieht – dem TÜV/DEKRA vorgeführt werden. Zuvor muß natürlich noch die Abnahme der Gasanlage durch einen DVFG-Sachkundigen erfolgen (siehe Kapitel »Die Gasanlage«).

Bei Einbau einer Kraftstoff-Zusatzheizung bleibt Ihnen zwar die Gasprüfung, nicht jedoch die TÜV/DEKRA-Prüfung erspart.

Heizen während der Fahrt

Aufgrund der aktuellen Heizgeräterichtlinie besteht für das Heizen **mit der Gasheizung** während der Fahrt erhöhte Sicherheitsanforderung. Druckregler mit Gasströmungswächter und die daran angeschlossenen Hochdruckschläuche mit integrierter Schlauchbruchsicherung sind die Grundlage zur Erfüllung diese Richtlinie. Mit einem solchen Druckregler dürfen Sie in ganz Europa während der Fahrt heizen, siehe Seite 198.

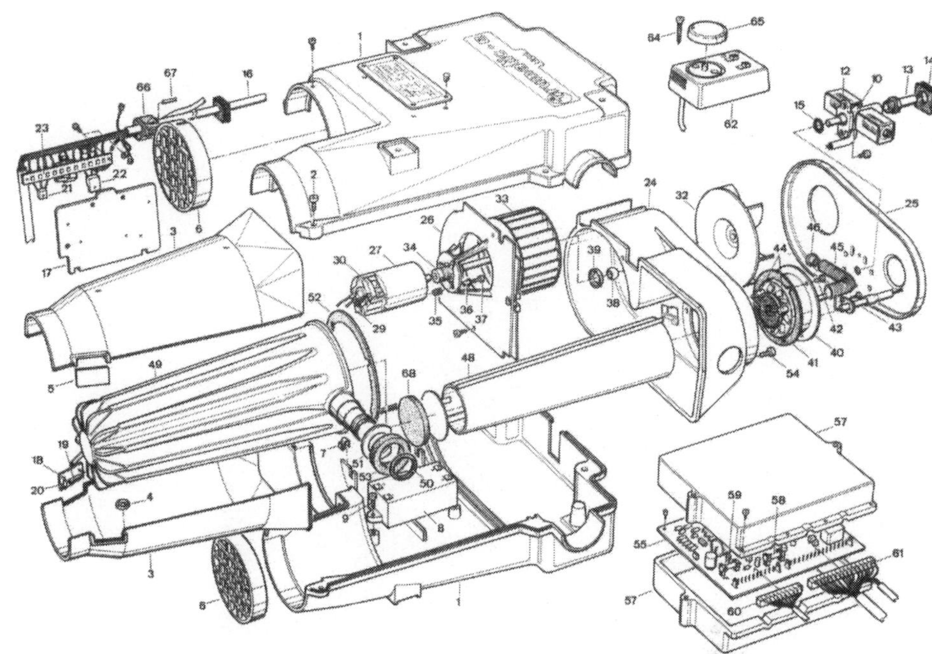

Die zerlegte Trumatic-Heizung zeigt folgende wichtige Teile:
1 – Verkleidung;
3 – Innenrohr-Halbschale;
5 – Verschlußblech; 6 – Ansauggitter;
8 – Zünder; 10 – Magnetventil;
12 – Magnetspule;
13 – Zuführungsrohr;
16 – Kabelbaum; 17 – Wärmeleitblech;
18 – Thermostatplatte; 19 – Schmelzsicherung; 20 – Heißleiter-NTC;
21 – Transistor; 22 – Spannungsregler;
23 – Lötleiste; 24 – Luftkasten;
25 – Luftdeckel; 26 – Motorflansch;
27 – Motor; 29 – Entstörkondensator;
30 – Bürstensatz; 32 – Verbrennungsluftrad; 33 – Ventilatorrad;
34 – Wellenkupplung;
35 – Schwingungsdämpfer;
38 – Kalottenlager; 39 – Kalottenfeder;
40 – Brenner; 41 – Brennertopfdichtung; 43 – Überwachungskerze;
44 – Zündkerze; 45 – Flexrohr;
46 – Injektor; 48 – Flammrohr;
49 – Wärmetauscher; 50 – O-Ring;
51 – Wärmetauscherscheibe;
52 – Wärmetauscherdichtung;
53 – Dichtring; 55 – Elektronik;
57 – Elektronikgehäuse;
58 – Sicherung; 62 – Bedienteil;
65 – Thermostat-Drehknopf.

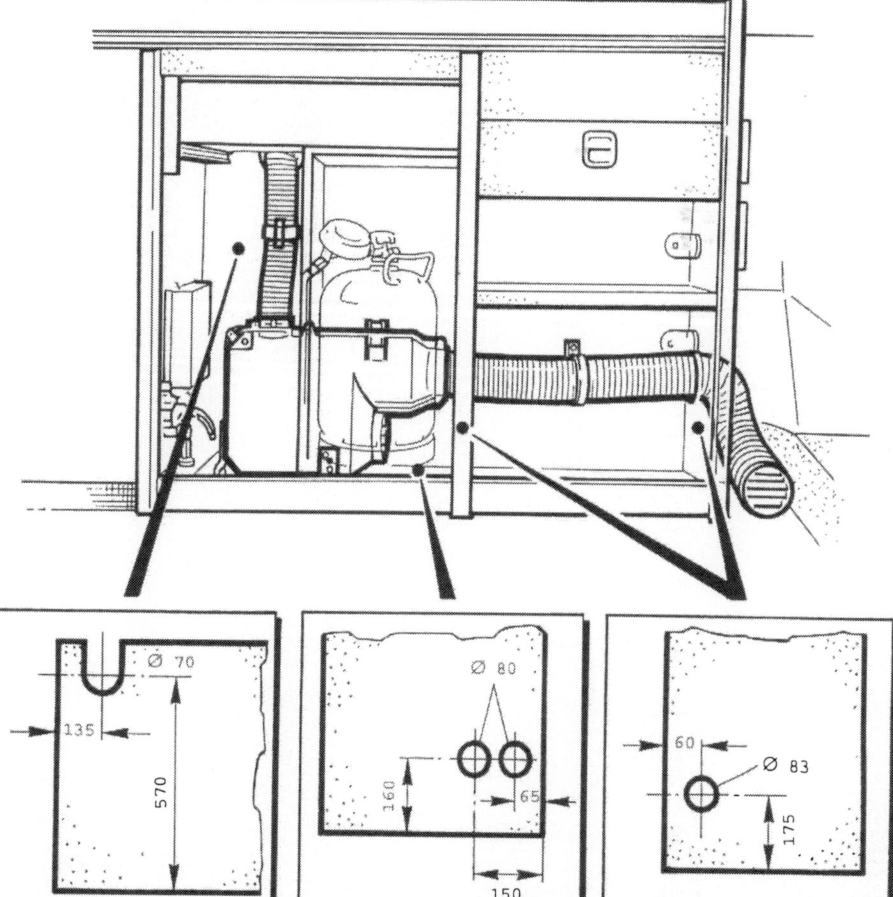

Einbauvorschlag für den Innenausbau einer Gasheizung E 2400 von Truma samt Gasflasche in den Küchenschrank eines VW California.

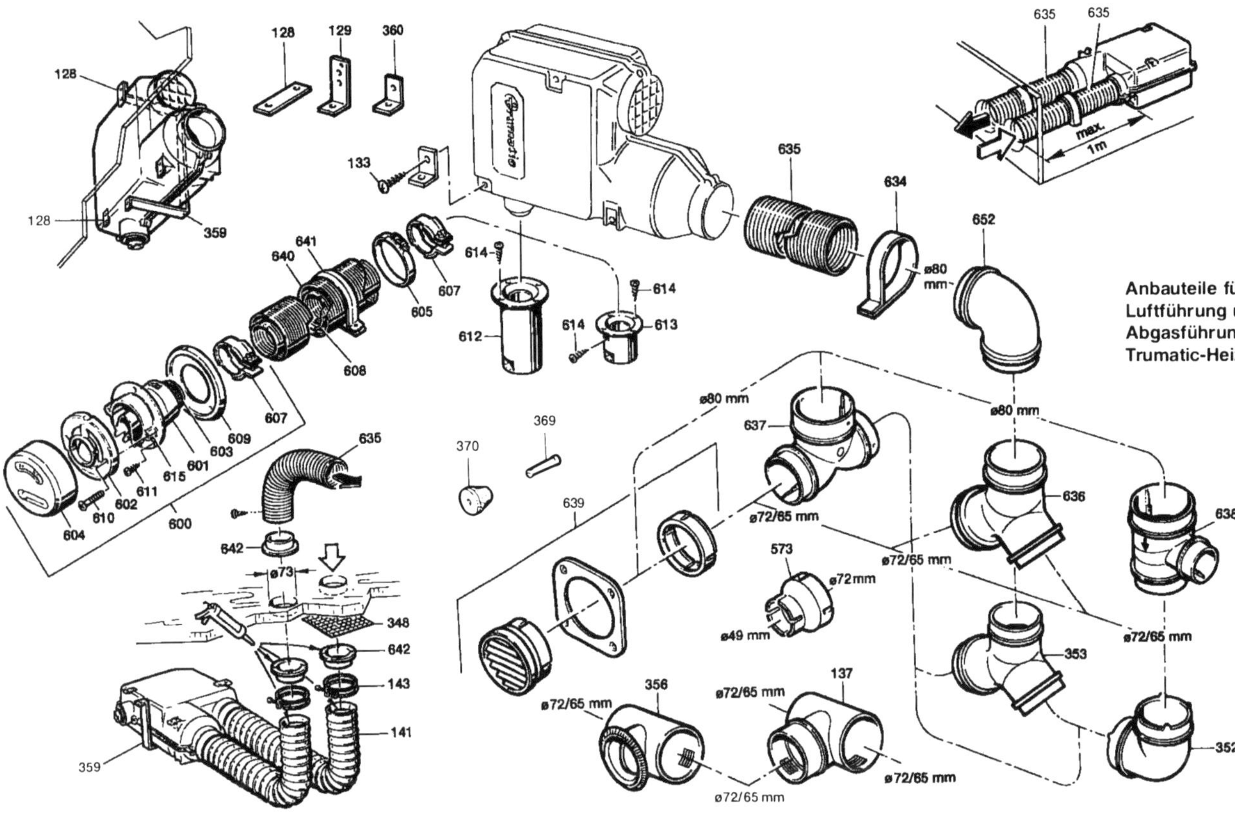

Anbauteile für Montage, Luftführung und Abgasführung eine Trumatic-Heizung E 2400.

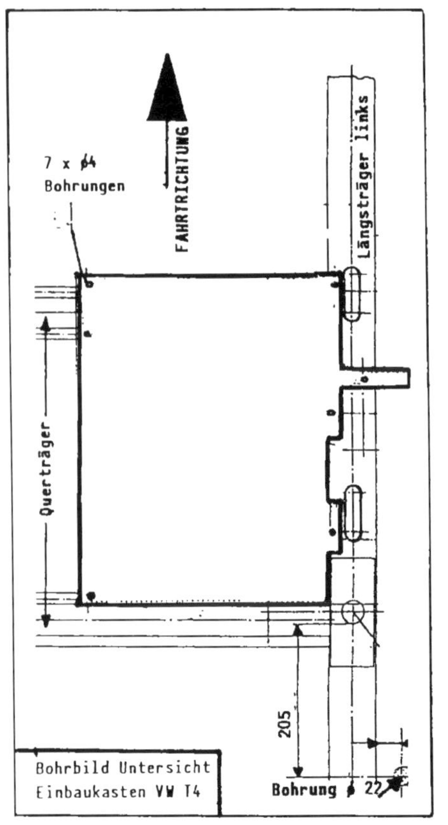

Unterflureinbau einer Trumatic-Heizung in den VW T4: Die Skizze zeigt das Bohrbild für den Einbaukasten der Heizung unter dem Wagenboden in der Sicht von unten.

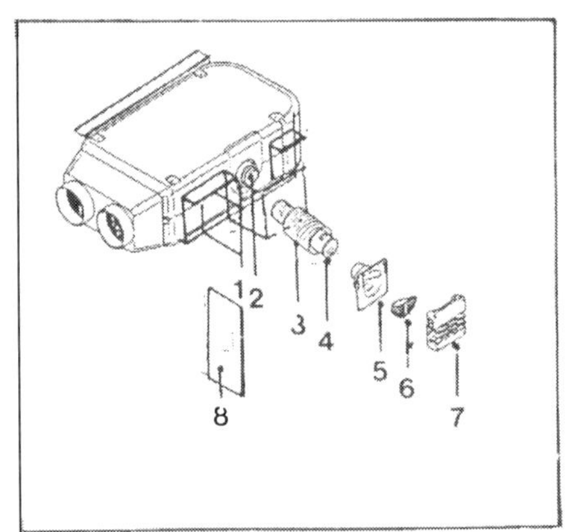

Unterflureinbau einer Trumatic-Heizung in den VW T4: Hier ist die Anordnung der Teile des Wandkamins (1–7) gezeigt. Das Abschirmblech (8) wird nur bei Fahrzeugen ohne Gastank montiert.

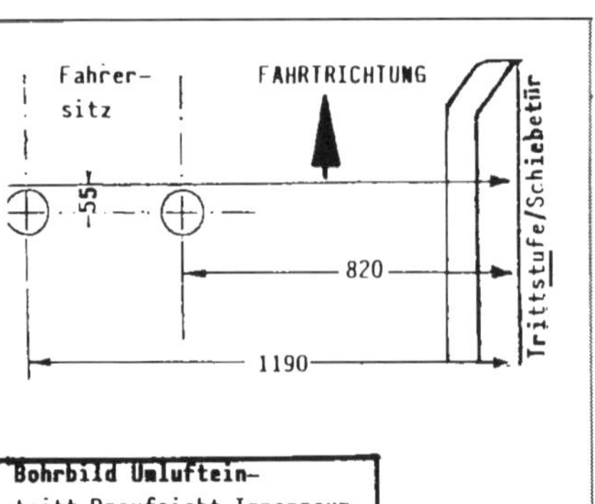

Unterflureinbau einer Trumatic-Heizung in den VW T4: Die Skizze zeigt, wo die Bohrungen für die Luftkanäle zu setzen sind.

Die Bilder auf dieser Seite zeigen den Unterflur-Einbau einer Trumatic-Heizung in den VW T4. Auch Truma selbst hält einen detaillierten Einbauplan bereit.
Hier ist die Montage der Heizung mit Einbaukasten (Pfeil) gezeigt. Zur Orientierung: Oben im Bild ist der Kraftstofftank zu sehen, rechts im Bild der Gastank (der an der linken Fahrzeugseite montiert ist).

Zusätzlich zum serienmäßigen Laderaum-Warmluftschacht sind hier Original-Luftaustritte (Pfeile) für Kaltluft-Eintritt und Warmluft-Austritt der Gasheizung montiert.

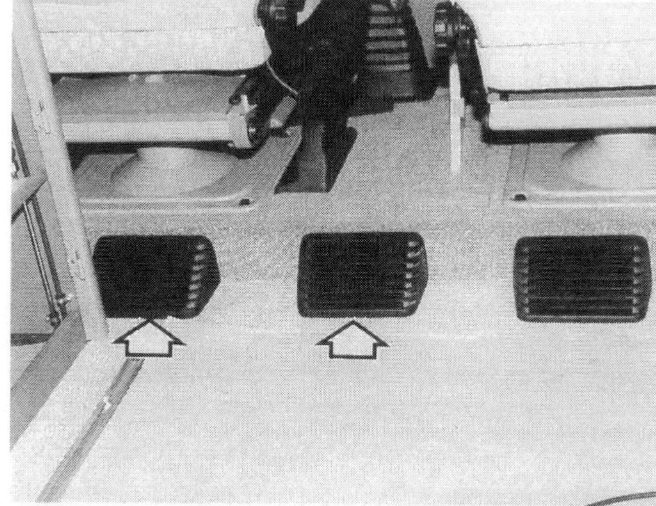

Das elektronische Steuergerät der Gasheizung ist im hinteren Küchenschrank untergebracht.

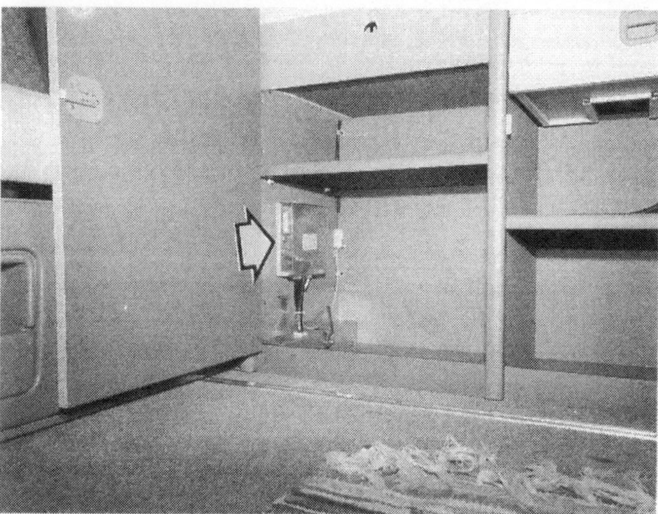

Ebenfalls im Küchenschrank, doch an der in Fahrtrichtung vorderen Wand, sitzen das Haupt-Absperrventil und die Einzel-Absperrventile für Herd und Heizung.

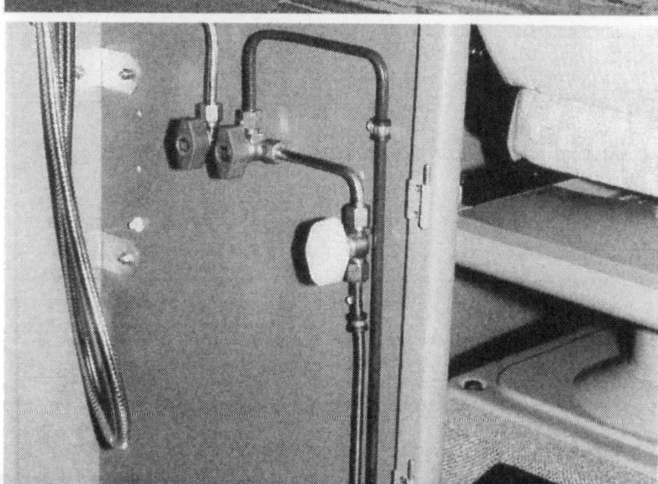

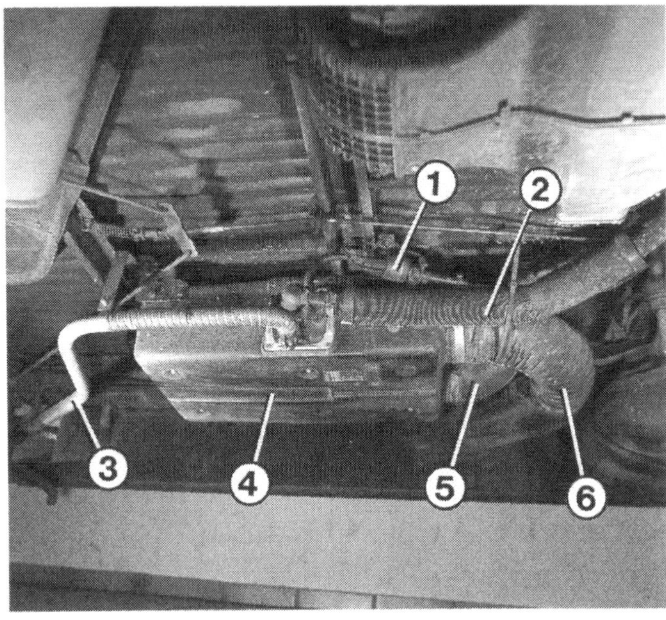

Eine alte Eberspächer DL2-Heizung (4) im Unterflur-Einbau an einem VW T4. Die Zahlen bedeuten:
1 – Kraftstoff-Dosierpumpe;
2 – Ansaugschlauch für Brennerluft;
3 – Abgasrohr;
5 – Warmluftschlauch;
6 – Kaltluftschlauch.
Für die BL2/DL2-Heizungen sind Ersatzteile wie z. B. Wärmetauscher nicht mehr erhältlich. Bei Defekten müssen sie durch eine Heizung neuerer Baureihen ersetzt werden.

Gasvorrat

Geheizt werden kann natürlich nur so lange, wie der Gasvorrat reicht. Deshalb muß der Gasvorrat je nach Verbrauch der Heizung und geplanter Einsatzdauer abgestimmt werden. Wie man das am besten anpackt, steht im Kapitel »Die Gasanlage«.

Kraftstoffheizung

Die Eberspächer-Benzin- bzw. Diesel-Kraftstoffheizung arbeitet mit einem Brenner, der vergleichbar ist mit dem Brenner der Ölheizung zu Hause. Der Brenner erhitzt einen Wärmetauscher, der mittels Gebläse von der Luft umspült ist. Dabei wird Luft aus dem Innenraum angesaugt und die erwärmte Luft auch wieder in den Innenraum abgegeben.

Entscheidender Vorteil dieser Heizung ist die Tatsache, daß sie sich aus dem Fahrzeugtank mit Brennstoff versorgt. Bei einem Verbrauch von 0,34 Liter Benzin bzw. 0,30 Liter Dieselkraftstoff pro Stunde würde der volle Kraftstofftank (80 Liter) rund 10 Tage reichen – voller Dauerbetrieb vorausgesetzt. Das umständliche Hantieren mit Gasflaschen entfällt dadurch. Und Kraftstoff gibt's überall. Der Stromverbrauch ist mit der Gas-Gebläseheizung vergleichbar.

Bei so vielen Vorteilen gibt es auch Nachteile: Da wäre zunächst der Preis. Er ist generell höher als der einer vergleichbaren Gas-Gebläseheizung. Auch die Abgase sind – trotz der geringen entstehenden Menge – eine Überlegung wert. Die sind bei der Kraftstoffheizung nicht so umweltfreundlich und geruchsarm wie bei der Gasheizung.

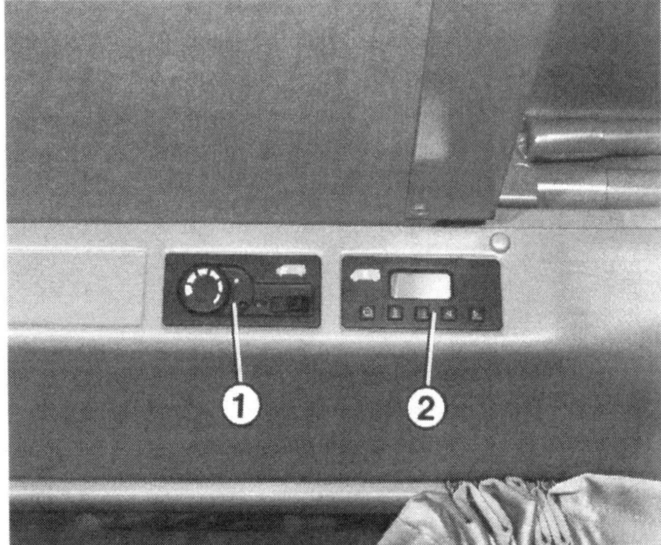

Die Bedieneinheit (1) der Kraftstoffheizung läßt sich mit einer Zeitschaltuhr (2) kombinieren.

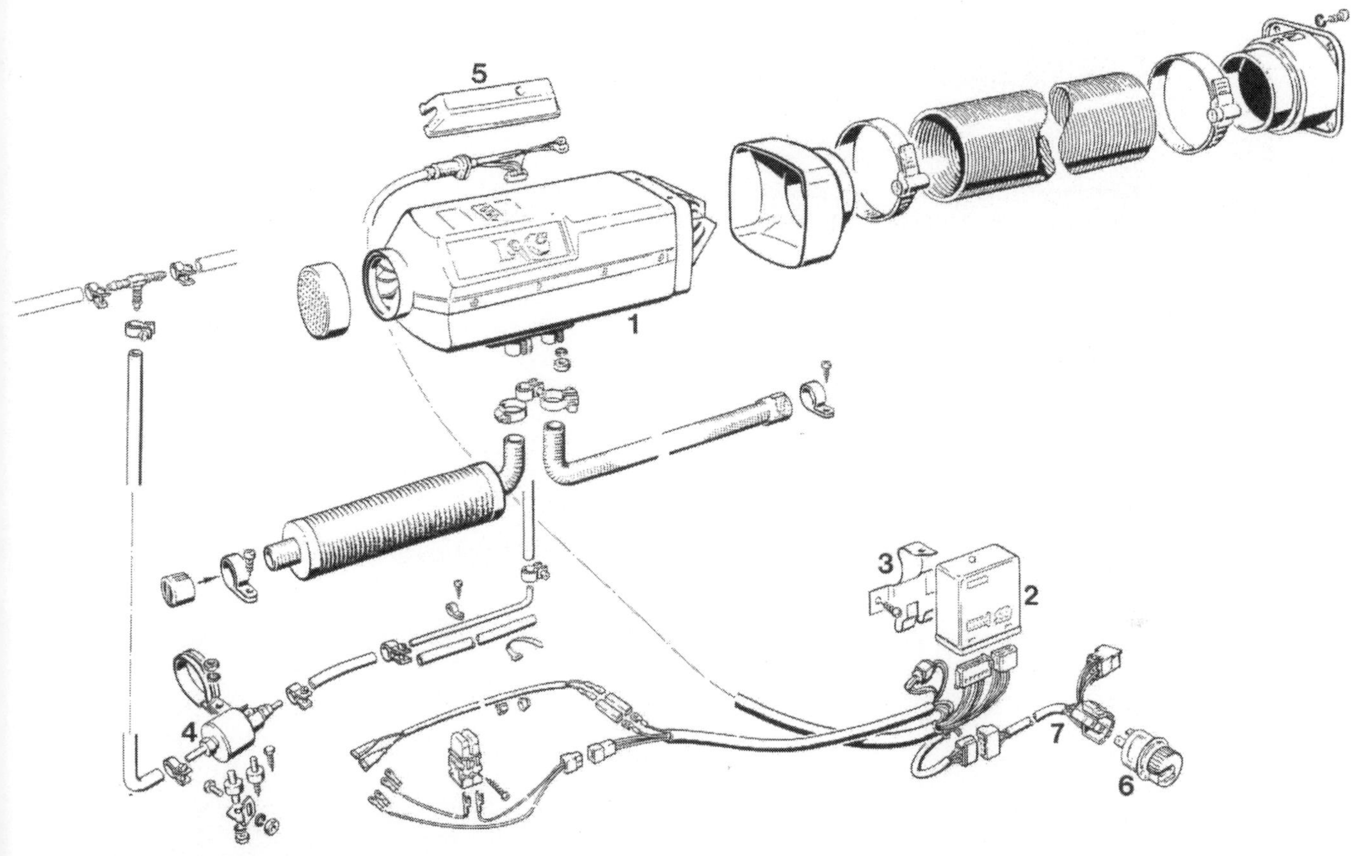

Anbauteile zur Eberspächer-Airtronic-Kraftstoffheizung: 1 – Heizung; 2 – elektronisches Steuergerät; 3 – Halter für Steuergerät; 4 – Kraftstoff-Dosierpumpe; 5 – Abdeckung für elektrischen Anschluß; 6 – Bedienknopf mit Temperaturregler; 7 – Leitungssatz für Bedienknopf.

Einbau der Kraftstoffheizung

Mit dem Einbau gibt's kaum Probleme: Die Eberspächer-Heizungen sind für den Unterflur-Einbau im VW T4 vorgesehen und werden auch in den Westfalia-Wohnmobilen verbaut, so daß auch die entsprechenden Halter für die Montage zur Verfügung stehen.

Auf Wunsch liefert Eberspächer auch die nötigen Einbauanleitungen und Gerätebeschreibungen. Anschrift: J. Eberspächer GmbH & Co. KG, Technischer Kundendienst, Eberspächerstr. 24, 73730 Esslingen.

Letzte Hürde

Unser Wohnmobil ist nun fertig ausgebaut. Bleibt als letzte Hürde noch die Abnahme durch eine »**T**echnische **P**rüfstelle für den Kraftfahrzeugverkehr« (TP). Erst dann kann der Freizeitspaß beginnen.

TÜV oder DEKRA?

In den **neuen Bundesländern** hat der DEKRA die Funktion der TP übernommen, die der TÜV in den **alten Bundesländern** innehat. In der Praxis sieht das so aus:
Änderung der Fahrzeugart im Fahrzeugbrief sowie Eintrag von Einbauten, durch die sich Daten im Fahrzeugbrief ändern nimmt in den alten Bundesländern der TÜV vor, in den neuen Bundesländern dagegen die DEKRA.
Ein Wohnmobil-Umbau zieht zwangsläufig die eine oder andere Änderung der Fahrzeugpapiere nach sich, weshalb wir uns mit unserem Anliegen im Osten an die DEKRA und im Westen an den TÜV wenden müssen.

Fingerzeig: Eine Bestätigung über den ordnungsgemäßen Einbau eines geprüften Fahrzeugteils kann zusätzlich auch die jeweils für die »Hauptuntersuchung und Anbauabnahme« zugelassene Sachverständigen-Organisation vornehmen. Das sind die DEKRA im Westen und der TÜV im Osten sowie die KÜS, GTÜ, FSP u.a. Dabei muß es sich aber um ein Anbauteil mit ABE (Allgemeiner Betriebserlaubnis) oder ABG (Allgemeiner Bauart-Genehmigung), Prüfbericht oder Teilgutachten handeln. Beispiel für solch ein Anbauteil wäre eine zugelassene Anhängekupplung.

Die TÜV- bzw. DEKRA-Abnahme

Da Sie schon zu Beginn Ihres Wohnmobil-Ausbaus mit einem TÜV- bzw. DEKRA-Sachverständigen Kontakt aufgenommen haben, ist dieser Herr für Sie bereits kein Unbekannter mehr. Sicherlich hat er schon bei der ersten Unterredung bestimmte, für den Ausbau wichtige Punkte angesprochen, während Sie Ihr Vorhaben umrissen haben. Nun steht der Wagen in der Prüfstelle und der Sachverständige hat die Aufgabe, Ihren Wohnmobil-Umbau zu begutachten. Das geschieht im Rahmen einer sogenannten Teilprüfung, bei der sich der Prüfer in erster Linie für den Umbau interessiert. Das Basisfahrzeug wird in der Regel nicht begutachtet – es sei denn, der Wagen fällt durch offensichtliche Mängel auf.

Was wird eingetragen?

Während des Gutachtens prüft der Sachverständige die folgenden an- oder eingebauten Teile und trägt sie in den Kfz-Brief ein.
- ○ Anzahl der zugelassenen Sitzplätze im Wagen. Möglicherweise wird darauf hingewiesen, welche Sitze während der Fahrt belegt sein dürfen. Sitze, die nicht belegt werden dürfen, müssen gekennzeichnet sein (z.B. in den Fahrzeugpapieren)
- ○ Sonderdächer, wie Hub-, Aufstell- oder Hochdach
- ○ Gasanlage mit ihren Komponenten, wie Gastank, Kocher, Kühlschrank, Gasheizung
- ○ Kraftstoff-Zusatzheizung
- ○ Ersatzradhalter, wenn außen am Fahrzeug angebracht
- ○ Motorradhalter- oder Fahrradhalter
- ○ Glaskippdächer, sofern nicht mit Allgemeiner Betriebserlaubnis
- ○ Leergewicht nach den auf Seite 122 beschriebenen Kriterien
- ○ Je nach Ausführung wird die Fahrzeugart geändert (folgender Abschnitt).

Sitzplätze

Sitzplätze im Wohnteil werden bei **Fahrzeugen ab Erstzulassung 1.1.92** nur eingetragen, wenn folgende Kriterien erfüllt sind:
- ○ Verankerung der Gurte gemäß EWG 76/115 mit Anpassung EWG 81/575 und EWG 82/318 (entsprechend ECE-R 14).
- ○ Sicherheitsgurte gemäß EWG 77/541 (entsprechend ECE-R 16). Teil der Vorschrift: An außenliegenden Sitzplätzen müssen auch im Wohnbereich 3-Punkt Gurte eingebaut sein, sofern Pkw-Zulassung erteilt werden soll.
- ○ Sitze und ihre Verankerung gemäß EWG 74/408 (entsprechend ECE-R 17).

○ Sofern Gurte am Sitz montiert sind, müssen Sitze und Verankerung zusätzlich der EWG 76/115 entsprechen (entsprechend ECE-R 14).
○ Diebezügliche Bestätigungen werden beim Kauf eines entsprechend geprüften Sitz-/Gurtsystems beigelegt.

Fingerzeig: Für Fahrzeuge mit Erstzulassung vor dem Stichtag 1.1.92 wird die EWG 74/408 (entsprechend ECE-R 17) sowie EWG 76/115 mit Anpassung EWG 81/575 und EWG 82/318 (entsprechend ECE-R 14) noch nicht gefordert. Wir empfehlen dennoch, diesen Standard auch in ältere T4-Fahrzeuge einzubauen.

Die Fahrzeugart

Unser VW-Bus, seither als »Pkw« oder »Lkw« in den Fahrzeug-Papieren eingetragen, kann sich im Verlauf des Umbaus z. B. in ein »Sonstiges Kraftfahrzeug Wohnmobil« kurz »So-Kfz« verwandeln. Ob das der Fall ist, entscheidet die Art unseres Ausbaus, weniger der Sachverständige mit seinem Ermessensspielraum. Die Definition für ein Wohnmobil lautet folgendermaßen:
»Kraftfahrzeuge für Wohnzwecke sind Kraftfahrzeuge mit einem Wohnteil, der dazu bestimmt und geeignet ist, einer oder mehreren Personen eine geeignete Unterkunft zu ermöglichen.«
Während früher dieser wachsweiche Begriff genügte, um praktisch alles als Wohnmobil einzutragen, was mit einem Bett und Vorhängen ausgestattet war, wird die Sache heute genauer definiert. Ganz konkret muß ein So-Kfz-Wohnmobil folgende Einbauten aufweisen:
○ Sitz- und Schlafgelegenheiten, wobei – wie bei einer Klappbank – die Sitzfläche in ein Bett umgewandelt werden darf
○ Kücheneinrichtung, bestehend aus **fest** eingebauter Kochstelle
○ Tisch und Staukasten oder Schränke

Verschiedene Einträge möglich

Sogar bei vollständiger Möblierung des Wagens braucht die Fahrzeugart nicht unbedingt in »So-Kfz Wohnmobil« gewandelt zu werden. Vorraussetzung ist dann allerdings, daß zumindest der Herd – evtl. zusammen mit anderen Teilen der Einrichtung – **ohne Werkzeug ausbaubar** sein muß. Die Befestigung der zu entfernenden Einrichtungsteile muß also mittels Flügelmuttern oder -schrauben oder ähnlichen Befestigungen erfolgen.
Wichtig: Machen Sie bei einer solchen Konstruktion keinerlei Kompromisse bei der Stabilität der Verankerung! Die Unfallsicherheit darf unter keinen Umständen leiden (siehe Kapitel »Unfallsicherheit«).
So ausgestattet kann der VW-Bus also durchaus als **Pkw** eingestuft sein, obwohl am Wagen ein Hubdach montiert und auch eingetragen ist.

Auswirkungen der Zulassungsart

Weshalb der ganze Aufwand mit der Fahrzeugart? Mehrere Gründe sprechen für reifliches Überlegen:
○ Die Fahrzeugart wirkt sich auf die **Versicherungsprämie und die Besteuerung** aus. Das kann sich – richtig angefangen – positiv im Geldbeutel bemerkbar machen. Mehr dazu im folgenden Kapitel.
○ Noch ein Aspekt: Ein selbständig oder freiberuflich arbeitender Mensch bringt logischerweise ein als Pkw eingestuftes Fahrzeug leichter in seiner **Steuererklärung** unter als ein Wohnmobil.

In den alten Bundesländern ist für Änderungen der Fahrzeugart wie für Änderungen von Daten der Kfz-Papiere der Technische Überwachungsverein (TÜV) zuständig.

○ Nicht gerade alltäglich, aber möglich: Genannte Berufsgruppe könnte auch an einer Eintragung als **»So-Kfz Büromobil«** interessiert sein. Diese Fahrzeuggattung bedingt wieder einen herausnehmbaren Herd.
○ Zuletzt hat derjenige gute Karten, der mit seinem Pkw-zugelassenen Wagen an Plätzen übernachtet, die für **Wohnmobile gesperrt** sind. Eine Kopie des Fahrzeugscheins an das Ordnungsamt geschickt und die Sache ist aus der Welt.

Fingerzeig: Genauso gut wie die Pkw-Zulassung wäre auch die Lkw-Zulassung möglich. Dann können im Laderaum keine Sitzplätze ausgewiesen werden. Allerdings dürften sich die wenigsten Wohnmobil-Ausbauer mit Sitzplätzen nur im Fahrerhaus zufrieden geben, weshalb wir dieser Möglichkeit nicht weiter nachgehen.

Worauf der Sachverständige besonders achtet

○ **Sitzplätze** im Wohnbereich dürfen nur dann auch während der Fahrt benutzt werden, wenn sie als solche in den Fahrzeugpapieren eingetragen sind. Dazu müssen sie den Voraussetzungen entsprechen, die im Abschnitt »Sitzplätze« verlangt sind.
○ **Drehsitzkonsolen für die Fahrerhaussitze** dürfen nicht dem heimischen Hobbykeller entstammen. Am besten verwendet man die Original-VW-Teile oder zugelassene Zubehörteile.
○ **Fenster** muß das Wohnmobil mit Sitzplätzen im Wohnraum mindestens zwei in diesem Bereich aufweisen. Es genügt also beispielsweise je eines in der Schiebetür und in der Heckklappe oder Hecktüren. Mehr wäre besser.
○ **Fluchtweg** muß je einer an zwei verschiedenen Fahrzeugseiten vorhanden sein. Bei einem Wagen ohne Trennwand hinter den Fahrerhaussitzen ist das kein Problem: Dann gelten die Fahrerhaustüren als Fluchtwege. Hat der Wagen eine durchgehende Trennwand, müssen die hinten Sitzenden die Möglichkeit haben, den Wagen nach einem Unfall durch ein Fenster im Wohnbereich auf der linken Fahrzeugseite oder durch die Schiebetür zu verlassen. Dazu darf der Schiebetüregriff nicht durch einen Schrank zugebaut sein (was ohnehin nicht zu empfehlen ist). Zum Einschlagen eines festen Seitenfensters muß ein kleiner Hammer – wie beim Omnibus – im Wageninnern angebracht sein.
○ Der **Bodenbelag** muß auch dann rutschfest sein, wenn der Boden naß ist. Der lackierte Blechboden des Wagens genügt diesen Anforderungen nicht. Geeignet ist ein Gummibelag oder Teppichboden. PVC-Beläge eignen sich nur, wenn deren Oberfläche profiliert oder angerauht ist.
○ **Wandverkleidungen und Möbel** müssen aus splittersicherem Material bestehen – Nut-und-Feder-Bretter sind deshalb ungeeignet. Außerdem müssen die Baustoffe schwer entflammbar sein. In diesem Punkt gibt es kaum Probleme, denn schon eine geschliffene Sperrholzplatte erfüllt diese Anforderung. Unfallgefährliche Kanten und Ecken müssen »entschärft« sein.
○ **Bezugs- oder Vorhangstoffe** dürfen ebenfalls nur schwer entflammbar sein (siehe Kapitel »Die Schlafstatt«).
○ **Möbel und Beschläge** dürfen keine verletzungsgefährlichen Ecken und Kanten aufweisen.
○ Die **Gasanlage** muß ordnungsgemäß eingebaut sein (Kapitel »Die Gasanlage«). Der Sachverständige kontrolliert den Einbau der Bestandteile und achtet z. B. darauf, daß kein Bodenkamin mit einer Bodenbelüftung kombiniert wurde.
○ Beim **Gastank** werden richtige Einbaulage (Entnahme aus der Gasphase), Befestigung, Vollständigkeit der Armaturen und Prüfnummer kontrolliert.
○ Die **Zusatzheizung** muß bauartgenehmigt und deshalb mit einem Prüfzeichen (∿∿∿∿ S) versehen sein. Der Warmluftstrom darf keine Einbauten zu stark erhitzen. Der Abgaskamin einer Gasheizung muß in allen Teilen nach oben steigend verlegt sein.
○ Die **elektrische Anlage** muß den VDE-Richtlinien entsprechen (Kapitel »Die 220-Volt-Anlage«).

Was muß man mitbringen?

Damit die Begutachtung beim TÜV bzw. DEKRA reibungslos vonstatten geht, sollten Sie die folgenden Unterlagen zum Termin mitbringen:
○ **Kraftfahrzeugbrief**; er wird benötigt, um die Änderungen am Fahrzeug einzutragen.
○ **Prüfbescheinigung der Gasanlage**; sie wird vor Erst-Inbetriebnahme durch einen DVFG-Sachkundigen nach eingehender Prüfung der Gasanlage ausgestellt (siehe auch Kapitel »Die Gasanlage«). Für den TÜV/DEKRA-Sachverständigen ist die Bescheinigung Nachweis für die Dichtheit der Gasanlage und den ordnungsgemäßen Einbau derselben.
○ **Prüfberichte bzw. -gutachten** der eingebauten Zubehörteile, wie z. B. Ersatzradhalter, Sitz-/Gurtsysteme, Sonderdächer, Heizung etc. Auch die **Einbauanleitungen** dieser Teile sind hilfreich, wenn der Sachverständige die ordnungsgemäße Montage kontrollieren will.
○ **Freigabe des Herstellerwerks**; sie ist nur erforderlich, falls sie aufgrund schwerwiegender Änderungen an der Karosserie vom Sachverständigen bei der Vorbesprechung des Umbaus ausdrücklich gefordert wurde.

In den neuen Bundesländern hat die DEKRA das Recht zum Ändern der Fahrzeugart und ggf. der Daten der Kfz-Papiere.

○ Den **Kraftfahrzeugschein** braucht nur die Zulassungsstelle zum anschließenden Eintragen der Änderungen. Dabei erhalten Sie einen neuen Schein ausgestellt, und der alte Schein wird eingezogen.

Danach zur Zulassungsstelle

Beim TÜV bzw. DEKRA wird man die Änderungen am Fahrzeug nur in den Kraftfahrzeugbrief eintragen. Am Fahrzeugschein, den Sie ja unterwegs stets mit sich führen müssen, darf der Sachverständige keine Korrektur vornehmen. Der Weg zur Zulassungsstelle bleibt Ihnen also nicht erspart. Dort legen Sie den geänderten Fahrzeugbrief vor, und man wird Ihnen einen neuen Kfz-Schein, unter Berücksichtigung der vorgenommenen Änderungen, ausstellen. Leider gibt's auch diese Leistung nicht umsonst. Wurde beim Teilgutachten die Fahrzeugart geändert, muß natürlich auch die Fahrzeug-Versicherung benachrichtigt werden. Denn nun ändern sich auch die Versicherungsbeiträge – ob positiv oder negativ, entscheidet der Einzelfall.

Fingerzeige: Bei Umbau eines schon zugelassenen Fahrzeugs erlischt die Betriebserlaubnis. Deshalb sofort nach bestandener TÜV-Teilprüfung die Änderung in den Fahrzeugschein eintragen lassen. Erst dann gilt die neue Betriebserlaubnis als ausgestellt.
Anderer Fall bei nachträglichem Einbau eines geprüften Teils mit Teile-Gutachten oder ABG: Hier muß lediglich der Nachweis des Prüfers über den ordnungsgemäßen Einbau mitgeführt werden. Ein Eintrag ist dann nicht in jedem Fall erforderlich.

Fixkosten

In keinem Bereich finden Veränderungen schneller statt als bei der Fahrzeug-Versicherung. Praktisch jährlich erfolgt eine Korrektur, nicht nur der Beitragshöhe, sondern auch der Bewertung einzelner Kriterien.
Bei der KFZ-Steuer konnte man in zurückliegender Zeit von stabilen Verhältnissen sprechen, zumindest was Wohnmobile betraf. Aber auch hier sind die Dinge im Fluß.

Wohnmobil-Versicherungstarif

Für alle Wohnmobile, die in den Fahrzeugpapieren als »So-Kfz Wohnmobil« eingetragen sind, halten die Versicherer einen speziellen Wohnmobil-Tarif bereit, der sich in der Staffelung des Schadenfreiheitsrabatts von der Pkw-Versicherung unterscheidet. Der Wohnmobil-Tarif ist günstiger als für einen normalen Pkw, denn die Versicherer gehen von der logischen Überlegung aus, daß ein zum Wohnmobil umgebauter Reisebus zwar größeren Schaden anrichten kann, dafür aber sicher nicht im Alltagsbetrieb gefahren wird und somit die Schadenshäufigkeit geringer sein dürfte als beim VW-Bus.
Die Wohnmobil-Regelung ist ideal für Führerscheinanfänger, die sonst mit 175 % der Versicherungsprämie beginnen würden. Beim Wohnmobil steigen sie dagegen mit 100 % in die Staffelung ein.
Wer von seinem Pkw einen Versicherungsvertrag mit sehr hohem Schadensfreiheitsrabatt übernehmen will, wird allerdings feststellen, daß beim Wohnmobil die Rabattstaffel früher endet. Hier könnte die Versicherung als Pkw günstiger sein.
Wie Sie im Einzelfall zur preisgünstigsten Versicherung für Ihr Wohnmobil kommen, müssen Sie sich von Ihrem Versicherer nach aktuellen Stand durchrechnen lassen, denn mittlerweile spielen so viele Faktoren bei der Berechnung der Versicherungsprämie eine Rolle, daß keine allgemein gültigen Aussagen mehr möglich sind. Zur Wahl steht in jedem Fall die Versicherung als Pkw oder als Wohnmobil, die Bewertungskriterein des »Versicherungswagnisses« sind jedoch unterschiedlich.

Fingerzeige: Obwohl es bei der Wohnmobil-Versicherung andere Schadensfreiheits-Rabattstufen gibt, werden schadensfreie Jahre auf eine Folgeversicherung im Pkw angerechnet. Ein Führerscheinanfänger kann sich also mit dem Wohnmobil einen ansehnlichen Rabatt »erarbeiten«.
Wer den Wagen nur sommers anmeldet, sollte sich bei seiner Versicherung erkundigen, wie lange der Wagen pro Jahr zugelassen sein muß, damit ein höherer Schadenfreiheitsrabatt zustandekommt. Bei vielen Versicherungen muß nämlich der Wagen länger als 6 Monate zugelassen sein, damit sich der Beitrag über die Jahre verringert.

Kaskoversicherung

Bei einem als **Wohnmobil** zugelassenen Fahrzeug richten sich die Teil- und Vollkasko-Versicherungen in ihrer Beitragshöhe nach dem Neuwert des Fahrzeugs. Der ist bei einem selbst ausgebauten Wagen nicht immer einfach zu bestimmen. Wahrscheinlich läuft es in den meisten Fällen auf eine mehr oder minder realistische Schätzung hinaus.
Als Richtwerte können zum einen die fertig ausgebauten Wagen der verschiedenen Hersteller gelten, die aber preislich oberhalb des Eigenausbaus anzusiedeln sind. Zum anderen können die Materialkosten (Rechnungen aufbewahren) und die eigene Arbeitszeit einen Anhaltspunkt geben.
Wo es die Versicherung verlangt oder wo alles Schätzen keinen vernünftigen Preis ergeben will, kann ein vereidigter Gutachter zu Rate gezogen werden. Das kann ein freier Sachverständiger oder ein Angehöriger des TÜV, DEKRA oder anderer Organisationen sein.
Ein solches Gutachten kann auch bei einem Wagen notwendig werden, der in den Papieren als **Pkw** weiterläuft. Der wird nämlich nach Typ-Schlüssel eingestuft, und dann ist der Wohnumbau nicht mitversichert, In diesem Fall muß unbedingt auf den höheren Wagenwert hingewiesen werden, und dieser muß auch im Versicherungsvertrag – evtl. auf der Basis eines Gutachtens – dokumentiert werden.
Bei einem **Schadensfall**, der die Kasko-Verischerung betrifft, haben Sie es übrigens wieder mit einem Gutachter zu tun, falls das die Schadenshöhe rechtfertigt. Der ermittelt dann den sogenannten Zeitwert des Wagens, der aber leider bei älteren Autos oft unter dem realistischen Wert – also dem Wiederbeschaffungswert – liegt. Nach dem Zeitwert erhalten Sie Ihre Entschädigung, falls der Wagen als wirtschaftlicher Totalschaden (Reparatur übersteigt Fahrzeugwert) eingestuft wird. Kasko-Versicherungen lohnen sich deshalb nur für nicht allzu alte Gefährte.

Wohnmobile und Pkw unter 2,8 Tonnen Gesamtgewicht – dazu gehört der serienmäßige VW-Bus – werden wie Personenwagen nach Hubraum und Schadstoffausstoß besteuert. Das wird für einen VW-Bus mit nicht abgasgereinigtem Dieselmotor ganz schön teuer. Hier bot sich als Ausweg die sogenannte Auflastung an. Für Wohnmobile ab 2801 kg zulässigem Gesamtgewicht galt die Steuerregelung für Lkw, die sich nach dem Gewicht errechnet.
Damit ließ sich in der Vergangenheit eine erhebliche Menge Geld sparen. Aber auf der Suche nach neuen Steuereinnahmequellen hat der Gesetzgeber schwere Geländewagen und gleichzeitig auch Wohnmobile ins Visier genommen. Laut einem Mitte 2006 noch nicht rechtsgültigen Gesetzentwurf gilt dann auch für Wohnmobile über 2800 kg zulässigem Gesamtgewicht die Hubraumsteuer.
Als Fußfalle kann es sich jetzt erweisen, wenn das Wohnmobil zwecks Steuerersparnis auf über 2800 kg zulässiges Gesamtgewicht »aufgelasten« wurde. Falls hierbei in den Fahrzeugpapieren die Schlüssel-Nr. »00« für »nicht schadstoffarm« in den Fahrzeugpapieren eingetragen wurde, führt das bei einem Wohnmobil mit schadstoffarmem Motor zu einer ungerechtfertigten Steuererhöhung. Bei der Gewichtsbesteuerung spielt die Schadstoffklasse keine Rolle, wohl aber bei der Besteuerung nach Hubraum. In diesem Fall kommt man meistens durch »Ablasten«, also Verringern des zulässigen Gesamtgewichts, und Eintragung der ursprünglichen Schadstoff-Schlüsselnummer wieder in eine günstigere Steuerklasse.
Als Sonderweg bleibt noch die Zulassung des Wohmobils als Lkw, die weiterhin nach Gewicht besteuert werden. Welche Voraussetzungen das Finanzamt für die steuerliche Anerkennung als Lkw fordert, sollten Sie mit der örtlichen Kfz-Steuerstelle besprechen. So kann die Forderung nach einer Trennwand oder die Entfernung der rückwärtigen Sitze dazu führen, daß das Wohnmobil in seiner Nutzbarkeit erheblich eingeschränkt wird und der spätere Verkauf trotz Steueresparnis problematisch wird.
Was wir für die Versicherung gesagt haben, gilt so gesehen auch für die Besteuerung: Informieren Sie sich vor der Festlegung der Fahrzeugart bei Ihrem Finanazamt, was die aktuell kostengünstigste Version ist.

Darf's etwas mehr sein?

Je größer der Gewinn an Wohnraum sein soll, desto weiter entfernt man sich von der Ur-Karosserie des VW-Busses. Über das Sonderdach hinaus, das heute zum Wohnmobil-Standard gehört, bietet sich zunächst die Heckverlängerung an. Nächste Stufe ist der völlig eigenständige Aufbau auf Basis des Fahrgestells mit einfachem Fahrerhaus oder mit Doppelkabine.

Ein kurzer Überblick

Dieses Kapitel soll zeigen, welche Spielarten außer dem Ausbau der geschlossenen Versionen im VW-Bus stecken. Die Möglichkeiten des Selbstausbauers müssen hier nicht zu Ende sein, kann er sich doch eine Leerkabine auf ein Fahrgestell setzen lassen und den Ausbau selbst vornehmen. Einbauten, die sonst nicht möglich sind oder allzusehr nach Puppenstube aussehen, wie beispielsweise eine Naßzelle, sind auf dem größeren Grundriß problemlos zu realisieren.
Naturgemäß bleibt jedoch die Zahl derer, die ein solches Vorhaben verfolgen, gering. So versteht sich dieses Kapitel als Marktüberblick, doch nicht als Ausbauhilfe.
Im folgenden haben wir aus dem reichhaltigen Programm der verschiedenen Hersteller einige Methoden und Exemplare herausgegriffen – eine Aufstellung, die jedoch keinerlei Anspruch auf Vollständigkeit erhebt.

Heckverlängerungen

Diese Karosserievariante, die z.B. Dehler oder Karmann anbieten, ist die Konsequenz aus der Not, eine brauchbare Naßzelle einzubauen, ohne daß dabei wertvoller Wohnraum verlorengeht.
Was dabei entstanden ist, kann sich sehen lassen: Der Innenraum ist wesentlich vergrößert, die Grundcharakteristik des Basisfahrzeugs bleibt in hohem Maße erhalten.

Wechselaufbauten

Durch die sogenannte »Zugkopf-Bauweise« mit Frontmotor und Frontantrieb ist der VW T4 ideale Basis für Sonderaufbauten aller Art. Das Fahrgestell mit kleinem Fahrerhaus oder Doppelkabine dient als Basis beispielsweise für den Aufbau der Firma Tischer. Nach Montage einer Stahlrahmenkontruktion auf dem Fahrgestell ist der T4 gerüstet zur Aufnahme der Wohnkabine.
Zum »Aufsatteln« fährt der Transporter mit seiner »Ladefläche« unter den auf Stützen stehenden Wohnaufbau. Kabine am Fahrzeug befestigen und schon kann der Urlaub beginnen. Die Tischer-Kabinen können zusätzlich mit einem Durchstieg ins Fahrerhaus versehen werden. Dann ist auch an der Fahrerhaus-Rückwand dieselbe Manipulation nötig oder der Wagen wurde schon mit Heckluke bestellt.
Grundidee dieses Aufbaus ist es jedoch, Fahrzeug und Wohnaufbau sowohl am Urlaubsort wie auch zu Hause trennen zu können. Damit ergibt sich im Urlaub die Möglichkeit, den Wagen zu Fahrten in die Umgebung zu nutzen, während die Wohnkabine an Ort und Stelle bleibt.
Gewerbliche Nutzungsmöglichkeit besteht ebenfalls: Mit zusätzlich montierbaren Ladebordwänden wird das Basisfahrzeug zum Pritschenwagen, wenn der Urlaub zu Ende ist. Vernünftig ist die Wechselnutzung aber nur, wenn der Wagen nicht etwa im Baustelleneinsatz gestreßt wird. Denn mit einem hoffnungslos verdreckten und mechanisch verbrauchten Wagen hat kaum einer Lust, sich auf Urlaubsfahrt zu begeben.

Das Fahrgestell mit Doppelkabine ist eine beliebte Basis für Wechselaufbauten und fest installierte Wohnkabinen. Das Fahrgestell ist auch mit kleinem Fahrerhaus lieferbar und kann je nach Ausführung bis zu einem zulässigen Gesamtgewicht von 3300 kg zugelassen werden.

Die Tischer-Wohnkabine auf einem Fahrgestell mit Doppelkabinen-Fahrerhaus. Über eine Durchstiegsluke kann der Wohnbereich vom Fahrerhaus her erreicht werden.

Nach Absetzen der Wohnkabine ist das mit einer Plattform versehene Basisfahrzeug uneingeschränkt einsatzfähig – etwa zu Fahrten in die Umgebung des Urlaubsorts.

Das gleiche Prinzip wie bei Tischer gilt hier für den Road-Ranger. Die Wohnkabine kann abgenommen werden, der hier etwas größer ausgefallene Durchstieg zum Fahrerhaus wird verschlossen.

Gag mit Alltagsnutzen: Statt der Wohnkabine läßt sich beim Road Ranger der originale VW-Pritschenaufbau unter Verwendung von Spezial-Beschlägen am Fahrgestell montieren.

Höher und länger: Der Karmann Caruso bietet mit Hochdach und Heckverlängerung einen beachtlichen Innenraum.

Bleibt zuletzt der entscheidende Vorzug des völlig abgetrennten Wohnaufbaus: Ist das Basisfahrzeug eines Tages technisch am Ende, braucht erst gar nicht lange mit Restaurationsarbeiten begonnen zu werden. Ein neues Fahrgestell unter den Aufbau, und weiter geht die Fahrt!
Einen ähnlichen Weg beschreitet Dr. Höhn mit dem Road-Ranger auf Basis des Doppelkabinen-Fahrgestells. Auch hier ist der Aufbau abnehmbar, doch die Verbindung Fahrzeug zu Kabine ist Bestandteil der Idee und deshalb entsprechend groß ausgelegt. Der Eingriff in das Fahrerhaus ist deshalb unfangreicher und teurer, weil der große Ausschnitt bei abgesetzter Wohnkabine wieder verschlossen werden muß. Als Pritschen-Alternative wird die VW Pritsche mit Stützen und Adaption auf den Rahmen angeboten.

Wohnkabine auf Doppelkabinen-Fahrgestell

Was Tischer und Dr. Höhn als Wechselaufbau anbieten, liefert Lyding fest montiert: Eine Wohnkabine, deren Basis das VW-T4-Doppelkabinen-Fahrgestell ist. Was im ersten Moment als Einengung des Wohnraums erscheint, entpuppt sich zum Zwei-Zimmer-Appartement. Das Fahrerhaus wird durch Drehsitze zum Aufenthaltsraum – ein Aspekt, der vor allem beim Reisen mit kleinen Kindern an Wert gewinnt. Dann können die Erwachsenen noch vorn beieinander sitzen, während hinten die Kinder schon schlafen.

Integrierte Sonderaufbauten

Ein Sonderaufbau bekommt den Platzverhältnissen im Wohnbereich sehr gut, und der VW-Bus rückt damit mindestens eine Wohnmobilklasse höher. Fahrzeuge mit fest montierter Kabine basieren allesamt auf dem T4-Fahrgestell mit Fahrerhaus. Da bei diesen Fahrzeugen die Kabine nicht abnehmbar ist, kann die Rückwand des Fahrerhauses für problemlosen Durchstieg in den Wohnteil komplett entfernt werden.
Nicht selten werden derartige Fahrzeuge jedoch nur mit zwei zugelassenen, weil mit Gurten versehenen Sitzplätzen zur Benutzung während der Fahrt zugelassen. Das liegt an der nun problematisch gewordenen Anbringung von Gurtpunkten in der Wohnkabine.
Augenmerk verdient auch die Beschaffenheit der Kabine selbst. Der Aufbau besteht meist aus einem Gitterwerk mit Außenbeplankung, Isolation und Innenverkleidung, teilweise aber auch aus einer festen Schale in Sandwich-Bauweise. Lebensdauer und Reparaturfreundlichkeit dieser beiden Aufbauarten unterscheiden sich grundsätzlich.

Fingerzeig: Wer mit beiden Beinen fest in der Wohnmobil-Szene steht, unterscheidet peinlich genau in »Alkoven-Fahrzeuge« und »Teilintegrierte«. Hier das Unterscheidungs-Merkmal: Das Alkoven-Modell hat einen oder zwei Schlafplätze über dem Fahrerhaus und gerät dadurch höher als der Teilintegrierte, bei dem ebenerdig geschlafen wird.

Dehler liefert Fahrzeuge in unterschiedlichen Größen und Ausstattungen. Die hier gezeigte Version verfügt über ein Hoch-/Aufstelldach und eine Heckverlängerung.

Lyding gilt als Pionier für kompakte Alkoven-Fahrzeuge auf VW-Bus-Basis. Das Modell »Fuchs« ist auch als Leerkabine zum Selbstausbau erhältlich. GfK-Sandwichbauweise.

Der Wingam Ibis kann trotz Größe mit eleganter Linienführung aufwarten. Doppelwandige, einteilige GfK-Kabine.

Kaum wiederzuerkennen, unser VW-Bus. Gigantische Platzverhältnisse im Carthago Abakus.

Das Carthago-Alkovenmobil läßt auch von außen Größe erkennen. Alu-Sandwichbauweise mit Holzfachwerk.

Leerkabinen sind die Alternative für fortgeschrittene Selbstausbauer mit Platzbedarf. Hier eine fertig montierte Kabine von Futura.

Leerkabinen zum Selbstausbau

Kein Betätigungsfeld für Selbstbauer ist die Herstellung einer Wohnkabine für den VW-Bus. Das lohnt auch kostenmäßig kaum, abgesehen davon, daß die Erlangung des TÜV-Segens für solch einen Umbau nicht einfach ist. Eine bessere Möglichkeit sehen wir im Selbstausbau einer Leerkabine, die fast alle Anbieter von Kabinen-Fertigfahrzeugen auch liefern können und wollen. Dabei wird nicht nur der günstigere Preis, sondern auch die Möglichkeit, den Aufbau ganz nach den eigenen Vorstellungen ausbauen zu können, reizen.

Haltbarkeit der Aufbauten

Der Sonderaufbau sollte bei seinem hohen Gestehungspreis natürlich einen längeren Zeitraum ohne Schäden oder Zerfallserscheinungen überstehen.
Zu Schädigungen kommt es in erster Linie durch eindringendes Wasser an undichten Ecken oder Fugen. Wenn dann gar noch ein Holzgerüst das tragende Skelett des Sonderaufbaus ist, kann es schnell dazu kommen, daß der Aufbau von innen heraus modert. Die Abdichtung ist also hier das A und O.
Vergleichsweise besser dran sind die Aufbauten aus GfK, die an einem Stück gefertigt sind und deshalb erst gar keine Möglichkeit zu Undichtigkeiten bieten.

Schlechtere Fahreigenschaften

Bei Fahrzeugen mit Sonderaufbau ändern sich mit den Platzverhältnissen im Wagen auch die Fahreigenschaften. Größere Stirnfläche, höheres Gewicht und höhere Schwerpunktlage machen den VW-Bus auch in seinen Fahreigenschaften zu einem Motorcaravan – und da gelten andere Maßstäbe in Sachen Höchstgeschwindigkeit, Seitenwindempfindlichkeit und Straßenlage.

Was hier als Studie mit aufgesetzem Wohnwagen gezeigt ist, läßt sich auch mit geräumigerem Spezialaufbau realisieren: Sattelzug-Wohnmobil der Fa. Stahl.

Groß und kantig: Das Alkovenmobil von Bimobil. Alu-Sandwichbauweise mit Isolierung.

Mittlerweile nicht mehr in Produktion ist der schicke, teilintegrierte »Traveller 580« von Knaus.

Kleinere Hersteller können beim Innenausbau von Alkoven-Fahrzeugen flexibler auf Kundenwünsche reagieren. Das Bild zeigt einen T4 mit Wohnkabine und Schwabenmobil-Ausbau.

Stoff-Villa

Vorzelte vergrößern den Wohnraum im VW-Bus, sie schaffen gewissermaßen ein zweites Zimmer. Wer mit Kindern verreist, weiß das zu schätzen. Können doch so die Erwachsenen abends auch bei schlechtem Wetter noch zusammensitzen, ohne die schlafenden Kleinen zu stören. Anderseits verliert der VW-Bus viel von seinem mobilen Charakter, wenn erst vor jedem Standortwechsel das Zelt zusammengepackt werden muß.

Fingerzeig: Vorzelte sind nicht Fahrzeugtyp-gebunden. Wer also von seinem alten Bus noch ein gebrauchsfähiges Vorzelt übrig hat, kann es problemlos für den neuen Wagen verwenden. Lediglich das Verhandensein des im folgenden Abschnitt beschriebenen Regenrinnenprofils ist Bedingung.

Freistehende Vorzelte

Bus-Vorzelte unterscheiden sich kaum von normalen Hauszelten. Sie besitzen lediglich vorn und hinten einen Durchgang, damit sie sowohl von der freien Seite her sowie zum Auto hin begehbar sind.
Die dem Wagen zugewandte Seite ist meist genau senkrecht ausgeführt, damit das Zelt näher an den Wagen herangerückt werden kann.
Die Verbindung zwischen Wohnmobil und Zelt schafft eine einfache Stoffbahn, die oben am Wagen eingehängt wird.
Das Einhängen erfolgte bei den älteren Bus-Generationen in die Regenrinne. In Ermangelung derselben muß beim T4-Bus auf der Schiebetürenseite ein sogenanntes **Regenrinnenprofil** angeschraubt oder angeklebt werden. Gebräuchlich sind einfache Regenrinnenprofile oder stabilere Ausführungen, die zusätzlich als Basis für Dachlastenträger genutzt werden können.
Der Rest der Konstruktion ist denkbar einfach: Ein in die Zeltbahn eingenähter Stab, die **Klemmstange** wird von oben in die Dachrinne gelegt. Er steht vorn und hinten ein Stück über den Stoff über, damit er an beiden Enden mit einer einfachen schraubbaren Blechklammer festgeklemmt werden kann.
Eine weitere gebräuchliche Methode ist die Verwendung eines **Einziehkeders**, der in eine am Bus befestigte Kederschiene eingefädelt wird. Diese Methode eignet sich besser für ein einfaches Sonnensegel als für ein freistehendes Vorzelt.
Seitlich bilden Zeltbahnen den Übergang zum Karosserieblech. Durch eingenähte Gummizüge wird erreicht, daß keine allzu großen Spalte entstehen. Zugfrei ist die Angelegenheit jedoch keinesfalls.
Auch unten wird das Zelt kaum mit der Karosserie des Wagens abschließen. Die häufig mitgelieferten Abdeckplanen, die an dieser Stelle mit Spannschnüren eingehängt werden sollen, schaffen nur eine notdürftige Abdichtung. Man ist also gezwungen, das Zelt in Windrichtung aufzustellen, wenn der Staub nicht unter dem Wagen ins Zelt geblasen werden soll.
Vorzelte werden meist für verschiedene Transportermodelle gefertigt. Somit kann die Abdichtung nicht vollständig gelingen. Entscheidend beim Kauf ist bei fast allen Typen nur die Höhe der Regenrinne am Wagen, in die das Zelt eingehängt ist.
Das Praktische an den Vorzelten ist, daß sie auch ohne Wagen stehen. Man kann also nicht benötigte Utensilien am Standort zurücklassen, während man mit dem Bus zu einem Tagesausflug startet. Auch kommt dann auf stark frequentierten Campingplätzen keiner auf die Idee, sein Zelt auf dem vermeintlich freien Platz aufzustellen, während der Wohnmobilist unterwegs ist.
Weit einfacher als angenommen wird, ist das »Andocken« des Wagens an das Zelt, wenn man abends zum Standplatz zurückkehrt. Der rechte Außenspiegel dient dann zum Anpeilen der Zeltwand. Wer sich unsicher ist, kann den richtigen Stand der Räder mit Steinen markieren.

Fingerzeig: Wer eine 12-Volt-Leuchte außen am Vorzelt anschließen will, sollte sich eine kleine Außensteckdose mit Verschlußkappe an der rechten Fahrzeugseite montieren. Geeigneter Einbauort ist die Schloßsäule hinter der Beifahrertüre (B-Säule). Die Stromversorgung sollten Sie sich von der Zweitbatterie (Kapitel »Die 12-Volt-Anlage«) holen.

Vorzelt im Eigenbau

Oft steht aus der früheren Campingzeit noch ein Hauszelt mit zwei gegenüberliegenden Eingängen zur Verfügung. Das eignet sich eventuell auch als Vorzelt. Sie brauchen nur die Verbindungs-Zeltbahnen zum Wagen zusätzlich anzunähen. Die obere Bahn erhält einen angenähten Umschlag, in den sich eine Zeltstange

Dieses Regenrinnenprofil (Pfeil) bietet zwei Funktionen zugleich: Es kann zum Befestigen des Vorzelts und zum Anbauen eines Dachträgers (bei beidseitiger Montage) verwendet werden.

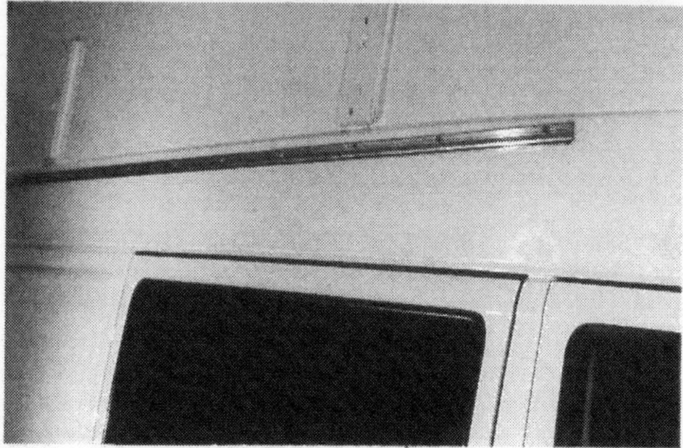

Einfaches Regenrinnenprofil mit Kederschiene zum Ankleben oder Annieten an die Karosserie. Das Profil bietet die Möglichkeit, ein Vorzelt oder Sonnendach mittels Einziehkeder oder Klemmstange zu montieren. Außerdem verhindert es das Abtropfen von Regenwasser über der Schiebetür.

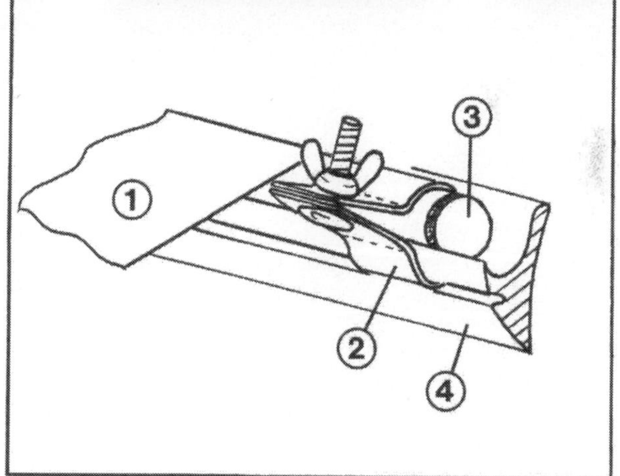

Vorzelt-Befestigung mittels Klemmstange. Es bedeuten:
1 – Zeltbahn oben;
2 – schraubbare Blechklammer;
3 – Klemmstange;
4 – Regenrinnenprofil.

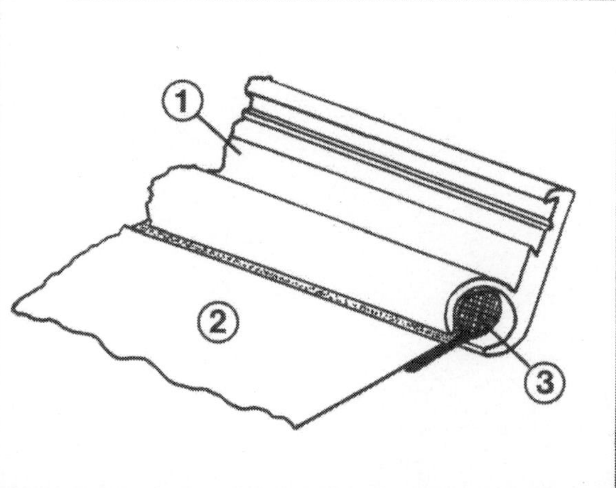

Vorzelt- oder Sonnensegel-Befestigung mittels Einziehkeder:
1 – Regenrinnenprofil mit Kederschiene;
2 – Zeltbahn oben;
3 – Einziehkeder.

Die Markise kennt kein Problem beim Aufbauen des Sonnenschutzes und ist außerdem immer dabei. Dieser Markisenkasten ist mit einem abschwenkbaren Hochdachträger kombiniert (Reimo).

zur schon beschriebenen Befestigung am Regenrinnenprofil stecken läßt. Die Schraubschellen zum Festklemmen werden entweder (wie die Zeltstange) aus dem Camping-Fachgeschäft bzw. -versand zugekauft oder aus schmalen Blechstreifen gefertigt. In die seitlichen Stoffbahnen muß ein Gummizug eingenäht werden, der unten am Boden mit einem »Hering« und oben an der oberen Stoffbahn befestigt wird.
Wenn keine direkte Verbindung zwischen Bus und Zelt gewünscht ist, genügt es auch, nur die Stoffbahn der hinteren Zelt-»Türe« oben an der Regenrinnenleiste zu befestigen. Der Bus steht dann zwar ein Stück vom Zelt entfernt, aber der Zwischenraum ist von der Zeltbahn schattenspendend überdacht.
In vielen Fällen genügt es schon, das Zelt völlig getrennt aufzustellen. Dann braucht von der Zeltform her gar keine Rücksicht auf das Wohnmobil genommen zu werden, und der gewünschte Effekt wird trotzdem erreicht. Etwa dann, wenn trotz Regen noch ein Kartenspiel mit Freunden angesagt ist, die im Bus schlafenden Kinder aber nicht gestört werden sollen.

Sonnensegel

Sogenannte Sonnensegel sollen im Bereich vor dem Wohnmobil Schatten spenden. Als Wetterschutz sind sie jedoch nicht geeignet.
Beim Aufstellen des Sonnensegels sollte man sich darüber im Klaren sein, daß der Wagen an dieser Stelle einige Tage steht. Sonst lohnt sich der Aufwand nicht, denn das Sonnensegel steht nicht von selbst. Es ist mit der einen Seite (wie ein Vorzelt) am Regenrinnenprofil des Wagens befestigt, mit der anderen Seite ruht es auf zwei Stützen, die natürlich mit Spannschnüren und Heringen verzurrt sein wollen.
Unpraktisch wird die ganze Konstruktion, wenn man mit dem Wagen kurz wegfahren will, denn dann muß alles abgebaut werden. Geschieht das mehrmals, ist man's schnell leid.

Markise

Die Vorteile des Sonnensegels verbindet die Markise mit leichter Bedienbarkeit und geringeren Rüstzeiten.
Nachteile gibt's natürlich auch: Die Markise muß am äußeren Dachrand stabil montiert werden. Das bedeutet, daß teilweise bei Fahrzeugen mit Aufstelldach der untere Dachrand ein Stück ausgespart werden muß, damit die Markisenbox Platz findet. Vor der Montage ist natürlich auch nicht sicher, ob die Box Windgeräusche verursacht – hinterher ist man schlauer.

Mit einem Vorzelt wird der VW-Bus zur Zweizimmerwohnung erweitert (Futura).

Charakteristikum des Vorzelts ist seine Öffnung an der Rückseite, die den Durchgang zur Schiebetür freigibt.

An Vorzelt-Varianten hat es keinen Mangel: Dieses hier öffnet platzsparend zur Seite hin, was sich auf überfüllten Campingplätzen positiv auswirken kann.

Das richtige Besteck

Werkzeuge haben ein vielfältiges Erscheinungsbild – abhängig davon, was man an Arbeiten verrichten will. Für unseren Bedarf haben wir es mit Werkzeugen zur Holz- und Blechbearbeitung zu tun, aber auch mit einer Grundausstattung an Mechaniker-Werkzeug.

Die Werkzeug-Grundausstattung

Wer sich zum Ziel setzt, ein Wohnmobil auszubauen, kann kein absolut unpraktisch veranlagter Mensch sein und wird deshalb auch schon einen gewissen Werkzeug-Grundbestand besitzen. Der Vollständigkeit halber sei hier nochmals aufgezählt, was wir als Grundausstattung – nicht nur für den Wohnmobil-Ausbau – für sinnvoll halten:

4 Doppel-Gabelschlüssel 6x7, 8x10, 13x15 und 17x19
2 Gabel-/Ringschlüssel kurz, SW 10 bzw. SW 13 beidseitig
2 Ringschlüssel gekröpft, 10x13 und 17x19
1 Satz Innensechskantschlüssel am Ring, 2 bis 8 mm
3 Schraubendreher für Querschlitzschrauben, 3, 6 und 8 mm breit
2 Schraubendreher für Kreuzschlitzschrauben, verschiedene Größen
1 Schraubendreher für Querschlitzschrauben, kurz mit kräftigem Griff
2 Winkelschraubendreher für Kreuzschlitze und Querschlitze
1 Kombizange
1 Rohrzange, 240 mm lang
1 Seitenschneider
1 Schlosserhammer, 300 g schwer
1 Flachmeißel
1 Durchschlag, 3 mm Durchmesser
1 Elektrik-Prüflampe oder Spannungsprüfer mit Leuchtdioden

Weitere Werkzeuge

Zum Werkzeug-Grundbestand müssen wir uns noch einige Werkzeuge dazukaufen, die wir speziell zum Wohnmobil-Ausbau dringend brauchen:

Feilen und Holzraspeln, und zwar in folgenden Ausführungen:

- Je eine Halbrundfeile und -holzraspel, jeweils Hieb 2.
- Je eine Rundfeile und -holzraspel, jeweils Hieb 2.

Ein **schmaler Handhobel** leistet gute Dienste beim Einpassen der Möbel.

Eine **Schere** in stabiler Ausführung. Verlassen Sie sich nicht auf das Vorhandensein einer Schere im Haushalt! Diese dient meist speziellen Zwecken und wird sicher sofort vermißt.

Eine **Elektro-Quetschzange** brauchen Sie zum Anklemmen von Steckern oder Ösen an Elektrokabel. Für unsere Zwecke reicht die einfachste und preisgünstigste völlig aus.

Schraubzwingen kann man gar nicht genug haben, wenn mit Holz gearbeitet wird. Gut ist es, wenn Sie Zwingen von verschiedener Länge für die unterschiedlichen Einsatzzwecke besitzen. Für uns brauchbar sind Schraubzwingen bis 1,20 m Länge.

Ein **Meterstab** ist natürlich zum Messen unentbehrlich. In vielen Fällen praktischer – weil handlicher – ist ein aufrollbares Maßband.

Ein **Winkel** darf beim Möbelbau nicht fehlen. Gut ausgestattet sind Sie mit zwei Winkeln in langer und kurzer Ausführung.

Bleistifte zum Anzeichnen haben Sie sicher zu Hause.

Ein **wasserfester Filzstift** mit dickem Strich sorgt für deutlich sichtbare Anrisse.

Eine **Wasserwaage** hilft beim Innenausbau nur dann, wenn Sie den Bus vor Arbeitsbeginn absolut waagrecht aufstellen (siehe dazu Kapitel »Möbelbau«).

Eine **Nietzange** wird z.B. zum Befestigen eines Dachverstärkungsrahmens gebraucht. Mit der Nietzange werden sogenannte Blind- oder Pop-Niete vernietet, die in ein passendes Loch im Blech eingesetzt wurden, ohne daß dabei an der Rückseite gegengehalten werden muß. Die Zange zieht dazu einen Nagel, der in dem Niet steckt, nach oben durch. Der Niet wird dadurch deformiert – also vernietet. Zum Schluß bricht der Nagel ab, und zurück bleibt eine stabile Nietstelle.

Unsere Werkzeug-Grundausstattung besteht aus:
1 – ausziehbarer Radschraubenschlüssel;
2 – Winkelschraubendreher für Quer- und Kreuzschlitze;
3 – kurzer Schlitzschraubendreher;
4 – Kreuzschlitzschraubendreher;
5 – Schlitzschraubendreher;
6 – Seitenschneider;
7 – Kombizange;
8 – Rohrzange;
9 – Innensechskantschlüssel;
10 – Flachmeißel;
11 – Durchschlag;
12 – Fühlerblattlehren;
13 – Hammer;
14 – Steckschlüssel;
15 – Ringschlüssel, hoch gekröpft;
16 – Gabel/Ringschlüssel;
17 – Elektrik-Prüflampe;
18 – Gabelschlüssel.

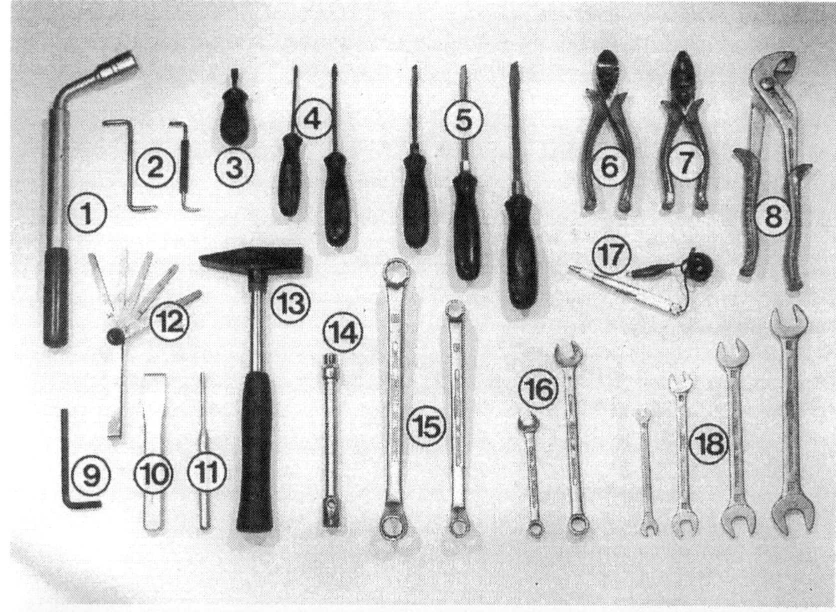

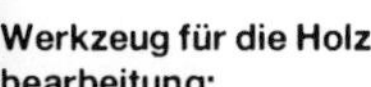

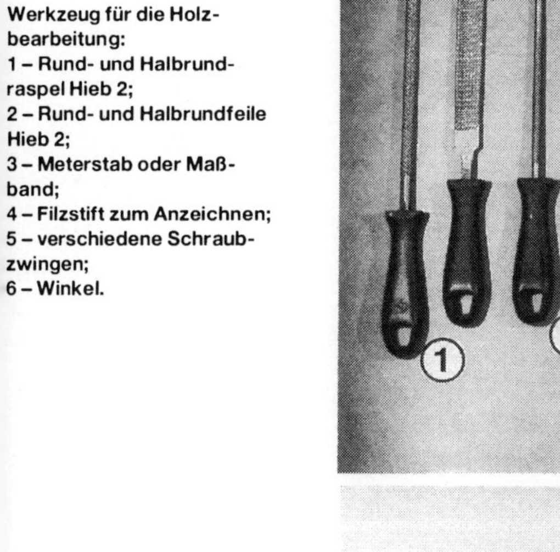

Werkzeug für die Holzbearbeitung:
1 – Rund- und Halbrundraspel Hieb 2;
2 – Rund- und Halbrundfeile Hieb 2;
3 – Meterstab oder Maßband;
4 – Filzstift zum Anzeichnen;
5 – verschiedene Schraubzwingen;
6 – Winkel.

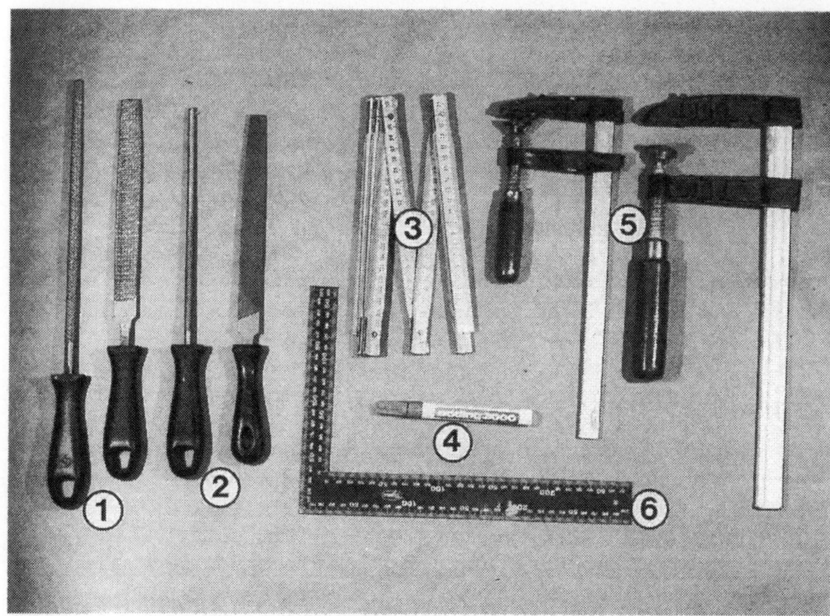

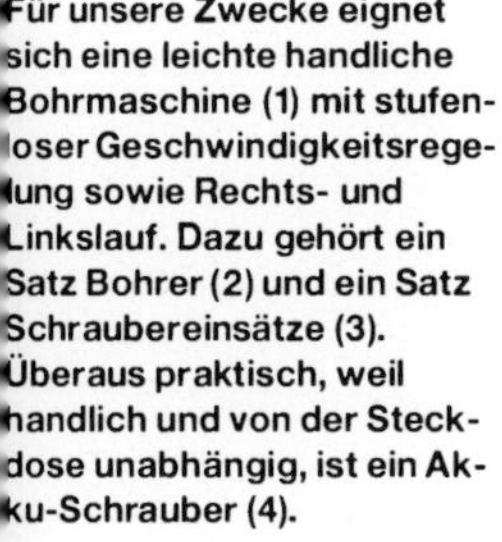

Für unsere Zwecke eignet sich eine leichte handliche Bohrmaschine (1) mit stufenloser Geschwindigkeitsregelung sowie Rechts- und Linkslauf. Dazu gehört ein Satz Bohrer (2) und ein Satz Schraubereinsätze (3). Überaus praktisch, weil handlich und von der Steckdose unabhängig, ist ein Akku-Schrauber (4).

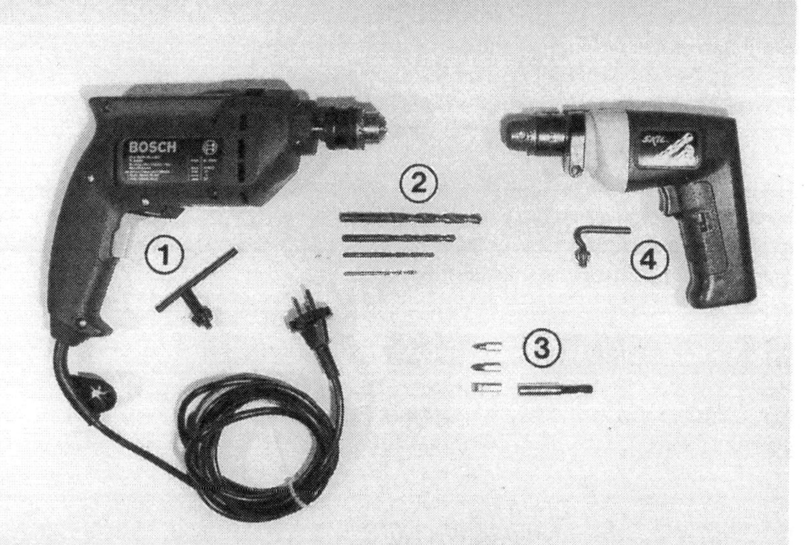

Der Maschinenpark

Natürlich müssen nicht alle der im Folgenden genannten Maschinen gleich neu gekauft werden. Sicher leiht Ihnen der eine oder andere Bekannte eine Maschine für die Dauer Ihres Wohnmobil-Ausbaus.

Die Bohrmaschine

Ohne Bohrmaschine geht's nicht. Für unseren Zweck geeignet ist eine leichte, gut zu handhabende Maschine mit Rechts- und Linkslauf sowie mit stufenloser Drehzahlregelung. In ihr Bohrfutter sollten sich Bohrer ab Ø 2 mm einspannen lassen. Nur für die großen Bohrungen in Blechstärken ab 2 mm – also etwa in den Fahrzeugrahmen – wird dann eine größere Bohrmaschine benötigt, die Sie sicher ausleihen können.

Ein **Satz Bohrer** ab Ø 2 mm gehört natürlich dazu. Achten Sie darauf, daß es sich um HSS-Qualität handelt. Die **H**ochleistungs-**S**chnell**s**tahl-Bohrer eignen sich sowohl für Metall wie auch für Holz. Übrigens: Die kleinen Bohrergrößen 2, 2,5, 3 und 3,5 mm sollten Sie sich gleich in mehrfacher Ausführung besorgen – die brechen reihenweise ab.

Schraubereinsätze gehören ebenfalls zur Bohrmaschine. Ins Bohrfutter oder einen dazugehörenden Magnethalter eingespannt, lassen sich mit ihnen alle Schrauben in Holz oder Blech eindrehen und wieder herausdrehen. Deshalb sollte die Bohrmaschine Rechts- und Linkslauf besitzen. Gebraucht werden zwei Kreuzschlitz- und ein Querschlitz-Schraubereinsatz in den gängigen Größen.

Fingerzeig: Zum Schraubendrehen ist ein Akku-Schrauber noch praktischer als eine Bohrmaschine. Da er ohne Kabel auskommt, ist er auch schneller zur Stelle, wenn eine Schraube eingedreht werden soll. Nur bei sehr schwergängigen Schrauben kann er nicht immer die Bohrmaschine ersetzen.

Elektrische Sägen

Die **Elektro-Stichsäge** wird beim Wohnmobil-Ausbau häufig gebraucht. Günstig ist eine Ausführung mit zwei Geschwindigkeitsstufen oder mit stufenloser Regelung.

Stichsägenblätter für Metall brauchen Sie nur, wenn Sie einen Karosseriedurchbruch aussägen wollen. Kaufen Sie gleich mehrere Blätter, denn der Verbrauch ist beim Metallsägen recht hoch. Sägeblätter für Holz sollten in recht fein gezähnter Ausführung gekauft werden, sonst besteht die Gefahr, daß an der Schnittkante große Späne abgerissen werden.

Die **Kreissäge** dient ausschließlich zum Sägen in gerader Linie. In der Regel wird der Heimwerker eine Handkreissäge besitzen, die sich auch auf die Werkbank aufspannen läßt. Besser geeignet für einen geraden Schnitt sind Tischkreissägen, die bereits werksseitig unter einem Metalltisch montiert sind. Solche Sägen besitzen in der Regel auch einen stabilen Anschlag zum Führen des Werkstücks. Wie Sie auch mit einer Handkreissäge einen leidlich geraden Sägeschnitt ausführen können, steht im Kapitel »Möbelbau«.

Das **Kreissägenblatt** sollten Sie ebenfalls in recht feinzähniger Ausführung wählen. Die großgezähnten Hartmetallblätter, wie sie oft in der Grundausstattung bei Handkreissägen dabei sind, lassen das Furnier am Schnittrand stark einreißen – zumal, wenn die Zähne nicht mehr scharf sind.

Der Elektrohobel

Mit einer elektrischen Hobelmaschine lassen sich ausgefranste Schnittränder ausgezeichnet glätten. Weiter eignet sich der Elektrohobel, wenn Holzteile eingepaßt werden müssen. Mit dem Hobel kann dann die Stirnseite des einzupassenden Bretts Millimeter um Millimeter abgetragen werden, bis die Form stimmt.

Einhand-Winkelschleifer

Der **Einhand-Winkelschleifer** (oft Einhand-Flex genannt) leistet vor allem bei Arbeiten an der Karosserie gute Dienste. Auch hier eignet sich für uns wieder eine leichte Ausführung.

Schleifscheiben der unterschiedlichsten Varianten lassen sich an einem Winkelschleifer montieren. Da wäre zunächst die **Trennscheibe**, eine relativ dünne, starre Scheibe, mit der Metall durchtrennt werden kann. Weiter gibt es die **Schruppscheibe**, die ebenfalls starr, aber dicker als die Trennscheibe ist. Man verwendet sie zum Entgraten oder zum Entrosten stark korrodierter Teile. Sehr praktisch zum Abschleifen von kleineren Roststellen sind **flexible Schleifscheiben** verschiedener Körnung, die zusammen mit einem Gummiteller auf dem Winkelschleifer montiert werden. Vorteil der flexiblen Scheibe: Sie schafft keine harten Schleifränder, sondern eine relativ glatte Schleiffläche mit weichen Übergängen.

Der elektrische Tacker

Der elektrische Tacker schießt auf Knopfdruck kleine Blechklammern in weiche Materialien, wie z.B. Holz. Recht brauchbar ist diese Gerät zum Beziehen einer gepolsterten Bank. Natürlich läßt sich der Tacker bei Verwendung entsprechend langer Klammern auch zum Bau von Möbeln gebrauchen. Die Verbindungsstelle muß dann aber zusätzlich verleimt werden.

Wichtige Sache: Die Schutzbrille

Beim Arbeiten mit dem Winkelschleifer ist es unumgänglich, eine Schutzbrille zu tragen. Denn Schleifkorn und Metallteilchen fliegen mit hoher Geschwindigkeit durch die Luft. Auch wenn der Winkelschleifer eine Schutzabdeckung besitzt, kann sich doch mal ein Metallteilchen ins Auge »verirren« und böse Augenverletzungen zur

Der Maschinenpark zur Holzbearbeitung:
1 – Kreissäge;
2 – Elektrohobel;
3 – Stichsäge.

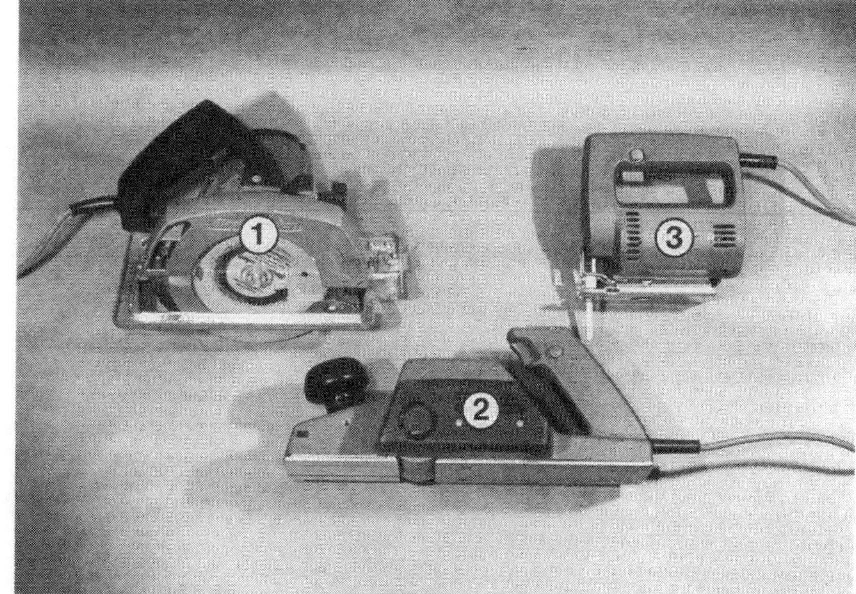

Grobe Sägeblätter (links im Bild) sind für den Möbelbau ungeeignet. Gute Schnitte erzielen wir nur mit feinzähnigen Sägeblättern (rechts im Bild).

Der Einhand-Winkelschleifer (1) ist für Karosseriearbeiten unerläßlich. Dazu gehören die richtigen Scheiben:
2 – Schleifscheiben mit Gummiteller zum Entfernen von Rost und Lack;
3 – Schruppscheibe zum Glätten von Kanten;
4 – Trennscheibe zum Schneiden von Metall.
Zu allen Arbeiten gehört die Schutzbrille (5).

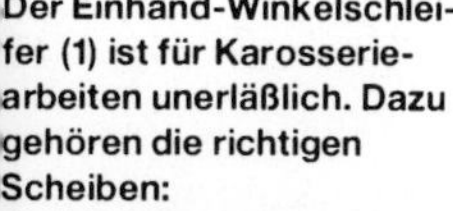

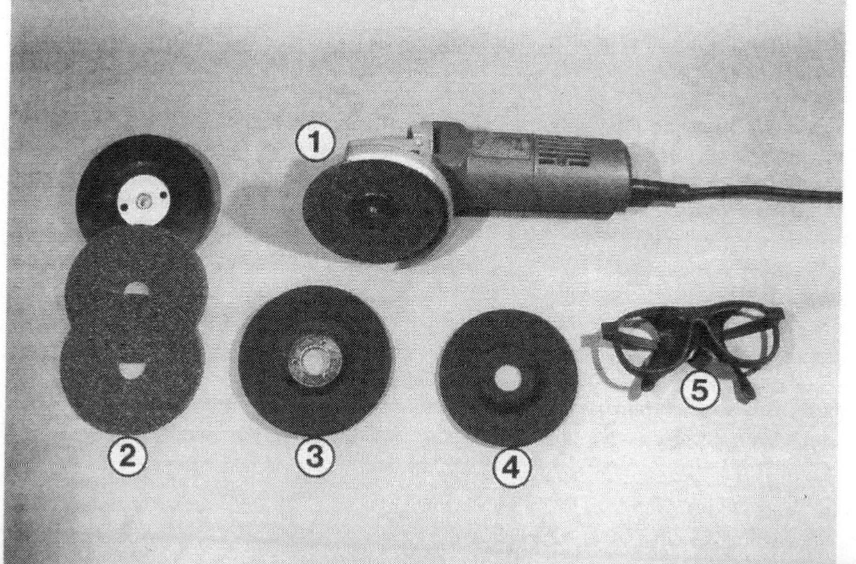

Folge haben. Die Schutzbrille benötigen Sie außerdem beim Sägen von Metalldurchbrüchen mit der Stichsäge – auch hier spritzen Späne. Am besten setzt man sie auch zum Arbeiten mit der Kreissäge und zum Bohren großer Lochdurchmesser in Metall auf – sicher ist sicher!

Kniepolster

Beim Wohnmobil-Bau wird viel auf den Knien »gestanden«. Beugen Sie Beschwerden vor, indem Sie prinzipiell nur auf einem Schaumstoffpolster niederknien.

Allerlei Zutaten

Verschiedene Dichtmaterialien, Farben oder Schrauben werden bei den Vorbereitungsarbeiten am Fahrzeug und beim Wohnmobil-Ausbau immer wieder gebraucht. Hier eine Aufstellung:

Farben

Autolack im Ton der Außenlackierung gibt es in 1-kg-Dosen bei bestimmten Farbenhandlungen und Autozubehörläden zu kaufen. Die Kilodose lohnt sich immer bei gebrauchten Wagen, denn was übrigbleibt, kann später zur Reparatur von Lackschäden verwendet werden. Der Lack in der Dose ist streichfertig verdünnt. Die richtige Fahrzeugfarbe ist übrigens auf dem sogenannten **Fahrzeug-Datenträger** vermerkt, einem weißen Aufkleber, der links unter dem Armaturenbrett nahe des Sicherungskastens befestigt ist. Eine Kopie des Datenträgers findet sich übrigens im Wartungsheft des Wagens. Außer der Lackierung sind darauf auch die Fahrzeug-Identnummer, Motor- und Getriebe-Kennbuchstaben und die Zusatzausstattungen vermerkt (wichtig bei der Teilebestellung).
Rostschutzfarbe soll auf blankgeschliffenen Flächen neuen Rostansatz verhindern. Geeignet sind Rostprimer oder Zinkchromatfarbe. Auch das orangefarbene Bleimennige kann verwendet werden, muß aber vor dem Überstreichen mit Fahrzeuglack sehr gut durchtrocknen, sonst zieht die Mennige-Schicht Runzeln. Generell muß die mit Rostschutz behandelte Fläche anschließend mit Fahrzeug-Decklack überstrichen werden.
Hohlraumspray ist eine Art Schutzwachs, das per Sprühdose in schlecht zugängliche Ecken und Falze befördert wird. Durch seine hohe Kriechfähigkeit gelangt es auch in schmale Ritzen – etwa in Blech-Verbindungstellen – und hält Wasser von den Metallteilen fern. Beim VW-Bus können die ganzen Innenwände unter den Verkleidungen besprüht werden, denn Wohnmobile sind innen stark kondenswassergefährdet.
Nicht geeignet ist das Hohlraumspray, um die werksseitige Wachsbeschichtung in den Karosserieträgern unten am Fahrzeugboden nachzubessern. Der Sprühschlauch der Dose ist zu kurz und der Sprühdruck zu gering.
Korrosionsschutzwachs ist nicht ganz so widerstandsfähig wie Hohlraumspray. Dafür ist die aufgesprühte Wachsschicht transparent und so gut wie nicht sichtbar. Einsatzgebiete gibt's überall dort, wo das Hohlraumspray wegen seiner bräunlichen Färbung häßliche Ränder hinterlassen würde – also etwa zum Konservieren unter Anbauteilen außen an der Karosserie oder im Motorraum.

Dichtmittel

Karosserie-Dichtungsmasse ist grau oder beige eingefärbt und hat kaugummiähnliche Eigenschaften. Als Kotflügelband gibt es dieses Material in Streifen geschnitten und aufgerollt. Gut geeignet ist die Dichtungsmasse, um die Durchführung eines Kabels durch ein Bohrloch abzudichten oder um eine Verschraubung durch Karosserieboden oder -wand wasserdicht zu machen. Auch zum Entklappern eines lose hängenden Kabels eignet sich dieses Material.
Silikon-Dichtmasse gibt es in sogenannten Kartuschen mit einer Dosierspitze zu kaufen. Wirklich gut verarbeiten läßt sich das Material nur mit einem Kartuschendrücker, in den die Kartusche eingelegt wird. Anschließend kann die Dichtpaste durch Pumpen in einem feinen Strang herausgepreßt werden.
Silikon-Dichtmasse gibt es transparent oder in verschiedenen Farben zu kaufen. Sie trocknet unter Abscheidung eines unangenehmen Essiggeruchs, hat aber sehr gute Haft- und Dichteigenschaften. Auch nach dem Austrocknen bleibt das Material elastisch. Silikon nimmt jedoch keine Farbe an, kann also nicht überstrichen werden.
Acryl-Dichtmasse gibt's ebenfalls nur in Kartuschen. Transparent ist diese Dichtmasse nicht erhältlich. Dafür ist sie zum Überstreichen geeignet. Acryl-Dichtmasse ist jedoch nicht ganz so widerstandsfähig wie Silikon.
Sikaflex-Klebedichtmasse hat sich zum Allround-Klebematerial der Wohnmobilbauer entwickelt. Mit »Sikaflex 221« werden Sonderdächer und Sitzschienen angeklebt, Verschraubungen abgedichtet, oft sogar Möbelbretter positioniert. Obwohl dieses Material ausgezeichnet klebt, behält es doch einen Rest Elastizität.
Ähnliche Eigenschaften hat das Schwesterprodukt »Sikaflex 252«. Es bindet es schneller ab, bleibt dafür aber nicht ganz so elastisch.
Zur Vorbereitung der Klebeflächen gibt es noch einen Sikaflex-Haftreiniger. Bei der Verarbeitung hilft das Sikaflex-Abglättmittel zum Glattstreichen einer sichtbaren Klebenaht und zuletzt der Sikaflex-Entferner.

Klebematerialien

Holzleim wird wegen seiner Färbung häufig Weißleim genannt. Er eignet sich sowohl zum Verkleben von Holzteilen untereinander wie auch zum Aufkleben einer Beschichtung auf eine Holzplatte. Letzteres ist

Die Bezeichnung des Original-Farbtons Ihres Wagens finden Sie bei abgenommener Sicherungskasten-Abdeckung links unter dem Armaturenbrett. Dort sind auch weitere Fahrzeugdaten, wie Motor- und Getriebe-Kennbuchstaben, Fahrwerks-Version, Fahrzeug-Identnummer und Mehrausstattungen vermerkt.

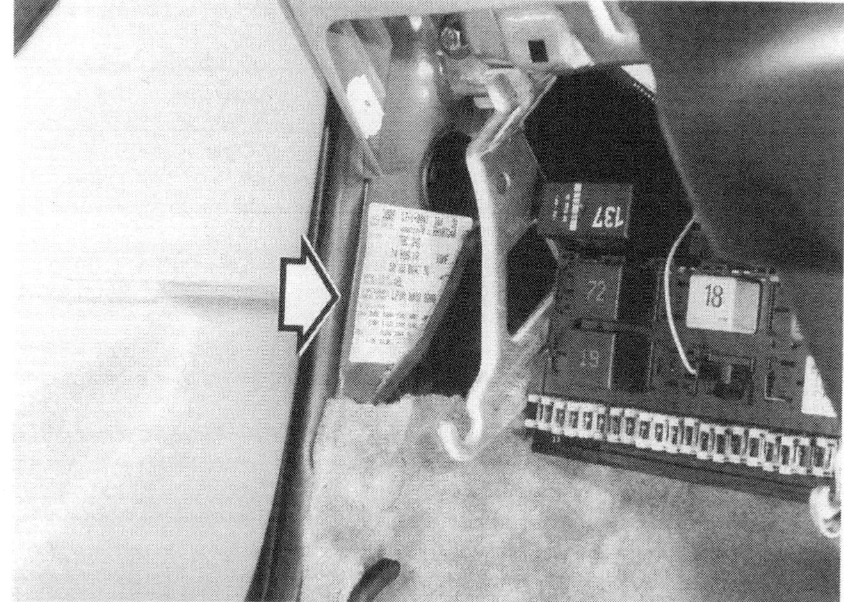

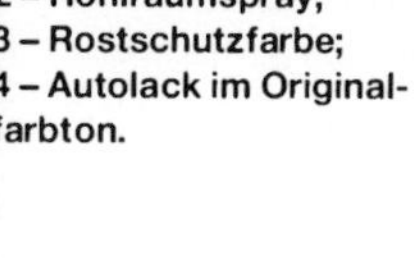

Ohne Sprays und Farben geht es nicht:
1 – Korrosionsschutzwachs;
2 – Hohlraumspray;
3 – Rostschutzfarbe;
4 – Autolack im Originalfarbton.

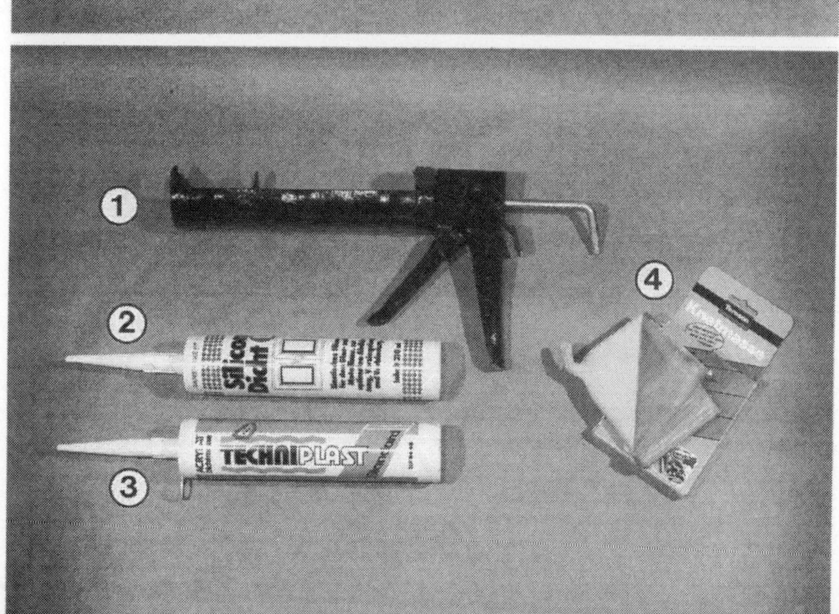

Dichtmittel für den Wohnmobil-Ausbau: Mit dem Kartuschendrücker (1) verarbeitet man Silikon- (2) und Acryl-Dichtmasse (3). Universell einsetzbar ist Karosserie-Dichtmasse (4).

allerdings nur für den Schreiner interessant. Bis zur Abtrocknung des Leims müssen die zu verklebenden Teile mit Schraubzwingen zusammengepreßt werden.

Kontaktkleber – besser bekannt unter den Produktnamen »Pattex« oder »Uhu Kontakt« – eignet sich fast für alle Verklebungen. Die Klebestelle muß angerauht, trocken und fettfrei sein. Dann beide Klebestellen dünn bestreichen und den Klebstoff kurz ablüften lassen. Zum Schluß die Teile fest aufeinanderpressen.

Im Wohnmobil ergeben sich Anwendungsmöglichkeiten beim Kleben von Bespannungen, Stoff-Dachverkleidungen sowie bei vielen anderen kleinen Klebestellen, wie z.B. Haken für Handtücher. Tücke dieses Klebstoffs: Verschmierte Klebstoffreste treten zunächst nicht in Erscheinung, verwandeln sich aber im Lauf der Zeit in häßliche braune Flecke.

Isolierband – am besten mit Gewebeeinlage – (z.B. Tesaband) kann nicht nur zum Isolieren eines blanken Kabels, sondern auch zum Zusammenbinden mehrerer Kabel sowie zum »Entschärfen« einer Blechkante Verwendung finden.

Kreppband wird zum Abkleben einer Fläche verwendet, die beim Lackieren keine Farbe abbekommen soll. Verschiedene Sorten schaffen mehr oder weniger genaue Lackierungs-Kanten.

Kleinteile für die Elektro-Installation

Autoelektrikkabel wird für die Erweiterungen der 12-Volt-Anlage verwendet. Haushaltskabel eignet sich nur bedingt, denn seine Isolation ist nicht ausreichend öl- und scheuerfest. Mit dem gängigen Kabelquerschnitt von 1,5 mm² kommen Sie fast überall aus, wo kein Verbraucher mit sehr hoher Leistung mit im Spiel ist.

Kabelstecker und Ösen (etwa zum Anschrauben eines Massekabels an die Karosserie) gibt es in allen Ausführungen und für alle gängigen Kabelstärken. Zum Anbringen werden Stecker oder Ösen auf das von der Isolierung befreite Kabelende geschoben und mit einer Spezial-Quetschzange – wir haben sie bereits erwähnt – auf dem Kabel festgequetscht. Wurde der richtige Kabelstecker für die verwendete Kabelstärke gewählt, hält die Verbindung bombensicher.

Abzweigverbinder: Wer ein Kabel »anzapfen« will, erledigt das am besten mit einem sogenannten Abzweigverbinder. Über den Abzweigverbinder läßt sich ein neues Kabel an ein bereits vorhandenes anschließen, ohne daß das ursprüngliche Kabel durchgetrennt wird. Der elektrische Kontakt wird durch einen Metallsteg im Verbindungsstück hergestellt.

Kleine Schraubenkunde

Im Verlauf des Wohnmobil-Ausbaus werden Sie verschiedene Schraubenarten in Verwendung haben. Von welchen es sich lohnt, einen kleinen Vorrat einzukaufen, zeigt sich leider erst, wenn man bereits mit dem Bauen begonnen hat. Hier die Zusammenstellung:

Maschinenschrauben sind Schrauben mit einem zylindrischen Gewindeteil, die entweder in eine Mutter oder in ein Gegengewinde eingedreht werden, das in ein Werkstück geschnitten ist. Maschinenschrauben besitzen ein sogenanntes metrisches Gewinde im Gegensatz zum Zollgewinde (England). Zum Einsatz kommen Maschinenschrauben in der Regel dort, wo Metall im Spiel ist.

Schloßschrauben haben dasselbe Gewinde wie Maschinenschrauben, besitzen aber statt eines Sechskantkopfes einen Linsenkopf, unter dem ein Vierkant angeordnet ist. Sie eignen sich hervorragend für stark belastete Verschraubungen in Holzplatten (Stichwort »Unfallsichere Eckverbindungen«).

Der Vierkant zieht sich dabei ins Holz und verhindert, daß sich die Schraube mitdreht, wenn die Mutter auf ihrem freien Ende angezogen wird. Der Linsenkopf verhindert, daß sich die Schraube ins Holz eingräbt.

Blechschrauben werden – wo keine hohe Belastbarkeit gefordert ist – in Blech von geringer Stärke gedreht, ohne vorher ein Gewinde zu schneiden. Beim Einschrauben schneidet sich die Blechschraube ihr Gewinde selbst. Oder sie wird in ein spezielles Gewindeplättchen (Schnappmutter, Blechmutter) gedreht.

Häufig besitzen Blechschrauben einen Kreuzschlitzkopf. Nur die großen Schrauben, die z.B. zur Befestigung eines PKW-Kotflügels verwendet werden, sind mit einem Sechskantkopf ausgestattet.

Holzschrauben sind heute für die Möbel-Montage nicht mehr zu empfehlen. Diese Schrauben besitzen ein kegelig zulaufendes Gewindeteil und am Ende des Schraubenschafts ein gewindeloses Teil. Im Schraubenkopf sind sie für die Aufnahme eines Querschlitz-Schraubendrehers vorbereitet.

Nachteil: Vor dem Einschrauben muß vorgebohrt werden, weil sonst durch die kegelige Form der Schrauben das Holz springen könnte. Ferner lassen sich die Querschlitzschrauben längst nicht so gut mit Bohrmaschine oder Akkuschrauber und Schraubereinsatz ins Holz drehen, wie das bei Kreuzschlitzschrauben der Fall ist.

Schnellbau-Schrauben sind häufig unter der Produktbezeichnung »Spax-Schrauben« bekannt. Sie eignen sich hervorragend zum Möbelbau und sind durch ihren Kreuzschlitzkopf leicht mit dem Schraubereinsatz in Bohrmaschine und Akkuschrauber zu handhaben. Alle Größen sind zu haben, und in der Regel ist die Schraubenoberfläche gegen Rost geschützt.

Schnellbau-Schrauben gibt es auch mit **Kunststoffabdeckungen** in verschiedenen Farben. Der Schraubenkopf hat dazu in der Mitte ein kleines Loch, in das der Zapfen an der Unterseite des Abdeckkäppchens gesteckt wird. Soll die Zierabdeckung wirklich halten, muß der Zapfen lang genug sein. Beim Kauf darauf achten!

Klebematerialien, die ständig benötigt werden:
1 – Holzleim;
2 – gewebeverstärktes Isolierband;
3 – Kreppband;
4 – Kontaktkleber.

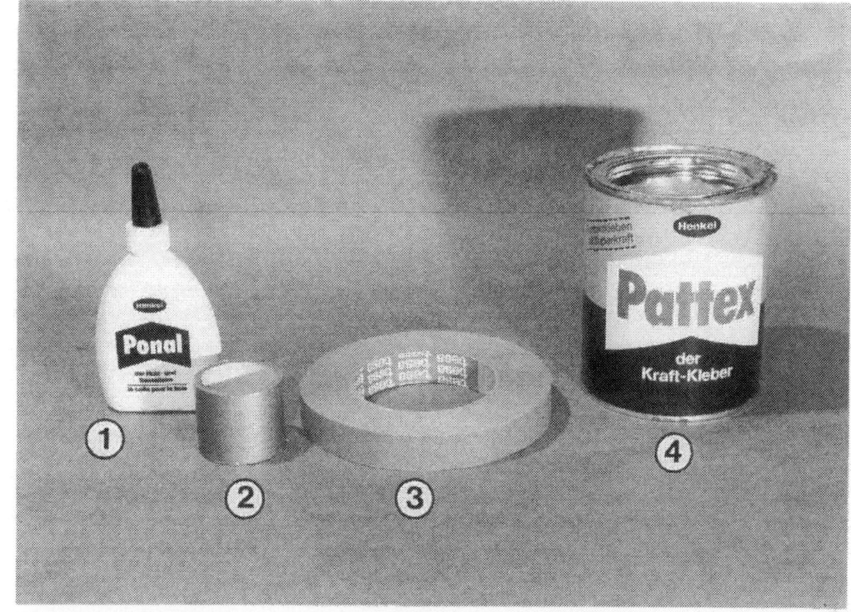

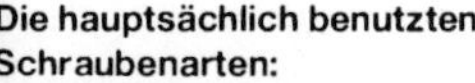

Die hauptsächlich benutzten Schraubenarten:
1 – Schnellbauschrauben mit Kunststoffabdeckung;
2 – Schloßschrauben;
3 – Maschinenschrauben mit metrischem Gewinde;
4 – Holzschrauben herkömmlicher Ausführung;
5 – Schnellbauschrauben;
6 – Blechschrauben.

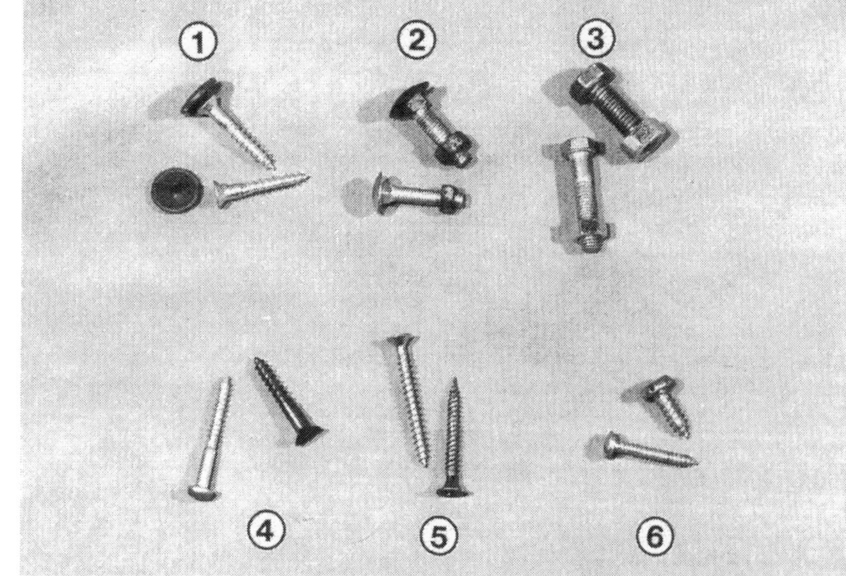

Kleinteile für die 12-Volt-Elektro-Installation:
1 – Autoelektrikkabel;
2 – Kabelösen;
3 – Flachstecker;
4 – Flachsteckerhülsen;
5 – Kabelschuh oder -öse offen;
6 – Abzweigverbinder (mit den beiden Kabeln wird die Funktion demonstriert).

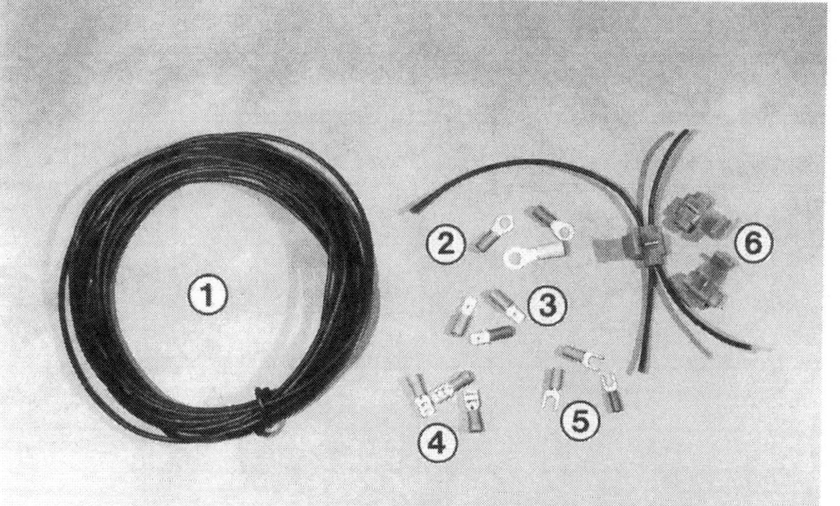

Opas Campingträume

Einen Campingbus zu besitzen, war zu keiner Zeit eine Sache für arme Leute. Verkaufsprospekte aus den 50er Jahren beweisen, daß man zum Preis eines damals eher mager ausgestatteten Wohnmobils schon eine recht eindrucksvolle Limousine mit einem Stern auf dem Kühlergrill bekam. Daran hat sich bis heute nichts geändert, denn auch in unserer Zeit konnten die Wohnmobile mit der Preisentwicklung mühelos Schritt halten.
Sicher bliebe die individuelle Art der Urlaubsgestaltung für manchen unerschwinglich, wäre da nicht die Möglichkeit des Selbstausbaus unter Verwendung von zugekauften Fertig-Elementen. Diese ebenfalls gewinnbringende Produktlinie ist auch bei führenden Wohnmobil-Herstellern teilweise bis zum heutigen Tag im Programm.

Blick zurück

Blicken wir zurück: In den frühen Nachkriegsjahren war der VW Transporter nur im absoluten Ausnahmefall ein Freizeit-Zweitfahrzeug. Zum überwiegenden Teil mußte der Bulli im harten Einsatz die Brötchen verdienen. Sofern überhaupt Urlaub angesagt war, konnte also bestenfalls das Alltags-Fuhrwerk zum Spaßmobil umfunktioniert werden. Genau hier greift die Idee des Wohnmobil-Pioniers Westfalia:

Die Campingbox

1951 – also schon im Jahr nach dem Debüt des VW-Transporters – präsentiert Westfalia die legendäre »Campingbox« für diesen Wagen. Das Wunderding wird bei aufkommender Reiselust in den Laderaum gestellt – schon ist das Wohnmobil fertig. Bei Bedarf lassen sich aus der Truhe Betten für drei Personen oder eine Sitzgruppe herausfalten. Auch ein Benzin- oder Spirituskocher läßt sich hervorzaubern. Ergänzt wird die Einrichtung durch einen Kleiderschrank im Heck des Wagens und eine Halterung für die Waschschüssel in der hinteren Klapptür.

Erste Komplettfahrzeuge

Nach mehrfacher Verbesserung der Campingbox ist Westfalia im Jahre 1956 dem heutigen Wohnmobil mit dem ersten komplett ausgestatteten »De Luxe«-Campingbus einen ganzen Schritt näher gekommen: Der Bus präsentiert sich mit modischen Vorhängen und Polsterbezügen, einem separat stehenden Gaskocher und sauber eingepaßten Seitenschränkchen. Sogar ein Kühlfach für Blockeis ist im Fahrzeugheck vorhanden. Daneben steht frei – damals ging man mit der Gefahr noch unverkrampfter um – die Gasflasche für den Herd. Mittlerweile selbstverständliche Details, wie Dachluke, Gepäckständer und Vorzelt bzw. Sonnensegel, waren schon in den Vorjahren in das Programm aufgenommen worden.

Die Mosaik-Einrichtung

Anfang der sechziger Jahre hatte das Wohnmobil auch in der Bundesrepublik eine gewisse Popularität erreicht. Die bis dato alternativ zur Fertigeinrichtung angebotene Nachrüst-Campingbox wird durch das Mosaik-Programm als mobile Ausstattung ergänzt. Kernstück der Mosaik-Einrichtung: Zwei Sitzkästen mit Polstern, dazu Bodenplatte und Klapptisch. Als Ergänzung gibt's Seitenschränke für die Motorraumkonsole.

Im Jahre 1949 wurden bereits die ersten fahrfähigen VW-Transporter-Prototypen hergestellt (Bild). Die Serienproduktion begann 1950.

Schon 1952 wurden bei Westfalia die ersten Transporter mit Camping-Ausstattung versehen.

Auf dem Westfalia-Prospekt von 1955 ist Campingleben demonstriert. Die Campingbox wird zur Initialzündung für die VW-Wohnmobil-Idee. Interessant ist übrigens die Unterteilung in die Campingbox »Standard« zum nachträglichen Selbsteinbau und die »Export«-Version, die bereits fester Bestandteil des fertigen Campingwagens ist.

Sieht das nicht gemütlich aus? Der Bus-Innenraum mit Campingbox (im Vordergrund), Heckschränken, Vorhängen und Bewohnerinnen.

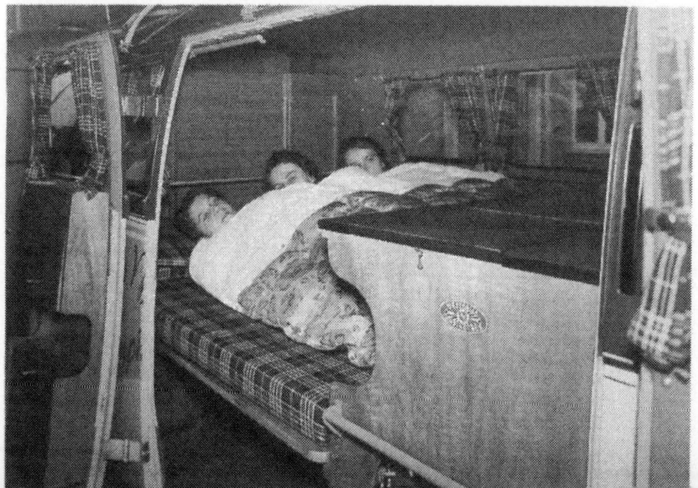

Weitere Campingbus-Firmen

Schon 1961 erhält Westfalia Konkurrenz: Die in Stuttgart ansässige Firma Arco (später Grawo) bietet ebenfalls Wohneinrichtungen an – zu günstigem Preis. Später folgt ein isoliertes Aufstelldach, das in ähnlicher Form auch noch für den T3-Bus lieferbar war.
In Hannover beginnt die Firma Joch – bislang bekannt durch die Umbausätze für die alten, kleinen Käfer-Heckfenster – ab 1963 mit dem Bau von Wohneinrichtungen für den VW-Bus. Die Niedersachsen bleiben ihrer charakteristischen Ecksitzgruppe bis weit in die achtziger Jahre hinein treu.

Erste Sonderdächer

Ebenfalls 1963 erweitert Westfalia nach oben: Ein Polyester-Faltdach mit gestreifter PVC-Folie schaffte tagsüber reichlich Stehhöhe im Wagen und bot nachts Platz für zwei zusätzliche Betten. Leider stand dem Verkaufserfolg dieses praktischen Daches sein Preis von 1.400,- DM im Weg. Man kann diesen Betrag leichter einstufen, wenn man die Relation zum Preis eines neuen VW Kombis sieht, der zu diesem Zeitpunkt für 6.545,- DM zu haben war.
Moderater im Preis ist das 1965 nachgeschobene Hubdach, das die bis dahin immer noch angebotene Dachluke ersetzt. Daß sich dieses preisgünstige Sonderdach in seiner Urform bis heute erhalten hat, spricht für seine Genialität. Allerdings schafft es keinen Raum für zusätzliche Schlafplätze.

Verbesserungen im Stil der Zeit

Das Jahr 1965 bringt weitere Veränderungen der Westfalia-Einrichtungen mit sich. Zwei Fertigeinrichtungen sind jetzt im Programm: Die populäre, weil billigere »SO 42« mit schmalem Bett, Seitenschrank und Klapptisch links und die weniger verbreitete »SO 44« mit breitem Bett und Kocher-/Spülenkombination hinter den Fahrerhaussitzen.
Zusätzlich zu den Fertigfahrzeugen ist nach wie vor die »Mosaik«-Einrichtung im Programm.

Ausländische Anbieter

Während Westfalia große Teile der Produktion nach den USA liefert, sind beispielsweise in Großbritannien und Kanada andere Firmen mit dem Ausbauen des VW Transporters beschäftigt. »The Canadiana« wird von der Volkswagen Canada Ltd. selbst verkauft.

Die zweite VW-Bus-Generation (T2)

Im Herbst 1967 kommt ein völlig überarbeiteter VW-Bus auf den Markt; die Generation II. Der Wagen eignet sich gegenüber seinem Vorgänger von den Voraussetzungen her wesentlich besser als Wohnmobil, denn er verfügt – dank einer Schräglenker-Hinterachse – nun über eine deutlich verbesserte Straßenlage. Auch der Fahr- und Sitzkomfort gibt sich zeitgemäß. Die große Windschutzscheibe und das neue Armaturenbrett verbreiten Pkw-Feeling.

Wohnmobile auf T2-Basis

Natürlich fehlt das obligate Westfalia-Wohnmobil nicht im neuen Bus-Programm. Brandneu ist das Aufstelldach mit zwei Hängebetten, das anfangs noch von hinten nach vorn öffnet. Das große, zur Seite öffnende Faltdach ist zwar immer noch im Programm, findet aber kaum noch Käufer.
Binnen weniger Jahre entstehen zahlreiche Einrichtungsvarianten, die genauso schnell wieder verschwinden,

Fließend kaltes Wasser gehört bereits serienmäßig zur Camping-Ausstattung »De Luxe« von 1958. Oben auf dem Schank prangt die »Bar« – ein Stück Zeitgeschichte für sich.

Konkurrenz für Westfalia regt sich schon in den frühen Tagen. Hier ein Arco-Camper mit aufgesatteltem Hochdach, das den serienmäßigen Schiebedachausschnitt abdeckt. Nach dem Urlaub wird es wieder abgenommen.

Das englische »Dormobil«-Aufstelldach konnte ab 1963 für die Westfalia-Camper geordert werden. Durch den hohen Aufpreis blieb die Stückzahl gering.

Selbstbau-Versionen waren stets fester Bestandteil des Westfalia-Programms. Hier die »Mosaik«-Einrichtung aus dem Jahre 1961.

Auch in Übersee fährt man VW-Campingbus. Zum Beispiel wird »The Canadiana« von Volkswagen Canada als Bausatz-Einrichtung vertrieben.

wie sie gekommen sind. »Paris«, »Rom«, »Amsterdam«, »Oslo«, »Stockholm«, »Madrid«, »Luxemburg«, »Düsseldorf«, »Malaga«, »Offenbach«, und »Helsinki« lauten die Namen der Varianten.
Den »Mosaik«-Möbelsatz gibt es nun auch auf das neue Basisfahrzeug zugeschnitten. Nach wie vor lassen sich die Teile der Einrichtung leicht ein- und ausbauen.

Endgültige Dachkonzeption

Mit den neuen Stoßstangen und den hochgesetzten Blinkern am Basisfahrzeug kommt zum Modelljahr 1973 auch das neue Aufstelldach, das jetzt von vorn nach hinten öffnet. Die Gepäckmulde sitzt nun vorn. Trick der Änderung: Es kann ein größerer Teil der Dachfläche hochgestellt werden, so daß oben auch Erwachsene bequem Platz finden. Ein komfortableres Dachbett ersetzt die Hängematten.

Die Idee wird zum Boom

1973 sind bereits 125 000 Westfalia-Wohnmobile verkauft. Da kann die Konkurrenz nicht ruhen: Es treten weitere Wohnmobil-Ausstatter auf, die sich auf den VW-Bus konzentrieren. Syro und Teca seien hier stellvertretend genannt. Auch im Ausland ist der VW-Campingbus verbreitet: In Großbritannien erfreuen sich Wagen mit großem Klappdach äußerster Beliebtheit.

Nur noch zwei Einrichtungs-Grundrisse

Wieder ein Meilenstein: Der Beifahrer-Drehsitz schafft ab Modelljahr 1976 Raum im engen Gehäuse. Der Innenraum wird optisch fast doppelt so groß. Der Drehsitz prägt freilich auch den Einrichtungs-Grundriß: Die Schränke stehen bei der darauf abgestimmten neuen Einrichtung »Berlin« alle links im Wagen.
Gleichzeitig mit Einführung der neuen Einrichtung bereinigt Westfalia die bisherige Programm-Vielfalt. Neben der »Berlin«-Version bleibt nur noch die vergleichsweise unpraktische »Helsinki«-Einrichtung im Angebot.
Bis zum Produktionsende der T2-Transporter-Generation im Jahre 1979 bleiben die Einrichtungs-Grundrisse nun unverändert.

Generationssprung zum T3

Der Generation-III-Transporter ab 1979 wurde zweifelsfrei mit einem Seitenblick auf den Freizeit-Markt konzipiert. Fahrkomfort und Platzangebot sind weiter optimiert, zusätzlich ist die Trennwand hinter den Sitzen auch bei gebrauchten Fahrzeugen ohne TÜV-Komplikationen demontierbar und somit kein Hindernis mehr für den Wohnmobil-Ausbau. Das Reserverad – früher im Innenraum untergebracht und für manche Stunde Kopfzerbrechen bei der Einrichtungsgestaltung sorgend – hat nun einen organischen Platz unter dem Fahrzeugboden.

Jetzt geht's erst richtig los

Der Westfalia-Bus nennt sich nun »Joker« und hat einen aus der alten »Berlin«-Einrichtung abgeleiteten Grundriß. Zwei Drehsitze im Fahrerhaus beziehen auch diesen Bereich noch stärker als bisher in den Wohn-Teil mit ein. Am Heck trägt das neue Wohnmobil den Schriftzug »Camping«, später bekennt er sich auch dort zum Produktnamen »Joker«.
Der Erfolg des Wagens auf dem Freizeit-Sektor übertrifft alle Erwartungen. Der Markt verzeichnet mittlerweile zahllose Campingausbau-Firmen, die sich daranmachen, den T3 zum Wohn-, Büro- oder Freizeitmobil umzufunktionieren. Es entstehen die verschiedensten Einrichtungen, auch Fahrzeuge mit Heckküche sind bereits dabei, obwohl sich die meisten Ausbauer an den von Westfalia geprägten Joker-Einrichtung orientieren. Auch im Bereich der Sonderdächer tut sich einiges: Die unterschiedlichen Versionen sind kaum zu zählen.
Der VW-Bus gewinnt zunehmend als Ganzjahres-Wohnmobil an Bedeutung. Beheizung und Isolation lassen das ohne weiteres zu. In diesem Zusammenhang werden mehr und mehr die witterungsunempfindlichen und leicht zu isolierenden Hochdächer eingebaut.

Sonderaufbauten und Stylingstudien

Der VW-Bus als Fahrzeug der unbegrenzten Möglichkeiten: Außer Fahrerhaus und Chassis ist bei Fahrzeugen mit Sonderaufbau nichts mehr vom Bus übrig. Die Wohnkabine ist ein echtes Platzwunder.
Noch eine Spielart des VW-Bus-Umbaus läßt sich mit dem T3 ideal realisieren: Die Verwandlung zum aufgepeppten Van. Die Grundidee dazu stammt aus Amerika und wurde hierzulande von VW durch die Stylingstudien »Weekender« und »Traveller-Jet« noch unterstützt. Die Fahrzeuge blieben Einzelstücke und finden sich heute im VW-Museum. Realisiert wurde dagegen der »Liberty-Van«, der aber längst nicht die Verbreitung von vergleichbaren Wohnmobilen erreichte.

Endgültigen Durchbruch feierten die Sonderdächer auf der zweiten Transporter-Generation. Hier das beliebte kleine Hubdach, das zu erschwinglichem Preis zu haben war.

Erste Aufstelldächer sind ebenfalls ab der zweiten Transporter-Generation zu verzeichnen. Das anfangs nach hinten öffnende Dach bietet nur kurze Schlafplätze oben. Die ab Herbst 1973 lieferbare, vorn aufstellbare Version bietet mehr Platz.

Werbebild für die »Mosaik«-Einrichtung zum T2. Wie Oliver und Susanne wohl heute aussehen?

Bei entsprechender Fotolinsenwahl wirkt der Innenraum des T2-Campers mit »Malaga«-Ausstattung geradezu gigantisch. Tatsächlich waren aber die Einrichtungen mit Schränken hinter dem Beifahrersitz recht beengend. Das änderte sich erst mit der Einrichtung »Berlin«.

Zeit der Reifung

Schon zu Produktionsbeginn des T3 ist klar, daß die eher unglücklich werkelnden luftgekühlten Motoren durch wassergekühlte ersetzt werden müssen. Demgemäß weist auch die Karosserie bereits die Einbaumöglichkeit eines Wasserkühlers auf. Ein erster Schritt in diese Richtung wird 1981 unternommen: Der aus dem Golf stammende Saugdiesel-Motor wird in den Bus verpflanzt, wodurch sich der Kraftstoffverbrauch drastisch reduziert. Aufgrund der geringen Leistung lassen sich aber nur mäßige Fahrleistungen erreichen.
Weiter geht die Umrüstung auf Wasserkühlung mit Einführung wassergekühlter Benziner mit 44 und 57 kW, die in Ökonomie und Fahrleistung den Luftgekühlten weit überlegen sind. Einspritzer-Versionen mit und ohne Katalysator mit Leistungen bis zu 82 kW folgen in den Jahren bis 1985. Der Fahrspaß mit dem Bus ist damit komplett. Ebenfalls 1985 feiert man die Einführung des Turbodieselmotors, der zum beliebtesten Freizeit-Bus-Triebwerk wird.
Noch eine Besonderheit hält das Jahr 1985 bereit: Den Allrad-Bus und gleichzeitig das Debüt der Visco-Kupplung als kraftverteilendes Element zwischen Vorder- und Hinterachse. Eben dieses Allrad-Prinzip sollte später in alle VW-Syncro-Modelle übernommen werden. Der Bus wird damit wieder geländetauglicher. Diese Eigenschaft hatte der T3-Bus durch seinen langen Überhang vorn und seine niedrige Bodenfreiheit – vor allem aber durch sein Achslastverhältnis von 50/50 – weitgehend verloren.

Was tut sich bei den Wohnmobilen?

Im Laufe der Zeit zeigt sich, daß Westfalia mit dem Joker ein Geniestreich gelungen ist. Das ursprünglich vorgestellte Modell wird zum »Joker 1«, während sich »Joker 2« mit gleicher Einrichtung aber Hochdach, »Joker 3« mit Ecksitzgruppen-Einrichtung und Aufstelldach sowie »Joker 4« mit Ecksitzgruppe und Hochdach dazugesellen. Es folgt ein »Club Joker« mit höherwertiger »Joker 4«-Ausstattung und goldfarbenem Außen-accessoires.
Ein »Sport-Joker« mit Seriendach wird quasi der Vorläufer des genialen Multivans. Letzterer wird 1985 auf der IAA päsentiert, geht aber trotz hohen Käuferinteresses erst im folgenden Jahr in Serie.
Auf die Urform des »Jokers« besinnt man sich bei VW und läßt 1988 den »California« zunächst als stückzahlbegrenztes Sondermodell bei Westfalia bauen, vertreibt ihn aber in eigener Regie. Die Einrichtung entspricht der des Klassikers, die Ausstattung ist aber stark abgemagert. Dafür beträgt der Preisvorteil zum »Joker« fast 10.000,- DM.
Der Multivan wird ein Verkaufsrenner, obwohl sein Äußeres kreuzbieder aussieht. Lebendiger wirkt das frühe Sondermodell »Magnum« mit Carat-Stoßstangen und Komfort-Ausstattung. Renner der Sondermodelle sind aber die »Blue Stars« (1988) und die »White Stars« (1989) mit attraktiver Optik und tiefergelegtem Fahrwerk.
1989 ist dann der California wieder mit dabei – diesmal als reguläres Serienmodell. VW hat den Gesamtvertrieb der Wohnmobile übernommen.
Mit erweitertem Ausstattungsumfang erscheint 1989/90 das Parallelmodell »Atlantic«, dessen erweiterter Ausstattungsumfang wieder dem des »Joker« ähnelt. Für dieses letzte T3-Werks-Wohnmobil bleibt nur noch eine kurze Produktionszeit, dann folgt die Ablösung durch den T4.

Überschneidungen von T3 und T4

Noch lange nach dem Serienanlauf des T4 werden T3-Modelle gebaut. Das liegt zum einen daran, daß in Hannover die Produktionseinstellung »fließend« erfolgt, zum anderen aber auch daran, daß vom T4 noch kein Allrad-Modell lieferbar ist. So werden also bei Steyr in Graz noch bis Ende 1992 T3-Allradfahrzeuge gebaut. Hiervon sind alle Versionen, also auch Wohnmobile, lieferbar.
Die Gemeinde der T3-Fans konnte jedoch von ihrem Kultmobil nicht genug bekommen, und so legte VW eine (fast) letzte, limitierte Serie »Limited Last Edition« mit numerierten 2500 Stück auf. Die Ausstattung entsprach den »Blue/White Stars«, doch waren die Farben nun ein dunkles Blaumetallic und ein leuchtendes Rot.
Weil sich auch diese Auflage rasend abverkaufte, gab es noch eine Anzahl »Red Stars« mit gleicher Auflage, was manchen ernsthaften »Limited«-Käufer in Rage gebracht haben dürfte.

Fraglos ein Klassiker ist der »Joker« auf T3-Basis. Das Einrichtungskonzept hielt sich mit geringfügigen Detailänderungen rund 13 Jahre lang.

Stylingstudien von VW sollten die Eignung des Transporters als Büromobil bzw. »Van« testen. Derartige Konzepte konnten sich jedoch nicht durchsetzen.

Auf T3-Basis konnten auch Sonderaufbauten erstmals einen breiteren Kundenkreis finden. Hier ist als Beispiel ein Lyding »Rog 2« gezeigt.

Leider viel zu spät kamen die Multivan-Sondermodelle »Blue Star« und »White Star«. Der hohe Absatz dieser Fahrzeuge zeigt, wo der Bedarf des Kunden auch in Zukunft liegt: Man will ein multifunktionales Alltags- und Freizeitmobil in schicker unaufdringlicher Aufmachung. Welch ein Unterschied zu den tristen Multivans der ersten Serie!

Who is Who

Das nachfolgende Adressenverzeichnis entstand zwar im Bemühen um, doch ohne Anspruch auf Vollständigkeit. Wer sich nicht oder falsch darin entdeckt, mag uns benachrichtigen. Die Adresse des Verlags findet sich im Impressum.

Von A bis Z

AAC GmbH Atlantic Auto Caravan, Edisonstr. 13, 24558 Henstedt-Ulzburg (Fertigfahrzeuge, Einrichtungen, Sonderdächer)
Aguti Produktentwicklung & Design GmbH, Bildstock 18/3, 88085 Langenargen (Drehsitzkonsolen, Sondersitze)
A+R GmbH Reisemobil- und Campingfachmarkt, Gießener Str. 32, 90427 Nürnberg (Fertigfahrzeuge, Einrichtungen, Zubehör)
Bauer Caravan + Freizeit GmbH, Augsburger Str. 36, 8644 Affing- Mühlhausen (Einrichtungen, Zubehör)
Berger - Fritz Berger GmbH, Fritz-Berger-Str. 1, 92318 Neumarkt (Einrichtungen, Zubehör)
Beuth Verlag GmbH, Burggrafenstr. 6, 12623 Berlin, (Merkblatt DIN EN 1949 »Festlegungen für die Installation von Flüssiggasanlagen in bewohnbaren Freizeitfahrzeugen und zu Wohnzwecken in anderen Straßenfahrzeugen«)
Bimobil von Liebe GmbH, Aich 15, 85667 Oberpframmen (Fertigfahrzeuge, Einrichtungen)
Bonar Plastics GmbH, 4. Industriestr. 18, 68766 Hockenheim (Wohnmobil-Wassertanks)
Campingcomfort Products Camping- & Freizeittechnik, Hauptstr. 3, 29413 Cheine (Einrichtungen, Zubehör)
Bresler - Caravan Service Bresler, Zwickauer Str. 78, 08393 Niederschindmaas (Fertigfahrzeuge, Einrichtungen, Zubehör)
Caramo OHG, Glashütter Damm 283, 22851 Norderstett (Einrichtungen)
Carthago Reisemobilbau GmbH, Gewerbegebiet Okatreute, 88213 Schmalegg (Fertigfahrzeuge)
CS Reisemobile Vertriebs-GmbH, Krögerskoppel 5, 24558 Henstedt-Ulzburg (Fertigfahrzeuge)
Dipa Reisemobilbau, Siemensstr. 5, 72622 Zizishausen (Fertigfahrzeuge, Einrichtungen)
Dometic GmbH, In der Steinwiese 16, 57074 Siegen (Kühlgeräte)
Eberspächer - J. Eberspächer GmbH & Co. KG, Eberspächerstr. 24, 73730 Esslingen (Kraftstoffheizungen)
Eura Mobil GmbH, Kreuznacher Str. 78, 55576 Sprendlingen (Eura und Karmann-Mobil Fertigfahrzeuge, Einrichtungen)
Eurec Motorhomes, Baronieweg 23A, NL-3403 Ijsselstein (Fertigfahrzeuge, Einrichtungen, Zubehör)
Fischer Wohnmobile, Lembergstr. 50, 72766 Reutlingen (Fertigfahrzeuge, Einrichtungen, Zubehör)
Futura Freizeit-Fahrzeuge GmbH, Birkenweg 12-16, 91792 Ellingen (Fertigfahrzeuge, Einrichtungen, Zubehör)
Hannweber - H + B Hannweber Vertriebsges. für Camping und Freizeitartikel oHG, Blumenstr. 50, 71106 Magstadt (Zubehör)
Heinz - Camping Heinz, Siegfried-Leopold-Str. 62, 53225 Bonn (Zubehör)
HRZ Reisemobile, Stettiner Str. 27, 74613 Öhringen (Fertigfahrzeuge, Einrichtungen, Zubehör)
Huber Group, Richthofenstr. 35-37, 73312 Geislingen (Leistungssteigerung)
JAK-Reisemobile, Robert-Koch-Str. 2, 67821 Alsenz (Zubehör)
KAMEI GmbH & Co. KG, Heinrichswinkel 2, 38448 Wolfsburg (Fahrzeug-Zubehör)
Karmann-Mobil siehe Eura Mobil GmbH
KW-Systems Fahrzeugtechnik GmbH, Werner-von-Siemens-Str. 28, 52477 Alsdorf (Leistungssteigerung)
Lyding GmbH, Westerweide 41, 58456 Witten-Herbede (Fertigfahrzeuge, Einrichtungen, Zubehör)
MaBu Leerkabinen-Systeme, Am Vorort 31, 44894 Bochum (Leerkabinen, Einrichtungen)
Meista-Polyestertechnik, Werdohler Str. 62, 58762 Altena (Sonderdächer)
Omnistor Accessories NV, Kortrijkstraat 343, B-8930 Menen (Fahrradhalter, Markisen, Zubehör)
Ormocar Reisemobil GmbH, Alte B 10/29, 76846 Hauenstein (Fertigfahrzeuge, Leerkabinen, Zubehör)
Pemamobil Handels GmbH, Trinkbornstr. 1, 56281 Dörth (Fertigfahrzeuge, Einrichtungen)
Pieper & Co. Freizeitmärkte, Sandstr. 14-18, 45964 Gladbeck (Zubehör)
Robel Vertriebs GmbH, Wankelstr. 1, 48488 Emsbüren (Fertigfahrzeuge)
Polyroof Karosserie- u. Fahrzeugbau Gebr. Günther OHG, In der Dehne 6, 37127 Dransfeld (Sonderdächer, Sonderaufbauten)

Polyskay Oskar Bureck, Ul. Ignacego Daszynskiego 40, PL-71664 Szczecin (Einrichtungen, GfK-Teile)
Projektzwo automobildesign GmbH & Co. KG, Zehnerweg 11, 86899 Landsberg (Karosserie-, Interieur- und Technikteile)
Reimo Reisemobilcenter GmbH, Boschring 10, 63329 Egelsbach (Einrichtungen, Sonderdächer, Zubehör)
Reusolar Dipl.-Ing. H.-J. Reuther, Bittental 1, 72574 Bad Urach (Solaranlagen, Zubehör)
SCA C. F. Maier Europlast GmbH & Co. KG, Wiesenstraße 43, 89551 Königsbronn (Sonderdächer)
Schick-Turbo-Tuning, Robert-Koch-Str. 8, 82547 Eurasburg (Leistungssteigerung)
Schrempf & Lahm GmbH, Dr.-Max-Hofmann-Str. 3, 83059 Kolbermoor (Fertigfahrzeuge, Einrichtungen)
Schwabenmobil GmbH, Im Lindengarten 12-14, 73265 Dettingen (Fertigfahrzeuge, Einrichtungen)
SouthCamp, Butter 7, NL-1713 GM Obdam (Einrichtungen, Sonderdächer)
Terramobil, An der Hansalinie 17, 48163 Münster (Fertigfahrzeuge, Einrichtungen, Zubehör)
Tischer GmbH Freizeitfahrzeuge, Frankenstr. 3, 97892 Kreuzwertheim (Aufsatz- und fest montierte Wohnkabinen für Pritschenwagen und Doppelkabine)
Truma Gerätetechnik GmbH & Co. KG, Wernher-von-Braun-Str. 12, 85640 Putzbrunn (Gasheizungen)
VDE Verlag GmbH, Bismarckstr. 33, 10625 Berlin (VDE-Normenblätter)
Volkswagen AG, Produktmarketing »Aus- und Aufbauten«, vwn.ausbauten@volkswagen.de
Volkswagen AG, NE-GZ Nfz-Sonderfahrzeuge/Gesamtfahrzeug, 38436 Wolfsburg
Waeco International GmbH, Hollefeldstr. 63, 48282 Emsdetten (Kühlgeräte)
Westfalia Van Conversion GmbH, Holunderstr. 27, 33378 Rheda-Wiedenbrück (Zubehör)
Wingamm Reisemobile K+W GmbH, Eineckerstr. 15a, 59514 Welver (Fertigfahrzeuge mit Wohnkabinen)
Winter-Solar GmbH, Feldbrügge 14, 49434 Neuenkirchen-Vörden (Solar-Bauteile)
Wirtschafts- und Verlagsgesellschaft Gas und Wasser mbH, Josef-Wirmer-Str. 3, 53123 Bonn (DVGW-Arbeitsblatt »Flüssiganlagen in Fahrzeugen«)
Wittke - Freizeit Wittke GmbH, Ernststr. 10-12, 13509 Berlin (Einrichtungen, Sonderdächer, Zubehör)
Wunderlich - Campingsalon-Wunderlich GmbH, Schwarzer Weg 30, 22309 Hamburg-Steilshoop (Zubehör)
Wynen Gastechnik, Freiheitsstr. 242, 41747 Viersen (Gastanks)

Stichwortverzeichnis

Zeitfracht Medien GmbH
Ferdinand-Jühlke-Straße 7
99095 Erfurt, Deutschland
produktsicherheit@kolibri360.de